John R. Taylor

Fehleranalyse

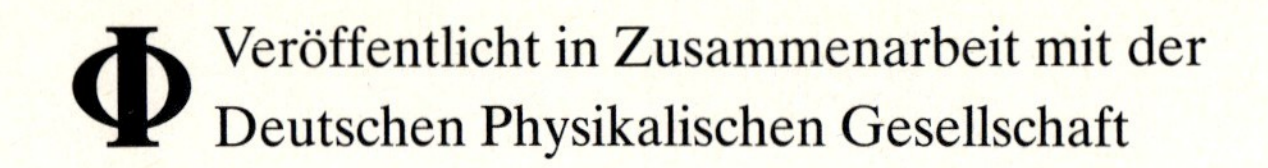

Vertrieb:

VCH Verlagsgesellschaft, Postfach 101161, D-6940 Weinheim (Bundesrepublik Deutschland)

Schweiz: VCH Verlags-AG, Postfach, CH-4020 Basel (Schweiz)

Großbritannien und Irland: VCH Publishers (UK) Ltd., 8 Wellington Court, Wellington Street, Cambridge CB1 1HW (Großbritannien)

USA und Canada: VCH Publishers, Suite 909, 220 East 23rd Street, New York, NY 10010-4606 (USA)

ISBN 3-527-26878-2

John R. Taylor

Fehleranalyse

Eine Einführung
in die Untersuchung
von Unsicherheiten
in physikalischen Messungen

Titel der Originalausgabe: An Introduction to Error Analysis.
First published in the United States by
UNIVERSITY SCIENCE BOOKS, Mill Valley

Autor:
Prof. Dr. John R. Taylor
University of Colorado
Boulder, Colorado
USA

1. Auflage 1988

Lektorat: Walter Greulich
Übersetzung und EDV-Bearbeitung: Dr. Rüdiger Blaschke, D-5600 Wuppertal
Herstellerische Betreuung: Michael Zühlke
Satz, Druck und Bindung: Konrad Triltsch, Druck- und Verlagsanstalt, D-8700 Würzburg

CIP-Titelaufnahme der Deutschen Bibliothek:

Taylor, John R.:
Fehleranalyse : eine Einführung in die Untersuchung von
Unsicherheiten in physikalischen Messungen / John R. Taylor.
[Veröff. in Zusammenarbeit mit d. Dt. Physikal. Ges. Übers.:
Rüdiger Blaschke]. – 1. Aufl. – Weinheim ; Basel (Schweiz) ;
Cambridge ; New York, NY : VCH, 1988
Einheitssacht.: An introduction to error analysis <dt.>
ISBN 3-527-26878-2

Printed in the Federal Republic of Germany

Vorwort

Alle Messungen, wie sorgfältig und wissenschaftlich sie auch sein mögen, unterliegen gewissen Unsicherheiten. Die Fehleranalyse ist die Untersuchung und Auswertung dieser Unsicherheiten. Ihre zwei wichtigsten Funktionen sind, dem Wissenschaftler die Abschätzung der Größe der Meßunsicherheiten zu ermöglichen und ihm zu helfen, sie gegebenenfalls zu vermindern. Die Analyse der Unsicherheiten oder „Fehler" ist ein wesentlicher Bestandteil jedes physikalischen Experiments. Deshalb ist die Fehleranalyse ein wichtiger Teil einer jeden experimentellen wissenschaftlichen Kursvorlesung. Sie kann auch einer der interessantesten Teile der Vorlesung sein. Die Aufgabe, die Unsicherheiten abzuschätzen und sie auf ein Ausmaß zu senken, das erlaubt, einen einwandfreien Schluß zu ziehen, kann aus einer langweiligen Routinemeßreihe eine wahrhaft interessante Übung machen.

Dieses Buch ist eine Einleitung in die Fehleranalyse zur Verwendung in einer Einführungsvorlesung in Experimentalphysik, wie sie gewöhnlich für das natur- oder ingenieurwissenschaftliche Grundstudium an Hochschulen gehalten wird. Ich behaupte gewiß nicht, daß die Fehleranalyse der wichtigste (geschweige denn der einzig wichtige) Teil eines solchen Kurses ist. Ich habe aber den Eindruck gewonnen, daß sie oft der am meisten mißbrauchte und vernachlässigte Teil ist. In vielen solchen Kursen wird die Fehleranalyse „gelehrt", indem ein paar Seiten mit Hinweisen ausgeteilt werden, die einige Formeln enthalten. Vom Studenten wird dann erwartet, daß er mit der Angelegenheit alleine zurechtkommt. Die Folge ist, daß die Fehleranalyse zu einem sinnlosen Ritual wird, das darin besteht, daß die Studenten an das Ende eines jeden Laborberichts ein paar Zeilen mit Rechnungen anhängen. Das tun sie aber nicht, weil sie verstehen warum, sondern einfach, weil sie dazu angewiesen wurden.

Ich habe dieses Buch in der Überzeugung geschrieben, daß alle Studenten, auch solche, die noch nie etwas von dem Thema gehört haben, fähig sein sollten, zu lernen, was Fehleranalyse ist, warum sie interessant und wichtig ist und wie die grundlegenden Werkzeuge dieses Gebiets in Laborberichten zu verwenden sind. In Teil I dieses Buches (Kapitel 1 bis 5) wird versucht, anhand zahlreicher Beispiele von Experimenten, wie sie im Physikpraktikum durchzuführen sind, das alles zu vermitteln. Studenten, die diesen Stoff beherrschen, dürften damit fast alle die Teile der Fehleranalyse kennen und verstehen, die üblicherweise in einem Anfängerpraktikum benötigt werden: Fehlerfortpflanzung, die Anwendung der elementaren Statistik und ihre Begründung anhand der Normalverteilung.

Teil II enthält eine Auswahl fortgeschrittenerer Begiffe und Verfahren: Anpassung nach der Methode der kleinsten Quadrate, Korrelationskoeffizient, χ^2-Test und andere. Diese gehören nicht zum offiziellen Stoff eines Anfängerpraktikums, obwohl sich einige Studenten für das eine oder andere dieser Themen interessieren könnten. Kenntnisse darüber werden auf jeden Fall im Fortgeschrittenenpraktikum benötigt. Vor allem aus diesem Grunde habe ich diese Themen in das Buch aufgenommen.

Es ist mir durchaus klar, daß in den meisten praktikumsbegleitenden Veranstaltungen allzuwenig Zeit bleibt, um sich der Fehleranalyse widmen zu können. An der University of Colorado geben wir jeweils in den ersten sechs Wochen unseres Anfängerpraktikums eine einstündige Vorlesung. Der Kurs, bei dem die Studenten einige der in diesem Buch wiedergegebenen Übungsaufgaben zu lösen haben, erlaubt uns, Kapitel 1 bis 4 detailliert und Kapitel 5 kurz zu behandeln. Dabei werden dem Sudenten Kenntnisse über die Fehlerfortpflanzung und die Grundlagen der Statistik einschließlich der zugrundeliegenden Theorie der Normalverteilung vermittelt, und er lernt, mit diesen Begriffen umzugehen.

Aus den Kommentaren einiger Studenten in Colorado wurde klar, daß die Vorlesung zumindest für sie eigentlich unnötiger Luxus war; sie hätten den Stoff wahrschinlich allein durch Lektüre und Lösen der Übungsaufgaben erlernen können. Ich glaube bestimmt, daß dieses Buch ohne jegliche Unterstützung durch Vorlesungen studiert werden kann.

Teil II könnte (wieder ergänzt durch Übungsaufgaben) in einigen Vorlesungen zu Beginn des Praktikums im zweiten Studienjahr gelehrt werden. Aber noch mehr als bei Teil I wurde bei diesem Teil beabsichtigt, daß Studenten ihn jederzeit lesen können, wenn die Notwendigkeit oder ein Interesse daran besteht. Seine sieben Kapitel sind fast völlig unabhängig voneinander, damit zu dieser Art des Gebrauchs ermutigt wird.

Ich habe am Ende eines jeden Kapitels eine Auswahl von Übungsaufgaben hinzugefügt. Zur Beherrschung der Techniken sollte der Leser einige davon lösen. Die meisten Fehlerberechnungen sind ganz einfach. Studenten, die sich (entweder bei der Lösung der Übungsaufgaben in diesem Buch oder beim Erstellen von Laborberichten) in viele komplizierte Rechnungen verstricken, gehen ihre Aufgabe fast sicher auf unnötig schwierige Weise an. Um Lehrern und Lesern eine gute Auswahl zu bieten, habe ich ich viel mehr Übungsaufgaben aufgenommen, als der durchschnittliche Leser bearbeiten muß. Ein Leser, der ein Drittel der Übungsaufgaben löst, tut in etwa das Richtige.

Auf den Seiten XIII–XVII befindet sich eine Übersicht über alle wichtigen Formeln. Ich hoffe, daß sie sich sowohl während des Studiums dieses Buches als auch hinterher für zum Nachschlagen als nützlich erweisen. Die Übersichten sind kapitelweise gegliedert, und der Leser kann sie, wie ich hoffe, nach dem Studium eines jeden Kapitels als kurze Zusammenfassungen nutzen.

Innerhalb des Textes wurden einige Aussagen – Gleichungen und Verfahrensregeln – durch einen Raster hervorgehoben. Diese Hervorhebung ist für solche Aussagen reserviert, die wichtig sind und in ihrer endgültigen Form vorliegen (also in späteren Schritten nicht verändert werden). Diese Aussagen werden Sie sich auf jeden Fall merken müssen. Der Raster dient also dazu, Ihre Aufmerksamkeit auf sie zu lenken.

Das Niveau der Mahtematikkenntnisse, das vom Leser erwartet wird, steigt innerhalb des Buches langsam an. Für die ersten zwei Kapitel ist nur Algebra erforderlich. In Kapitel 3 wird die Differentiation (und in dem wahlfreien Abschnitt 3.9 partielle Differentiation) benötigt. In Kapitel 5 ist die Kenntnis der Integration und der Exponentialfunktion erforderlich. In Teil II gehe ich davon aus, daß der Leser mit all diesen Begriffen vollständig vertraut ist.

Das Buch enthält zahlreiche Beispiele physikalischer Experimente, aber ein Verständnis der ihnen zugrundeliegenden Theorie ist nicht wesentlich. Ferner entstammen die Beispiele meistens der elementaren Mechanik oder Optik, um die Wahrscheinlichkeit zu erhöhen, daß sich der Student mit der Theorie bereits befaßt hat. Der Leser, auf den das nicht zutrifft, kann die Theorie in jedem Lehrbuch der Physik nachlesen.

Die Fehleranalyse ist ein Thema, bei dem die Leute ihre Meinung leidenschaftlich vertreten, und es ist nicht möglich, daß eine einzelne Einführung in dieses Gebiet es allen recht machen kann. Nach meinem Dafürhalten sollte ein physikalisch orientierter Text, wenn zwischen der Leichtigkeit des Verstehens und strenger Exaktheit zu wählen ist, das erstere bieten. Beispielsweise habe ich mich bei der kontroversen Frage, ob Unsicherheiten quadratisch oder direkt addiert werden sollten, dafür entschieden, die direkte Addition als erstes zu behandeln, da der Student ihre Herleitung leichter verstehen kann.
verstehen kann.

In den letzten Jahren ist mit dem Einzug des Taschenrechners in den Physikpraktika eine große Änderung eingetreten. Das hat einige wenige unglückliche Folgen – die wichtigste ist die gräßliche Angewohnheit, lächerlich insignifikante Stellen anzugeben, einfach weil der Taschenrechner sie anzeigt – die Vorteile dieser Entwicklung überwiegen aber bei weitem, insbesondere, wenn man an die Fehlerauswertung denkt. Der Taschenrechner erlaubt, in ein paar Sekunden Mittelwerte und Standardabweichungen zu berechnen, für die man früher Stunden gebraucht hätte. Er macht viele Tabellen überflüssig, da es jetzt möglich ist, z. B. Funktionen wie die Gauß-Funktion viel schneller auszurechnen, als man sie in einem Tabellenbuch finden könnte. Ich habe versucht, dieses wunderbare Werkzeug überall zu nutzen, wo es möglich ist.

Es ist mir eine Freude, einigen Leuten für ihre hilfreichen Kommentare und Vorschläge zu danken. An mehreren Colleges wurde eine vorläufige Ausgabe des Buches verwendet, und ich bin vielen Studenten und Kollegen dankbar für ihre Kritik. Besonders hilfreich waren die Kommentare von John Morrison und David Nesbitt von der University of Colorado, Prof. Pratt und Prof. Schroeder von der Michigan State University, Prof Stuart von der University of California in Berkeley und Prof. Semon vom Bates College. Diane Casparian, Linda Frueh und Connie Gurule haben aufeinanderfolgende Entwürfe gut und schnell auf der Schreibmaschine geschrieben. Ohne meine Schwiegermutter, Frances Kretschmann, wäre das Korrekturlesen nie rechtzeitig erledigt worden. Allen diesen Leuten bin ich dankbar für ihre Hilfe. Aber am meisten danke ich meiner Frau, deren gewissenhaftes und mitleidsloses Redigieren das gesamte Buch über alle Maßen verbesserte.

Boulder, Colorado J. R. TAYLOR

Geleitwort

Wer regelmäßig als Betreuer in physikalischen Anfängerpraktika tätig ist, kann leicht den Eindruck gewinnen, daß junge Studenten den Sinn der üblicherweise verlangten Berechnung von Fehlern und Fehlergrenzen nicht erkennen und daher diesen Teil der Versuchsauswertung als nutzlose und überflüssige Rechenübung oder sogar als persönliche Schikane des Betreuers empfinden.

Im allgemeinen mag sich diese Einstellung im Verlauf der Veranstaltung ändern. Dennoch wäre es wünschenswert, den Praktikanten von Beginn an den Hintergrund und die Bedeutung einer gewissenhaften Fehleranalyse klar zu machen, um so zu verhüten, daß dieser Aspekt der Auswertung von Meßdaten als lästige Zugabe angesehen und damit ein wesentliches Lernziel des Praktikums nicht erreicht wird.

Das vorliegende Buch ist in hervorragender Weise geeignet, dieser Gefahr zu begegnen. Es wäre erstrebenswert, jedem Teilnehmer eines Anfängerkurses die Lektüre der ersten beiden Kapitel zur Pflicht zu machen, denn hier wird in anschaulicher Weise in die Problematik der Fehleranalyse eingeführt. Insgesamt bringt das Buch eine ausführliche Darstellung der wichtigsten Methoden zur Behandlung von Meßunsicherheiten, wobei durch viele Beispiele Verständlichkeit und Praxisnähe erreicht wird. Hier wird das Rüstzeug geboten für alle Stufen der praktischen Ausbildung, vom Anfänger- über das Fortgeschrittenenpraktikum bis hin zu Diplom- und Doktorarbeit.

Trotz oder gerade wegen der zunehmenden Verwendung von Taschenrechnern und Kleincomputern in allen Bereichen der experimentellen Datenermittlung und -auswertung, die die praktische Durchführung der erforderlichen Berechnungen sehr erleichtert, erscheint es mir wichtig, daß der Student nicht gedankenlos Programme benutzt, ohne die grundlegenden Zusammenhänge zu verstehen. Die Abschätzung von Fehlern und die Diskussion von Fehlergrenzen wird stets eine subjektive Leistung des Experimentierenden bleiben.

Das Erscheinen dieses Buches schließt eine empfindliche Lücke auf dem deutschsprachigen Büchermarkt. Die in allen Praktikumsbüchern angebotenen, gezwungenermaßen sehr kurzen Einführungen in die Fehleranalyse können eine intensive Beschäftigung mit diesen Fragen nicht ersetzen.

Ich wünsche diesem Lehr- und Lernbuch eine weite Verbreitung und allen jungen Naturwissenschaftlern viel Spaß bei der Lektüre, in der Hoffnung, daß sie aus dieser Quelle die für eine erfolgreiche wissenschaftliche Arbeit nötigen Kenntnisse schöpfen.

Gießen, November 1988 W. Seibt

Inhalt

Die wichtigsten Formeln von Teil I

Schreibweise (Kapitel 2)

$$(\text{gemessener Wert von } x) = x_{\text{Best}} \pm \delta x \qquad \text{(S. 13)}$$

wobei

$$x_{\text{Best}} = \text{Bestwert (bester Schätzwert) von } x,$$
$$\delta x = \text{Unsicherheit oder Fehler der Messung.}$$

$$\text{Relative Unsicherheit} = \frac{\delta x}{|x_{\text{Best}}|}. \qquad \text{(S. 26)}$$

Fortpflanzung von Unsicherheiten (Kapitel 3)

Werden mehrere Größen $x, \ldots, w$ mit kleinen Unsicherheiten $\delta x, \ldots, \delta w$ gemessen und die Werte zur Berechnung einer Größe q verwendet, so führen die Unsicherheiten von $x, \ldots, w$ zu einer Unsicherheit von q, wie folgt:

Ist q die Summe und Differenz $q = x + \cdots + z - (u + \cdots + w)$, so ist

$$\delta q \begin{cases} \approx \delta x + \cdots + \delta z + \delta u + \cdots + \delta w & \text{(S. 40)} \\ \quad \text{(das ist auch eine obere Grenze für } \delta q\text{),} & \\ = \sqrt{(\delta x)^2 + \cdots + (\delta z)^2 + (\delta u)^2 + \cdots + (\delta w)^2} & \text{(S. 50)} \\ \quad \text{(für unabhängige zufällige Abweichungen).} & \end{cases}$$

Ist q das Produkt und der Quotient $q = \dfrac{x \times \cdots \times z}{u \times \cdots \times w}$, so ist

$$\frac{\delta q}{|q|} \begin{cases} \approx \dfrac{\delta x}{|x|} + \cdots + \dfrac{\delta z}{|z|} + \dfrac{\delta u}{|u|} + \cdots + \dfrac{\delta w}{|w|} & \text{(S. 43)} \\ \quad \text{(das ist auch eine obere Grenze für } \delta q/|q|\text{),} & \\ = \sqrt{\left(\dfrac{\delta x}{|x|}\right)^2 + \cdots + \left(\dfrac{\delta z}{|z|}\right)^2 + \left(\dfrac{\delta u}{|u|}\right)^2 + \cdots + \left(\dfrac{\delta w}{|w|}\right)^2} & \text{(S. 51)} \\ \quad \text{(für unabhängige zufällige Abweichungen).} & \end{cases}$$

Ist $q = Bx$ und B genau bekannt, so ist

$$\delta q = |B|\, \delta x. \qquad \text{(S. 45)}$$

Ist q eine Funktion einer Variablen, $q(x)$, so ist

$$\delta q = \left|\frac{dq}{dx}\right| \delta x . \qquad \text{(S. 54)}$$

Ist q eine Potenzfunktion, $q = x^n$, so ist

$$\frac{\delta q}{|q|} = |n| \frac{\delta x}{|x|} . \qquad \text{(S. 56)}$$

Ist q eine Funktion mehrerer Variablen $x, \ldots, z$, dann ist

$$\delta q = \sqrt{\left(\frac{\partial q}{\partial x} \delta x\right)^2 + \cdots + \left(\frac{\partial q}{\partial z} \delta z\right)^2} \qquad \text{(S. 65)}$$

(für unabhängige zufällige Abweichungen).

Statistische Definitionen (Kapitel 4)

Stehen $x_1, \ldots, x_N$ für N getrennte Messungen einer Größe x, so definieren wir:

$$\bar{x} = \frac{1}{N} \sum_{i=1}^{N} x_i = \text{Mittelwert;} \qquad \text{(S. 75)}$$

$$\sigma_x = \sqrt{\frac{1}{(N-1)} \sum (x_i - \bar{x})^2} = \text{Standardabweichung} \qquad \text{(S. 77)}$$

$$\sigma_{\bar{x}} = \frac{\sigma_x}{\sqrt{N}} = \text{Standardabweichung des Mittelwerts.} \qquad \text{(S. 79)}$$

Die Normalverteilung (Kapitel 5)

Für jede Grenzverteilung $f(x)$ der Meßwerte einer stetigen Variablen x gilt:

$f(x) =$ Wahrscheinlichkeit, daß irgendeiner der Meßwerte zwischen x und $x + dx$ liegt; (S. 94)

$\int_b^b f(x)\,dx =$ Wahrscheinlichkeit, daß einer der Meßwerte zwischen $x = a$ und $x = b$ liegt; (S. 94)

$\int_{-\infty}^{\infty} f(x)\,dx = 1$ ist die Normierungsbedingung. (S. 95)

Die Normalverteilung ist

$$f_{X,\sigma}(x) = \frac{1}{\sigma\sqrt{2\pi}} e^{-(x-X)^2/2\sigma^2} , \qquad \text{(S. 99)}$$

wobei

$$\begin{aligned} X &= \text{Zentrum der Verteilung} \\ &= \text{wahrer Wert von } x \\ &= \text{Mittelwert nach vielen Messungen,} \end{aligned}$$

$$\begin{aligned} \sigma &= \text{Breite der Verteilung} \\ &= \text{Standardabweichung nach vielen Messungen.} \end{aligned}$$

Die Wahrscheinlichkeit, daß ein Meßwert innerhalb von t Standardabweichungen von X liegt, ist

$$P\,(\text{innerhalb } t\sigma) = \frac{1}{\sqrt{2\pi}} \int_{-t}^{t} e^{-z^2/2}\, dz = \text{normales Fehlerintegral;} \qquad \text{(S. 102)}$$

insbesondere ist

$$P\,(\text{innerhalb } 1\,\sigma) = 68\,\%.$$

Die wichtigsten Formeln von Teil II

Gewichtete Mittelwerte (Kapitel 7)

Sind $x_1, \ldots, x_N$ Meßwerte derselben Größe x mit bekannten Unsicherheiten $\sigma_1, \ldots, \sigma_N$, so ist der Bestwert von x

$$x_{\text{Best}} = \frac{\sum w_i x_i}{\sum w_i}, \qquad \text{(S. 132)}$$

wobei $w_i = 1/\sigma_i^2$ ist.

Anpassung an eine Gerade nach der Methode der kleinsten Quadrate (Kapitel 8)

Sind $(x_1, y_1), \ldots, (x_N, y_N)$ gemessene Datenpaare, so gilt für die am besten an diese N Punkte angepaßte Gerade $y = A + Bx$:

$$A = [(\sum x_i^2)(\sum y_i) - (\sum x_i)(\sum x_i y_i)]/\Delta,$$

$$B = [N(\sum x_i y_i) - (\sum x_i)(\sum y_i)]/\Delta,$$

wobei

$$\Delta = N(\sum x_i^2) - (\sum x_i)^2 \qquad \text{(S. 139)}$$

ist.

Kovarianz und Korrelation (Kapitel 9)

Die Kovarianz σ_{xy} von N Paaren $(x_1, y_1), \ldots, (x_N, y_N)$ ist

$$\sigma_{xy} = \frac{1}{N} \sum (x_i - \bar{x})(y_i - \bar{y}) \qquad \text{(S. 157)}$$

Der lineare Korrelationskoeffizient ist

$$r = \frac{\sigma_{xy}}{\sigma_x \sigma_y} = \frac{\sum (x_i - \bar{x})(y_i - \bar{y})}{[\sum (x_i - \bar{x})^2 \sum (y_i - \bar{y})^2]^{1/2}}. \qquad \text{(S. 160)}$$

r-Werte in der Nähe von 1 oder -1 weisen auf eine starke lineare Korrelation hin. (Eine Tabelle mit Wahrscheinlichkeiten für r finden Sie in Anhang C.)

Binomialverteilung (Kapitel 10)

Die Wahrscheinlichkeit eines „Erfolgs" bei einem Versuch sei p, dann ist die Wahrscheinlichkeit von ν Erfolgen bei n Versuchen

$$P\ (\nu \text{ Erfolge bei } n \text{ Versuchen}) = b_{n,p}(\nu) = \frac{n!}{\nu!\,(n-\nu)!}\, p^{\nu}(1-p)^{n-\nu}. \qquad \text{(S. 170)}$$

Nach vielen Reihen von N Versuchen ist die mittlere Anzahl der Erfolge

$$\bar{\nu} = np,$$

und die Standardabweichung ist

$$\sigma_{\nu} = \sqrt{np(1-p)}. \qquad \text{(S. 172)}$$

Poisson-Verteilung (Kapitel 11)

Beim Zählen von radioaktiven Zerfällen (und anderen zufälligen Ereignissen) ist die Wahrscheinlichkeit des Zählwerts ν (während einer gegebenen Zeitdauer)

$$P\ (\text{Zählwert } \nu) = p_{\mu}(\nu) = e^{-\mu}\,\frac{\mu^{\nu}}{\nu!}, \qquad \text{(S. 185)}$$

wobei μ der erwartete mittlere Zählwert in dem betreffenden Zeitintervall ist,

$$\bar{\nu} = \mu \quad \text{(nach vielen Experimenten).} \qquad \text{(S. 185)}$$

Die Standardabweichung ist

$$\sigma_{\nu} = \sqrt{\mu}. \qquad \text{(S. 187)}$$

Chiquadrat (Kapitel 12)

Die Ergebnisse aller wiederholten Messungen können in Klassen $k = 1, \ldots, n$ eingeteilt werden. Dabei bezeichnet B_k die in Klasse k *beobachtete* Anzahl. Entsprechend bezeichnet E_k die aufgrund irgendeiner angenommenen Verteilung (z. B. Gauß-, Binomial- oder Poisson-Verteilung) in Klasse k *erwartete* Anzahl. Wir definieren Chiquadrat durch

$$\chi^2 = \sum_{k=1}^{n} (B_k - E_k)^2/E_k, \qquad \text{(S. 198)}$$

und das reduzierte Chiquadrat als

$$\tilde{\chi}^2 = \chi^2/d, \qquad \text{(S. 204)}$$

wobei d die Anzahl der Freiheitsgrade ist.

Ist $\tilde{\chi}^2 \gg 1$, so ist die Übereinstimmung zwischen den B_k und den E_k schlecht, und wir verwerfen die angenommene Verteilung. Wenn $\tilde{\chi}^2 \lesssim 1$ ist, dann ist die Übereinstimmung zufriedenstellend, und beobachtete und erwartete Verteilung sind miteinander verträglich. (Eine Tabelle mit Wahrscheinlichkeiten für $\tilde{\chi}^2$ finden Sie in Anhang D.)

Einführung in die Fehleranalyse

Teil I

1. Vorläufige Beschreibung der Fehleranalyse
2. Wiedergabe und Verwendung von Unsicherheiten
3. Fortpflanzung von Unsicherheiten
4. Statistische Analyse von zufälligen Unsicherheiten
5. Die Normalverteilung

Teil I gibt eine Einführung in die Grundbegriffe der Fehleranalyse, wie sie in einem typischen Physik-Anfängerpraktikum an einer Hochschule benötigt werden. In den ersten zwei Kapiteln wird beschrieben, was Fehleranalyse ist, und wie sie in einem typischen Laborbericht verwendet werden soll. Kapitel 3 befaßt sich mit der Fehlerfortpflanzung, also damit, wie sich Unsicherheiten in den ursprünglichen Messungen durch Rechnungen hindurch „fortpflanzen" und so zu den Unsicherheiten der Endergebnisse führen. Kapitel 4 und 5 führen in die statistischen Verfahren ein, mit denen sogenannte zufällige Unsicherheiten berechnet werden können.

1 Vorläufige Beschreibung der Fehleranalyse

Die Fehleranalyse ist die Untersuchung und Berechnung der Unsicherheit von Messungen. Die Erfahrung hat gezeigt, daß keine Messung, wie sorgfältig sie auch durchgeführt werden mag, völlig frei von Unsicherheiten sein kann. Da die gesamte Struktur und Anwendung der Wissenschaft von Messungen abhängt, ist es von entscheidender Bedeutung, diese Unsicherheiten berechnen und so klein wie möglich halten zu können.

In diesem Kapitel werden einige einfache Messungen beschrieben, die verdeutlichen, daß sich experimentelle Unsicherheiten nicht vermeiden lassen und es von großer Bedeutung ist, deren Größe zu kennen. Anschließend werden wir sehen, wie (zumindest in manchen Fällen) die Größe der experimentellen Unsicherheiten, oft mit nicht viel mehr als dem gesunden Menschenverstand, realistisch abgeschätzt werden kann.

1.1 Fehler als Unsicherheiten

Im Zusammenhang mit Messungen hat das Wort „Fehler" nicht die übliche Bedeutung der „Falschheit" (von Ergebnissen) oder des „Fehlverhaltens" (des Messenden). Bei einer wissenschaftlichen Messung bedeutet der „Fehler" die unvermeidliche Unsicherheit, die alle Messungen begleitet, egal wie sorgfältig diese durchgeführt werden. Bestenfalls kann man hoffen zu erreichen, daß diese „Fehler" so klein wie vernünftigerweise möglich sind und man einen zuverlässigen Schätzwert für ihre Größe hat. In den meisten Lehrbüchern werden zusätzliche Definitionen des Begriffs „Fehler" eingeführt.[1] Einige davon behandeln wir später. Im Augenblick jedoch werden wir „Fehler" ausschließlich im Sinne von „Unsicherheit" verwenden und die zwei Wörter als austauschbar behandeln.

1.2 Unvermeidbarkeit der Unsicherheit

Zur Verdeutlichung des unvermeidlichen Auftretens von Unsicherheiten brauchen wir nur irgendeine alltägliche Messung sorgfältig zu untersuchen. Betrachten wir zum Beispiel einen Zimmermann, der die Höhe einer Türöffnung messen muß, um eine Tür

[1] Anmerkung des Übersetzers: Nach DIN werden alle während einer Messung auftretenden Fehler als „Abweichungen" bezeichnet; „Unsicherheiten" sind die Fehler in der Angabe der Meßergebnisse.

einzubauen. Als erste grobe Messung könnte er einfach einen Blick auf die Türöffnung werfen und schätzen, sie sei 210 cm hoch. Diese grobe „Messung" unterliegt gewiß Unsicherheiten. Wenn wir den Zimmermann danach fragen, wird er das zugeben. Er wird die Unsicherheit umschreiben, indem er etwa sagt, die Höhe könne zwischen 205 cm als kleinsten und 215 cm als größten Wert liegen.

Wenn er einen genaueren Meßwert haben wollte, würde er ein Bandmaß verwenden. In diesem Fall könnte er herausfinden, daß die Höhe 211,3 cm beträgt. Dieser Meßwert ist sicherlich genauer als sein ursprünglicher Schätzwert, aber auch er unterliegt offensichtlich noch einer Unsicherheit, denn es ist *unvorstellbar*, daß der Zimmermann wissen könnte, daß die Höhe genau 211,3000 cm und nicht beispielsweise 211,3001 cm beträgt.

Es gibt viele Gründe für diese verbleibende Unsicherheit. Einige davon werden wir in diesem Buch behandeln. Manche Ursachen der Unsicherheit lassen sich beseitigen, wenn wir uns genug Mühe geben. Beispielsweise könnte eine Quelle der Unsicherheit die schlechte Beleuchtung sein, die das Ablesen des Bandmaßes erschwert. Das ließe sich durch Verbesserung der Beleuchtung korrigieren.

Auf der anderen Seite gibt es Unsicherheiten, die dem Meßverfahren innewohnen und die man nie ganz beseitigen kann. Nehmen wir beispielsweise an, das Bandmaß des Zimmermanns sei in halbe Zentimeter unterteilt. Der obere Rand der Tür wird wahrscheinlich nicht genau mit einer dieser Halbzentimetermarkierungen übereinstimmen. Dann muß der Zimmermann schätzen, wo genau der obere Rand zwischen den Teilstrichen liegt. Auch wenn der obere Rand zufällig mit einer der Halbzentimetermarkierungen zusammenfällt, ist der Teilstrich selbst vielleicht einen Millimeter breit. Dann muß der Zimmermann schätzen, wo genau der obere Rand innerhalb des Teilstrichs liegt. In keinem Fall kommt er letztlich daran vorbei, die Lage des oberen Türrands in Bezug auf die Teilstriche auf seinem Bandmaß zu schätzen. Aus dieser Notwendigkeit ergibt sich eine Unsicherheit für sein Meßergebnis.

Indem er ein besseres Bandmaß mit feinerer Unterteilung und schmaleren Teilstrichen kauft, kann der Zimmermann die Meßunsicherheit vermindern. Er kann sie aber nicht völlig beseitigen. Wenn er wild entschlossen ist, die Höhe der Tür mit der größten technisch möglichen Präzision zu bestimmen, könnte er sich ein teures Laserinterferometer kaufen. Doch selbst die Genauigkeit eines Interferometers ist begrenzt, nämlich auf Abstände der Größenordnung der Wellenlänge des Lichts (ca. $0{,}5 \times 10^{-6}$ Meter). Obwohl er jetzt die Höhe der Türöffnung mit fantastischer Präzision messen könnte, wüßte er die Höhe der Türöffnung nicht *genau*.

Außerdem wird unser Zimmermann bei seinem Streben nach höherer Genauigkeit einem wichtigen grundsätzlichen Problem begegnen. Er wird sicherlich herausfinden, daß die Höhe an verschiedenen Stellen unterschiedlich ist. Selbst an ein und derselben Stelle, so wird er feststellen, variiert die Höhe, wenn sich Temperatur und Luftfeuchtigkeit ändern oder wenn er zufällig eine Schmutzschicht abreibt. Mit anderen Worten: er wird feststellen, daß es so etwas wie *die* Höhe der Türöffnung nicht gibt. Diese Art von Problem heißt *Definitionsproblem* (die Höhe der Tür ist keine wohldefinierte Größe) und spielt bei vielen wissenschaftlichen Messungen eine wichtige Rolle.

Bei alltäglichen Messungen machen wir uns gewöhnlich nicht die Mühe, Unsicherheiten zu diskutieren. Manchmal sind die Unsicherheiten einfach nicht interessant. Wenn wir sagen, der Schulweg betrage 4 km, kommt es (für die meisten Zwecke) nicht darauf an, ob das „irgendwo zwischen 3,5 und 4,5 km" oder „irgendwo zwischen 3,99 und 4,01 km" bedeutet. Oft sind die Unsicherheiten zwar wichtig, können aber instinktiv und ohne langes Überlegen berücksichtigt werden. Wenn der Zimmermann kommt, um seine Tür einzusetzen, muß er ihre Höhe mit einer Unsicherheit von weniger als etwa 1 mm kennen. Solange jedoch die Unsicherheit so klein ist, wird die Tür (für alle praktischen Zwecke) einwandfrei passen. Der Zimmermann hat darüber hinaus mit Fehleranalyse nichts mehr zu tun.

1.3 Kenntnis der Unsicherheiten und ihre Bedeutung

Unser Beispiel des Zimmermanns, der eine Türöffnung mißt, verdeutlicht, daß es bei Messungen immer Unsicherheiten gibt. Wir betrachten jetzt ein Beispiel, das noch klarer zeigt, weshalb es so wichtig ist, deren Größe zu kennen.

Nehmen wir an, wir seien mit einem solchen Problem konfrontiert, das bereits Archimedes gelöst haben soll. Wir bekommen den Auftrag herauszufinden, ob eine Krone tatsächlich aus 18-karätigem Gold oder aus einer billigeren Legierung hergestellt wurde. Wie Archimedes entscheiden wir uns dafür, die Dichte der Krone zu prüfen. Wir wissen, daß die Dichten von 18-karätigem Gold und der vermuteten Legierung

$$\varrho_{\text{Gold}} = 15{,}5 \text{ g/cm}^3$$

bzw.

$$\varrho_{\text{Leg.}} = 13{,}8 \text{ g/cm}^3$$

betragen. Falls wir die Dichte ϱ_{Krone} der Krone messen können, sollte uns die Entscheidung leichtfallen, ob die Krone wirklich aus Gold ist. Wir würden ϱ_{Krone} mit den bekannten Dichten ϱ_{Gold} und $\varrho_{\text{Leg.}}$ vergleichen.

Nehmen wir an, wir beauftragten zwei Fachleute für Dichtemessungen. Der erste Fachmann, *A* genannt, könnte eine schnelle Messung von ϱ_{Krone} machen und mitteilen, sein bester Schätzwert (kurz Bestwert genannt) für ϱ_{Krone} sei gleich 15 g/cm^3 und ϱ_{Krone} liege fast sicher irgendwo zwischen 13,5 und 16,5 g/cm^3. Fachmann *B* könnte sich etwas mehr Zeit nehmen und dann als Bestwert 13,9 g/cm^3 und als wahrscheinlichen Wertebereich 13,7 bis 14,1 g/cm^3 angeben. Die Ergebnisse unserer Experten lassen sich, wie in Tab. 1–1 gezeigt, zusammenfassen.

Tab. 1–1. Dichte der Krone (in g/cm^3).

Mitgeteiltes Ergebnis	Fachmann A	Fachmann B
Bestwert für ϱ_{Krone}	15	13,9
Wahrsch. Wertebereich für ϱ_{Krone}	13,5 bis 16,5	13,7 bis 14,1

Als erster Punkt ist zu diesen Ergebnisse anzumerken: Trotz der höheren Genauigkeit von *B*s Messung ist *A*s Messung wahrscheinlich auch richtig. Jeder der beiden Experten gibt einen Bereich an, von dem er mit Vertrauen annimmt, daß ϱ_{Krone} darin liegt, und diese Bereiche überlappen. Es ist also vollkommen möglich (und sogar wahrscheinlich), daß beide Aussagen richtig sind.

Als zweites muß gesagt werden: Die Unsicherheit im Meßergebnis von A ist so groß, daß man mit seinem Ergebnis nichts anfangen kann. Die Dichte von 18-karätigem Gold und die der Legierung liegen beide in seinem Meßwertebereich von 13,5 bis 16,5 g/cm^3. Folglich ist es unmöglich, aus den Meßwerten von A den interessierenden Schluß zu ziehen. Andererseits zeigen die Meßergebnisse von B klar, daß die Krone nicht echt ist. Die Dichte der vermuteten Legierung, 13,8 g/cm^3, liegt einwandfrei innerhalb des von B geschätzten Bereiches von 13,7 bis 14,1 g/cm^3, die von 18-karätigem Gold, 15,5 g/cm^3, liegt aber weit außerhalb. Wenn also die Messungen eine Schlußfolgerung erlauben sollen, dürfen offensichtlich die experimentellen Unsicherheiten nicht zu groß sein. Es ist jedoch *nicht* erforderlich, daß die Unsicherheiten extrem klein sind. In dieser Hinsicht ist unser Beispiel typisch für viele wissenschaftliche Messungen, bei denen die Unsicherheiten *vernünftig* klein sein müssen (vielleicht einige Prozent des Meßwertes), wo es aber auf äußerste Genauigkeit oft gar nicht ankommt.

Da unsere Entscheidung von Bs Behauptung abhängt, ϱ_{Krone} liege zwischen 13,7 und 14,1 g/cm^3, muß uns B genug Grund dazu geben, ihm zu glauben. Anders ausgedrückt: der Experimentator muß den von ihm angegebenen Wertebereich rechtfertigen. Dieser Punkt wird von Studienanfängern oft übersehen, die einfach angeben, ihre Unsicherheit sei 1 mm oder 2 s oder sonst etwas, aber jegliche Rechtfertigung dafür weglassen. Ohne eine kurze Erklärung, wie die Unsicherheit abgeschätzt wurde, ist ihre Angabe fast wertlos.

Die wichtigste Feststellung hinsichtlich der Meßergebnisse unserer zwei Fachleute lautet: Wie die meisten wissenschaftlichen Messungen wären sie beide wertlos gewesen, wenn sie nicht eine verläßliche Angabe ihrer Unsicherheiten enthalten hätten. In der Tat: Wenn wir nur die Angaben in der oberen Zeile von Tab. 1–1 kennen würden, könnten wir nicht nur keinerlei gültigen Schluß ziehen, wir könnten sogar irregeführt werden, da das Ergebnis von Fachmann A (15 g/cm^3) die Schlußfolgerung erlaubt, die Krone sei echt.

1.4 Weitere Beispiele

Die Beispiele in den letzten zwei Abschnitten wurden gewählt, weil sie eine gute Einführung in einige der Grundzüge der Fehleranalyse geben. Sie wurden nicht gewählt, weil sie große Bedeutung besitzen, und der Leser mag sie als ein bißchen weit hergeholt betrachten. Beispiele, die in fast allen Bereichen der angewandten und reinen Wissenschaft von größter Bedeutung sind, lassen sich jedoch leicht finden.

In den angewandten Wissenschaften muß ein Ingenieur, der ein Kernkraftwerk entwirft, die Eigenschaften der Werkstoffe und Brennstoffe kennen, die er verwenden will. Der Hersteller eines Taschenrechners muß über die Eigenschaften seiner vielfältigen elektronischen Bauteile Bescheid wissen. In jedem Fall muß jemand die erforderlichen Parameter messen und nach der Messung die Zuverlässigkeit seiner Meßwerte feststellen. Dafür ist eine Analyse der Fehler erforderlich. Ingenieure, die sich mit der Sicherheit von

Flugzeugen, Zügen oder Autos befassen, müssen die Unsicherheiten in den Reaktionszeiten der Fahrer, den Bremswegen und einer Menge anderer Größen verstehen. Wenn keine Fehleranalyse durchgeführt wird, kann das zu Unfällen oder sogar Katastrophen führen. Selbst auf einem nicht zur Wissenschaft gehörenden Gebiet wie der Herstellung von Kleidung spielt die Fehleranalyse in der Form von *Qualitätskontrolle* eine entscheidende Rolle.

In den reinen Wissenschaften kommt der Fehleranalyse eine grundlegendere Funktion zu. Wird irgendeine neue Theorie vorgeschlagen, so muß sie mit einem oder mehreren Experimenten, bei denen die neue und die alten Theorien unterschiedliche Ergebnisse voraussagen, geprüft werden. Im Prinzip führt man einfach ein Experiment durch, und das Ergebnis entscheidet zwischen den konkurrierenden Theorien. In der Praxis aber kompliziert sich die Lage durch die unvermeidlichen experimentellen Unsicherheiten. Diese müssen alle sorgfältig analysiert und ihre Auswirkungen solange vermindert werden, bis das Experiment genau eine der Theorien als die zu akzeptierende heraushebt. Das heißt, daß die experimentellen Ergebnisse, zusammen mit ihren Unsicherheiten, mit den Vorhersagen einer Theorie *konsistent* sein müssen, hingegen mit denen aller bekannten, vernünftigen Alternativen *inkonsistent*. Offensichtlich hängt der Erfolg eines solchen Verfahrens in kritischer Weise davon ab, wie gut der Wissenschaftler die Fehleranalyse versteht und ob er fähig ist, andere zu überzeugen, daß er sie versteht.

Ein berühmtes Beispiel dieser Art des Tests einer wissenschaflichen Theorie ist die Messung der Ablenkung von Licht, das nahe an der Sonne vorbeigeht. Als Einstein im Jahre 1916 seine allgemeine Relativitätstheorie veröffentlichte, wies er auf folgende Vorhersage der Theorie hin: Licht von einem Stern wird um einen Winkel $\alpha = 1{,}8''$, abgelenkt, wenn es nahe an der Sonne vorbeigeht. Nach der einfachsten klassischen Theorie ist keine Ablenkung zu erwarten ($\alpha = 0$), und eine weiterentwickelte klassische Theorie sagt eine Ablenkung um $\alpha = 0{,}9''$ voraus (worauf Einstein im Jahre 1911 selbst hinwies). Im Prinzip genügt es, einen Stern zu beobachten, der auf einer Linie mit dem Rand der Sonne liegt, und den Ablenkwinkel α zu messen. Wenn das Ergebnis lautet $\alpha = 1{,}8''$, dann ist die allgemeine Relativitätstheorie (zumindest für diese Erscheinung) bestätigt. Wenn für α der Wert 0 oder $0{,}9''$ herauskommt, ist die allgemeine Relativitätstheorie falsch und eine der älteren Theorien richtig.

In der Praxis war die Messung der Lichtablenkung durch die Sonne äußerst schwierig und nur während einer Sonnenfinsternis möglich. Trotzdem wurde sie 1919 von Dyson, Eddington und Davidson erfolgreich durchgeführt. Sie teilten als ihren Bestwert $\alpha = 2''$ mit, wobei α mit einem Vertrauen von 95% irgendwo zwischen $1{,}7''$ und $2{,}3''$ liegt.[2] Offensichtlich war dieses Ergebnis konsistent mit der allgemeinen Relativitätstheorie und inkonsistent mit den beiden älteren Vorhersagen. Die allgemeine Relativitätstheorie erfuhr dadurch eine starke Unterstützung.

Damals war dieses Ergebnis allerdings kontrovers. Viele Leute waren der Meinung, die Unsicherheiten seien stark unterschätzt worden, und das Experiment sei deshalb nicht schlüssig. Später durchgeführte Experimente tendierten in die Richtung, Einsteins Vor-

[2] Diese vereinfachte Darstellung beruht auf der Originalveröffentlichung von Dyson, Eddington und Davidson (*Philosophical Transactions of the Royal Society*, **220 A**, 1920, 291). Ich habe den ursprünglich angegebenen wahrscheinlichen Fehler in die 95-Prozent-Vertrauensgrenzen umgerechnet. Die genaue Bedeutung solcher Vertrauensgrenzen wird in Kapitel 5 angegeben.

hersage und damit auch den Schluß von Dyson, Eddington und Davidson zu bestätigen. Der hier interessierende Punkt ist: Die gesamte Frage hing von der Fähigkeit der Experimentatoren ab, alle Unsicherheiten zuverlässig zu schätzen und die übrige Fachwelt von der Güte ihrer Schätzung zu überzeugen.

Der Student im physikalischen Anfängerpraktikum wird gewöhnlich nicht in der Lage sein, definitive Tests neuer Theorien durchzuführen. Andererseits sind viele Experimente im Anfängerpraktikum als Prüfungen bestehender physikalischer Theorien angelegt. Beispielsweise sagt die Newtonsche Theorie der Schwerkraft voraus, daß (unter geeigneten Bedingungen) Körper mit konstanter Beschleunigung g fallen, und der Student kann Experimente ausführen, um die Richtigkeit dieser Vorhersage zu prüfen. Auf den ersten Blick mag diese Art von Experimenten künstlich und sinnlos erscheinen, da die Theorien schon viele Male mit viel höherer Genauigkeit überprüft wurden, als das in einem Praktikumslabor möglich ist. Trotzdem können solche Experimente interessante und lehrreiche Übungen sein, wenn der Student die entscheidende Rolle der Fehleranalyse erkennnt und die Herausforderung annimmt, den genauesten Test durchzuführen, der mit den zur Verfügung stehenden Geräten möglich ist.

1.5 Schätzung von Unsicherheiten beim Ablesen von Skalen

Bis jetzt haben wir mehrere Beispiele betrachtet, die verdeutlichen, weshalb jede Messung mit Unsicherheiten behaftet ist und warum es wichtig ist, ihre Größe zu kennen. Andererseits haben wir noch nicht besprochen, wie man die Größe einer Unsicherheit tatsächlich bestimmt. Das kann in der Tat ziemlich kompliziert sein, und der Rest des Buches behandelt hauptsächlich dieses Thema. Es gibt aber glücklicherweise einfache Messungen, bei denen es leicht ist, eine vernünftige Schätzung der Unsicherheiten vorzunehmen, oft nur durch den Gebrauch des gesunden Menschenverstandes. Hier und in Abschnitt 1.6 geben wir zwei Beispiele für solche einfache Messungen. Das Verstehen dieser Beispiele versetzt den Studenten in die Lage, die Fehleranalyse in seinen Experimenten anzuwenden und bildet die Grundlage für unsere späteren, noch mehr in die Tiefe gehenden Betrachtungen.

Unser erstes Beispiel ist eine Messung mit einer Skala, die mit Teilstrichen versehen ist, z. B. einem Lineal wie in Abb. 1–1 oder einem Voltmeter wie in Abb. 1–2. Zur Messung der Länge des Bleistifts in Abb. 1–1 müssen wir zuerst den Bleistift so an das Lineal anlegen, daß sein Ende der 0 gegenüberliegt und dann entscheiden, wo die Spitze auf der Skala des Lineals zu liegen kommt. Zur Spannungsmessung in Abb. 1–2 müssen wir

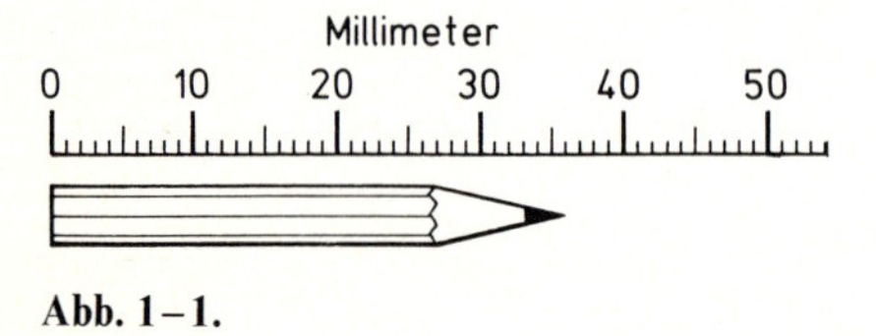

Abb. 1–1.

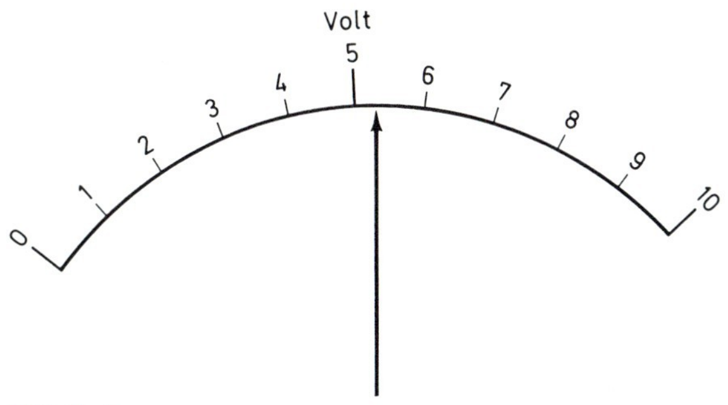

Abb. 1–2.

entscheiden, auf welche Stelle der Skala des Voltmeters die Nadel zeigt. Wenn wir davon ausgehen, daß das Lineal und das Voltmeter zuverlässig sind, so ist in beiden Fällen das Hauptproblem zu entscheiden, wo ein bestimmter Punkt in Bezug auf die Teilstriche der Skala liegt. (Das müssen wir natürlich auch dann berücksichtigen, wenn wir das Lineal oder das Voltmeter aus irgendeinem Grunde als nicht zuverlässig einstufen.)

Die Teilstriche des Lineals in Abb. 1–1 liegen ziemlich nahe beieinander (im Abstand von 1 mm). Ein Experimentator kann vernünftigerweise zu dem Ergebnis kommen, daß die gezeigte Länge zweifellos näher bei 36 mm liegt als bei 35 oder 37 mm und keine genauere Ablesung möglich ist. Er gibt daher sein Ergebnis an in der Form

$$\begin{aligned} &\text{Bestwert der Länge} = 36 \text{ mm}, \\ &\text{wahrscheinlicher Bereich } 35{,}5 \text{ bis } 36{,}5 \text{ mm} \end{aligned} \tag{1.1}$$

und sagt, er habe die Länge auf den nächsten Millimeter genau gemessen.

Diese Art von Schluß – daß die Größe näher bei einem Teilstrich liegt als bei jedem der beiden benachbarten – wird recht oft verwendet. Aus diesem Grunde führen viele Wissenschaftler die folgende Konvention ein: die ohne nähere Spezifizierung gemachte Angabe $l = 36$ mm ist so aufzufassen ist, daß l näher bei 36 mm als bei 35 oder 37 mm liegt. Das heißt,

$$l = 36 \text{ mm}$$

bedeutet

$$35{,}5 \text{ mm} \leq l \leq 36{,}5 \text{ mm}.$$

Entsprechend würde man ein Ergebnis wie $x = 1{,}27$, bei dem jegliche Angabe der Unsicherheit fehlt, so interpretieren, daß x zwischen 1,265 und 1,275 liegt. In diesem Buch werden wir diese Konvention nicht verwenden, sondern unsere Unsicherheiten immer explizit angeben. Trotzdem ist es für den Studenten wichtig, die Konvention zu kennen und zu wissen, daß sie für jeden Zahlenwert gilt, der ohne Unsicherheit angegeben wird. Das zu wissen, ist im Zeitalter der Taschenrechner, die oft viele Stellen anzeigen, besonders wichtig. Wenn ein Student ohne nähere Angaben blind die Zahl 123,246 von seinem Taschenrechner übernimmt, dann hat er sich nicht klargemacht, daß jeder, der diese Zahl liest, berechtigterweise davon ausgehen kann, daß die Zahl bestimmt auf sechs signifikante Stellen genau ist, was aber sehr wahrscheinlich nicht der Fall ist.

Die Teilungsstriche des in Abb. 1–2 gezeigten Voltmeters liegen viel weiter auseinander als die des Lineals. Hier würden die meisten Beobachter der Auffassung zustimmen, daß man mehr tun kann als einfach den Teilungsstrich zu identifizieren, dem der Zeiger am nächsten steht. Weil die Abstände größer sind, kann man realistisch schätzen, wo der Zeiger im Zwischenraum zwischen zwei Teilungsstrichen liegt. Folglich könnte ein vernünftiges Meßergebnis für die gezeigte Spannung lauten

$$\begin{aligned} &\text{Bestwert der Spannung} = 5{,}3 \text{ Volt}, \\ &\text{Wahrscheinlicher Bereich } 5{,}2 \text{ bis } 5{,}4 \text{ Volt.} \end{aligned} \tag{1.2}$$

Der Vorgang der Schätzung von Zeigerstellungen zwischen den Teilungsstrichen heißt *Interpolation.* Diese wichtige Technik läßt sich durch Übung verbessern.

Verschiedene Beobachter sind möglicherweise mit den genauen Schätzwerten, die in (1.1) und (1.2) angegeben sind, nicht einverstanden. Berechtigt wäre z. B. der Einwand, man könne zur Bestimmung der Länge in Abb. 1–1 interpolieren und sie mit einer kleineren Unsicherheit als der in Gleichung (1.1) angegebenen messen. Trotzdem würden nur wenige Leute bestreiten, daß Gleichung (1.1) und (1.2) vernünftige Schätzwerte für die betreffenden Größen und ihre wahrscheinlichen Unsicherheiten sind. Folglich sehen wir, daß die näherungsweise Schätzung von Unsicherheiten ziemlich leicht ist, wenn das einzige Problem darin besteht, die Lage eines Punkts auf einer unterteilten Skala zu bestimmen.

1.6 Schätzung von Unsicherheiten bei wiederholbaren Messungen

Bei vielen Messungen treten Unsicherheiten auf, die viel schwerer zu schätzen sind als diejenigen, die mit der Bestimmung der Lage von Punkten auf einer Skala zusammenhängen. Wenn wir beipielsweise mit einer Stoppuhr einen Zeitabstand messen, dann ist die wichtigste Quelle der Unsicherheit nicht die Schwierigkeit, eine Zeitangabe vom Zifferblatt abzulesen, sondern unsere eigene unbekannte Reaktionszeit beim Starten und Stoppen der Uhr. Solche Unsicherheiten lassen sich aber zuverlässig schätzen, wenn wir die Messung mehrere Male wiederholen können. Nehmen wir beispielsweise an, wir mäßen die Schwingungsdauer eines langen Pendels einmal und erhielten als Ergebnis 2,3 Sekunden. Aus dieser einen Messung läßt sich nicht viel über die experimentelle Unsicherheit sagen. Wiederholen wir aber die Messung und erhalten diesmal 2,4 s, dann können wir schließen, daß die Unsicherheit wahrscheinlich von der Größenordnung 0,1 s ist. Wenn eine Reihe von vier Zeitmessungen die Ergebnisse (in s)

$$2{,}3; \quad 2{,}4; \quad 2{,}5; \quad 2{,}4 \tag{1.3}$$

liefert, dann haben wir genügend Material an der Hand, um nun bereits zu recht realistischen Schätzungen zu gelangen.

Erstens ist es natürlich, anzunehmen, daß der Bestwert, d. h. der beste Schätzwert, für die Schwingungsdauer der *Mittelwert* 2,4 s ist.[3]

[3] Wir werden in Kapitel 5 beweisen, daß der auf mehreren Einzelmessungen einer Größe beruhende Bestwert immer der Mittelwert der Meßwerte ist.

Zweitens scheint die Annahme hinreichend sicher, daß die wahre Schwingungsdauer irgendwo zwischen dem niedrigsten Wert (2,3 s) und dem höchsten (2,5 s) liegt. Wir können also vernünftigerweise schließen:

$$\text{Bestwert} = \text{Mittelwert} = 2{,}4\ \text{s}, \qquad (1.4)$$
$$\text{Wahrscheinlicher Bereich } 2{,}3 \text{ bis } 2{,}5\ \text{s}.$$

Immer, wenn wir die gleiche Messung mehrere Male durchführen können, gibt uns die Streuung der Meßwerte einen wertvollen Hinweis auf die Unsicherheit unserer Messungen. In Kapitel 4 und 5 erörtern wir statistische Verfahren zur Behandlung solcher wiederholter Messungen. Unter den richtigen Bedingungen liefern diese statistischen Verfahren einen genaueren Schätzwert für die Unsicherheit als den von Gleichung (1.4), der nur mit dem gesunden Menschenverstand gefunden wurde. Eine korrekte statistische Behandlung hat auch den Vorteil, einen objektiven Wert für die Unsicherheit zu liefern, der unabhängig von der subjektiven Einschätzung des Beobachters ist.[4] Trotzdem bleibt die Schätzung in (1.4) ein einfacher und realistischer, aus den vier Meßwerten von (1.3) zu ziehender Schluß.

Man kann sich nicht immer darauf verlassen, daß wiederholte Messungen wie in (1.3) die Unsicherheiten enthüllen. Erstens müssen wir sicher sein, daß die gemessene Größe wirklich dieselbe Größe ist. Nehmen wir beispielsweise an, wir mäßen die Bruchfestigkeit von zwei als identisch angenommenen Drähten, indem wir sie durchbrechen (was wir mit ein und demselben Draht nur einmal tun können). Wenn wir zwei verschiedene Ergebnisse erhalten, so kann die Differenz zweierlei Gründe haben: unsere Messungen könnten unsicher gewesen sein oder die zwei Drähte waren nicht wirklich identisch. Der Unterschied zwischen beiden Ergebnissen allein wirft noch kein Licht auf die Zuverlässigkeit unserer Messungen.

Selbst wenn wir sicher sein können, jedesmal dieselbe Größe zu messen, werden wir durch wiederholte Messungen nicht immer alle Unsicherheiten herausfinden. Nehmen wir beispielsweise an, die für die Zeitmessungen in (1.3) verwendete Uhr sei immer um 5 Prozent vorgegangen. Dann sind alle mit ihr gemessenen Zeiten 5 Prozent zu lang, und wir können die Messung (mit derselben Uhr) so oft wiederholen, wie wir wollen, wir werden diesen Mangel nicht entdecken. Abweichungen dieser Art, die alle Meßwerte in gleicher Weise ändern, heißen *systematische* Abweichungen. Wie wir in Kapitel 4 besprechen, kann es schwierig sein, sie zu entdecken. In unserem Beispiel wäre das beste, die Uhr mit einer zuverlässigeren zu überprüfen. Generell dürfte klar sein: wenn man Grund hat, an der Zuverlässigkeit irgendeines Meßgeräts (einer Uhr, eines Bandmaßes, eines Voltmeters) zu zweifeln, sollte man versuchen, sie mit einem anerkannt zuverlässigen Gerät zu überprüfen.

Die in diesem und dem vorhergehenden Abschnitt behandelten Beispiele zeigen, wie leicht sich experimentelle Unsicherheiten manchmal abschätzen lassen. Andererseits gibt

---

[4] Eine korrekte statistische Behandlung liefert gewöhnlich auch eine *kleinere* Unsicherheit als die volle Spannweite vom niedrigsten bis zum höchsten beobachteten Wert. So haben wir aus den vier Meßwerten in (1.3) den Schluß gezogen, daß die Schwingungsdauer „wahrscheinlich" zwischen 2,3 und 2,5 s liegt. Die statistischen Verfahren von Kapitel 4 und 5 erlauben uns, mit einem Vertrauen von 70 Prozent auszusagen, daß sie in dem kleineren Bereich von 2,36 bis 2,44 s liegt.

es viele Messungen, bei denen die Unsicherheiten nicht so einfach zu bestimmen sind. Letztendlich benötigen wir auch präzisere Werte für die Unsicherheiten, als sie die bisher behandelten einfachen Schätzungsmethoden liefern können. Mit diesen Themen befassen wir uns ab Kapitel 3. In Kapitel 2 werden wir vorübergehend annehmen, wir wüßten bereits, wie die Unsicherheiten aller interessierenden Größen abzuschätzen sind, so daß wir besprechen können, wie die Unsicherheiten am besten mitzuteilen und wie sie zur experimentellen Schlußfolgerung am besten heranzuziehen sind.

2 Wiedergabe und Verwendung von Unsicherheiten

Wir haben jetzt eine Vorstellung von der Bedeutung experimenteller Unsicherheiten und davon, wie sie entstehen. Wir haben auch gesehen, wie man sie in einigen einfachen Fällen abschätzen kann. In diesem Kapitel werden einige grundlegende Methoden und Regeln der Fehleranalyse vorgestellt (Abschn. 2.1 bis 2.3) und Beispiele dafür gegeben, wie sie in typischen Experimenten in einem physikalischen Labor angewandt werden können (Abschn. 2.4 bis 2.6). Oberstes Ziel ist, uns mit den grundlegenden Begriffen der Fehleranalyse und der Art und Weise, wie sie im Anfängerpraktikum eingesetzt wird, vertraut zu machen. Schließlich lernen wir noch einen weiteren grundlegenden Begriff kennen, den der relativen Unsicherheit, und erörtern seine Bedeutung (Abschn. 2.7 bis 2.9). Damit sind wir dann darauf vorbereitet, in Kapitel 3 zu studieren, wie Unsicherheiten tatsächlich bestimmt werden.

2.1 Bestwert ± Unsicherheit

Wir haben gesehen, daß die richtige Art, das Ergebnis einer Messung anzugeben, darin besteht, daß der Messende den Bestwert der betreffenden Größe und den Bereich angibt, von dem er mit Vertrauen sagen kann, daß sie darin liegt. Beispielsweise wurde das Ergebnis der in Abschnitt 1.6 angegebenen Zeitmessungen mitgeteilt als

$$\begin{aligned}&\text{Bestwert der Zeit} = 2{,}4\ \text{s},\\&\text{wahrscheinlicher Bereich } 2{,}3 \text{ bis } 2{,}5\ \text{s}.\end{aligned} \tag{2.1}$$

Hier liegt der Bestwert (2,4 s) in der Mitte des geschätzten Bereiches wahrscheinlicher Werte. Diese Beziehung ist offensichtlich sehr natürlich und gilt bei fast allen Messungen. Das erlaubt, das Meßergebnis in sehr knapper Form anzugeben. So schreibt man beispielsweise das in (2.1) wiedergegebene Meßergebnis gewöhnlich folgendermaßen:

$$\text{Meßwert der Zeit} = 2{,}4 \pm 0{,}1\ \text{s}. \tag{2.2}$$

Diese einzelne Gleichung ist genau gleichwertig mit den zwei Aussagen in (2.1).
Allgemein wird jedes Meßergebnis einer Größe x angegeben als

$$(\text{Meßwert von } x) = x_{\text{Best}} \pm \delta x. \tag{2.3}$$

Diese Angabe bedeutet einmal, daß der beste Schätzwert des Experimentators für die betreffende Größe gleich dem Bestwert x_{Best} ist, und zum zweiten, daß er mit vernünftigem Vertrauen sagen kann, die Größe liege irgendwo zwischen $x_{\text{Best}} - \delta x$ und $x_{\text{Best}} + \delta x$. Die Zahl δx heißt *Meßunsicherheit* oder *Meßabweichung* der Größe x. Früher wurde dafür auch die Bezeichnung Meßfehler oder kurz Fehler verwendet. Bei strikter Befolgung der DIN-Normen sollte „Fehler" aber nur für systematische Abweichungen verwendet werden, die sich bei Kontrollmessungen wie den im Zusammenhang mit der Zeitmessung erwähnten feststellen lassen. Es ist bequem, die Unsicherheit δx immer als positiv zu definieren. Dann ist $x_{\text{Best}} + \delta x$ immer der *höchste* wahrscheinliche Wert der Meßgröße und $x_{\text{Best}} - \delta x$ der *niedrigste*.

Wir haben die Bedeutung des Bereiches von $x_{\text{Best}} - \delta x$ bis $x_{\text{Best}} + \delta x$ etwas vage gelassen. Manchmal können wir sie jedoch präzisieren. Bei einer einfachen Messung wie der Messung der Höhe einer Türöffnung können wir leicht einen Bereich $x_{\text{Best}} - \delta x$ bis $x_{\text{Best}} + \delta x$ angeben, bei dem wir absolut sicher sind, daß der wahre Wert der Meßgröße darin liegt. Unglücklicherweise ist es bei den meisten wissenschaftlichen Messungen sehr schwer, eine solche Aussage zu machen. Insbesondere müssen wir, wenn wir *völlig* sicher sein wollen, daß der wahre Wert der Meßgröße zwischen $x_{\text{Best}} - \delta x$ und $x_{\text{Best}} + \delta x$ liegt, gewöhnlich einen Wert für δx wählen, der für praktische Anwendungen viel zu groß ist. Das läßt sich in manchen Fällen vermeiden, in denen wir ein δx wählen, bei dem der wahre Wert der Größe mit einem Vertrauen von z. B. 70 Prozent zwischen $x_{\text{Best}} - \delta x$ und $x_{\text{Best}} + \delta x$ liegt. Wir können das jedoch offensichtlich nicht ohne eine detaillierte Kenntnis der statistischen Gesetze tun, die den Meßvorgang beherrschen. Auf diesen Punkt kommen wir in Kapitel 4 zurück. Für den Augenblick begnügen wir uns damit, die Meßunsicherheit so zu definieren, daß wir mit „vernünftiger Sicherheit" sagen können, der wahre Wert liege irgendwo zwischen $x_{\text{Best}} - \delta x$ und $x_{\text{Best}} + \delta x$.

2.2 Signifikante Stellen

Einige Grundregeln für die Angabe von Meßunsicherheiten sind es wert, hervorgehoben zu werden. *Erstens*: da die Zahl δx ein Schätzwert für eine Unsicherheit ist, sollte sie nicht mit zu hoher Genauigkeit angegeben werden. Bei einer Messung der Schwerebeschleunigung g wäre es absurd, ein Ergebnis wie

$$(\text{Meßwert von } g) = 9{,}82 \pm 0{,}02385 \text{ m/s}^2 \tag{2.4}$$

aufzuschreiben. Es ist unvorstellbar, daß die Unsicherheit dieses Meßwertes auf vier signifikante Stellen genau bekannnt sein kann. Bei hochpräziser Arbeit werden Unsicherheiten manchmal mit zwei signifikanten Stellen angegeben, aber für das Anfängerpraktikum notieren wir folgende Regel.[1]

[1] Damit man sich leicht auf sie beziehen kann, haben die Regeln Nummern erhalten, als ob sie Gleichungen wären. Einige von ihnen enthalten Gleichungen, andere nicht.

Regel für die Angabe von Meßunsicherheiten

In einem Anfängerpraktikum sollten Meßunsicherheiten gewöhnlich auf eine signifikante Stelle gerundet werden. (2.5)

Wenn also eine Rechnung die Meßunsicherheit $\delta g = 0{,}02385\ \mathrm{m/s^2}$ liefert, sollte dieses Ergebnis auf $\delta g = 0{,}02\ \mathrm{m/s^2}$ gerundet und das Meßergebnis (2.4) umgeschrieben werden in

$$(\text{Meßwert von } g) = 9{,}82 \pm 0{,}02\ \mathrm{m/s^2}. \tag{2.6}$$

Eine wichtige praktische Folge dieser Regel ist, daß viele Berechnungen von Fehlern ohne die Hilfe von Taschenrechnern oder Bleistift und Papier im Kopf durchgeführt werden können.

Es gibt nur eine wichtige Ausnahme von der Regel (2.5). Wenn an der führenden Stelle der Meßunsicherheit δx eine 1 steht, dann kann es besser sein, in δx zwei signifikante Stellen zu behalten. Nehmen wir beispielsweise an, eine Rechnung liefere die Meßunsicherheit $\delta x = 0{,}14$. Diese auf $\delta x = 0{,}1$ zu runden, wäre eine Verminderung um 40 Prozent. Man könnte deshalb argumentieren, es sei weniger irreführend, zwei Stellen zu behalten und $\delta x = 0{,}14$ anzugeben. Vorstellbar wäre noch, dieselbe Argumentation zu verwenden, wenn an der führenden Stelle eine 2 steht, aber sicher nicht bei größeren Ziffern.

Zweitens: Sobald man einen Schätzwert für die Meßunsicherheit hat, muß man auch überlegen, welche Stellen des Meßwertes signifikant sind. Über eine Angabe wie

$$\text{Meßwert der Geschwindigkeit} = 6051{,}78 \pm 30\ \mathrm{m/s} \tag{2.7}$$

kann man offensichtlich nur lachen. Die Meßunsicherheit von 30 m/s bedeutet, daß statt der 5 an der dritten Stelle von 6051,78 in Wirklichkeit auch eine andere Ziffer bis hinunter zur 2 oder hinauf zur 8 stehen könnte. Klarerweise sind die letzten Ziffern 1, 7 und 8 dann völlig bedeutungslos und sollten weggerundet werden. Das heißt, die (2.7) entsprechende korrekte Angabe lautet

$$\text{Meßwert der Geschwindigkeit} = 6050 \pm 30\ \mathrm{m/s}. \tag{2.8}$$

Offensichtlich heißt die allgemeine Regel:

Regel für die Angabe von Meßergebnissen

Bei jeder Angabe von Meßergebnissen sollte die letzte signifikante Stelle des Bestwerts gewöhnlich dieselbe Größenordnung haben (an derselben Dezimalstelle stehen) wie die Meßunsicherheit. (2.9)

Beispielsweise sollte der Bestwert 92,81 bei einer Meßunsicherheit von 0,3 gerundet werden, so daß das Meßergebnis lautet

$$92{,}8 \pm 0{,}3\,.$$

Wenn die Meßunsicherheit gleich 3 ist, dann sollte das Meßergebnis angegeben werden als

$$93 \pm 3,$$

und wenn sie gleich 30 ist, sollte das Meßergebnis

$$90 \pm 30$$

lauten.

Allerdings sollte man bei Zahlen, die in Rechnungen verwendet werden, *eine signifikante Stelle mehr* mitführen als letztendlich gerechtfertigt ist. Am Ende der Rechnung sollte das Endergebnis zur Beseitigung dieser zusätzlichen (und insignifikanten) Stelle gerundet werden.[2]

Beachten Sie, daß die Unsicherheit eines Meßwertes immer dieselbe Dimension hat wie der Meßwert selbst. Es ist daher klarer und ökonomischer, wie in Gleichung (2.6) und (2.8) sowohl Bestwert als auch Meßunsicherheit vor die Einheit (m/s^2, cm^2 usw.) zu schreiben. Entsprechend ist es, wenn eine Maßzahl so groß oder so klein ist, daß sie die „wissenschaftliche Schreibweise" (d.h. die Verwendung von z.B. 3×10^3 anstelle von 3000) erforderlich macht, einfacher und klarer, Bestwert und Meßunsicherheit in derselben Form anzugeben. Beispielsweise ist das Meßergebnis

$$\text{Meßwert der Ladung} = (1{,}61 \pm 0{,}05) \times 10^{-19}\ \text{C}$$

in dieser Form viel leichter zu lesen und zu verstehen als in der Form

$$\text{Meßwert der Ladung} = 1{,}61 \times 10^{-19} \pm 5 \times 10^{-21}\ \text{C}$$

2.3 Diskrepanz

Bevor wir uns der Frage zuwenden, wie Unsicherheiten in experimentellen Berichten zu verwenden sind, müssen ein paar wichtige Begriffe eingeführt und definiert werden. Erstens: wenn zwei Meßwerte derselben Größe nicht übereinstimmen, sagen wir, daß eine *Diskrepanz* besteht. Zahlenmäßig definieren wir die Diskrepanz zwischen den zwei Meßwerten als ihre Differenz:

Diskrepanz = Differenz zwischen zwei Meßwerten derselben Größe. (2.10)

[2] Es gibt noch eine kleine Ausnahme von Regel (2.9). Wenn die führende Ziffer in der Meßunsicherheit klein (gleich 1 oder vielleicht 2) ist, dann kann es angemessen sein, im Endergebnis eine zusätzliche Stelle zu behalten. Beispielsweise ist ein Meßergebnis wie

$$\text{Meßwert der Länge} = 27{,}6 \pm 1\ \text{cm}$$

völlig annehmbar, da man argumentieren könnte, daß durch Runden auf 28 ± 1 Information verschenkt würde.

Es ist wichtig zu erkennen, daß eine Diskrepanz signifikant sein kann oder auch nicht. Wenn zwei Studenten denselben Widerstand messen und die Meßergebnisse

$$(40 \pm 5)\,\Omega$$

und

$$(42 \pm 8)\,\Omega$$

erhalten, dann ist die Diskrepanz von $2\,\Omega$ kleiner als die Meßunsicherheiten, so daß die Meßergebnisse offensichtlich konsistent sind. Hier würden wir die Diskrepanz als insignifikant bezeichnen. Wenn andererseits die zwei Meßergebnisse

$$(35 \pm 2)\,\Omega$$

und

$$(45 \pm 1)\,\Omega$$

lauteten, dann wären die zwei Messungen klarerweise inkonsistent, und die Diskrepanz von $10\,\Omega$ wäre signifikant. In diesem Fall müßte sorgfältig überprüft werden, was schiefgegangen ist.

Im Praktikumslabor mißt man oft Größen (wie c, die Lichtgeschwindigkeit, oder e, die Ladung des Elektrons), die schon vorher viele Male genau gemessen wurden und für die ein sehr genauer akzeptierter Wert bekannt und in den Handbüchern veröffentlicht ist. Dieser akzeptierte Wert ist natürlich nicht exakt. Er ist das Ergebnis von Messungen, und wie jedes Meßergebnis hat er eine Meßunsicherheit. Trotzdem ist in vielen Fällen die Genauigkeit des akzeptierten Wertes viel größer als diejenige, die der Student im Praktikumsversuch erreichen kann. Beispielsweise lautet der heute akzeptierte Wert der Lichtgeschwindigkeit, c,

$$(\text{akzeptiertes } c) = 299\,792\,458 \pm 1 \text{ m/s} \tag{2.11}$$

Wie erwartet ist dieser Wert unsicher, aber die Unsicherheit ist gemessen an den Maßstäben der meisten Praktikumslabors äußerst klein.[3]
Es gibt viele Experimente, in denen man eine Größe mißt, deren akzeptierter Wert bekannt ist. Hingegen ist die Zahl der Messungen, bei denen man den *wahren Wert* der Meßgröße kennt, sehr klein.[4] Der wahre Wert einer Meßgröße kann eigentlich *nie* exakt bekannt sein und ist in der Tat schwer zu definieren. Trotzdem ist es manchmal nützlich, die Abweichung zwischen einem Meßwert und dem zugehörigen wahren Wert zu diskutieren, und einige Autoren nennen diese Abweichung den *wahren Fehler*.

[3] Das ist nicht immer der Fall. Wenn man beispielsweise den Brechungsindex von Glas nachschlägt, findet man Werte, die je nach der Zusammensetzung des Glases von 1,5 bis 1,9 reichen. In einem Experiment zur Messung des Brechungsindexes eines Stücks Glas mit unbekannter Zusammensetzung ist der „akzeptierte“ Wert nicht mehr als ein sehr grober Anhaltspunkt für das zu erwartende Meßergebnis.

[4] Da es dem Leser schwer fallen könnte, *überhaupt* ein Beispiel für solche Messungen zu finden, sei hier eines gegeben. Wenn man das Verhältnis zwischen dem Umfang und dem Durchmesser eines Kreises mißt, dann ist der wahre Wert exakt gleich π. Offensichtlich sind solche Experimente sehr weit hergeholt.

2.4 Vergleich von Meßwerten und akzeptierten Werten

Es hat sehr wenig Sinn, ein Experiment durchzuführen, wenn man nicht irgendeine Art von Schluß daraus zieht. Einige wenige Experimente mögen hauptsächlich qualitative Ergebnisse haben (beispielsweise das Auftreten eines Interferenzmusters auf einem Wellentrog oder die Farbe des von einem optischen System abgestrahlten Lichtes), aber die überwiegende Mehrheit der Experimente führt zu *quantitativen* Schlüssen, das heißt zur zahlenmäßigen Angabe von Ergebnissen. Es ist deshalb wichtig, sich klarzumachen, daß die Angabe einer *einzigen gemessenen Zahl völlig uninteressant* ist. Aussagen wie, die Dichte irgendeines Metalls sei zu $(9{,}3 \pm 0{,}2)\ \mathrm{g/cm^3}$ oder der Impuls eines Wagens zu $(0{,}051 \pm 0{,}004)\ \mathrm{kg\ m/s}$ gemessen worden, sind für sich genommen nicht von Interesse. Bei einem interessanten Schluß müssen *zwei oder mehr Zahlen verglichen* werden: ein Meßergebnis mit dem akzeptierten Wert, ein Meßergebnis mit einem theoretisch vorhergesagten Wert oder mehrere Meßergebnisse miteinander, um zu zeigen, daß sie in Übereinstimmung mit einem physikalischen Gesetz zusammenhängen. Diese Art von Zahlenvergleichen sind der Punkt, an dem die Fehleranalyse so wichtig wird. In diesem und den nächsten zwei Abschnitten besprechen wir drei typische Experimente, um zu verdeutlichen, wie die geschätzten Unsicherheiten dazu verwendet werden, Schlüsse zu ziehen.

Die vielleicht einfachste Art von Experiment ist die Messung einer Größe, deren akzeptierten Wert man kennt. Wie wir schon erörtert haben, ist das ein etwas künstliches, für das Praktikumslabor typisches Experiment. Bei ihm mißt man die Größe, schätzt die Meßunsicherheit und vergleicht dann das Meßergebnis mit dem akzeptierten Wert. So könnte man bei einem Experiment zur Messung der Schallgeschwindigkeit in Luft (unter Normalbedingungen) zu dem Schluß kommen, daß die

$$\text{gemessene Geschwindigkeit} = (329 \pm 5)\ \mathrm{m/s} \tag{2.12}$$

ist und im Vergleich dazu die

$$\text{akzeptierte Geschwindigkeit} = 331\ \mathrm{m/s}. \tag{2.13}$$

Diesem zahlenmäßigen Schluß würde ein Student oder eine Studentin wahrscheinlich den Kommentar hinzufügen, die Messung sei zufriedenstellend, da die akzeptierte Geschwindigkeit innerhalb des geschätzten Bereiches der gemessenen Geschwindigkeit liegt; und damit könnte sein bzw. ihr Bericht abgeschlossen sein.

Die Bedeutung der Meßunsicherheit δx ist, daß der richtige Wert von x „wahrscheinlich“ zwischen $x_{\mathrm{Best}} - \delta x$ und $x_{\mathrm{Best}} + \delta x$ liegt. Es ist gewiß *möglich*, daß sich der richtige Wert leicht außerhalb dieses Bereichs befindet. Deshalb kann eine Messung selbst dann als zufriedenstellend betrachtet werden, wenn der akzeptierte Wert leicht außerhalb des geschätzten Bereichs des Meßergebnisses liegt. Beispielsweise kann man ein Meßergebnis von $(325 \pm 5)\ \mathrm{m/s}$ als mit dem akzeptierten Wert $331\ \mathrm{m/s}$ verträglich ansehen. Wenn andererseits der akzeptierte Wert weit außerhalb des gemessenen Bereichs liegt (Diskrepanz viel größer als, sagen wir, das Doppelte der Meßunsicherheit), dann gibt es guten

Grund zu der Annahme, daß etwas schiefgegangen ist. So wird der unglückliche Student, der zu dem Ergebnis kommt, daß die

$$\text{gemessene Geschwindigkeit} = (345 \pm 2)\ \text{m/s} \tag{2.14}$$

ist und im Vergleich dazu die

$$\text{akzeptierte Geschwindigkeit} = 331\ \text{m/s}, \tag{2.15}$$

seine Messungen und Rechnungen überprüfen müssen, um herauszufinden, was schiefgegangen ist.

Unglücklicherweise kann das Aufspüren des Fehlers eine langwierige Angelegenheit sein. Dem Studenten kann sowohl bei den Messungen als auch bei den Rechnungen, die zu dem Ergebnis 345 m/s geführt haben, ein Fehler unterlaufen sein. Er kann seine Meßunsicherheit falsch abgeschätzt haben. (Das Meßergebnis (345 ± 10) m/s wäre z.B. akzeptabel gewesen.) Er könnte sein Meßergebnis mit dem falschen akzeptierten Wert verglichen haben. Beispielsweise ist der Wert 331 m/s die akzeptierte Schallgeschwindigkeit bei Normalbedingungen. Da unter Normalbedingungen die Temperatur 0 °C bträgt, besteht eine gewisse Wahrscheinlichkeit dafür, daß die gemessene Geschwindigkeit in (2.14) *nicht* bei Normaltemperatur gemessen wurde. In der Tat ist, wenn die Messung bei 20 °C (d.h. bei Zimmertemperatur) durchgeführt wurde, der richtige akzeptierte Wert für die Schallgeschwindigkeit 343 m/s. Dann wäre die Messung völlig akzeptabel.

Schließlich, und wahrscheinlich am ehesten zutreffend, kann eine Diskrepanz wie die zwischen (2.14) und (2.15) auf eine unentdeckte Quelle systematischer Abweichungen (etwa eine gleichmäßig vorgehende Uhr, wie in Kapitel 1 besprochen wurde) hinweisen. Die Erfassung dieser systematischen Fehler (also solcher, die das Ergebnis einheitlich in eine Richtung verschieben) wird es erforderlich machen, sorgfältig die Kalibrierung aller Instrumente zu überprüfen und die gesamte Experimentausführung noch einmal im Detail durchzugehen.

2.5 Vergleich von zwei Meßergebnissen

In vielen Experimenten mißt man zwei Zahlen, von denen die Theorie voraussagt, daß sie gleich sein sollten. Beispielsweise sagt der Impulserhaltungssatz aus, daß der Gesamtimpuls eines isolierten Systems konstant ist. Zu seiner Überprüfung könnten wir eine Reihe von Experimenten durchführen, bei denen zwei Wagen zusammenstoßen, die auf einer reibungsfreien Bahn laufen. Wir könnten den Gesamtimpuls der zwei Wagen vor und nach ihrem Zusammenstoß (p bzw. p') messen und dann überprüfen, ob innerhalb der Meßunsicherheiten $p = p'$ ist. Für ein einzelnes Paar von Messungen könnte unser Ergebnis lauten:

$$\text{Anfangsimpuls } p = (1{,}49 \pm 0{,}04)\ \text{kg m/s}$$
$$\text{Endimpuls } p' = (1{,}56 \pm 0{,}06)\ \text{kg m/s}.$$

Der wahrscheinlich richtige Wert von p liegt zwischen 1,45 und 1,53 kg m/s, der von p' zwischen 1,50 und 1,62 kg m/s. Die Bereiche *überlappen* hier also. Deshalb ist diese Messung mit der Impulserhaltung verträglich. Wenn andererseits die zwei wahrscheinlichen Bereiche nicht einmal nahe beieinander lägen, dann wäre die Messung mit der Impulserhaltung nicht verträglich, und wir müßten überprüfen, ob unsere Messungen oder Rechnungen fehlerhaft sind, bisher nicht erfaßte systematische Abweichungen vorliegen oder möglicherweise äußere Kräfte (wie Schwerkraft und Reibung) eine Änderung des Impulses des Systems hervorrufen.

Nehmen wir an, wir wiederholten ähnliche Paare von Messungen mehrmals. Auf welche Art und Weise stellen wir dann unsere Ergebnisse am besten dar? Erstens ist es fast immer das beste, eine Reihe ähnlicher Messungen in einer Tabelle zusammenzufassen und nicht als getrennte Aussagen mitzuteilen. Zweitens ändert sich unsere Meßunsicherheit von einer Messung zur nächsten oft nur sehr wenig. Wir können uns beispielsweise davon überzeugen, daß bei allen Messungen für die Meßunsicherheit des Anfangsimpulses p die Näherung $\delta p \approx 0{,}04$ kg m/s und für die des Endimpulses p' die Näherung $\delta p' \approx 0{,}06$ kg m/s gilt. Wenn das der Fall ist, dann sähe eine gute Darstellung unserer Messungen wie in Tab. 2–1 gezeigt aus.

Tab. 2–1. Gemessene Impulse (alle in kg m/s).

Anfangsimpulse p (alle $\pm$ 0,04)	Endimpulse p' (alle $\pm$ 0,06)
1,49	1,56
2,10	2,12
1,16	1,05
usw.	usw.

Bei jedem Paar von Messungen finden wir eine Überlappung (oder teilweise Überlappung) des wahrscheinlichen Bereichs der p-Werte mit dem der p'-Werte. Gilt das auch für alle anderen Messungen, so kann von unserem Ergebnis gesagt werden, es sei mit der Impulserhaltung verträglich.

Mit ein bißchen Nachdenken können wir unsere Ergebnisse auf eine Art darstellen, bei der unsere Schlußfolgerung noch klarer herauskommt. Beispielsweise erfordert die Impulserhaltung, daß die *Differenz* $p - p'$ gleich Null ist. Wenn wir zu unserer Tabelle eine Spalte hinzufügen, in der $p - p'$ steht, dann sollten die Eintragungen in dieser Spalte alle mit Null verträgliche Werte haben. Die einzige Schwierigkeit, die hierbei auftritt, besteht darin, daß wir wissen müssen, wie die Meßunsicherheit der Differenz $p - p'$ zu berechnen ist. Das geht jedoch leicht, wie wir im folgenden sehen werden. Nehmen wir an, wir haben die Meßergebnisse

$$(\text{gemessenes } p) = p_{\text{Best}} \pm \delta p$$

und

$$(\text{gemessenes } p') = p'_{\text{Best}} \pm \delta p'.$$

Die Werte p_{Best} und p'_{Best} sind unsere besten Schätzwerte für p und p'. Deshalb ist der Bestwert für die Differenz $p - p'$ gleich $p_{\text{Best}} - p'_{\text{Best}}$. Zur Ermittlung der Meßunsicherheit von $p - p'$ müssen wir eine Entscheidung über den höchsten und den niedrigsten wahrscheinlichen Wert von $p - p'$ treffen. Der höchste Wert von $p - p'$ ergibt sich, wenn p

seinen *größten* wahrscheinlichen Wert $p_{\text{Best}} + \delta p$ und p' seinen *kleinsten* Wert $p'_{\text{Best}} - \delta p'$ annimmt. Folglich ist der höchste wahrscheinliche Wert von $p - p'$ gegeben durch

$$\text{höchster wahrscheinlicher Wert} = p_{\text{Best}} - p'_{\text{Best}} + (\delta p + \delta p'). \qquad (2.16)$$

Entsprechend ergibt sich der niedrigste wahrscheinliche Wert, wenn p seinen kleinsten Wert $p_{\text{Best}} - \delta p$ und p' seinen größten Wert $p'_{\text{Best}} + \delta p'$ annimmt. Daraus ergibt sich:

$$\text{niedrigster wahrscheinlicher Wert} = p_{\text{Best}} - p'_{\text{Best}} - (\delta p + \delta p'). \qquad (2.17)$$

Durch Kombinieren von (2.16) und (2.17) sehen wir, daß die *Meßunsicherheit der Differenz* $p - p'$ gleich der ***Summe*** $\delta p + \delta p'$ *der ursprünglichen Meßunsicherheiten* ist. Wenn wir beispielsweise

$$p = (1{,}49 \pm 0{,}04)\ \text{kg m/s}$$

und

$$p' = (1{,}56 \pm 0{,}06)\ \text{kg m/s}$$

gefunden haben, dann ist

$$p - p' = (-0{,}07 \pm 0{,}1)\ \text{kg m/s}.$$

Wir können jetzt zu Tab. 2–1 eine zusätzliche Spalte für $p - p'$ hinzufügen und erhalten Tab. 2–2.

Tab. 2–2. Gemessene Impulse (alle in kg m/s).

Anfangsimpuls p (alle $\pm$ 0,04)	Endimpuls p' (alle $\pm$ 0,06)	Differenz $p - p'$ (alle $\pm$ 0,1)
1,49	1,56	−0,07
2,10	2,12	−0,02
1,16	1,05	0,11
usw.	usw.	usw.

Ob unsere Ergebnisse mit der Impulserhaltung verträglich sind, kann man jetzt auf einen Blick sehen, indem man überprüft, ob die Zahlen in der letzten Spalte mit Null verträglich (d.h. kleiner als die Meßunsicherheit 0,1 oder mit ihr vergleichbar) sind. Eine andere Möglichkeit, den gleichen Effekt zu erzielen, wäre, die *Verhältnisse* p'/p in die Tabelle aufzunehmen. Diese sollten alle mit $p'/p = 1$ verträglich sein. (Hier müßten wir die Meßunsicherheit von p'/p berechnen. Dieses Problem gehen wir in Kapitel 3 an.)

Unsere Erörterung der Meßunsicherheit von $p - p'$ ist offensichtlich auf die Differenz von zwei beliebigen Meßwerten anwendbar. Wir haben somit die folgende allgemeine Regel hergeleitet.

Meßunsicherheit einer Differenz

Wenn die Größen x und y mit den Unsicherheiten δx und δy gemessen und die Werte von x und y zur Berechnung der Differenz $q = x - y$ verwendet werden, dann ist die *Meßunsicherheit von* q gleich der *Summe der Meßunsicherheiten von* x und y:

$$\delta q \approx \delta x + \delta y. \qquad (2.18)$$

Mit dem „ungefähr gleich“-Zeichen ($\approx$) sollen zwei Punkte hervorgehoben werden. Erstens haben wir bis jetzt noch keine genaue Definition für die auftretenden Unsicherheiten. Es wäre also absurd, zu behaupten, δq sei *genau* gleich $\delta x + \delta y$. Zweitens werden wir in Abschnitt 3.4 sehen, daß die Meßunsicherheit δq oft etwas kleiner ist als in (2.18) angegeben. Einen besseren Schätzwert erhält man durch die sog. „quadratische Addition“ von δx und δy, die in (3.13) definiert wird. Das „$\approx$“-Zeichen in (2.18) dient folglich als Erinnerung daran, daß wir (2.18) später durch einen besseren Schätzwert ersetzen werden.

Das Ergebnis (2.18) bildet die erste einer Reihe von Regeln für die *Fehlerfortpflanzung*. Wenn wir eine Größe q aus den Größen x und y ausrechnen, müssen wir wissen, wie sich die Meßunsicherheiten von x und y „fortpflanzen“ und zur Meßunsicherheit von q führen. Eine vollständige Behandlung der Fehlerfortpflanzung folgt in Kapitel 3.

2.6 Überprüfung der Proportionalität mit einem Diagramm

Aus vielen physikalischen Gesetzen folgt, daß eine Größe proportional zu einer anderen sein sollte. So ist nach dem Hookeschen Gesetz die Auslenkung einer Feder proportional zu der sie dehnenden Kraft. Das Newtonsche Gesetz besagt, daß die Beschleunigung eines Körpers proportional zur gesamten aufgewendeten Kraft ist. Das sind nur zwei von zahllosen Beispielen. Viele Experimente in einem Physikpraktikum sind daraufhin angelegt, diese Art von Proportionalität zu überprüfen.

Wenn eine Größe, y, proportional zu einer anderen, x, ist, dann ergibt sich bei der grafischen Darstellung von y als Funktion von x eine Gerade durch den Ursprung. Man kann also überprüfen, ob y proportional zu x ist, indem man in einem Diagramm die y-Werte gegen die x-Werte aufträgt und nachschaut, ob die sich ergebenden Punkte auf einer Geraden durch den Ursprung liegen. Weil eine Gerade leicht zu erkennen ist, stellt das ein einfaches und wirksames Verfahren zur Überprüfung der Proportionalität dar.

Um diese Verwendung von Diagrammen zu veranschaulichen, stellen wir uns vor, wir führten ein Experiment zur Prüfung des Hookeschen Gesetzes durch. Diesem Gesetz zufolge, das gewöhnlich in der Form $F = kx$ geschrieben wird, ist die Dehnung x einer Feder proportional zu der sie dehnenden Kraft F, $x = F/k$, wobei k die sog. Federkonstante ist. Ein einfaches Verfahren, das zu überprüfen, besteht darin, die Feder senkrecht aufzuhängen und sie mit verschiedenen Massen m zu belasten. Hierbei wirkt als Kraft F das Gewicht mg der Last. Folglich sollte die Dehnung

$$x = \frac{mg}{k} = \left(\frac{g}{k}\right) m \tag{2.19}$$

und damit proportional zur Last m sein. Beim Auftragen von x gegen m sollte sich eine Gerade durch den Ursprung ergeben.

Wenn wir x für eine Vielzahl verschiedener Lasten m messen und unsere Meßwerte von x und m in ein Diagramm eintragen, ist es höchst unwahrscheinlich, daß die sich ergebenden Punkte *genau* auf einer Geraden liegen. Nehmen wir beispielsweise an, wir mäßen die Dehnung x für acht verschiedene Lasten m und erhielten die in Tab. 2–3 gezeigten Ergebnisse. Diese Werte sind in der Abb. 2–1(a) grafisch dargestellt, in die auch eine mögliche Gerade eingezeichnet ist, die durch den Ursprung geht und allen acht Punkten

Tab. 2–3. Last und Dehnung.

Last m (g) (δm vernachlässigbar)	200	300	400	500	600	700	800	900
Dehnung x (cm) (alle $\pm$ 0,3)	1,1	1,5	1,9	2,8	3,4	3,5	4,6	5,4

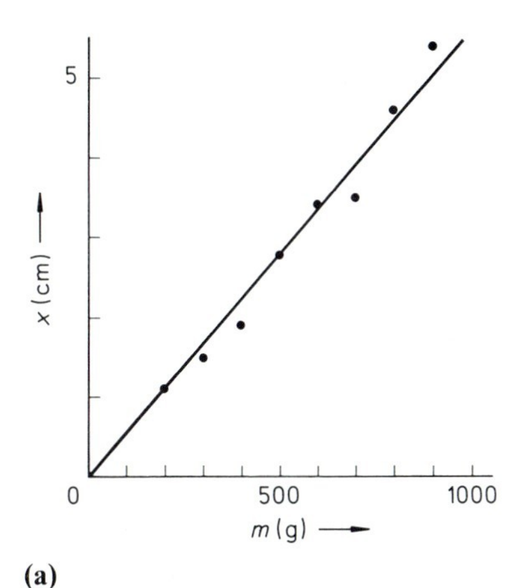

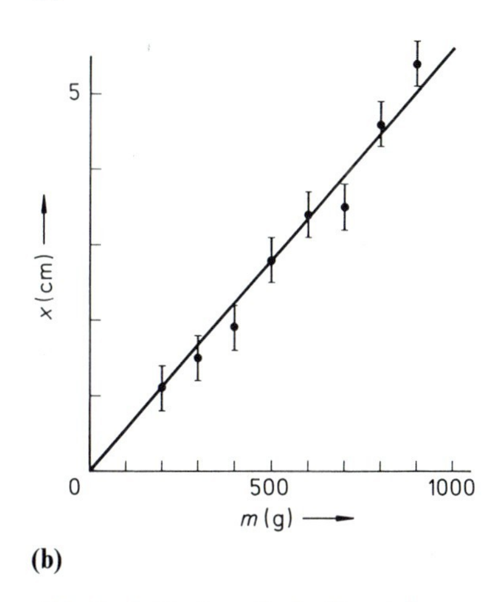

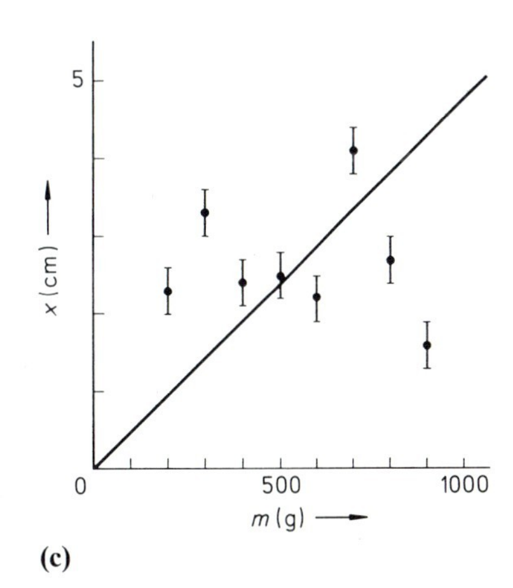

Abb. 2–1. Drei grafische Darstellungen, in denen die Ausdehnung x einer Feder gegen die Last m aufgetragen ist. (a) Daten von Tab. 2–3 ohne Fehlerbalken. (b) Dieselben Daten mit Fehlerbalken zur Darstellung der Meßunsicherheit der x-Werte. (Die Unsicherheit der m-Werte wurde als vernachlässigbar angenommen.) Diese Daten sind konsistent mit der erwarteten Proportionalität von x und m. (c) Eine andere Datenmenge, die mit einer Proportionalität zwischen x und m inkonsistent ist.

vernünftig nahe kommt. Wie erwartet liegen die acht Punkte nicht exakt auf einer Geraden. Die Frage ist, ob das einfach an unseren Meßunsicherheiten liegt (wie wir hoffen werden), oder daran, daß wir etwas falsch gemacht haben, oder sogar daran, daß die Dehnung x *nicht* proportional zu m ist. Um das zu entscheiden, müssen wir uns die Unsicherheiten näher ansehen.
Wie üblich unterliegen die Meßwerte der Ausdehnung x und der Masse m einer gewissen Unsicherheit. Nehmen wir der Einfachheit halber als erstes an, die verwendeten Massen seien sehr genau bekannt, so daß die Unsicherheit von m vernachlässigbar klein ist. Und unterstellen wir, alle Meßwerte von x hätten (wie in Tab. 2–3 angegeben) eine Unsicherheit von ca. 0,3 cm. Bei einer Last von beispielsweise 200 g läge die Dehnung also wahrscheinlich in dem Bereich $(1{,}1 \pm 0{,}3)$ cm. Unser erster Meßpunkt liegt dann auf der vertikalen Geraden $m = 200$ g irgendwo zwischen $x = 0{,}8$ und $x = 1{,}4$ cm. Das wird in Abb. 2–1(b) angedeutet, wo wir durch jeden Punkt einen vertikalen *Fehlerbalken* gezeichnet haben, der den Bereich zeigt, in dem der jeweilige Wert der Meßgröße wahrscheinlich liegt. Aufgrund der Lage der Meßpunkte in unserem Diagramm sollte es offensichtlich möglich sein, eine Gerade zu finden, die durch den Ursprung geht und *alle Fehlerbalken schneidet oder nahe an ihnen vorbeigeht*. In Abb. 2–1(b) gibt es eine solche Gerade. Deshalb läßt sich in diesem Fall schließen, die Daten, auf denen Abb. 2–1(b) beruht, seien konsistent damit, daß die x-Werte proportional zu den m-Werten sind.

Wir haben in Gleichung (2.19) gesehen, daß die Proportionalitätskonstante zwischen x und m gleich g/k ist. Indem wir die Steigung der Geraden in Abb. 2–1(b) messen, können wir deshalb die Federkonstante k bestimmen. Durch das Einzeichnen der steilsten und flachsten Gerade, die anscheinend noch eine vernünftige Anpassung an die Daten geben, ließe sich auch die Unsicherheit dieses k-Wertes abschätzen. (Siehe Übungsaufgabe 2.8.)

Wenn die beste Gerade an den meisten Fehlerbalken vorbeigeht oder wenn ein Fehlerbalken (gemessen an seiner Länge) weit weg liegt, dann sind unsere Ergebnisse *inkonsistent* damit, daß x proportional zu m ist. Dieser Fall wird in Abb. 2–1(c) illustriert. Bei einem solchen Resultat müßten wir unsere Berechnungen und Messungen (einschließlich der der Unsicherheiten) überprüfen und überlegen, ob es einen Grund geben könnte, weshalb x nicht proportional zu m ist.

Bis jetzt haben wir angenommen, die Unsicherheit der Masse (die entlang der Abszisse aufgetragen ist) sei vernachlässigbar, und es gäbe, wie die senkrechten Fehlerbalken zeigen, nur Unsicherheiten bzgl. x. Wenn sowohl x als auch m erheblichen Unsicherheiten unterliegen, gibt es viele Möglichkeiten, sie darzustellen. Die einfachste ist, durch jeden Punkt sowohl senkrechte als auch waagerechte Fehlerbalken zu ziehen, wobei die Länge eines Armes, wie in Abb. 2–2 gezeigt, jeweils gleich der entsprechenden Unsicherheit ist. Jedes Kreuz in diesem Bild entspricht jeweils einer Messung von x und m, wobei x wahrscheinlich in dem durch den vertikalen Balken des Kreuzes definierten Intervall und m wahrscheinlich in dem durch den horizontalen Balken definierten liegt.

Etwas komplizierter ist die Situation, wenn von einer physikalischen Größe angenommen wird, sie sei proportional zu irgendeiner Potenz einer anderen Größe. Betrachten wir den Weg x, den ein frei fallender Körper in der Zeit t zurücklegt. Diese Strecke ist gegeben durch $x = \frac{1}{2} g t^2$ und proportional zum Quadrat der Zeit t. Wenn wir x gegen t auftragen, sollten die Meßpunkte auf einer Parabel liegen. Es ist jedoch schwierig, durch Prüfung mit dem Auge zu entscheiden, ob eine Menge von Punkten auf einer Parabel

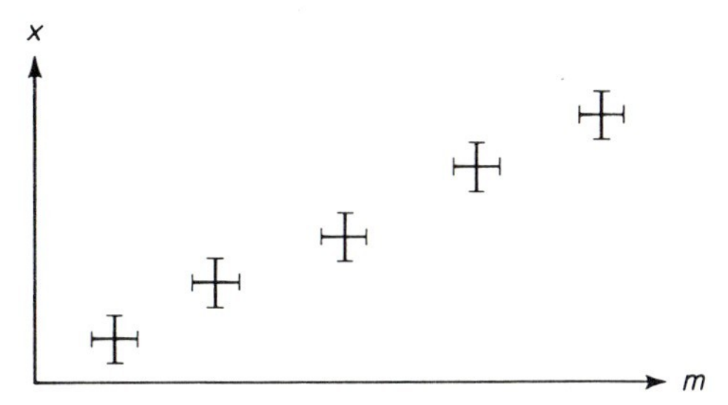

Abb. 2–2. Messungen mit Unsicherheiten in x und m können durch Kreuze angezeigt werden, die aus einem Fehlerbalken für x und einem für m bestehen.

(oder irgendeiner anderen Kurve außer einer Geraden) liegt. Ein viel besseres Verfahren, die Proportionalität $x \propto t^2$ zu untersuchen, besteht darin, x als Funktion von t^2 grafisch darzustellen. Sind die Daten mit der Annahme $x \propto t^2$ konsistent, so sollte sich dabei eine Gerade durch den Ursprung ergeben. Ein solches Diagramm erlaubt (wie beim vorherigen Beispiel) zu überprüfen, ob die Daten mit einer Geraden konsistent sind oder nicht. Wenn x proportional zu einer Exponentialfunktion e^{At} ist (wobei A eine Konstante ist), dann sollte eine grafische Darstellung von $\ln x$ gegen t eine Gerade ergeben. Solche Diagramme machen es leicht, diese Arten von Proportionalität von zwei physikalischen Größen zu überprüfen. (Diesen Punkt erörtern wir in Kapitel 8 weiter.)

Es gibt andere, nichtgrafische Verfahren zur Überprüfung der Proportionalität von zwei Größen. Wenn beispielsweise $x \propto m$ ist, dann sollte das Verhältnis x/m konstant sein. Man könnte einfach zur Tabelle der x- und m-Werte eine zusätzliche Zeile oder Spalte hinzufügen, in der die Quotienten x/m eingetragen werden, und so leicht überprüfen, ob diese innerhalb ihrer geschätzten Unsicherheiten konstant sind. Weiterhin kann man mit einem programmierbaren Taschenrechner ein Programm schreiben, das automatisch ermittelt, wie gut eine Gerade sich einer Menge von Meßwerten anpaßt. Doch selbst dann, wenn solche oder andere nichtgrafische Verfahren benutzt werden, ist es immer auch gut, die Proportionalität zusätzlich anhand einer grafischen Darstellung zu überprüfen. Diagramme wie die in Abb. 2–1(b) und (c) zeigen klar, wie gut die Meßwerte die Vorhersagen bestätigen; und das Zeichnen solcher Diagramme hilft, das Experiment und die physikalischen Gesetze, um die es dabei geht, zu verstehen.

2.7 Relative Unsicherheiten

Die Unsicherheit δx eines Meßergebnisses

$$(\text{gemessenes } x) = x_{\text{Best}} \pm \delta x$$

zeigt die Zuverlässigkeit oder Präzision des Meßergebnisses. Die Meßunsicherheit δx alleine sagt jedoch noch nicht alles. Eine Meßunsicherheit von 1 cm bei einer Entfernung von 1 km würde auf eine ungewöhnlich präzise Messung hinweisen, während eine Meßunsicherheit von 1 cm bei einer Entfernung von 3 cm einer ziemlich groben Schätzung gleichkäme. Offensichtlich wird die Qualität einer Messung nicht einfach durch die Meßunsicherheit δx, sondern auch durch den *Quotienten* von δx und x_{Best} angezeigt. Das legt nahe, die *relative Unsicherheit* einzuführen:

$$\text{relative Unsicherheit} = \frac{\delta x}{|x_{\text{Best}}|}. \tag{2.20}$$

(Die relative Unsicherheit wird auch *Präzision* genannt.) In dieser Definition bezeichnet das Symbol $|x_{\text{Best}}|$ den Absolutbetrag[5] von x_{Best}.

Um eine Verwechslung mit der relativen Unsicherheit zu vermeiden, nennt man die Meßunsicherheit δx selbst manchmal *absolute Unsicherheit.*

Bei den meisten ernsthaften Messungen ist die Unsicherheit δx viel kleiner als der Meßwert x_{Best}. Da die relative Unsicherheit $\delta x/|x_{\text{Best}}|$ deshalb gewöhnlich eine kleine Zahl ist, ist es oft bequem, sie mit 100 zu multiplizieren und als *prozentuale Unsicherheit* anzugeben. Beispielsweise hat das Meßergebnis

$$\text{Länge } l = (50 \pm 1)\ \text{cm} \tag{2.21}$$

eine relative Unsicherheit

$$\frac{\delta l}{|l_{\text{Best}}|} = 1/50 = 0{,}02$$

und eine prozentuale Unsicherheit von 2 Prozent. Also könnte das Ergebnis (2.21) angegeben werden als

$$\text{Länge } l = 50\ \text{cm} \pm 2\,\%.$$

Sie haben hoffentlich bemerkt, daß zwar die absolute Unsicherheit δl dieselbe Einheit wie l hat, aber die relative Unsicherheit $\delta l/|l_{\text{Best}}|$ eine *dimensionslose* Größe ohne Einheiten ist. Wenn Sie sich das merken, können Sie vermeiden, die absolute Unsicherheit mit der relativen zu verwechseln.

Die relative Unsicherheit ist ein ungefähres Anzeichen für die Qualität einer Messung, gleichgültig welche Größe der Meßwert hat. Relative Unsicherheiten von um die 10% treten gewöhnlich bei ziemlich groben Messungen auf. (Eine grobe Messung von 10 cm könnte eine Unsicherheit von 1 cm und eine grobe Messung von 10 km könnte eine Unsicherheit von 1 km haben.) Relative Unsicherheiten von 1 oder 2 Prozent sind charakteristisch für ziemlich genaue Messungen und sind ungefähr das beste, was sich bei vielen Experimenten im physikalischen Anfängerpraktikum erhoffen läßt. Relative Unsicherheiten von viel weniger als 1 Prozent sind gewöhnlich schwer und im Anfängerpraktikum nur selten erreichbar.

---

[5] Der Absolutbetrag $|x|$ einer Zahl x ist gleich x, wenn x positiv ist, und wird durch Weglassen des Minuszeichens erhalten, falls x negativ ist. Wir verwenden das Absolutzeichen in (2.20), um sicherzustellen, daß die relative Unsicherheit, wie die Meßunsicherheit δx selbst, unabhängig vom Vorzeichen von x_{Best} immer positiv ist. In der Praxis richtet man es gewöhnlich so ein, daß die Maßzahlen der Meßwerte positiv sind. Dann können die Absolutzeichen in (2.20) weggelassen werden.

Diese Unterteilung ist natürlich äußerst grob. Bei einigen sehr einfachen Messungen sind relative Unsicherheiten von 0,1 Prozent und weniger ohne große Mühe erreichbar. Mit einem guten Bandmaß läßt sich eine Entfernung von 3 m leicht mit einer Unsicherheit von 3 mm oder einer relativen Unsicherheit von 0,1 Prozent messen. Mit einer guten Uhr kann eine Periode von einer Stunde leicht auf besser als eine Sekunde, oder 0,03 Prozent, gemessen werden. Andererseits würde man bei vielen sehr schwer meßbaren Größen eine Unsicherheit von 10 Prozent als großen experimentellen Erfolg betrachten. Große prozentuale Unsicherheiten bedeuten deshalb *nicht*, daß eine Messung wissenschaftlich wertlos ist. In der Tat hatten viele wichtige Meßergebnisse in der Geschichte der Physik Meßunsicherheiten von 10 Prozent oder mehr. Sicher kann man im physikalischen Anfängerpraktikum mit Geräten, deren Mindestunsicherheit einige Prozent beträgt, eine Menge lernen.

2.8 Signifikante Stellen und relative Unsicherheiten

Der Begriff der relativen Unsicherheit ist eng verknüpft mit dem der signifikanten Stellen. In der Tat ist die Anzahl der signifikanten Stellen einer Größe ein ungefähres Anzeichen für die relative Unsicherheit dieser Größe. Betrachten wir beispielsweise die zwei Zahlen

$$510 \text{ und } 0{,}51,$$

denen beiden die Genauigkeit auf zwei signifikante Stellen bescheinigt wurde. Da 510 (bei zwei signifikanten Stellen)

$$510 \pm 5 \quad \text{oder} \quad 510 \pm 1\%$$

und 0,51

$$0{,}51 \pm 0.005 \quad \text{oder} \quad 0{,}51 \pm 1\%$$

bedeutet, sehen wir, daß beide Zahlen eine Unsicherheit von 1 Prozent haben. Entsprechend hätte 510 bei drei signifikanten Stellen eine relative Unsicherheit von 0,1 Prozent usw.

Leider gilt dieser nützliche Zusammenhang nur näherungsweise. Die auf zwei signifikante Stellen genau angegebene Zahl 110 bedeutet

$$110 \pm 5 \quad \text{oder} \quad 110 \pm 5\%,$$

während (wieder bei zwei signifikanten Stellen) 910 bedeutet

$$910 \pm 5 \quad \text{oder} \quad 910 \pm 0{,}5\%.$$

Wir sehen, daß die mit zwei signifikanten Stellen verbundene relative Unsicherheit von der ersten Stelle der betreffenden Zahl abhängt und von 0,5% bis 5% reicht. Eine Zusammenfassung wird in Tab. 2–4 gegeben.

Tab. 2–4. Näherungsweise Entsprechung zwischen signifikanten Stellen und relativen Unsicherheiten.

Anzahl der signifikanten Stellen	Entsprechende relative Unsicherheit	
	liegt zwischen	oder ist, sehr grob,
1	5% & 50%	10%
2	0,5% & 5%	1%
3	0,05% & 0,5%	0,1%

2.9 Multiplikation von zwei Meßwerten

Wie wichtig relative Fehler sind, wird erst richtig deutlich, wenn Meßwerte miteinander multipliziert werden. Um beispielsweise den Impuls, $p = mv$, eines Körpers zu bestimmen, könnten wir seine Masse m und seine Geschwindigkeit v messen und diese dann multiplizieren. Sowohl m als auch v unterliegen Unsicherheiten, die wir abschätzen müssen. Ist das getan, stehen wir vor der Aufgabe, die Unsicherheit von p zu ermitteln. Sie ergibt sich aus den bekannten Unsicherheiten von m und v.

Schreiben wir als erstes der Bequemlichkeit halber die Standardform

$$(\text{Meßwert von } x) = x_{\text{Best}} \pm \delta x$$

mit Hilfe der relativen Unsicherheit um in

$$(\text{Meßwert von } x) = x_{\text{Best}}\left(1 \pm \frac{\delta x}{|x_{\text{Best}}|}\right). \tag{2.22}$$

Wenn beispielsweise die relative Unsicherheit 3 Prozent beträgt, dann ersehen wir aus (2.22), daß der

$$(\text{Meßwert von } x) = x_{\text{Best}}\left(1 \pm \frac{3}{100}\right)$$

ist. Eine dreiprozentige Unsicherheit bedeutet, daß x wahrscheinlich irgendwo zwischen x_{Best} mal 0,97 und x_{Best} mal 1,03 liegt, d.h.

$$0{,}97 \times x_{\text{Best}} \leq x \leq 1{,}03 \times x_{\text{Best}}.$$

Gleich wird sich herausstellen, wie sinnvoll und nützlich es ist, eine gemessene Zahl, die wir mit einer anderen multiplizieren müssen, auf diese Weise zu betrachten.

Kehren wir jetzt zu unserem Problem der Berechnung von $p = mv$ zurück, wenn m und v gemessen wurden als

$$(\text{gemessenes } m) = m_{\text{Best}}\left(1 \pm \frac{\delta m}{|m_{\text{Best}}|}\right) \tag{2.23}$$

und

$$(\text{gemessenes } v) = v_{\text{Best}}\left(1 \pm \frac{\delta v}{|v_{\text{Best}}|}\right). \tag{2.24}$$

Da m_{Best} und v_{Best} unsere Bestwerte für m und v sind, ist unser Bestwert von $p = mv$

$$p_{\text{Best}} = (\text{Bestwert von } p) = m_{\text{Best}}\, v_{\text{Best}}.$$

Die größten wahrscheinlichen Werte von m und v sind durch (2.23) und (2.24) mit dem Pluszeichen gegeben. Der größte wahrscheinliche Wert von $p = mv$ ist deshalb

$$(\text{größter Wert von } p) = m_{\text{Best}}\, v_{\text{Best}}\left(1 + \frac{\delta m}{|m_{\text{Best}}|}\right)\left(1 + \frac{\delta v}{|v_{\text{Best}}|}\right). \tag{2.25}$$

Den kleinsten wahrscheinlichen Wert von p liefert ein ähnlicher Ausdruck mit zwei Minuszeichen. Jetzt kann das Produkt in den zwei Klammern ausmultipliziert werden als

$$\left(1 + \frac{\delta m}{|m_{\text{Best}}|}\right)\left(1 + \frac{\delta v}{|v_{\text{Best}}|}\right) = 1 + \frac{\delta m}{|m_{\text{Best}}|} + \frac{\delta v}{|v_{\text{Best}}|} + \frac{\delta m}{|m_{\text{Best}}|}\,\frac{\delta v}{|v_{\text{Best}}|}. \tag{2.26}$$

Da die zwei relativen Unsicherheiten $\delta m/|m_{\text{Best}}|$ und $\delta v/|v_{\text{Best}}|$ kleine Zahlen (vielleicht ein paar Prozent) sind, ist ihr Produkt *äußerst* klein. Deshalb kann der letzte Term in (2.26) vernachlässigt werden. Wenn wir zu (2.25) zurückkehren, erhalten wir

$$(\text{größter Wert von } p) = m_{\text{Best}}\, v_{\text{Best}}\left(1 + \frac{\delta m}{|m_{\text{Best}}|} + \frac{\delta v}{|v_{\text{Best}}|}\right).$$

Der kleinste wahrscheinliche Wert ist wieder durch einen ähnlichen Ausdruck mit zwei Minuszeichen gegeben. Unsere Meßergebnisse für m und v führen daher zu dem folgenden Wert von $p = mv$:

$$(\text{Wert von } p) = m_{\text{Best}}\, v_{\text{Best}}\left(1 \pm \left[\frac{\delta m}{|m_{\text{Best}}|} + \frac{\delta v}{|v_{\text{Best}}|}\right]\right).$$

Durch Vergleich mit der allgemeinen Form

$$(\text{Wert von } p) = p_{\text{Best}}\left(1 \pm \frac{\delta p}{|p_{\text{Best}}|}\right)$$

sehen wir, daß (wie wir schon wissen) $p_{\text{Best}} = m_{\text{Best}}\, v_{\text{Best}}$ Bestwert von p und die *relative Unsicherheit von p gleich der Summe der relativen Unsicherheiten von m und v ist,*

$$\frac{\delta p}{|p_{\text{Best}}|} = \frac{\delta m}{|m_{\text{Best}}|} + \frac{\delta v}{|v_{\text{Best}}|}.$$

Messen wir beispielsweise m und v zu

$$m = (0{,}53 \pm 0{,}01)\ \text{kg}$$

und

$$v = (9{,}1 \pm 0{,}3)\ \mathrm{m/s},$$

dann ist der Bestwert von $p = mv$ gleich

$$p_{\text{Best}} = m_{\text{Best}}\, v_{\text{Best}} = 0.53 \times 9{,}1\ \mathrm{kg\,m/s} = 4{,}82\ \mathrm{kg\,m/s}.$$

Für die Angabe der Unsicherheit von p berechnen wir zunächst die relativen Fehler:

$$\frac{\delta m}{|m_{\text{Best}}|} = \frac{0{,}01}{0{,}53} = 0{,}02 = 2\,\%$$

und

$$\frac{\delta v}{|v_{\text{Best}}|} = \frac{0{,}3}{9{,}1} = 0{,}03 = 3\,\%\,.$$

Die relative Unsicherheit von p ist dann die Summe:

$$\frac{\delta p}{|p_{\text{Best}}|} = 2\,\% + 3\,\% = 5\,\%.$$

Wenn wir die absolute Unsicherheit von p wissen wollen, müssen wir mit $|p_{\text{Best}}|$ multiplizieren:

$$\delta p = \frac{\delta p}{|p_{\text{Best}}|} \times |p_{\text{Best}}| = 0{,}05 \times 4{,}82\ \mathrm{kg\ m/s} = 0{,}241\ \mathrm{kg\,m/s}.$$

Wir können dann δp und p_{Best} runden und erhalten als unser endgültiges Ergebnis (Wert von p) $= (4{,}8 \pm 0{,}2)\ \mathrm{kg\,m/s}$.

Die vorhergehenden Betrachtungen gelten für jedes Produkt von zwei Meßergebnissen. Wir haben damit die zweite allgemeine Regel für die Fortpflanzung von Unsicherheiten (Fehlerfortpflanzung) gefunden. Wenn wir zwei Größen messen und miteinander multiplizieren, dann „pflanzen" sich die Unsicherheiten der zwei Ausgangsgrößen in die Unsicherheit ihres Produkts fort. Diese Unsicherheit wird durch die folgende Regel gegeben.

Unsicherheit eines Produkts

Wenn x und y mit kleinen relativen Unsicherheiten $\delta x/|x_{\text{Best}}|$ und $\delta y/|y_{\text{Best}}|$ gemessen werden und die Meßwerte von x und y zur Berechnung des Produkts $q = xy$ dienen, dann ist die *relative Unsicherheit von q gleich der Summe der relativen Unsicherheiten von x* und y,

$$\frac{\delta q}{|q_{\text{Best}}|} \approx \frac{\delta x}{|x_{\text{Best}}|} + \frac{\delta y}{|y_{\text{Best}}|}\,. \tag{2.27}$$

Wir haben in (2.27) das „Ungefähr gleich"-Zeichen ($\approx$) verwendet, weil wir die Regel (genauso wie bei derjenigen für die Unsicherheit der Differenz (2.18)) später durch eine genauere ersetzen werden. Zwei andere Eigenschaften dieser Regel müssen noch erwähnt werden. Erstens erforderte die Ableitung von (2.27), daß die relativen Unsicherheiten von x und y beide klein genug sein mußten, damit wir ihr Produkt vernachlässigen konnten. Das ist in der Praxis fast immer der Fall. Trotzdem sollte man daran denken, daß Regel (2.27) nicht gilt, wenn die relativen Unsicherheiten nicht viel kleiner als 1 sind. Zweitens ist Gleichung (2.27), selbst wenn x und y unterschiedliche Dimensionen haben, dimensionsmäßig ausgeglichen, da alle relativen Unsicherheiten dimensionslos sind.

In der Physik multiplizieren wir dauernd Zahlen miteinander. Deshalb ist Regel (2.27), nach der die Unsicherheit eines Produkts bestimmt wird, ein wichtiges Werkzeug der Fehleranalyse. Für den Augenblick sollten wir festhalten, daß die Unsicherheit eines Produkts $q = xy$ am einfachsten wie in (2.27) mit Hilfe der relativen Unsicherheiten ausgedrückt wird.

Übungsaufgaben

Hinweis: Ein Stern (*) neben einer Übungsaufgabe zeigt an, daß sie am Ende des Buches im Abschnitt „Lösungen" besprochen oder ihre Lösung angegeben wird.

2.1 (Abschnitt 2.1). In Kapitel 1 gab ein Zimmermann sein Meßergebnis der Höhe einer Türöffnung an, indem er sagte, sein bester Schätzwert sei 210 cm und er vertraue darauf, daß die Höhe irgendwo zwischen 205 und 215 cm liegt. Schreiben Sie dieses Ergebnis in der Form $x_{\text{Best}} \pm \delta x$ hin. Verfahren Sie ebenso bei den in Gleichung (1.1), (1.2) und (1.4) angegeben Meßergebnissen.

***2.2** (Abschnitt 2.2). Schreiben Sie die folgenden Ergebnisse um in ihre klarste Form mit einer geeigneten Anzahl von signifikanten Stellen:
(a) gemessene Höhe = $(5{,}03 \pm 0{,}04329)$ m;
(b) gemessene Zeit = $(19{,}5432 \pm 1)$ s;
(c) gemessene Ladung = $(-3{,}21 \times 10^{-19} \pm 2{,}67 \times 10^{-20})$ C
(d) gemessene Wellenlänge = $(0{,}000\,000\,563 \pm 0{,}000\,000\,07)$ m;
(e) gemessener Impuls = $(3{,}267 \times 10^{3} \pm 42)$ g cm/s.

***2.3** (Abschnitt 2.3).
(a) Ein Student mißt die Dichte einer Flüssigkeit fünfmal und erhält die Ergebnisse (alle in g/cm^3): 1,8; 2,0; 2,0; 1,9; 1,8. Was würden Sie auf der Grundlage der Daten als Bestwert und Meßunsicherheit vorschlagen?
(b) Ihm wird gesagt, daß der akzeptierte Wert gleich 1,85 g/cm^3 ist. Wie groß ist die Diskrepanz (zwischen seinem Bestwert und dem akzeptierten Wert)? Halten Sie sie für signifikant?

2.4 (Abschnitt 2.5). Die Zeit für zehn Umdrehungen eines Drehtisches wird gemessen, indem die Start- und Stoppzeiten vom Sekundenzeiger einer Armbanduhr abgelesen und voneinander subtrahiert werden. Wenn die Start- und Stoppzeiten jeweils um ± 1 s unsicher sind, wie groß ist dann die Unsicherheit der Zeit für 10 Umdrehungen?

***2.5** (Abschnitt 2.5). In einem Experiment zur Überprüfung der Drehimpulserhaltung erhält ein Student das in Tab. 2–5 gezeigte Ergebnis für die Drehimpulse (L und L') eines rotierenden Systems im Anfangs- und Endzustand. Fügen Sie zu Tab. 2–5 eine weitere Spalte hinzu, in der die Differenz $L - L'$ und ihre Unsicherheit gezeigt wird. Sind die Ergebnisse des Studenten konsistent mit der Drehimpulserhaltung?

Tab. 2–5. Drehimpulse (in kg m^2/s).

L (Anfang)	L' (Ende)
3,0 ± 0,3	2,7 ± 0,6
7,4 ± 0,5	8,0 ± 1
14,3 ± 1	16,5 ± 1
25 ± 2	24 ± 2
32 ± 2	31 ± 2
37 ± 2	41 ± 2

2.6 (Abschnitt 2.5). Ein Experimentator mißt die Massen M und m eines Autos und eines Anhängers. Er gibt seine Meßergebnisse in der Standardform $M_{\text{Best}} \pm \delta M$ und $m_{\text{Best}} \pm \delta m$ an. Wie sähe das Ergebnis für die Gesamtmasse $M + m$ aus? Zeigen Sie, daß deren Unsicherheit einfach die Summe von δM und δm ist, indem Sie betrachten, welches die größten und kleinsten wahrscheinlichen Werte der Gesamtmasse sind. Formulieren Sie Ihre Argumente klar; schreiben Sie nicht einfach das Ergebnis hin!

2.7 (Abschnitt 2.6). Erstellen Sie unter Verwendung der Daten aus Tab. 2–5 ein Diagramm, in dem der Drehimpuls L' im Endzustand gegen den Drehimpuls im Anfangszustand aufgetragen ist. Tragen Sie horizontale und vertikale Fehlerbalken ein. (Beschriften Sie wie bei allen Diagrammen Ihre Achsen klar, einschließlich Einheiten. Verwenden Sie zum Zeichnen Millimeterpapier. Wählen Sie die Maßstäbe so, daß Ihr Diagramm einen vernünftigen Teil des Blattes ausfüllt, und vergewissern Sie sich in diesem Falle, daß der Ursprung darin enthalten ist.) Auf welcher Art von Kurve werden die Punkte (innerhalb der Meßunsicherheiten) liegen?

***2.8** (Abschnitt 2.6). Wenn ein Stein mit der Geschwindigkeit v hochgeworfen wird, dann sollte er bis zu einer Höhe h steigen, die der Gleichung $v^2 = 2gh$ genügt. Insbesondere sollte v^2 proportional zu h sein. Um das zu überprüfen, mißt ein Student v^2 und h bei sieben verschiedenen Würfen, deren Ergebnisse in Tab. 2–6 gezeigt werden.

(a) Tragen Sie in einem Diagramm v^2 gegen h auf, einschließlich horizontaler und vertikaler Fehlerbalken. (Beschriften Sie wie immer Ihre Achsen, verwenden Sie Millimeterpapier, und wählen Sie Ihre Maßstäbe sinnvoll.) Ist Ihr Diagramm konsistent mit der Vorhersage $v^2 \propto h$?

Tab. 2–6. Höhen und Geschwindigkeiten.

h in m (alle $\pm$ 0,05)	v^2 in m^2/s^2
0,4	7 ± 3
0,8	17 ± 3
1,4	25 ± 3
2,0	38 ± 4
2,6	45 ± 5
3,4	62 ± 5
3,8	72 ± 6

(b) Die Steigung Ihrer Geraden sollte $2g$ betragen. Zeichnen Sie zur Bestimmung der Steigung diejenige Gerade durch den Ursprung und alle Punkte ein, die am besten angepaßt zu sein scheint, und messen Sie dann die Steigung. Zeichnen Sie die steilste und die flachste Gerade, die vernünftig zu den Daten zu passen scheinen. Die Steigungen dieser Geraden sind der größte und der kleinste wahrscheinliche Wert der Steigung. Sind Ihre Ergebnisse verträglich mit dem akzeptierten Wert $2g = 19{,}6\ m/s^2$?

***2.9** (Abschnitt 2.6).

(a) Bei einem Experiment mit einem einfachen Pendel will ein Student überprüfen, ob die Schwingungsdauer T unabhängig von der Amplitude A ist. (A sei hier definiert als der größte Winkel, den das Pendel während der Schwingungen mit der Senkrechten bildet.) Er erhält die in Tab. 2–7 gezeigten Ergebnisse. Tragen Sie in einem Diagramm T gegen A auf. (Bedenken Sie sorgfältig Ihre Wahl der Maßstäbe. Wenn Sie hierbei irgendwelche Zweifel hegen, sollten Sie zwei Diagramme zeichnen – eines, das den Ursprung $A = 0$, $T = 0$ enthält, und eines, in dem nur T-Werte zwischen 1,9 und 2,2 s gezeigt werden.) Sollte der Student schließen, daß die Schwingungsdauer unabhängig von der Amplitude ist?

(b) Diskutieren Sie, wie die Schlußfolgerungen gegenüber Teil (a) geändert werden müßten, wenn alle Meßwerte von T um $\pm$ 0,3 s unsicher gewesen wären.

Tab. 2–7. Amplitude und Schwingungsdauer eines Pendels.

Amplitude A (Grad)	Schwingungsdauer T (s)
5 ± 2	$1{,}932 \pm 0{,}005$
17 ± 2	$1{,}94 \pm 0{,}01$
25 ± 2	$1{,}96 \pm 0{,}01$
40 ± 4	$2{,}01 \pm 0{,}01$
53 ± 4	$2{,}04 \pm 0{,}01$
67 ± 6	$2{,}12 \pm 0{,}02$

2.10 (Abschn. 2.7). Berechnen Sie für die fünf in Aufgabe 2.2 angegebenen Messungen die prozentuale Unsicherheit. (Vergessen Sie nicht, auf eine vernünftige Anzahl signifikanter Stellen zu runden.)

2.11 (Abschn. 2.7). Ein Zollstock kann auf den nächsten Millimeter abgelesen werden, ein Mikroskop auf das nächste Zehntel eines Milimeters. Stellen Sie sich vor, Sie möchten eine Länge von 2 cm mit einer Präzision von 1 Prozent messen. Können Sie das mit dem Zollstock? Ist es mit dem Mikroskop möglich?

***2.12** (Abschn. 2.7). Um die Beschleunigung eines Wagens zu berechnen, mißt ein Student dessen Anfangs- und Endgeschwindigkeit, v_a und v_e, und berechnet die Differenz $v_e - v_a$. Seine Daten von zwei getrennten Versuchen (alle in cm/s) werden in Tab. 2–8 gezeigt. Alle Messungen haben eine Unsicherheit von 1 Prozent.

Tab. 2–8. Anfangs- und Endgeschwindigkeiten.

	v_a	v_e
Erster Versuch	14,0	18,0
Zweiter Versuch	19,0	19,6

(a) Berechnen Sie die absoluten Unsicherheiten aller vier Messungen; bestimmen sie die Änderung $v_e - v_a$ und ihre Unsicherheit bei jedem Versuch.

(b) Berechnen sie die prozentuale Unsicherheit eines jeden der zwei Werte von $v_e - v_a$. (Ihre Ergebnisse, insbesondere zum zweiten Versuch, veranschaulichen, wie miserabel ein Resultat sein kann, wenn man eine kleine Zahl bestimmt, indem man die Differenz von zwei viel größeren Zahlen bildet.)

2.13 (Abschn. 2.8).

(a) Der Taschenrechner eines Studenten zeigt als Ergebnis 123,123. Wenn der Student entscheidet, daß diese Zahl in Wirklichkeit nur drei signifikante Stellen hat, wie groß sind dann deren absolute und relative Unsicherheit?

(b) Berechnen Sie absolute und relative Unsicherheit auf die gleiche Weise für die Zahl 0,123 123.

(c) Berechnen Sie absolute und relative Unsicherheit auf die gleiche Weise für die Zahl 321,321.

(d) Liegen die relativen Unsicherheiten in dem für drei signifikante Stellen erwarteten Bereich?

***2.14** (Abschn. 2.9).

(a) Ein Student mißt zwei Größen a und b mit den Ergebnissen $a = (11{,}5 \pm 0{,}2)$ cm und $b = (25{,}4 \pm 0{,}2)$ cm. Jetzt berechnet er das Produkt $q = ab$. Welches Ergebnis erhält er? Geben Sie sowohl die prozentuale als auch die absolute Unsicherheit an.

(b) Wiederholen Sie Teil (a) für die Meßergebnisse $a = (10 \pm 1)$ cm und $b = (27{,}2 \pm 0{,}1)$ s.

(c) Wiederholen Sie Teil (a) mit $a = 3{,}0\ \mathrm{m} \pm 8\%$ und $b = 4{,}0\ \mathrm{kg} \pm 2\%$.

***2.15** (Abschn. 2.9).

(a) Ein Student mißt zwei Zahlen x und y zu

$$x = 10 \pm 1, \qquad y = 20 \pm 1 .$$

Welchen Bestwert erhält er für das Produkt $q = xy$? Verwenden Sie die größten wahrscheinlichen Werte von x und y (11 und 21) zur Berechnung des höchsten wahrscheinlichen Werts von q. Bestimmen Sie entsprechend den kleinsten wahrscheinlichen Wert von q und damit den Bereich, in dem q wahrscheinlich liegt. Vergleichen Sie Ihr Ergebnis mit dem durch Regel (2.27) gegebenen.

(b) Wiederholen Sie die Rechnung für die Meßergebnisse

$$x = 10 \pm 8, \qquad y = 20 \pm 15 .$$

Bedenken Sie, daß die Regel (2.27) unter der Annahme abgeleitet wurde, daß die relativen Unsicherheiten viel keiner als 1 sind.

2.16 (Abschn. 2.9). Eine wohlbekannte Regel besagt, daß das Ergebnis der Multiplikation zweier Zahlen vertrauenswürdig ist, wenn es auf die Anzahl der signifikanten Stellen des weniger genauen der Ausgangswerte gerundet ist.

(a) Verwenden sie unsere Regel (2.27) und die Tatsache, daß signifikante Stellen grob der relativen Unsicherheit entsprechen, um zu beweisen, daß diese „wohlbekannte Regel" *näherungsweise* gilt. (Um konkret zu sein, behandeln Sie den Fall, daß die ungenauere Zahl zwei signifikante Stellen hat.)

(b) Zeigen Sie durch ein Beispiel, daß das Ergebnis sogar etwas ungenauer sein kann, als die „wohlbekannte Regel" nahelegt. (Das gilt insbesondere, wenn man mehrere Zahlen multipliziert.)

3 Fortpflanzung von Unsicherheiten

Die meisten physikalischen Größen lassen sich gewöhnlich nicht in einer einzigen direkten Messung, sondern nur in zwei getrennten Schritten bestimmen. Als erstes mißt man eine oder mehrere Größen x, y, ..., die direkt gemessen werden *können*, und aus denen sich die eigentlich interessierende Größe berechnen läßt. Diese Berechnung bildet den zweiten Schritt. Beispielsweise mißt man zur Bestimmung der Fläche eines Rechtecks seine Länge l und Höhe h und berechnet dann seinen Flächeninhalt A als $A = lh$. Entsprechend ist das naheliegendste Verfahren zur Bestimmung der Geschwindigkeit v eines Körpers, den zurückgelegten Weg s und die benötigte Zeit t zu messen und dann v zu berechnen als $v = s/t$. Der Leser, der einige Zeit in einem Anfängerpraktikum zugebracht hat, wird keine Mühe haben, sich weitere Beispiele zu überlegen. In der Tat wird sich bei etwas Nachdenken zeigen, daß fast alle interessanten Messungen aus diesen zwei Schritten, der direkten Messung und der nachfolgenden Rechnung, bestehen.

Was für eine Messung gilt, trifft auch auf die Schätzung der Unsicherheiten zu: sie umfaßt ebenfalls zwei Schritte. Man muß zuerst die Unsicherheiten der direkt gemessenen Größen abschätzen und dann herausfinden, wie diese Unsicherheiten sich durch die Rechnungen „fortpflanzen" und zu einer Unsicherheit des Endergebnisses führen.[1] Diese „Fehlerfortpflanzung" ist das Hauptthema dieses Kapitels.

In Kapitel 2 haben wir schon einige Beispiele der Fehlerfortpflanzung besprochen. In Abschnitt 2.5 wurde diskutiert, was geschieht, wenn zwei Zahlen, x und y, gemessen und die Meßergebnisse dann zur Berechnung der Differenz $q = x - y$ verwendet werden. Wir stellten fest, daß die Unsicherheit von q einfach die *Summe* $\delta q \approx \delta x + \delta y$ der Unsicherheiten von x und y ist. In Abschn. 2.9 haben wir uns mit dem Produkt $q = xy$ und in Aufgabe 2.6 mit der Summe $q = x + y$ befaßt. Diese Fälle diskutieren wir noch einmal in Abschn. 3.2. Im Rest dieses Kapitels werden wir allgemeinere Fälle der Fortpflanzung von Unsicherheiten kennenlernen und einige Beispiele behandeln.

In Abschnitt 3.1 werden wir uns, bevor wir das Thema Fehlerfortpflanzung aufgreifen, kurz über die Schätzung der Unsicherheit von Größen Gedanken machen, die direkt gemessen werden. Wir werden die in Kapitel 1 behandelten Methoden rekapitulieren und uns dann weitere Beispiele für die Schätzung von Fehlern in direkten Messungen ansehen.

[1] In Kapitel 4 werden wir ein anderes Verfahren behandeln, mit dem sich die Unsicherheit des Endergebnisses manchmal abschätzen läßt. Wenn alle Messungen mehrmals wiederholt werden können, und wenn man sicher ist, daß alle Unsicherheiten statistischer Natur sind, dann erhalten wir eine vernünftige Abschätzung der Unsicherheit der interessierenden Größe, indem wir die Streuung der Ergebnisse untersuchen. Selbst, wenn dieses Verfahren an sich schon vernünftige Resultate liefert, setzt man es am besten immer zusätzlich ein, um die in diesem Kapitel beschriebene Methode der zwei Schritte zu überprüfen.

Von Abschnitt 3.2 an werden wir uns mit der Fehlerfortpflanzung befassen. Wir werden sehen, daß sich fast alle Probleme in der Fehlerfortpflanzung durch Verwendung von nur drei einfachen Regeln lösen lassen. Schließlich werden wir noch eine einzige, kompliziertere Regel angeben, die für alle Fälle gilt, und aus der sich die drei einfacheren Regeln ableiten lassen.

Dies ist ein ziemlich langes Kapitel. Der Leser kann jedoch die letzten zwei Abschnitte überspringen, ohne den Faden zu verlieren.

3.1 Unsicherheiten direkter Messungen

Zu fast allen direkten Messungen gehört das Ablesen einer Skala (z. B. auf einem Lineal, einer Uhr, einem Voltmeter) oder einer Ziffernanzeige (z. B. an einer Digitaluhr oder einem Digitalvoltmeter). Einige der Probleme des Ablesens von Skalen wurden bereits in Abschnitt 1.5 besprochen. Manchmal sind die wichtigsten Quellen der Unsicherheit das Ablesen der Skala und die Notwendigkeit, zwischen den Teilungsstrichen zu interpolieren. In solchen Situationen ist ein vernünftiger Schätzwert für die Unsicherheit leicht zu bestimmen. Wenn man beispielsweise mit einem in Millimeter geteilten Lineal eine klar definierte Länge l zu messen hat, könnte man vernünftigerweise zu dem Schluß kommen, die Länge ließe sich auf den nächsten Millimeter genau, aber nicht genauer ablesen. Hier wäre die Unsicherheit $\delta l = 0{,}5$ mm. Liegen die Teilungsstriche weiter auseinander (wie bei einer Unterteilung in Zehntelzoll), ist die Annahme vernünftig, man könne beispielsweise auf ein Fünftel der Teilung genau ablesen. In jedem Fall lassen sich die mit dem Ablesen einer Skala zusammenhängenden Unsicherheiten offensichtlich recht leicht und realistisch abschätzen.

Unglücklicherweise gibt es häufig andere Quellen der Unsicherheit, die viel bedeutender sind als alle Schwierigkeiten beim Ablesen von Skalen. Bei der Messung des Abstands zwischen zwei Punkten kann das Hauptproblem darin bestehen, zu entscheiden, wo diese zwei Punkte wirklich liegen. Beispielsweise möchte man in einem optischen Experiment den Abstand q zwischen der Mitte einer Linse und einem fokussierten Bild messen, wie in Abb. 3–1 gezeigt ist. In der Praxis ist die Linse gewöhnlich einige Millimeter dick, so

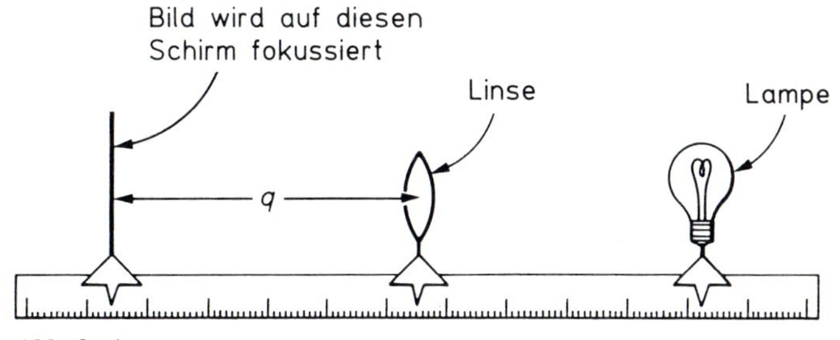

Abb. 3–1

daß sich die Lage ihrer Mitte schwer angeben lassen wird; und wenn eine dicke Fassung die Linse umgibt, wie häufig der Fall, dann wird die Lokalisierung der Mitte noch schwieriger. Außerdem kann es sein, daß das Bild über einen Bereich vieler Millimeter gut fokussiert scheint. Obwohl das Gerät auf einer klar in Millimeter unterteilten optischen Bank montiert ist, kann deshalb die Unsicherheit in der Angabe des Abstands zwischen Linse und Bild leicht in der Größenordnung eines Zentimeters liegen. Da diese Unsicherheit darauf beruht, daß die zwei betreffenden Bezugspunkte nicht klar definiert sind, wird ein derartiges Problem *Definitionsproblem* genannt.

Dieses Beispiel verdeutlicht eine ernste Gefahr bei der Schätzung von Fehlern. Wenn man nur die Skalen betrachtet und andere Quellen der Unsicherheit außer acht läßt, dann kann man die gesamte Meßunsicherheit äußerst stark unterschätzen. In der Tat begehen Studienanfänger auch am häufigsten den Fehler, einige Quellen der Unsicherheit zu übersehen, und folglich die Meßunsicherheit zu *unterschätzen*, oft um einen Faktor 10 oder mehr. Es ist jedoch ebenso wichtig, die Fehler nicht zu *überschätzen*. Ein Experimentator, der sich dafür entscheidet, sicher zu gehen und bei allen Messungen die Unsicherheiten großzügig abzuschätzen, mag peinliche Inkonsistenzen vermeiden, aber mit seinen Messungen kann dann möglicherweise niemand etwas rechtes anfangen. Klarerweise ist der Idealfall der, alle möglichen Quellen der Unsicherheit zu finden und ihre Auswirkungen genau abzuschätzen. Das ist gewöhnlich nicht so schwer, wie man annehmen könnte.

Das Ablesen von einer Ziffernanzeige ist leichter als das Ablesen von einer herkömmlichen Skala. Sofern ein solches Gerät nicht defekt ist, wird es nur signifikante Stellen anzeigen. Bei einer Digitaluhr, die Sekunden auf zwei Stellen hinter dem Komma anzeigt, muß (im ungünstigsten Fall) eine Zeit t von 8,03 Sekunden bedeuten, daß

$$t = (8{,}03 \pm 0{,}01)\ \mathrm{s}$$

ist. Je nachdem, wie der Zähler funktioniert, kann die Unsicherheit auch nur halb so groß sein, und die Anzeige 8,03 bedeutet dann $8{,}03 \pm 0{,}005$.

Eine Ziffernanzeige kann noch mehr als eine herkömmliche Skala zu Trugschlüssen über die Genauigkeit führen. Man könnte beispielsweise eine Digitaluhr zur Messung der Fallzeit eines Gewichts verwenden. Wenn die Uhr drei Dezimalstellen wiedergibt und eine Zeit $t = 8{,}036$ s anzeigt, dann beträgt die Fallzeit scheinbar

$$t = (8{,}036 \pm 0{,}001)\ \mathrm{s}\,. \tag{3.1}$$

Doch der gewissenhafte Student, der das Experiment unter möglichst identischen Bedingungen wiederholt, findet als zweiten Meßwert

$$t = 8{,}113\ \mathrm{s}\,.$$

Anscheinend ist die in (3.1) angegebene Genauigkeit zu hoch. Der Vergleich beider Meßwerte führt zu dem vernünftigeren Resultat

$$t = (8{,}07 \pm 0{,}05)\ \mathrm{s}\,.$$

Dieses Beispiel bringt uns zu einem anderen in Kap. 1 erwähnten Punkt. Wann immer eine Messung wiederholt werden kann, sollte sie mehrmals durchgeführt werden. Die sich ergebende Streuung der Meßwerte ist oft ein guter Hinweis auf die Größe der Unsicherheiten, und der Mittelwert der Einzelergebnisse ist fast sicher vertrauenswürdiger als jede einzelne isolierte Messung. In Kapitel 4 und 5 besprechen wir die statistische Behandlung mehrerer Messungen. Hier soll nur betont werden, daß jede Messung, die wiederholbar ist, auch wirklich wiederholt werden sollte, damit man (durch Mittelwertbildung) ein verläßlicheres Ergebnis und, was noch wichtiger ist, einen Schätzwert für die Unsicherheiten erhält. Leider wird, wie bereits in Kap. 1 erwähnt, die Wiederholung einer Messung nicht immer sämtliche Unsicherheiten zu Tage bringen. Wenn bei der Messung eine systematische Abweichung auftritt, die alle Ergebnisse in dieselbe Richtung verschiebt (wie bei einer vorgehenden Uhr), dann wird die Streuung der Ergebnisse diese systematische Abweichung nicht widerspiegeln. Systematische Abweichungen lassen sich nur beseitigen, indem man sorgfältig die Kalibrierung und das gesamte Vorgehen überprüft.

Schließlich gibt es eine ganz andere Art von Messung, bei der die Meßunsicherheit leicht geschätzt werden kann. Bei manchen Experimenten sind Ereignisse zu zählen, die zufällig, aber mit einer festen mittleren Rate auftreten. Beispielsweise zerfällt in einer Probe radioaktiven Materials jeder einzelne Kern zu einem zufälligen Zeitpunkt, es gibt aber eine definierte mittlere Rate, mit der Zerfälle in der Probe, als Gesamtkörper betrachtet, zu sehen sein werden. Wir können versuchen, diese mittlere Rate zu bestimmen, indem wir messen, wieviele Zerfälle innerhalb eines bestimmten Zeitabschnitts, etwa einer Minute, eintreten. (Dazu kann man beispielsweise einen Geigerzähler benutzen, der die von jedem Kern bei seinem Zerfall ausgestoßenen geladenen Teilchen registriert.) Nehmen wir an, wir hätten in einer Minute v Zerfälle gezählt. Weil die Zerfälle zufällig geschehen, können wir nicht sicher sein, daß v wirklich die wahre mittlere Anzahl der Zerfälle pro Minute ist. Die Frage lautet natürlich, wie zuverlässig v als Maß für die erwartete mittlere Anzahl der Ereignisse ist.

Wir werden die Theorie solcher Zählprobleme zwar erst in Kap. 11 behandeln, aber das Ergebnis, das wir erhalten werden, ist bemerkenswert einfach, und wir können es schon jetzt angeben. Wenn wir die Anzahl der Ereignisse in einer Zeit T messen und das Ergebnis v erhalten, dann hat v als Maß für die erwartete mittlere Anzahl der Ereignisse in der Zeit T die Unsicherheit $\sqrt{v}$. Das heißt, unser Schluß (auf der Grundlage dieser einen Beobachtung) sollte lauten

$$\text{(mittlere Anzahl der Ereignisse in der Zeit } T) = v \pm \sqrt{v}\,. \tag{3.2}$$

Wenn wir beispielsweise bei einer Probe von radioaktivem Uran in einer Minute 15 Zerfälle zählen, dann würden wir schließen, daß in der Probe im Mittel $15 \pm \sqrt{v}$ oder 15 ± 4 Zerfälle pro Minute auftreten.

3.2 Summen und Differenzen; Produkte und Quotienten

Im Rest dieses Kapitels werden wir stets annehmen, daß wir eine oder mehrere Größen, $x, y, \ldots$, mit den entsprechenden Unsicherheiten, $\delta x, \delta y, \ldots$, gemessen haben und die Meßwerte von $x, y, \ldots$, dazu verwenden wollen, eine wirklich interessierende Größe q zu berechnen. Die Berechnung von q ist gewöhnlich einfach, und das Problem, mit dem wir uns befassen müssen, lautet: wie pflanzen sich die Unsicherheiten $\delta x, \delta y, \ldots$, durch die Rechnung fort und zu welcher Unsicherheit δq des Endergebnisses q führen sie?

Summen und Differenzen

In Kapitel 2 haben wir besprochen, was geschieht, wenn man zwei Größen, x und y, mißt und ihre Summe $x + y$ oder ihre Differenz $x - y$ berechnet. Zur Abschätzung der Unsicherheit sowohl der Summe als auch der Differenz mußten wir nur über deren höchsten und niedrigsten wahrscheinlichen Wert entscheiden. Der höchste und der niedrigste wahrscheinliche Wert von x und y sind $x_{\text{Best}} \pm \delta x$ bzw. $y_{\text{Best}} \pm \delta y$. Folglich ist der höchste wahrscheinliche Wert von $x + y$ gleich

$$x_{\text{Best}} + y_{\text{Best}} + (\delta x + \delta y)$$

und der niedrigste wahrscheinliche Wert gleich

$$x_{\text{Best}} + y_{\text{Best}} - (\delta x + \delta y)\,.$$

Folglich ist der Bestwert von $q = x + y$

$$q_{\text{Best}} = x_{\text{Best}} + y_{\text{Best}}\,,$$

und für seine Unsicherheit gilt

$$\delta q \approx \delta x + \delta y\,. \tag{3.3}$$

Ein ähnliches Argument (vergewissern Sie sich, daß Sie es rekonstruieren können) zeigt, daß die Unsicherheit der *Differenz* $x - y$ durch dieselbe Formel (3.3) gegeben ist. Das heißt, sowohl die Unsicherheit der Summe $x + y$ als auch die der Differenz $x - y$ ist gleich der *Summe* $\delta x + \delta y$ der Unsicherheiten von x und y.

Wenn wir mehrere Zahlen, $x, \ldots, w$, haben, die zu addieren oder zu subtrahieren sind, dann liefert die wiederholte Anwendung von (3.3) die folgende Regel.

Unsicherheit in Summen und Differenzen

Wenn mehrere Größen, $x, \ldots, w$, mit den Unsicherheiten $\delta x, \ldots, \delta w$ gemessen und die Meßwerte zur Berechnung von

$$q = x + \cdots + z - (u + \cdots + w)$$

verwendet werden, dann ist die Unsicherheit des berechneten Werts von q gegeben durch die Summe aller ursprünglichen Unsicherheiten:

$$\delta q \approx \delta x + \cdots + \delta z + \delta u + \cdots + \delta w. \tag{3.4}$$

Mit anderen Worten: wenn man irgendwelche Werte von Größen addiert oder subtrahiert, dann *addieren* sich immer die Unsicherheiten dieser Größen. Wie zuvor verwenden wir das „ungefähr gleich"-Zeichen ($\approx$), um zu betonen, daß wir diese Regel bald verbessern werden.

Beispiel

Nehmen wir als einfaches Beispiel für die Regel (3.4) an, ein Experimentator schütte die Flüssigkeiten, die in zwei Kolben enthalten sind, zusammen, nachdem er jeweils die Masse des leeren und des gefüllten Kolbens mit folgenden Ergebnissen gemessen hat:

$$\begin{aligned}
M_1 &= \text{Masse des ersten Kolbens mit Inhalt} &&= (540 \pm 10)\ \text{g};\\
m_1 &= \text{Masse des ersten Kolbens leer} &&= (72 \pm 1)\ \text{g};\\
M_2 &= \text{Masse des zweiten Kolbens mit Inhalt} &&= (940 \pm 20)\ \text{g};\\
m_2 &= \text{Masse des zweiten Kolbens leer} &&= (97 \pm 1)\ \text{g}.
\end{aligned}$$

Jetzt berechnet er die Gesamtmasse der Flüssigkeit zu

$$M = M_1 - m_1 + M_2 - m_2 = (540 - 72 + 940 - 97)\ \text{g} = 1311\ \text{g}.$$

Entsprechend der Regel (3.4) ist die Unsicherheit in diesem Ergebnis die Summe aller vier Unsicherheiten,

$$\delta M \approx \delta M_1 + \delta m_1 + \delta M_2 + \delta m_2 = (10 + 1 + 20 + 1)\ \text{g} = 32\ \text{g}.$$

Also lautet das endgültige Meßergebnis (richtig gerundet)

$$\text{Gesamtmasse der Flüssigkeit} = (1310 \pm 30)\ \text{g}.$$

Beachten Sie, daß die viel kleineren Unsicherheiten der Massen der leeren Kolben einen vernachlässigbaren Beitrag zur Unsicherheit des Endergebnisses lieferten. Das ist ein wichtiger Effekt, auf den wir später eingehen werden. Durch Erfahrung kann der Student lernen, im Voraus diejenigen Unsicherheiten zu erkennen, die vernachlässigbar sind und die er von vornherein nicht berücksichtigen braucht. Dadurch kann sich die Berechnung der Unsicherheiten stark vereinfachen.

Produkte und Quotienten

In Abschnitt 2.9 haben wir die Unsicherheit eines Produkts $q = xy$ zweier Meßgrößen behandelt. Wir haben gesehen, daß – vorausgesetzt, die betreffenden relativen Unsicherheiten sind klein – die *relative* Unsicherheit von $q = xy$ gleich der Summe der *relativen* Unsicherheiten von x und y ist. Anstatt die Herleitung dieses Ergebnisses zu wiederholen, besprechen wir einen ähnlichen Fall, den Quotienten $q = x/y$. Wie wir sehen werden, gilt für die Unsicherheit eines Quotienten dieselbe Regel wie für die des Produkts. Das heißt, die relative Unsicherheit von $q = x/y$ ist gleich der Summe der relativen Unsicherheiten von x und y.

Da alle Unsicherheiten von Produkten und Quotienten am besten durch relative Unsicherheiten ausgedrückt werden, ist es bequem, für diese eine Abkürzung einzuführen. Erinnern wir uns daran, daß, wenn wir wie üblich eine Größe x messen als

$$(\text{gemessener Wert von } x) = x_{\text{Best}} \pm \delta x,$$

dann die relative Unsicherheit von x definiert ist als

$$(\text{relative Unsicherheit von } x) = \frac{\delta x}{|x_{\text{Best}}|}.$$

(Der Absolutwert im Nenner stellt sicher, daß die relative Unsicherheit immer positiv ist, selbst dann, wenn x_{Best} negativ ist.) Weil das Symbol $\delta x/|x_{\text{Best}}|$ umständlich zu schreiben und zu lesen ist, werden wir es von jetzt an abkürzen, indem wir den Index „Best" weglassen und schreiben:

$$(\text{relative Unsicherheit von } x) = \frac{\delta x}{|x|}.$$

Das Ergebnis der Messung einer jeden Größe x läßt sich mit Hilfe ihrer relativen Unsicherheit $\delta x/|x|$ ausdrücken als

$$(\text{Wert von } x) = x_{\text{Best}}\left(1 \pm \frac{\delta x}{|x|}\right).$$

Deshalb können wir den Wert von $q = x/y$ schreiben als

$$(\text{Wert von } q) = \frac{x_{\text{Best}}}{y_{\text{Best}}} \frac{1 \pm \dfrac{\delta x}{|x|}}{1 \pm \dfrac{\delta y}{|y|}}.$$

Unser Problem ist jetzt, die Extremwerte des zweiten Faktors auf der rechten Seite zu finden. Dieser Faktor ist beispielsweise am größten, wenn der Zähler seinen größten Wert, $1 + \delta x/|x|$, und der Nenner seinen *kleinsten* Wert, $1 - \delta y/|y|$, annimmt. Folglich ist der größte wahrscheinliche Wert für $q = x/y$ gegeben durch:

$$(\text{größter Wert von } q) = \frac{x_{\text{Best}}}{y_{\text{Best}}} \frac{1 + \dfrac{\delta x}{|x|}}{1 - \dfrac{\delta y}{|y|}}. \tag{3.5}$$

Der letzte Faktor in Ausdruck (3.5) hat die Form $(1 + a)/(1 - b)$, wobei die Zahlen a und b normalerweise klein (d. h. viel kleiner als 1) sind. Er kann durch zwei Näherungen vereinfacht werden. Erstens folgt, da b klein ist, aus dem Binomialsatz [2]

$$\frac{1}{(1 - b)} \approx 1 + b. \tag{3.6}$$

[2] Der Binomialsatz drückt $1/(1 - b)$ als die unendliche Reihe $1 + b + b^2 + \cdots$ aus. Wenn b viel kleiner ist als 1, dann ist $1/(1 - b) \approx 1 + b$ wie in (3.6). Der Leser, der mit dem Binomialsatz nicht vertraut ist, kann in Aufgabe 3.7 nähere Einzelheiten finden.

Deshalb ist

$$\frac{1+a}{1-b} \approx (1+a)(1+b) = 1 + a + b + ab \approx 1 + a + b$$

wobei wir in der zweiten Zeile das Produkt ab von zwei kleinen Größen vernachlässigt haben. Wenn wir zu (3.5) zurückkehren und diese Näherungen verwenden, finden wir für den größten wahrscheinlichen Wert von $q = x/y$:

$$(\text{größter Wert von } q) = \frac{x_{\text{Best}}}{y_{\text{Best}}}\left(1 + \frac{\delta x}{|x|} + \frac{\delta y}{|y|}\right).$$

Eine ähnliche Rechnung zeigt, daß der kleinste wahrscheinliche Wert durch einen ähnlichen Ausdruck mit zwei Minuszeichen gegeben ist. Kombinieren wir beide Ausdrücke, so ergibt sich:

$$(\text{Wert von } q) = \frac{x_{\text{Best}}}{y_{\text{Best}}}\left(1 \pm \left[\frac{\delta x}{|x|} + \frac{\delta y}{|y|}\right]\right).$$

Durch Vergleich mit der Standardform

$$(\text{Wert von } q) = q_{\text{Best}}\left(1 \pm \frac{\delta q}{|q|}\right)$$

sehen wir, daß der Bestwert von q gegeben ist durch $q_{\text{Best}} = x_{\text{Best}}/y_{\text{Best}}$, wie wir erwarteten, und daß für die relative Unsicherheit gilt

$$\frac{\delta q}{|q|} \approx \frac{\delta x}{|x|} + \frac{\delta y}{|y|}. \tag{3.7}$$

Wir schließen daraus, daß, wenn wir zwei gemessene Größen, x und y, dividieren oder multiplizieren, wie in (3.7) die relative Unsicherheit des Ergebnisses gleich der Summe der relativen Unsicherheiten von x und y ist. Für die Multiplikation und Division einer ganzen Reihe von Zahlen führt die wiederholte Anwendung dieses Resultats zur folgenden allgemeinen Regel.

Unsicherheit von Produkten und Quotienten

Wenn mehrere Größen, $x, \ldots, w$, mit den Unsicherheiten $\delta x, \ldots, \delta w$ gemessen und die Meßwerte zur Berechnung von

$$q = \frac{x \times \cdots \times z}{u \times \cdots \times w},$$

verwendet werden, dann ist die relative Unsicherheit des berechneten Werts von q die Summe,

$$\frac{\delta q}{|q|} \approx \frac{\delta x}{|x|} + \cdots + \frac{\delta z}{|z|} + \frac{\delta u}{|u|} + \cdots + \frac{\delta w}{|w|}, \tag{3.8}$$

der relativen Unsicherheiten von $x, \ldots, w$.

Kurz: wenn man Größen multipliziert oder dividiert, so *addieren* sich die *relativen Unsicherheiten.*

Beispiel

Bei der Landvermessung kann man manchmal einen Wert für eine unzugängliche Länge l (wie die Höhe eines hohen Baumes) bestimmen, indem man drei andere Längen, l_1, l_2, l_3, mißt und l ausdrückt durch

$$l = \frac{l_1 l_2}{l_3}.$$

Nehmen wir an, wir führen ein solches Experiment aus und erhalten die Ergebnisse (in Metern)

$$l_1 = 100 \pm 1, \qquad l_2 = 2{,}30 \pm 0{,}05, \qquad l_3 = 5{,}0 \pm 0{,}2.$$

Unser Bestwert für l ist

$$l_{\text{Best}} = \frac{100 \times 2{,}30}{5{,}0} = 46{,}0 \text{ m}.$$

Gemäß (3.8) ist die relative Unsicherheit dieses Ergebnisses die Summe der relativen Unsicherheiten von l_1, l_2, l_3, die gleich 1, 2 und 4 Prozent sind. Also gilt

$$\frac{\delta l}{l} \approx \frac{\delta l_1}{l_1} + \frac{\delta l_2}{l_2} + \frac{\delta l_3}{l_3} = (1 + 2 + 4)\% = 7\%,$$

und unser Endergebnis lautet

$$l = (46 \pm 3) \text{ m}.$$

Gemessene Größe mal exakte Zahl

Zwei wichtige Spezialfälle der Regel (3.8) verdienen, besonders erwähnt zu werden. Nehmen wir als erstes an, daß wir eine Größe x messen und dann unser Ergebnis dazu benutzen, das Produkt $q = Bx$ zu berechnen, wobei die Zahl B *keine Unsicherheit* hat. Wir könnten beispielsweise den Durchmesser eines Kreises messen und dann seinen Umfang, $U = \pi \times d$, berechnen, oder wir könnten die Dicke D von 100 identischen Blättern Papier messen und dann die Dicke eines Blattes zu $d = (1/100) \times D$ ermitteln. Entsprechend der Regel (3.8) ist die relative Unsicherheit von $q = Bx$ gleich der Summe der relativen Unsicherheiten von B und x. Da $\delta B = 0$ ist, gilt

$$\frac{\delta q}{|q|} = \frac{\delta x}{|x|}.$$

Multiplizieren wir mit $|q| = |Bx|$, so ergibt sich $\delta q = |B|\, \delta x$, und wir haben die folgende nützliche Regel.

Gemessene Größe mal exakte Zahl

Wenn die Größe x mit der Unsicherheit δx gemessen und zur Berechnung des Produkts

$$q = Bx$$

verwendet wird, wobei B keine Unsicherheit hat, dann erhält man die Unsicherheit von q einfach, indem man die von x mit $|B|$ multipliziert:

$$\delta q = |B|\, \delta x\,. \tag{3.9}$$

Diese Regel ist besonders nützlich, wenn wir etwas zu messen haben, das unbequem klein ist, von dem aber ein Vielfaches der Messung zugänglich ist, wie bei der Dicke eines Blatts Papier oder der Umdrehungsperiode eines sich schnell drehenden Rades. Wenn wir beispielsweise die Dicke D von 100 Blatt Papier messen und als Ergebnis erhalten:

$$\text{Dicke von 100 Blatt} = D = (3{,}3 \pm 0{,}3)\ \text{cm}\,,$$

dann folgt die Dicke d eines einzelnen Blattes unmittelbar zu

$$\text{Dicke eines Blattes} = d = \frac{1}{100} \times D = (0{,}033 \pm 0{,}003)\ \text{cm}\,.$$

Beachten Sie, daß dieses Verfahren (Messung der Dicke mehrerer identischer Blätter und Division durch ihre Anzahl) die leichte Durchführung einer Messung ermöglicht, für die sonst ziemlich hochentwickelte Geräte erforderlich wären. Außerdem liefert diese Methode eine bemerkenswert kleine Unsicherheit. Man muß natürlich sicher sein, daß alle diese Blätter gleich dick sind.

Potenzen

Der zweite Spezialfall der Regel (3.8) betrifft die Berechnung der Potenz einer gemessenen Größe. Wir könnten beispielsweise die Geschwindigkeit v eines Körpers messen und dann zur Bestimmung der kinetischen Energie $\frac{1}{2} m v^2$ das Quadrat v^2 berechnen. Da v^2 einfach $v \times v$ ist, muß nach (3.8) die relative Unsicherheit von v^2 das *Zweifache* der relativen Unsicherheit von v sein. Offensichtlich führt (3.8) zu der folgenden allgemeinen Regel für eine beliebige Potenz:

Unsicherheit einer Potenz

Wenn die Größe x mit einer Unsicherheit δx gemessen und dieser Wert zur Berechnung der Potenz

$$q = x^n\,,$$

verwendet wird, dann ist die relative Unsicherheit von q

das n-fache der von x:

$$\frac{\delta q}{|q|} = n \frac{\delta x}{|x|}. \tag{3.10}$$

Bei der Ableitung dieser Regel gingen wir davon aus, daß n eine positive ganze Zahl ist. Die Regel läßt sich aber so verallgemeinern, daß sie für *beliebige* Exponenten n gilt. Siehe (3.26) weiter unten.

Beispiel

Nehmen wir an, ein Student bestimmt die Schwerebeschleunigung g, indem er die Zeit t mißt, die ein Stein benötigt, um aus einer Höhe h auf den Boden zu fallen. Nach mehrmaliger Messung der Fallzeit kommt der Student zu dem Ergebnis

$$t = (1{,}6 \pm 0{,}1)\ \mathrm{s}\,.$$

Für die Höhe h erhält er

$$h = (14{,}1 \pm 0{,}1)\ \mathrm{m}\,.$$

Da h durch die wohlbekannte Formel $h = \frac{1}{2} g t^2$ gegeben ist, berechnet der Student jetzt g zu

$$g = \frac{2h}{t^2} = \frac{2 \times 14{,}1\ \mathrm{m}}{(1{,}6\ \mathrm{s})^2} = 11{,}02\ \mathrm{m/s^2}.$$

Zur Bestimmung der Unsicherheit dieses Ergebnisses verwenden wir die gerade entwikkelten Regeln. Zunächst brauchen wir die relative Unsicherheit jedes Faktors in Ausdruck $g = 2h/t^2$, der zur Berechnung von g dient. Der Faktor 2 hat keine Unsicherheit. Die relativen Unsicherheiten von h und t sind

$$\frac{\delta h}{h} = \frac{0{,}1}{14.1} = 0{,}7\,\%$$

und

$$\frac{\delta t}{t} = \frac{0{,}1}{1.6} = 6{,}3\,\%\,.$$

Gemäß der Regel (3.10) ist die relative Unsicherheit von t^2 das Zweifache derjenigen von t. Deshalb erhalten wir bei Anwendung der Regel (3.8) für Produkte und Quotienten auf die Formel $g = 2h/t^2$ die relative Unsicherheit

$$\frac{\delta g}{g} = \frac{\delta h}{h} + 2\,\frac{\delta t}{t} = 0{,}7\,\% + 2 \times (6{,}3\,\%) = 13{,}3\,\% \tag{3.11}$$

und folglich für die Unsicherheit

$$\delta g = (11{,}0\ \mathrm{m/s^2}) \times \frac{13{,}3}{100} = 1{,}5\ \mathrm{m/s^2}.$$

Das Endergebnis unseres Studenten lautet also (richtig gerundet):

$$g = (11{,}0 \pm 1{,}5)\ \mathrm{m/s^2}.$$

Dieses Beispiel veranschaulicht, wie einfach die Schätzung von Unsicherheiten oft sein kann. Es zeigt darüber hinaus, daß aus der Fehleranalyse nicht nur die Größe der Unsicherheiten folgt, sondern auch, was man tun muß, um sie zu vermindern. In diesem Beispiel ergibt sich aus (3.11), daß der größte Beitrag von der Zeitmessung herrührt. Wenn wir einen genaueren Wert von g haben wollen, dann müssen wir also die Messung der Zeit t verbessern. Jeder Versuch, h genauer zu messen, ist deshalb vergeudete Mühe.

3.3 Unabhängige Unsicherheiten in einer Summe

Die Regeln, die wir bis jetzt gefunden haben, lassen sich schnell zusammenfassen: Wenn Meßwerte addiert oder subtrahiert werden, *addieren sich deren Unsicherheiten*; wenn Meßwerte multipliziert oder dividiert werden, *addieren sich deren relative Unsicherheiten.* In diesem und dem nächsten Abschnitt werden wir sehen, daß – unter gewissen Umständen – die Unsicherheiten, die man bei Verwendung dieser Regeln erhält, unnötig groß sein können. Insbesondere in Fällen, in denen die ursprünglichen Unsicherheiten *unabhängig* und *zufällig* sind, läßt sich ein realistischerer (und kleinerer) Schätzwert der Unsicherheit des Endergebnisses angeben. Dazu werden wir Regeln kennenlernen, die besagen, daß die Unsicherheiten (oder relativen Unsicherheiten) *quadratisch addiert* werden.

Betrachten wir zunächst die Berechnung der Summe $q = x + y$ von zwei Größen x und y, deren Meßergebnisse in der Standardform

$$(\text{Meßwert von } x) = x_{\text{Best}} \pm \delta x$$

und entsprechend für y, angegeben sind. Das im letzten Abschnitt verwendete Argument lautete wie folgt. Erstens: der Bestwert von $q = x + y$ ist gleich $q_{\text{Best}} = x_{\text{Best}} + y_{\text{Best}}$. Zweitens: da der höchste wahrscheinliche Wert von x und y gleich $x_{\text{Best}} + \delta x$ bzw. $y_{\text{Best}} + \delta y$ ist, beträgt der höchste Wert von q

$$x_{\text{Best}} + y_{\text{Best}} + \delta x + \delta y. \tag{3.12}$$

Entsprechend ist der niedrigste wahrscheinliche Wert von q gleich

$$x_{\text{Best}} + y_{\text{Best}} - \delta x - \delta y.$$

Deshalb folgerten wir, daß der Wert von q wahrscheinlich zwischen diesen zwei Zahlen liegt und daß für die Meßunsicherheit von q gilt:

$$\delta q \approx \delta x + \delta y.$$

Um zu sehen, warum diese Formel für δq einen wahrscheinlich zu großen Wert liefert, überlegen wir, unter welchen Umständen der tatsächliche Wert von q gleich dem oberen Extremwert (3.12) sein kann. Das ist offensichtlich dann der Fall, wenn wir x um den vollen Betrag δx *und* y um den vollen Wert δy unterschätzen. Und offensichtlich erscheint es ziemlich unwahrscheinlich, daß beides gleichzeitig geschieht. Wenn x und y unabhängig voneinander gemessen werden und unsere Abweichungen zufälliger Natur sind, gibt es eine Chance von 50 Prozent, daß eine *Unterschätzung* von x von einer *Überschätzung* von y oder *umgekehrt* begleitet wird. Klarerweise ist dann die Wahrscheinlichkeit, daß wir sowohl x als auch y um den vollen Betrag δx bzw. δy unterschätzen, ziemlich klein. Deshalb überschätzt der Wert $\delta q \approx \delta x + \delta y$ unseren wahrscheinlichen Fehler.

Wie sieht dann aber ein besserer Schätzwert für δq aus? Die Antwort hängt davon ab, was genau wir unter Unsicherheiten verstehen (d. h. was wir mit der Aussage meinen, daß q „wahrscheinlich" irgendwo zwischen $q_{\text{Best}} - \delta q$ und $q_{\text{Best}} + \delta q$ liegt). Von Bedeutung sind dabei auch die statistischen Gesetze, die für unsere Meßabweichungen gelten. In Kapitel 5 werden wir die Normal- oder Gauß-Verteilung behandeln, die Messungen beschreibt, die zufälligen Unsicherheiten unterliegen. Für den Fall, daß die Messungen von x und y unabhängig voneinander gemacht werden und beide eine Normalverteilung der Meßabweichungen haben, werden wir für die Unsicherheit von $q = x + y$ finden:

$$\delta q = \sqrt{(\delta x)^2 + (\delta y)^2}. \tag{3.13}$$

Wenn wir wie in (3.13) zwei Zahlen kombinieren, indem wir sie quadrieren, die Quadrate addieren und dann die Quadratwurzel ziehen, so spricht man von *quadratischer Addition* dieser Zahlen. Die in (3.13) enthaltene Regel läßt sich also folgendermaßen formulieren: Wenn die Messungen von x und y unabhängig voneinander durchgeführt werden und nur zufälligen Abweichungen unterliegen, dann ist die Unsicherheit δq des berechneten Wertes von $q = x + y$ gleich der *quadratischen Summe* der Unsicherheiten δx und δy.

Es ist wichtig, den neuen Ausdruck (3.13) für die Unsicherheit von $q = x + y$ mit unserem bisherigen Ausdruck

$$\delta q \approx \delta x + \delta y \tag{3.14}$$

zu vergleichen. Wie ein einfaches geometrisches Argument zeigt, ist der neue Ausdruck (3.13) immer kleiner als der alte (3.14). Für zwei beliebige positive Zahlen a und b gilt, daß die Zahlen a, b und $\sqrt{a^2 + b^2}$ die drei Seiten eines rechtwinkligen Dreiecks sind (Abb. 3–2). Da die Länge einer jeden Seite eines Dreiecks immer kleiner als die Summe

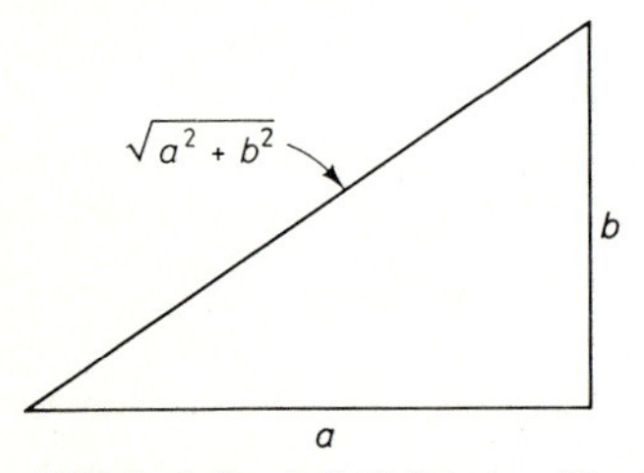

Abb. 3–2. Da jede Seite eines Dreiecks kleiner ist als die Summe der anderen zwei Seiten, gilt immer $\sqrt{a^2 + b^2} < a + b$.

der anderen zwei Seiten ist, folgt, daß $\sqrt{a^2 + b^2} < a + b$ und deswegen (3.13) kleiner als (3.14) ist.

Da der Ausdruck (3.13) für die Unsicherheit von $q = x + y$ immer kleiner als (3.14) ist, sollte man die Formel (3.13) immer dann verwenden, *wenn* sie anwendbar ist. Das ist jedoch *nicht* immer der Fall. Der Ausdruck (3.13) spiegelt die Möglichkeit wider, daß eine Überschätzung von x durch eine Unterschätzung von y ausgeglichen werden kann und umgekehrt. Es ist jedoch leicht, sich Messungen auszudenken, wo das nicht möglich ist. Nehmen wir beispielsweise an, $q = x + y$ sei die Summe von zwei Längen x und y, die mit demselben Bandmaß aus Stahl gemessen werden. Nehmen wir weiterhin an, die Hauptquelle der Unsicherheit sei unser Bedenken, das Bandmaß sei für die Verwendung bei einer anderen Temperatur als der augenblicklichen vorgesehen. Wenn wir diese Temperatur nicht kennen (und kein zuverlässiges Bandmaß zum Vergleichen haben), dann müssen wir davon ausgehen, daß unser Bandmaß länger oder kürzer sein kann als seine kalibrierte Länge. Diese Unsicherheit läßt sich einfach berücksichtigen.[3] Der wesentliche Punkt hier ist jedoch: Wenn das Band zu lang ist, dann unterschätzen wir sowohl x als auch y, und wenn das Band zu kurz ist, überschätzen wir sowohl x als auch y. Es gibt deshalb keine Möglichkeit für das gegenseitige Aufheben von Abweichungen, das die Verwendung der quadratischen Summe zur Berechnung der Unsicherheit von $q = x + y$ rechtfertigte.

Wir werden später (in Kapitel 9) beweisen, daß egal ob unsere Fehler unabhängig und zufällig sind oder nicht, die Unsicherheit von $q = x + y$ *sicher nicht größer* als die einfache Summe $\delta x + \delta y$ ist:

$$\delta q \leq \delta x + \delta y\,. \tag{3.15}$$

Das bedeutet, daß unser alter Ausdruck (3.14) für δq tatsächlich eine allgemein gültige *obere Grenze* bildet. Wenn wir aus irgendeinem Grund den Verdacht hegen, die Fehler in x und y seien *nicht* unabhängig und zufällig (wie beispielsweise beim Bandmaß), dann ist es nicht gerechtfertigt, für δq die quadratische Summe (3.13) zu verwenden. Andererseits garantiert die Schranke (3.15), daß δq sicherlich nicht schlechter als $\delta x + \delta y$ ist. Als sicherster Weg bleibt uns in jedem Fall die alte Regel

$$\delta q \approx \delta x + \delta y$$

anzuwenden.

Oft macht es wenig Unterschied, ob man Unsicherheiten quadratisch oder direkt addiert. Nehmen wir beispielsweise an, x und y seien Längen, die beide mit der Unsicherheit $\delta x = \delta y = 2$ mm gemessen werden. Könnten wir mit Bestimmtheit sagen, diese Unsicherheiten seien unabhängig und zufällig, dann würden wir den Fehler von $x + y$ abschätzen durch die quadratische Summe

$$\sqrt{(\delta x)^2 + (\delta y)^2} = \sqrt{4 + 4}\ \text{mm} = 2{,}8\ \text{mm} \approx 3\ \text{mm}\,.$$

[3] Nehmen wir beispielsweise an, das Bandmaß habe einen Ausdehnungskoeffizienten $\alpha = 10^{-5}$ pro Grad und die Differenz zwischen seiner Kalibrierungstemperatur und der augenblicklichen Temperatur betrage nicht mehr als 10 Grad. Dann ist es unwahrscheinlich, daß das Band um mehr als 10^{-4}, oder 0,01 Prozent, von seiner korrekten Länge abweicht, und unsere Unsicherheit ist deshalb 0,01 Prozent.

Wenn wir aber den Verdacht haben, die Unsicherheiten könnten nicht voneinander unabhängig sein, dann müßten wir die gewöhnliche Summe

$$\delta x + \delta y \approx (2 + 2)\ \mathrm{mm} = 4\ \mathrm{mm}$$

verwenden. In vielen Experimenten ist die Abschätzung der Unsicherheiten so grob, daß dem Unterschied zwischen diesen zwei Ergebnissen (3 mm und 4 mm) keine Bedeutung zukommt. Andererseits ist manchmal die quadratische Summe signifikant kleiner als die gewöhnliche Summe. Es mag zwar überraschen, aber die quadratische Summe ist manchmal auch leichter zu berechnen als die gewöhnliche Summe. Wir werden Beispiele dazu im nächsten Abschnitt kennenlernen.

3.4 Mehr über unabhängige Unsicherheiten

Im letzten Abschnitt haben wir erörtert, wie sich unabhängige zufällige Unsicherheiten von zwei Größen x und y in der Summe $x + y$ fortpflanzen. Wir haben gesehen, daß bei dieser Art von Unsicherheit die zwei Fehler quadratisch addiert werden sollten. Man kann natürlich dasselbe Problem für Differenzen, Produkte und Quotienten betrachten. Wie wir später beweisen werden, müssen unsere bisherigen Regeln (3.4) und (3.8) in allen diesen Fällen nur insofern geändert werden, als die Summen der Abweichungen (oder relativen Abweichungen) durch quadratische Summen zu ersetzen sind. Weiterhin werden wir zeigen, daß die alten Ausdrücke (3.4) und (3.8) in der Tat obere Grenzen darstellen, die immer gelten, ob nun die Unsicherheiten unabhängig und zufällig sind oder nicht. Also lautet die endgültige Version unserer Regeln folgendermaßen:

Unsicherheit von Summen und Differenzen

Nehmen wir an, wir hätten die Größen $x, \ldots, w$ mit den Unsicherheiten $\delta x, \ldots, \delta w$ gemessen und zur Berechnung von

$$q = x + \cdots + z - (u + \cdots + w)$$

verwendet. Wenn bekannt ist, daß die Unsicherheiten von $x, \ldots, w$ voneinander *unabhängig und zufällig* sind, dann ist die Unsicherheit von q gleich der quadratischen Summe

$$\delta q = \sqrt{(\delta x)^2 + \cdots + (\delta z)^2 + (\delta u)^2 + \cdots + (\delta w)^2} \qquad (3.16)$$

der Unsicherheiten der Eingangsgrößen. Auf jeden Fall ist δq nicht größer als ihre gewöhnliche Summe

$$\delta q \leq \delta x + \cdots + \delta z + \delta u + \cdots + \delta w \qquad (3.17)$$

und

Unsicherheit von Produkten und Quotienten

Nehmen wir an, die Größen $x, \ldots, w$ seien mit den Unsicherheiten $\delta x, \ldots, \delta w$ gemessen und zur Berechnung von

$$q = \frac{x \times \cdots \times z}{(u \times \cdots \times w)}$$

verwendet worden. Wenn die Unsicherheiten von $x, \ldots, w$ voneinander *unabhängig und zufällig* sind, dann ist die relative Unsicherheit von q gleich der quadratischen Summe

$$\frac{\delta q}{|q|} = \sqrt{\left(\frac{\delta x}{x}\right)^2 + \cdots + \left(\frac{\delta z}{z}\right)^2 + \left(\frac{\delta u}{u}\right)^2 + \cdots + \left(\frac{\delta w}{w}\right)^2} \tag{3.18}$$

der relativen Unsicherheiten der Eingangsgrößen. Auf jeden Fall ist sie nicht größer als deren gewöhnliche Summe

$$\frac{\delta q}{|q|} \leq \frac{\delta x}{|x|} + \cdots + \frac{\delta z}{|z|} + \frac{\delta u}{|u|} + \cdots + \frac{\delta w}{|w|}. \tag{3.19}$$

Beachten Sie, daß wir die Verwendung der quadratischen Addition für unabhängige zufällige Unsicherheiten noch nicht gerechtfertigt haben. Wir haben nur argumentiert, daß dann, wenn die verschiedenen Unsicherheiten unabhängig und zufällig sind, eine gewisse Wahrscheinlichkeit für ein teilweises Wegheben der Abweichungen besteht und die sich ergebende Unsicherheit (oder relative Unsicherheit) kleiner als die einfache Summe der Unsicherheiten (relativen Unsicherheiten) der Ausgangsgrößen ist. Die quadratische Summe hat diese Eigenschaft. Wir werden eine korrekte Rechtfertigung ihrer Verwendung in Kapitel 5 nachholen. Die Schranken (3.17) und (3.19) werden in Kapitel 9 bewiesen.

Beispiel

Wie wir schon erörtet haben, gibt es manchmal keinen signifikanten Unterschied zwischen den Unsicherheiten, die durch quadratische Addition oder einfachen Addition ermittelt wurden. Andererseits gibt es häufig einen signifikanten Unterschied, und – was ziemlich überraschend ist – die quadratische Summe läßt sich häufig viel einfacher berechnen. Um zu sehen, wie das geschehen kann, betrachten wir das folgende Beispiel.

Nehmen wir an, wir möchten den Wirkungsgrad eines elektrischen Gleichstrommotors bestimmen, indem wir mit ihm eine Masse m um eine Höhe h heben. Die geleistete Arbeit ist mgh, und die gelieferte elektrische Energie ist gleich UIt, wobei U die angelegte Spannung, I die Stromstärke und t die Zeit ist, während der der Motor läuft. Der

Wirkungsgrad ist dann gegeben durch:

$$\text{Wirkungsgrad } w = \frac{\text{vom Motor geleistete Arbeit}}{\text{dem Motor gelieferte Energie}} = \frac{mgh}{UIt}.$$

Nehmen wir an, m, h, U und I könnten mit einem Prozent Genauigkeit gemessen werden, so daß die

$$(\text{relative Unsicherheit von } m,\, h,\, U \text{ und } I) = 1\,\%$$

ist, und die Zeit t habe eine Unsicherheit von 5 Prozent, womit die

$$(\text{relative Unsicherheit von } t) = 5\,\%$$

wäre. (Natürlich ist g mit vernachlässigbarer Unsicherheit bekannt.) Wenn wir jetzt den Wirkungsgrad w berechnen, dann haben wir entsprechend unserer alten Regel („relative Unsicherheiten addieren sich") die Unsicherheit

$$\frac{\delta w}{w} \approx \frac{\delta m}{m} + \frac{\delta h}{h} + \frac{\delta U}{U} + \frac{\delta I}{I} + \frac{\delta t}{t} = (1 + 1 + 1 + 1 + 5)\% = 9\,\%.$$

Wenn wir andererseits darauf vertrauen, daß die verschiedenen Unsicherheiten unabhängig und zufällig sind, dann können wir $\delta w/w$ durch die quadratische Summe berechnen und erhalten

$$\begin{aligned}\frac{\delta w}{w} &= \sqrt{\left(\frac{\delta m}{m}\right)^2 + \left(\frac{\delta h}{h}\right)^2 + \left(\frac{\delta U}{U}\right)^2 + \left(\frac{\delta I}{I}\right)^2 + \left(\frac{\delta t}{t}\right)^2} = \sqrt{1^2 + 1^2 + 1^2 + 1^2 + 5^2\,\%} \\ &= \sqrt{29\,\%} \approx 5\,\%.\end{aligned}$$

Klarerweise führt die quadratische Summe zu einem signifikant kleineren Schätzwert für δw. Außerdem sehen wir, daß die Unsicherheiten von m, h, U und I, bezogen auf eine signifikante Stelle, *überhaupt keinen Beitrag* zur so berechneten Unsicherheit von w liefern, d.h. es ist (in diesem Beispiel)

$$\frac{\delta w}{w} = \frac{\delta t}{t}.$$

Diese verblüffende Vereinfachung ist leicht zu verstehen. Bei der quadratischen Addition werden Zahlen erst quadriert und dann summiert. Der Vorgang des Quadrierens führt zu einer deutlichen Übergewichtung der größeren Zahlen. Wenn also (wie in unserem Beispiel) eine Zahl fünfmal größer als jede der anderen ist, dann ist ihr Quadrat 25-mal so groß wie die Quadrate der anderen Zahlen, und wir können diese gewöhnlich völlig vernachlässigen.

Dieses Beispiel verdeutlicht, weshalb es gewöhnlich besser und oft leichter ist, Fehler quadratisch zusammenzusetzen. Das Beispiel veranschaulicht auch, von welcher Art ein Problem ist, in dem Fehler unabhängig *sind*, die quadratische Addition also ihre Berechtigung hat. (Im Augenblick nehmen wir es als gegeben, daß die Fehler zufällig sind. Wir werden diesen schwierigeren Punkt in Kapitel 4 behandeln.) Die fünf gemessenen Größen (m, h, U, I und t) sind physikalisch verschiedene Größen mit unterschiedlichen Einheiten und werden mit völlig verschiedenen Verfahren gemessen. Es ist fast unvorstellbar, daß die Quellen von Abweichungen einer Größe mit denen irgendeiner anderen korreliert sein könnten. Deshalb dürfen die Fehler als unabhängig betrachtet und quadratisch addiert werden.

3.5 Beliebige Funktionen einer Variablen

Wir wissen jetzt, wie sich Unsicherheiten, sowohl unabhängige als auch andere, durch Summen, Differenzen, Produkte und Quotienten fortpflanzen. Doch oft haben wir es mit komplizierteren Verknüpfungen zu tun wie der Berechnung eines Sinus oder Cosinus oder einer Wurzel, und wir müssen wissen, wie Unsicherheiten sich in diesen Fällen fortpflanzen.

Stellen wir uns beispielsweise vor, wir bestimmten den Brechungsindex n von Glas, indem wir den kritischen Winkel θ messen. Es ist aus der elementaren Optik bekannt, daß $n = 1/\sin\theta$ ist. Läßt sich der Winkel θ messen, ist es leicht, den Brechungsindex n zu berechnen. Wir müssen dann aber entscheiden, welche Unsicherheit δn von $n = 1/\sin\theta$ sich aus der Unsicherheit $\delta\theta$ unseres Meßwerts θ ergibt.

Nehmen wir allgemeiner an, wir hätten eine Größe x in der Standardform $x_{\text{Best}} \pm \delta x$ gemessen und möchten eine bekannte Funktion $q(x)$, wie z.B. $q(x) = 1/\sin x$ oder $q(x) = \sqrt{x}$, berechnen. Um auf einfache Weise zu einem Ergebnis zu kommen, zeichnet man den Graphen von $q(x)$ wie in Abb. 3–3 in ein Diagramm ein. Der Bestwert für q ist natürlich $q_{\text{Best}} = q(x_{\text{Best}})$, und die Werte x_{Best} und q_{Best} sind in Abb. 3–3 durch die stark gezeichneten Geradenverbunden.

Für die Entscheidung über die Unsicherheit δq verwenden wir das übliche Argument. Der größte wahrscheinliche Wert von x ist $x_{\text{Best}} + \delta x$; anhand des Graphen können wir

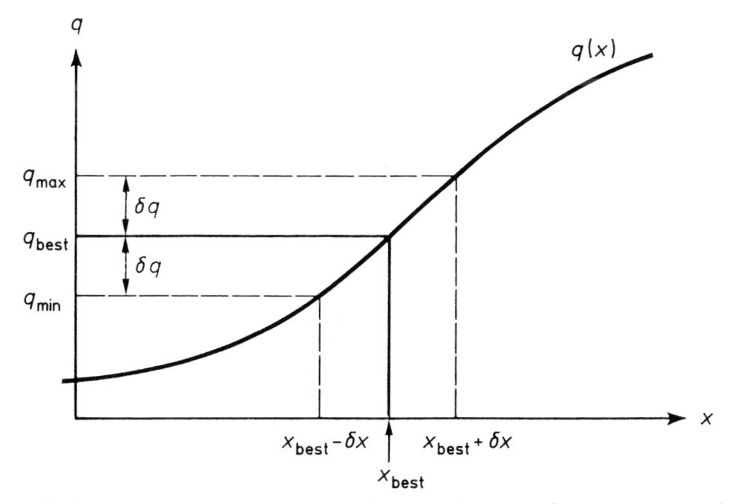

Abb. 3–3. Graph von $q(x)$ gegen x. Wenn x als $x_{\text{Best}} \pm \delta x$ gemessen wurde, dann ist der Bestwert von q: $q_{\text{Best}} = q(x_{\text{Best}})$. Der größte und der kleinste wahrscheinliche Wert von $q(x)$ können den Werten $x_{\text{Best}} \pm \delta x$ von x zugeordnet werden.

sofort, wie gezeigt, den größten wahrscheinlichen Wert von q einzeichnen: q_{max}. Entsprechend läßt sich der kleinste wahrscheinliche Wert, q_{min}, finden. Wenn die Unsicherheit δx klein ist (was wir immer annehmen werden), dann ist der durch die gestrichelten Geraden begrenzte Teil des Graphen näherungsweise gerade, und es ist leicht zu erkennen, daß q_{max} und q_{min} auf beiden Seiten von q_{Best} in gleicher Entfernung liegen. Die Unsicherheit δq läßt sich demnach aus der Zeichnung als eine der beiden gezeigten Längen entnehmen. Den Wert von q haben wir damit in der Form $q_{Best} \pm \delta q$ gefunden.

Gelegentlich bestimmt man Unsicherheiten tatsächlich aus einem Graphen, wie gerade beschrieben wurde. (Aufgabe 3.10 gibt ein Beispiel.) Gewöhnlich ist jedoch die Funktion $q(x)$ explizit bekannt – beispielsweise $q(x) = \sin x$ oder $q(x) = \sqrt{x}$ –, und die Unsicherheit δq kann analytisch berechnet werden. Aus Abb. 3–3 ergibt sich, daß

$$\delta q = q(x_{Best} + \delta x) - q(x_{Best}) . \tag{3.20}$$

Nun besagt eine grundlegende Näherung der Analysis, daß für jede Funktion $q(x)$ und jedes hinreichend kleine Inkrement u gilt:

$$q(x + u) - q(x) = \frac{dq}{dx} u .$$

So können wir unter der Voraussetzung, daß die Unsicherheit δx klein ist (was wir immer annehmen werden), die Differenz in (3.20) umschreiben und erhalten

$$\delta q = \frac{dq}{dx} \delta x . \tag{3.21}$$

Also müssen wir, um die Unsicherheit δq zu finden, einfach die Ableitung dq/dx berechnen und mit der Unsicherheit δx multiplizieren.

Die Regel (3.21) hat noch nicht ganz ihre endgültige Form. Sie wurde für eine Funktion wie die in Abb. 3–3 abgeleitet, deren Steigung positiv ist. In Abb. 3–4 wird eine Funktion mit negativer Steigung gezeigt. Hier entspricht der maximale wahrscheinliche Wert q_{max} offensichtlich dem minimalen Wert $x_{Best} - \delta x$ von x, so daß gilt

$$\delta q = - \frac{dq}{dx} \delta x . \tag{3.22}$$

Da dq/dx negativ ist, können wir $-dq/dx$ als $|dq/dx|$ schreiben. Damit haben wir die folgende allgemeine Regel gefunden.

Unsicherheit einer beliebigen Funktion einer Variablen

Wenn x mit der Unsicherheit δx gemessen und zur Berechnung der Funktion $q(x)$ verwendet wird, dann ist die Unsicherhheit δq gleich

$$\delta q = \left| \frac{dq}{dx} \right| \delta x . \tag{3.23}$$

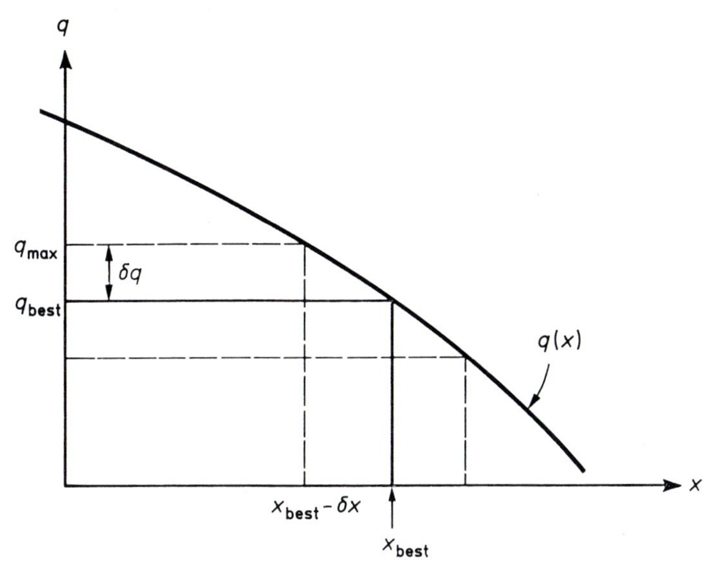

Abb. 3–4. Wenn die Steigung von $q(x)$ negativ ist, dann entspricht der maximale wahrscheinliche Wert von q dem minimalen Wert von x und umgekehrt.

Als einfache Anwendung dieser Regel nehmen wir an, wir hätten einen Winkel θ gemessen zu

$$\theta = (20 \pm 3) \text{ Grad},$$

und wollten $\cos\theta$ bestimmen. Unser Bestwert für $\cos\theta$ ist natürlich $\cos 20° = 0{,}94$, und entsprechend (3.23) ist die Unsicherheit

$$\delta(\cos\theta) = \left|\frac{d\cos\theta}{d\theta}\right| \delta\theta = |\sin\theta|\, \delta\theta \quad \text{(in rad)}. \tag{3.24}$$

Hierbei muß $\delta\theta$ in der Einheit Radiant angegeben werden, weil die Ableitung von $\cos\theta$ nur dann gleich $-\sin\theta$ ist, wenn θ in Radiant ausgedrückt ist. Deshalb schreiben wir $\delta\theta = 3°$ um in $\delta\theta = 0{,}05$ rad. Dann ergibt sich aus (3.24)

$$\delta(\cos\theta) = (\sin 20°) \times 0{,}05 = 0{,}34 \times 0{,}05 = 0{,}02\,.$$

Also lautet unser Endergebnis

$$\cos\theta = 0{,}94 \pm 0{,}02.$$

Als zweites Beispiel für die Regel in (3.23) wollen wir ein schon in Abschnitt (3.2) gefundenes Ergebnis nochmals herleiten (und verallgemeinern). Nehmen wir an, wir messen die Größe x und berechnen dann die Potenz $q(x) = x^n$ (wobei n igendeine bekannte, feste – positive oder negative – Zahl ist). Nach (3.23) ist die sich ergebende Unsicherheit von q

$$\delta q = \left|\frac{dq}{dx}\right| \delta x = |n x^{n-1}|\, \delta x\,.$$

Wenn wir beide Seiten dieser Gleichung durch $|q| = |x^n|$ dividieren, finden wir

$$\frac{\delta q}{|q|} = |n| \frac{\delta x}{|x|}; \tag{3.25}$$

das heißt, die relative Unsicherheit von $q = x^n$ ist gleich $|n|$ mal derjenige von x. Das ist genau die schon früher gefundene Regel (3.10). Das Ergebnis hier ist jedoch allgemeiner, da n jetzt irgendeine Zahl sein kann. Beispielsweise für $n = \frac{1}{2}$ ist $q = \sqrt{x}$ und

$$\frac{\delta q}{|q|} = \frac{1}{2} \frac{\delta x}{|x|};$$

das heißt, die relative Unsicherheit von $\sqrt{x}$ ist *halb* so groß wie die von x selbst. Entsprechend hat die relative Unsicherheit von $1/x = x^{-1}$ denselben Wert wie die von x selbst.

Das Ergebnis (3.25) stellt einfach einen Spezialfall der Regel (3.23) dar. Es ist jedoch wichtig genug, um eine besondere Erwähnung in Form der folgenden allgemeinen Regel zu verdienen.

Unsicherheit einer Potenz

Wenn x mit der Unsicherheit δx gemessen und zur Berechnung der Potenz $q = x^n$ verwendet wird (wobei n eine feste, bekannte Zahl ist), dann hat die relative Unsicherheit von q den $|n|$-fachen Wert der relativen Unsicherheit von x,

$$\frac{\delta q}{|q|} = |n| \frac{\delta x}{|x|}. \tag{3.26}$$

3.6 Schrittweise Fortpflanzung

Wir haben jetzt genug Werkzeuge zur Behandlung von beliebigen Problemen in der Fehlerfortpflanzung an der Hand. Jede Rechnung kann in eine Folge von Schritten aufgeteilt werden, bei denen jeweils nur eine der folgenden Arten von Verknüpfungen vorkommt: (1) Summen und Differenzen; (2) Produkte und Quotienten; und (3) Berechnung einer Funktion einer Variablen wie x^n, $\sin x$, e^n oder $\ln x$. Wir könnten beispielsweise

$$q = x(y - z \sin u) \tag{3.27}$$

aus den Meßwerten x, y, z und u in den folgenden Schritten berechnen: erst bestimmen wir die *Funktion* $\sin u$, dann das *Produkt* von z und $\sin u$, als nächstes die *Differenz* von y und $z \sin u$ und schließlich das *Produkt* von x und $(y - z \sin u)$.

Wir wissen jetzt, wie sich Unsicherheiten durch jede dieser einzelnen Verknüpfungen fortpflanzen. Unter der Voraussetzung, die verschiedenen auftretenden Größen seien unabhängig, läßt sich die Unsicherheit des Endergebnisses berechnen, indem man schrittweise von den Unsicherheiten der Eingangsgrößen voranschreitet.[4] Wenn beispielsweise die Größen x, y, z und u in (3.27) mit den entsprechenden Unsicherheiten $\delta x, \ldots, \delta u$ gemessen wurden, dann könnten wir die Unsicherheit von q folgendermaßen ausrechnen. Erst bestimmen wir die Unsicherheit der Funktion $\sin u$, danach die des Produkts $z \sin u$, dann die der Differenz $y - z \sin u$ und schließlich die Unsicherheit des vollständigen Produkts (3.27).

Bevor wir Beispiele für diese schrittweise Berechnung von Fehlern besprechen, wollen wir zwei allgemeine Punkte hervorheben. Erstens: da bei Summen oder Differenzen absolute Unsicherheiten (wie δx) verwendet werden, hingegen bei Produkten oder Quotienten relative Unsicherheiten (wie $\delta x/|x|$), wird in unseren Rechnungen eine gewisse Gewandtheit beim Übergang von absoluten zu relativen Unsicherheiten und umgekehrt erforderlich sein.

Zweitens ist eine wichtige vereinfachende Eigenschaft dieser Rechnungen, daß (wie wir wiederholt betont haben) selten Unsicherheiten benötigt werden, die auf mehr als eine signifikante Stelle genau sind. Also kann man einen großen Teil der Rechnung sehr schnell im Kopf ausführen, und viele kleinere Unsicherheiten sind völlig vernachlässigbar. In einem typischen Experiment, zu dem verschiedene Versuche gehören, wird man nur beim ersten Versuch eine sorgfältige Rechnung der gesamten Fehlerfortpflanzung auf Papier machen müssen. Danach läßt sich oft leicht abschätzen, ob alle Versuche hinreichend ähnlich sind, so daß keine weitere Rechnung benötigt wird, oder ob schlimmstenfalls für darauffolgende Versuche die Rechnungen des ersten Versuchs im Kopf zu modifizieren sind.

3.7 Beispiele

In diesem und dem nächsten Abschnitt erläutern wir ausführlich drei Beispiele, die typisch sind für Rechnungen im Anfängerpraktikum. Keines dieser Beispiele ist besonders schwierig; und in der Tat sind wenige wirkliche Probleme viel komplizierter als die hier behandelten.

Messung von g mit einem einfachen Pendel

Als erstes Beispiel betrachten wir den Fall, daß wir mit einem einfachen Pendel g, die Schwerebeschleunigung, messen. Die Schwingungsdauer eines solchen Pendels ist bekanntermaßen gegeben durch $T = 2\pi \sqrt{l/g}$, wobei l die Länge des Pendels ist. Wenn l und T gemessen werden, können wir g errechnen aus

$$g = \frac{4\pi^2 l}{T^2}. \tag{3.28}$$

[4] Wir werden in Abschnitt 3.9 erörtern, warum dieses schrittweise Verfahren manchmal nicht zufriedenstellend ist, nämlich dann, wenn die verschiedenen Größen nicht unabhängig sind wie etwa bei der Funktion $q = x(y - x \sin y)$, in der x und y zweimal erscheinen. Hier kann eine schrittweise Berechnung von δq manchmal δq überschätzen.

Hier ist g als Produkt oder Quotient von drei Faktoren gegeben: $4\pi^2$, l und T^2. Wenn die verschiedenen Unsicherheiten unabhängig und zufällig sind, ist die relative Unsicherheit unseres Ergebnisses einfach die quadratische Summe der relativen Unsicherheiten dieser Faktoren. Der Faktor $4\pi^2$ hat keine Unsicherheit, und die relative Unsicherheit von T^2 ist zweimal so groß wie die von T:

$$\frac{\delta(T^2)}{T^2} = 2\,\frac{\delta T}{T}.$$

Also ist die relative Unsicherheit unseres Ergebnisses für g

$$\frac{\delta g}{g} = \sqrt{\left(\frac{\delta l}{l}\right)^2 + \left(2\,\frac{\delta T}{T}\right)^2}. \qquad (3.29)$$

Nehmen wir an, wir messen die Schwingungsdauer T für einen bestimmten Wert der Länge l und erhalten die Meßergebnisse[5]

$$l = (92{,}95 \pm 0{,}1)\ \text{cm},$$
$$T = (1{,}936 \pm 0{,}004)\ \text{s}.$$

Unseren Bestwert für g erhalten wir aus (3.28) zu

$$g_{\text{Best}} = \frac{4\pi^2 \times (92{,}95)}{(1{,}936\ \text{s})^2} = 979\ \text{cm/s}^2.$$

Zur Bestimmung der Unsicherheit von g unter Verwendung von (3.29) benötigen wir die relativen Unsicherheiten von l und T. Diese lassen sich leicht (im Kopf) ausrechnen:

$$\frac{\delta l}{l} = 0{,}1\,\% \quad \text{und} \quad \frac{\delta T}{T} = 0{,}2\,\%.$$

Durch Einsetzen in (3.29) erhalten wir

$$\frac{\delta g}{g} = \sqrt{(0{,}1)^2 + (2 \times 0{,}2)^2}\,\% = 0{,}4\,\%;$$

und folglich

$$\delta g = 0{,}004 \times 979\ \text{cm/s}^2 = 4\ \text{cm/s}^2.$$

Also lautet unser Endergebnis auf der Grundlage dieser Messungen

$$g = (979 \pm 4)\ \text{cm/s}^2.$$

[5] Obwohl auf den ersten Blick eine Unsicherheit von $\delta T = 0{,}004$ s unrealistisch klein erscheinen mag, kann man sie leicht erreichen, indem man eine Zeitmessung über mehrere Schwingungen durchführt. Wenn man mit einer Genauigkeit von 0,1 s messen kann, was mit einer Stoppuhr sicherlich möglich ist, dann läßt sich durch Messung der Dauer von 25 Schwingungen T bis auf 0,004 s genau bestimmen.

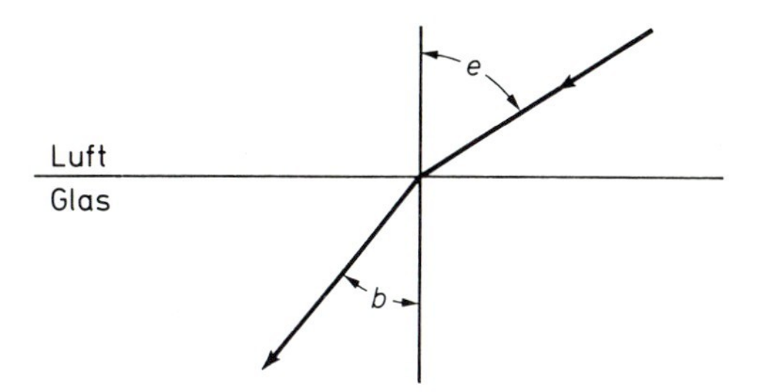

Abb. 3–5. Einfallwinkel *e* und Brechungswinkel *b* für den Eintritt von Licht aus Luft in Glas.

Wenn dieses Experiment jetzt mit verschiedenen Werten der Parameter wiederholt wird (was bei den meisten solchen Experimenten der Fall sein sollte), wird es nicht notwendig sein, auch die Unsicherheiten noch einmal in allen Einzelheiten zu berechnen. Ohne viel Überlegung kann man leicht die verschiedenen Werte von l, T und g *und* die entsprechenden Berechnungen der Unsicherheiten in eine einzige Tabelle aufnehmen (siehe Aufgabe 3.13).

Brechungsindex unter Verwendung des Snelliusschen Gesetzes

Wenn ein Lichtstrahl von Luft in Glas übertritt, dann sind der Einfallswinkel α und der Brechungswinkel β (siehe Abb. 3–5; dort mit e bzw. b bezeichnet) durch das Snelliussche Gesetz $\sin\alpha = n \sin\beta$ verknüpft, wobei n der Brechungsindex des Glases ist. Hat man also die Winkel α und β gemessen, so kann man daraus den Brechungsindex berechnen:

$$n = \sin\alpha/\sin\beta. \tag{3.30}$$

Die Unsicherheit dieses Ergebnisses läßt sich leicht angeben. n ist der Quotient von $\sin\alpha$ und $\sin\beta$ und folglich die relative Unsicherheit gleich der quadratischen Summe der Unsicherheiten von $\sin\alpha$ und $\sin\beta$:

$$\frac{\delta n}{n} = \sqrt{\left(\frac{\delta \sin\alpha}{\sin\alpha}\right)^2 + \left(\frac{\delta\ \sin\beta}{\sin\beta}\right)^2}. \tag{3.31}$$

Für die relative Unsicherheit des Sinus irgendeines Winkels θ gilt

$$\delta \sin\theta = \left|\frac{d \sin\theta}{d\theta}\right| \delta\theta = |\cos\theta|\ \delta\theta \qquad \text{(in rad)}.$$

Also ist die relative Unsicherheit

$$\frac{\delta \sin\theta}{|\sin\theta|}\ \delta\theta = |\cot\theta|\ \delta\theta \qquad \text{(in rad)}. \tag{3.32}$$

Nehmen wir an, wir mäßen jetzt den Winkel β für mehrere Werte von α und erhielten die in den ersten zwei Spalten von Tab. 3–1 angeführten Ergebnisse (wobei für alle

Messungen die Unsicherheit zu ± 1 Grad oder 0,02 Radiant abgeschätzt wurde). Die Berechnung von $n = \sin\alpha/\sin\beta$ läßt sich leicht ausführen, wie in den nächsten drei Spalten von Tab. 3–1 gezeigt ist. Die Unsicherheit von n kann dann entsprechend den letzten drei Spalten ermittelt werden. Zur Berechnung der relativen Unsicherheiten von $\sin\alpha$ und $\sin\beta$ dient (3.32) und schließlich für die Ermittlung von n Gleichung (3.31).

Tab. 3–1. Bestimmung des Brechungsindex.

α (Grad) alle ± 1	β (Grad) alle ± 1	$\sin\alpha$	$\sin\beta$	n	$\frac{\delta \sin\alpha}{\lvert\sin\alpha\rvert}$	$\frac{\delta \sin\beta}{\lvert\sin\beta\rvert}$	$\frac{\delta n}{n}$
20	13	0,342	0,225	1,52	5%	8%	9%
40	23,5	0,643	0,399	1,61	2%	4%	5%

Bevor wir eine Reihe von Messungen wie die zwei in Tab. 3–1 gezeigten durchführen, überlegen wir sorgfältig, wie die Daten und Rechnungen am besten aufzuzeichnen sind. Eine ordentliche Darstellung wie in Tab. 3–1 erleichtert das Arbeiten und vermindert die Gefahr von Rechenfehlern. Es ist dann auch für den Leser leichter, dem Rechengang zu folgen und ihn nachzuprüfen.

3.8 Ein komplizierteres Beispiel

Die zwei gerade behandelten Aufgaben sind typisch für viele Experimente im physikalischen Anfängerpraktikum. Bei einigen Experimenten sind jedoch kompliziertere Rechnungen erforderlich. Als Beispiel betrachten wir hier die Messung der Beschleunigung eines Wagens, der eine schiefe Ebene hinabrollt.[6]

Beschleunigung eines Wagens an einer Steigung

Betrachten wir einen Wagen, der eine schiefe Ebene mit Neigungswinkel θ hinunterrollt. Die erwartete Beschleunigung ist gleich $g \sin\theta$, und wenn wir θ messen, können wir leicht die erwartete Beschleunigung und ihre Unsicherheit berechnen (Aufgabe 3.15). Die tatsächliche Beschleunigung a erhalten wir, indem wir die Vorbeifahrt des Wagens an zwei Photozellen messen, von denen jede mit einer Uhr verbunden ist (s. Abb. 3–6). Wenn der Wagen die Länge l hat und die Zeit t_1 benötigt, um an der ersten Photozelle vorbeizufahren, ist seine Geschwindigkeit dort gleich $v_1 = l/t_1$. Entsprechend ist $v_2 = l/t_2$. (Genau genommen sind dies die *mittleren* Geschwindigkeiten während des Vorbeifahrens an den Photozellen. Solange jedoch l klein ist, ist der Unterschied zwischen mittlerer und mo-

[6] Wenn der Leser es wünscht, kann er diesen Abschnitt auslassen, ohne den Zusammenhang zu verlieren; er kann den Abschnitt auch später in Verbindung mit Aufgabe 3.15 studieren.

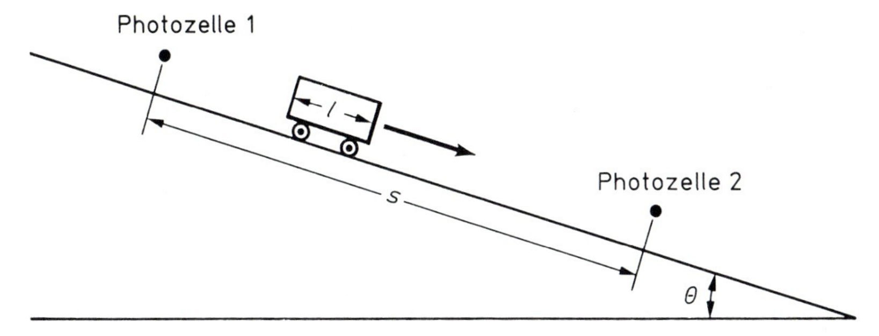

Abb. 3–6. Ein Wagen rollt eine schiefe Ebene mit Neigungswinkel θ hinunter. Jede Photozelle ist mit einer Uhr verbunden, die mißt, wieviel Zeit der Wagen braucht, um an ihr vorbeizufahren.

mentaner Geschwindigkeit unwichtig.) Wenn die Entfernung zwischen den Photozellen gleich s ist, dann folgt aus der wohlbekannten Formel $v_2^2 = v_1^2 + 2\,a\,s$:

$$a = \frac{v_2^2 - v_1^2}{2s} = \left(\frac{l^2}{2s}\right)\left(\frac{1}{t_2^2} - \frac{1}{t_1^2}\right). \tag{3.33}$$

Mit dieser Formel und den Meßwerten für l, s, t_1 und t_2 kann man leicht die beobachtete Beschleunigung und ihre Unsicherheit ausrechnen.

Ein Satz Daten für dieses Experiment (wobei die Zahlen in Klammern, wie Sie leicht überprüfen können, die entsprechenden relativen Unsicherheiten sind) war der folgende:

$$\begin{aligned} l &= (5{,}0 \pm 0{,}05)\ \text{cm} \quad (1\,\%) \\ s &= (100{,}0 \pm 0{,}2)\ \text{cm} \quad (0{,}2\,\%) \\ t_1 &= (0{,}054 \pm 0{,}001)\ \text{s} \quad (2\,\%) \\ t_2 &= (0{,}031 \pm 0{,}001)\ \text{s} \quad (3\,\%) \end{aligned} \tag{3.34}$$

Hieraus können wir sofort den ersten Faktor in (3.33) zu $l^2/2s = 0{,}125$ cm berechnen. Da die relativen Unsicherheiten in l und s gleich 1 und 2 Prozent sind, beträgt die von $l^2/2s$

$$\sqrt{(2 \times 1)^2 + (0{,}2)^2}\,\% = 2\,\%.$$

(Beachten Sie, daß die Unsicherheit von s keinen erheblichen Beitrag liefert und deshalb ignoriert werden könnte.) Deshalb ist

$$\frac{l^2}{2s} = 0{,}125\ \text{cm} \pm 2\,\%. \tag{3.35}$$

Zur Berechnung des zweiten Faktors in (3.33) und seiner Unsicherheit gehen wir in Schritten vor. Da die relative Unsicherheit von t_1 gleich 2 Prozent ist, beträgt die von $1/t_1^2$ 4 Prozent. Mit $t_1 = 0{,}054$ s erhalten wir also

$$\frac{1}{t_1^2} = (343 \pm 14)\ \text{s}^{-2}.$$

Entsprechend ist die relative Unsicherheit von $1/t_2^2$ gleich 6 Prozent und

$$\frac{1}{t_2^2} = (1041 \pm 62)\ \mathrm{s}^{-2}.$$

Durch Subtrahieren der $1/t^2$-Werte (und quadratisches Addieren der Unsicherheiten) erhalten wir

$$\frac{1}{t_2^2} - \frac{1}{t_1^2} = (698 \pm 64)\ \mathrm{s}^{-2} \qquad (9\%)\,. \tag{3.36}$$

Schließlich ergibt sich die benötigte Beschleunigung entsprechend (3.33) als das Produkt von (3.35) und (3.36). Indem wir die Multiplikation ausführen (und die relativen Unsicherheiten quadratisch addieren, erhalten wir

$$a = (0{,}125\ \mathrm{cm} \pm 2\%) \times (698\ \mathrm{s}^{-2} \pm 9\%) = 87{,}3\ \mathrm{cm/s^2} \pm 9\%$$

oder

$$a = (87 \pm 8)\ \mathrm{cm/s^2}. \tag{3.37}$$

Dieses Ergebnis könnte jetzt mit einer im voraus berechneten Beschleunigung $g \sin\theta$ verglichen werden.

Schaut man sich den zu (3.37) führenden Rechengang sorgfältig an, so zeigen sich einige interessante Einzelheiten. Erstens wird die 2-prozentige Unsicherheit von $l^2/2s$ völlig von der 9-prozentigen Unsicherheit des Ausdrucks $(1/t_2)^2 - (1/t_1)^2$ überdeckt. In den Rechnungen für nachfolgende Versuche können deshalb die Unsicherheiten von l und s ignoriert werden. (Man sollte sich allerdings durch schnelles Nachrechnen davon überzeugen, daß sie wirklich unbedeutend sind.)

Eine andere wichtige Eigenschaft unserer Berechnung ist die Art und Weise, in der die 2- und 3-prozentige Unsicherheit von t_1 bzw. t_2 wächst, wenn wir zu $1/t_1^2$ und $1/t_2^2$ kommen und schließlich die Differenz $(1/t_2^2) - (1/t_1^2)$ erreichen. Am Ende beträgt die Unsicherheit immerhin 9 Prozent. Diese Vergrößerung hat ihren Grund teils im Quadrieren, teils im Subtrahieren großer Zahlen. Vorstellbar wäre, die Konstanz von a durch weitere Messungen überprüfen, bei denen dem Wagen am Anfang ein Stoß versetzt wird, so daß beide Geschwindigkeiten v_1 und v_2 sich vergrößern. Wenn wir das täten, dann würden die Zeiten t_1 und t_2 kleiner, und die gerade beschriebenen Effekte würden sich verstärken (siehe Aufgabe 3.15).

3.9 Allgemeine Formel für die Fehlerfortpflanzung[7]

Bis jetzt haben wir drei Hauptregeln für die Fortpflanzung von Unsicherheiten – sprich Fehlerfortpflanzung – eingeführt: die für Summen und Differenzen, die für Produkte und Quotienten und die für beliebige Funktionen einer Variablen. In den letzten drei Ab-

[7] Das Lesen dieses Abschnitts läßt sich ohne ernsten Verlust des Zusammenhangs aufschieben. Der hier behandelte Stoff wird erst wieder in Abschn. 5.6 verwendet.

schnitten sahen wir, wie die Berechnung einer komplizierten Funktion oft in Schritte zerlegt und die Unsicherheit der Funktion unter Verwendung unserer drei einfachen Regeln schrittweise berechnet werden kann.

In diesem letzten Abschnitt geben wir eine einzige allgemeine Formel an, aus der sich diese drei Regeln ableiten lassen und mit der sich jedes Problem der Fehlerfortpflanzung lösen läßt. Ihre Verwendung ist zwar im allgemeinen ziemlich umständlich, aber die Formel ist theoretisch sehr nützlich. Außerdem bietet es sich bei einigen Problemen an, die Berechnung der Unsicherheiten nicht wie in den letzten drei Abschnitten schrittweise, sondern mit Hilfe der allgemeinen Formel auf einmal durchzuführen.

Zur Veranschaulichung dieser Art von Problem nehmen wir an, wir mäßen drei Gößen x, y und z und hätten eine Funktion wie

$$q = \frac{x + y}{x + z} \tag{3.38}$$

zu berechnen, in der eine Variable mehr als einmal vorkommt (in diesem Fall x). Bei schrittweiser Berechnung würden wir zuerst die Unsicherheit der zwei Summen $x + y$ und $x + z$ und dann die ihres Quotienten berechnen. Damit aber ließen wir die Möglichkeit ganz außer acht, daß sich Abweichungen des Zählers und Abweichungen des Nenners, die beide von Abweichungen in x herrühren, zumindest bis zu einem gewissen Grad gegenseitig aufheben. Um zu verstehen, wie das geschehen kann, nehmen wir an, x, y und z seien positive Zahlen und bei unserer Messung von x träten Abweichungen auf. Wenn wir x *überschätzen*, dann *überschätzen wir sowohl* $x + y$ *als auch* $x + z$, so daß sich beide Überschätzungen bei der Berechnung von $(x + y)/(x + z)$ weitgehend aufheben. Entsprechend führt eine *Unterschätzung* von x zu einer *Unterschätzung* von *sowohl* $x + y$ *als auch* $x + z$; unbeeinflußt bleibt dagegen der Quotient. In beiden Fällen kompensiert sich also eine Abweichung in x erheblich, wenn wir den Quotienten $(x + y)/(x + z)$ bilden. Gehen wir jedoch schrittweise vor, so tritt diese gegenseitige Kompensation nicht auf.

Immer dann, wenn in einer Funktion eine Größe mehr als einmal vorkommt, wie in (3.38), können sich einige der Abweichungen aufheben (ein Effekt, der manchmal *Kompensation von Abweichungen* genannt wird). Dann aber läuft ein schrittweises Berechnen auf Überschätzen der Unsicherheit des Endergebnisses hinaus. Die einzige Möglichkeit, das zu vermeiden, ist die Berechnung der Unsicherheit in einem Schritt, mit dem Verfahren, das wir jetzt vorstellen wollen.[8]

Nehmen wir als erstes an, wir mäßen zwei Größen x und y und berechneten dann eine Funktion $q(x, y)$. Diese Funktion könnte so einfach sein wie $q = x + y$ oder etwas komplizierter wie $q = (x^3 + y)\sin(xy)$. Für eine Funktion $q(x)$ einer *einzelnen* Variablen, so haben wir bisher argumentiert, gilt: wenn der Bestwert für x die Zahl x_{Best} ist, dann ist der Bestwert von $q(x)$ gleich $q(x_{\text{Best}})$. Die extremen (d.h. größten und kleinsten) wahrscheinlichen Werte von x sind $x \pm \delta x$, und die entsprechenden Extremwerte von q sind deshalb gleich

$$q(x_{\text{Best}} \pm \delta x). \tag{3.39}$$

[8] Manchmal kann eine Funktion, in der eine Variable mehr als einmal vorkommt in eine andere Form umgeschrieben werden. Beispielsweise läßt sich $q = xy - xz$ schreiben als $q = x(y - z)$. In der zweiten Form kann die Unsicherheit δq schrittweise berechnet werden, ohne daß irgendeine Gefahr der Überschätzung besteht.

Schließlich haben wir die Näherung

$$q(x+u) \approx q(x) + \frac{dq}{dx}\,u \tag{3.40}$$

(für eine beliebige kleine Änderung u) verwendet, um die extremen wahrscheinlichen Werte (3.39) umzuschreiben in

$$q(x_{\text{Best}}) \pm \left|\frac{dq}{dx}\right| \delta x \tag{3.41}$$

wobei der Absolutwert die Möglichkeit berücksichtigen soll, daß dq/dx negativ sein kann. Das Ergebnis (3.41) bedeutet, daß $\delta q \approx |dq/dx|\ \delta x$ ist.

Bei einer Funktion q, die von zwei Variablen abhängt, $q(x, y)$, verläuft die Argumentation sehr ähnlich. Wenn x_{Best} und y_{Best} die Bestwerte von x und y sind, dann erwarten wir, daß der Bestwert von q wie üblich gegeben ist durch

$$q_{\text{Best}} = q(x_{\text{Best}}, y_{\text{Best}}).$$

Zur Bestimmung der Unsicherheit dieses Ergebnisses müssen wir die Näherung (3.40) auf eine Funktion von zwei Variablen verallgemeinern:

$$q(x+u, y+v) \approx q(x, y) + \frac{\partial q}{\partial x}\,u + \frac{\partial q}{\partial y}\,v, \tag{3.42}$$

wobei u und v beliebige kleine Veränderungen von x und y und $\partial q/\partial x$ und $\partial q/\partial y$ die sogenannten *partiellen Ableitungen* von q bezüglich x und y sind. Das heißt, $\partial q/\partial x$ ist das Ergebnis der Differentiation von q nach x bei gleichzeitig festgehaltenem y, und bei $\partial q/\partial y$ wird umgekehrt verfahren. (Zur weiteren Diskussion von partiellen Ableitungen siehe Aufgabe 3.16 und 3.17.)

Die extremen wahrscheinlichen Werte von x und y sind $x_{\text{Best}} \pm \delta x$ und $y_{\text{Best}} \pm \delta y$. Wenn wir diese in (3.42) einsetzen und uns daran erinnern, daß $\partial q/\partial x$ und $\partial q/\partial y$ positiv oder negativ sein können, erhalten wir für die Extremwerte von q das Ergebnis

$$q(x_{\text{Best}}, y_{\text{Best}}) \approx \left(\left|\frac{\partial q}{\partial x}\right| \delta x + \left|\frac{\partial q}{\partial y}\right| \delta y\right).$$

Das bedeutet, daß die Unsicherheit von $q(x, y)$ gegeben ist durch

$$\delta q \approx \left|\frac{\partial q}{\partial x}\right| \delta x + \left|\frac{\partial q}{\partial y}\right| \delta y \tag{3.43}$$

Bevor wir verschiedene Verallgemeinerungen dieser neuen Regel besprechen, lohnt es sich, sie auf einige vertraute Fälle anzuwenden. Nehmen wir beispielsweise an, q sei einfach die Summe von x und y:

$$q(x, y) = x + y. \tag{3.44}$$

Die partiellen Ableitungen sind beide gleich eins,

$$\frac{\partial q}{\partial x} = \frac{\partial q}{\partial y} = 1 . \tag{3.45}$$

Deshalb gilt gemäß (3.43):

$$\delta q \approx \delta x + \delta y . \tag{3.46}$$

Damit haben wir nichts anderes erhalten als die vertraute Regel, daß die Unsicherheit von $x + y$ gleich der Summe der Unsicherheiten von x und y ist.

Wenn q das Produkt $q = x\,y$ ist, läßt sich aus (3.43) auf ziemlich die gleiche Art ableiten, daß die relative Unsicherheit von q gleich der Summe der relativen Unsicherheiten von x und y ist (siehe Aufgabe 3.18).

Die Regel (3.43) läßt sich auf verschiedene Weise verallgemeinern. Der Leser wird nicht überrascht sein zu erfahren, daß dann, wenn die Unsicherheiten δx und δy unabhängig und zufällig sind, die Summe in (3.43) durch eine quadratische Summe ersetzt werden kann. Hängt die Funktion von mehr als zwei Variablen ab, addieren wir einfach für jede zusätzliche Variable einen zusätzlichen Term. Das führt uns zur folgenden allgemeinen Regel (deren vollständige Rechtfertigung in den Kapiteln 5 und 9 gegeben wird).

Unsicherheit einer Funktion mehrerer Variablen

Nehmen wir an, die Größen $x, \ldots, z$ seien mit den Unsicherheiten $\delta x, \ldots, \delta z$ gemessen und die Meßwerte dazu verwendet worden, die Funktion $q(x, \ldots, z)$ zu berechnen. Wenn die Unsicherheiten von $x, \ldots, z$ unabhängig und zufällig sind, dann gilt für die Unsicherheit von q:

$$\delta q = \sqrt{\left(\frac{\partial q}{\partial x}\,\delta x\right)^2 + \cdots + \left(\frac{\partial q}{\partial z}\,\delta z\right)^2} . \tag{3.47}$$

Auf jeden Fall ist sie nicht größer als die gewöhnliche Summe

$$\delta q \le \left|\frac{\partial q}{\partial x}\right| \delta x + \cdots + \left|\frac{\partial q}{\partial z}\right| \delta z . \tag{3.48}$$

Vielleicht die nützlichste Eigenschaft dieser allgemeinen Regel ist, daß wir von ihr alle unsere früheren Regeln für die Fortpflanzung von Unsicherheiten ableiten können (siehe Aufgabe 3.18). Die direkte Verwendung dieser Formel ist in der Praxis meist ziemlich unbequem. Falls möglich, sollte man schrittweise, unter Anwendung der vorher eingeführten einfacheren Regeln vorgehen – die Rechnung ist dann gewöhnlich leichter. Kommt jedoch in der Funktion $q(x, \ldots, z)$ irgendeine Variable mehr als einmal vor, dann kann eine Kompensation von Abweichungen auftreten. Wenn das der Fall ist, kann eine schrittweise Berechnung die Unsicherheit des Endergebnisses überschätzen, und es ist besser, δq mit Hilfe von (3.47) oder (3.48) direkt zu berechnen.

Übungsaufgaben

Erinnerung: Ein Stern (*) vor einer Aufgabennummer zeigt, daß im Abschnitt „Lösungen" am Ende dieses Buches die Übungsaufgabe besprochen oder ihre Lösung gegeben wird.

***3.1** (Abschn. 3.1). Zwei Studenten wird gesagt, sie sollen die Emissionsrate von α-Teilchen einer bestimmten radioaktiven Probe messen. Student A zählt zwei Minuten lang und registriert 32 α-Teilchen. Student B zählt eine Stunde lang und registriert 786 α-Teilchen. (Die Probe zerfällt so langsam, daß angenommen werden kann, die erwartete Emissionsrate bleibe während der Messungen konstant.)

(a) Verwenden Sie Gleichung (3.2) zur Berechnung der Unsicherheit des vom Studenten A erhaltenen Ergebnisses (32 α-Zerfälle in zwei Sekunden).

(b) Wie groß ist die Unsicherheit des Ergebnisses des Studenten B, daß die Anzahl der in einer Stunde zerfallenden α-Teilchen gleich 786 ist.

(c) Beide teilen ihren Zählwert durch die Anzahl der Minuten, um die *Rate* in Zerfällen pro Minute zu bestimmen. Welche Ergebnisse und Unsicherheiten erhalten sie? (Obwohl die Unsicherheit des Zählwerts von B größer ist als die des Zählwerts von A, ist die Unsicherheit der Rate von B viel kleiner als die der Rate von A. Das bedeutet, daß man durch Zählen über eine längere Zeit ein genaueres Ergebnis für die Rate erhält, wie auch zu erwarten war.)

3.3 (Abschn. 3.2). Ein Student erhält die folgenden Meßergebnisse:

$$\begin{aligned} a &= (5 \pm 1)\ \text{cm};\\ b &= (18 \pm 2)\ \text{cm};\\ c &= (12 \pm 1)\ \text{cm};\\ t &= (3{,}0 \pm 0{,}5)\ \text{s};\\ m &= (18 \pm 1)\ \text{g}. \end{aligned}$$

Berechnen sie mit Hilfe der Regeln in (3.4) und (3.8) die folgenden Ausdrücke mit ihren Unsicherheiten und prozentualen Unsicherheiten: $a + b + c$, $a + b - c$, ct, $4a$, $b/2$ (wobei die Zahlen 4 und 2 keine Unsicherheit haben) und mb/t.

***3.3** (Abschn. 3.2) Verwenden sie die Regeln (3.4) und (3.8), um das folgende zu berechnen:

(a) $(5 \pm 1) + (8 \pm 2) - (10 \pm 4)$;

(b) $(5 \pm 1) \times (8 \pm 2)$;

(c) $(10 \pm 1)/(20 \pm 2)$;

(d) $2\pi(10 \pm 1)$.

In (d) haben die Zahlen 2 und π keine Unsicherheit.

***3.4** (Abschn. 3.2). Mit einer guten Stoppuhr und etwas Übung kann man Zeiten in einem Bereich von etwa einer Sekunde bis hinauf zu vielen Minuten mit einer Unsicherheit von etwa 0,1 s messen. Nehmen wir an, wir wüßten, daß die Schwingungsdauer τ eines bestimmten Pendels in der Gegend von $\tau \approx 0{,}5$ s liegt, und wir wollten das überprüfen. Wenn wir die Dauer einer Schwingung messen, haben wir eine Unsicherheit von etwa 20 Prozent. Messen wir aber die Dauer mehrerer aufeinanderfolgender Schwingungen, können wir ein viel besseres Resultat erreichen, wie die folgenden Fragen veranschaulichen.

(a) Wenn wir die Zeit für 5 aufeinanderfolgende Schwingungen messen und $(2{,}4 \pm 0{,}1)$ s erhalten, wie lautet dann unser Endergebnis für τ mit absoluter und prozentualer Unsicherheit? [Denken Sie an Regel (3.9).]

(b) Was ist unser Endergebnis, wenn wir für 20 Schwingungen $(9{,}4 \pm 0{,}1)$ s messen?

(c) Könnte die Unsicherheit von τ durch die Messung der Dauer von immer mehr Schwingungen unbegrenzt verbessert werden?

3.5 (Abschn. 3.2). Wenn für t das Ergebnis $t = (8{,}0 \pm 0{,}5)$ s gefunden wird, wie groß sind dann die Unsicherheiten von t^2, $1/t$ und $17\,t^3$?

***3.6** (Abschn. 3.2). Ein Besucher eines mittelalterlichen Schlosses entscheidet sich, die Tiefe eines Brunnens zu messen, indem er einen Stein hineinfallen läßt und seine Fallzeit mißt. Er erhält als Meßergebnis für die Fallzeit $t = (3.0 \pm 0{,}5)$ s. Was folgert er über die Tiefe des Brunnens?

3.7 (Abschn.3.2). Der Binomialsatz sagt aus, daß für jede Zahl n und jedes x mit $|x| < 1$

$$(1 + x)^n = 1 + nx + \frac{n(n-1)}{1 \cdot 2}\,x^2 + \frac{n(n-1)(n-2)}{1 \cdot 2 \cdot 3}\,x^3 + \cdots$$

(a) Zeigen Sie, daß die unendliche Reihe abbricht (d.h. nur eine endliche Anzahl von Termen hat), wenn n eine positive ganze Zahl ist. Schreiben Sie sie für die Fälle $n = 2$ und $n = 3$ explizit hin.

(b) Schreiben Sie die Binomialreihe für $n = -1$ auf, d.h. eine unendliche Reihe für $1/(1 + x)$. Wenn x klein ist, gilt für die ersten zwei Terme dieser Reihe in guter Näherung

$$1/(1 + x) \approx 1 - x,$$

wie in (3.6) angegeben. Berechnen Sie die linke und die rechte Seite dieser Näherungsgleichung für jeden der Werte $x = 0{,}5; 0{,}1; 0{,}01$. Berechnen Sie für jeden Wert den Prozentsatz, um den die Näherung $1 - x$ vom exakten Wert $1/(1 + x)$ abweicht.

***3.8** (Abschn. 3.3) Ein Student mißt vier Längen:

$$a = 50 \pm 5, \quad b = 30 \pm 3, \quad c = 40 \pm 1, \quad d = 7{,}8 \pm 0{,}3$$

(alle in cm) und berechnet die drei Summen $a + b$, $a + c$, $a + d$. Bestimmen Sie die sich ergebenden Unsicherheiten für den Fall, daß die Abweichungen der Eingangsgrößen *nicht* unabhängig voneinander sind (wobei sich die „Abweichungen addieren" wie in (3.14)), und ebenso für den Fall, daß sie unabhängig und zufällig sind (wobei sich die „Abweichungen quadratisch addieren" wie in (3.13)). Nehmen wir an, die Unsicherheiten würden mit nur einer signifikanten Stelle benötigt. In welcher der drei Summen kann dann die zweite Unsicherheit (d.h. die von b, c oder d) völlig ignoriert werden?

3.9 (Abschn. 3.4). Wiederholen Sie Aufgabe 3.2 unter der Annahme, daß alle Unsicherheiten unabhängig und zufällig sind, d.h. unter Verwendung der quadratischen Addition wie in den Regeln (3.16) und (3.18) für die Fehlerfortpflanzung.[9]

***3.10** (Abschn. 3.5). In der Kernphysik kann die Energie eines subatomaren Teilchens auf verschiedene Weise bestimmt werden. Ein Verfahren besteht z. B. darin, zunächst zu messen, wie schnell ein Teilchen von einem Hindernis, etwa einem Stück Blei, gestoppt wird, und dann in veröffentlichten Diagrammen nachzuschauen, in denen die Energie gegen die Stopprate aufgetragen ist. Abb. 3–7 zeigt ein solches Diagramm für Photonen (die Lichtquanten) in Blei. Auf der senkrechten Achse ist die Energie E des Photons in MeV (Millionen Elektronenvolt) aufgetragen; und auf der horizontalen Achse der Absorptionskoeffizient μ in cm^2/g. (Die genaue Definition dieses Koeffizienten braucht uns hier nicht zu interessieren; μ ist einfach ein geeignetes Maß dafür, wie schnell die Photonen in Blei abgestoppt werden.) Anhand dieses Diagramms läßt sich offensichtlich die Energie E eines Photons bestimmen, sobald sein Absorptionskoeffizient μ bekannt ist.

(a) Ein Student beobachtet einen Strahl von Photonen (die alle dieselbe Energie haben) und erhält für ihren Absorptionskoeffizienten in Blei den Wert $\mu = (0.10 \pm 0{,}01)\ cm^2/g$. Bestimmen Sie mit Hilfe des Diagramms die Ener-

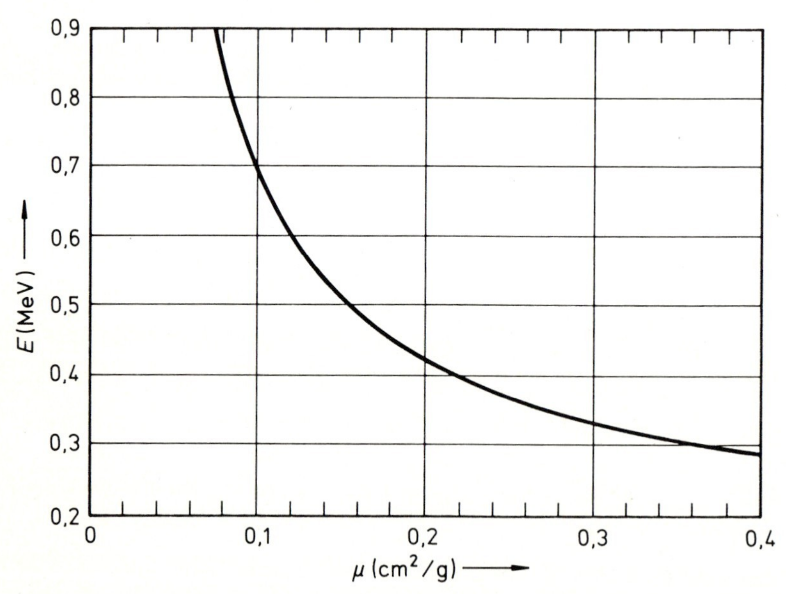

Abb. 3–7. Energie E von Photonen in Abhängigkeit von ihrem Absorptionskoeffizienten μ in Blei.

[9] Die quadratische Addition kann oft mit hinreichender Genauigkeit im Kopf ausgeführt werden. Wenn Sie einen Taschenrechner verwenden, sollten Sie beachten, daß er die Umwandlung von rechtwinkligen in Polarkoordinaten für jedes gegebene Paar x und y automatisch $\sqrt{x^2 + y^2}$ berechnet.

gie E der Photonen und die Meßunsicherheit δE. (Es ist vielleicht ganz nützlich, in dem Diagramm die Linien einzuzeichnen, durch welche die verschiedenen interessierenden Punkte verbunden sind wie in Abb. 3–3.)

(b) Welchen Schluß hätte der Student gezogen, wenn $\mu = (0{,}22 \pm 0{,}01)\ \mathrm{cm^2/g}$ gewesen wäre?

***3.11** (Abschn. 3.5).

(a) Der Winkel θ sei zu 125 ± 2 Grad gemessen und dieser Wert zur Berechnung von $\sin\theta$ verwendet worden. Berechnen Sie mit Hilfe der Regel (3.23) die Funktion $\sin\theta$ und ihre Meßunsicherheit.

(b) Wenn a als a_{Best} gemessen und sein Wert zur Berechnung von $f(a) = e^n$ dient, wodurch sind dann f_{Best} und δf gegeben? Wenn $a = 3{,}0 \pm 0{,}1$ ist, wie groß ist dann e^n und seine Unsicherheit?

(c) Wiederholen sie den gesamten Teil (b) für die Funktion $f(a) = \ln a$.

3.12 (Abschn. 3.6). Berechnen Sie die folgenden Größen schrittweise, wie in Abschn. 3.6 beschrieben. (Nehmen Sie an, alle Unsicherheiten seien unabhängig und zufällig.)

(a) $(12 \pm 1) \times [(25 \pm 3) - (10 \pm 1)]$

(b) $\sqrt{16 \pm 4} + (3.0 \pm 0{,}1)^3\ (2{,}0 \pm 0{,}1)$

(c) $(20 \pm 2)\ e^{-(1{,}0 \pm 0{,}1)}$.

***3.13** (Abschn. 3.7). Sehen Sie sich die Besprechung des einfachen Pendels in Abschn. 3.7 nochmals an. In einem realen Experiment sollte man die Schwingungsdauer T für verschiedene Längen l messen, um mehrere unterschiedliche Werte für g zum Vergleich zu erhalten. Mit ein bißchen Nachdenken kann man alle Daten und Rechnungen so organisieren, daß sie in einer einzigen übersichtlichen Tabelle, wie Tab. 3–2, Platz finden. Verwenden Sie Tab. 3–2 (oder irgendeine andere Anordnung, die Sie vorziehen) zur Berechnung von g und seiner Unsicherheit δg für die vier gezeigten Datenpaare. Kommentieren Sie die Variation von δg, wenn l kleiner wird. (Die für das erste Datenpaar angegebenen Ergebnisse erlauben Ihnen, Ihr Rechenverfahren zu überprüfen.)

Tab. 3–2. Bestimmung von g mit einem Pendel.

l (cm) alle $\pm 0{,}1$	T (s) alle $\pm 0{,}001$	g (cm/s^2)	$\delta l/l$ (%)	$\delta T/T$ (%)	$\delta g/g$ (%)	Ergebnis: $g \pm \delta g$
93,8	1,944	980	0,1	0,05	0,14	980 ± 1,4
70,3	1,681					
45,7	1,358					
21,2	0,922					

3.14 (Abschn. 3.7). Wiederholen Sie die Ausführungen zur Messung des Brechungsindex von Glas in Abschn. 3.7. Verwenden Sie eine ähnliche Tabelle wie Tab. 3–1 zur Berechnung des Brechungsindex n und seiner relativen Unsicherheit für die Daten in Tab. 3–3. Kommentieren Sie die Variation der Unsicherheit. (Alle Winkel sind in Grad gemessen; α ist der Einfallswinkel, β der Brechungswinkel.)

Tab. 3–3. Brechungsindexdaten (in Grad).

α (alle $\pm$ 1)	10	20	30	50	70
β (alle $\pm$ 1)	6	13	19	29	38

3.15 (Abschn. 3.8). Schauen Sie sich noch einmal das Experiment von Abschn. 3.8 an, also den Versuch mit dem Wagen, der eine schiefe Ebene mit Neigungswinkel θ hinunterrollt.

(a) Wenn die Räder des Wagens glatt und leicht sind, dann ist die erwartete Beschleunigung gleich $g \sin \theta$. Wenn für θ der Wert $\theta = (5{,}4 \pm 0{,}1)$ Grad gemessen wird, wie groß ist dann die erwartete Beschleunigung und ihre Unsicherheit?

Tab. 3–4. Beschleunigungsexperiment.

t_1 (s) alle $\pm$ 0,001	t_2 (s) alle $\pm$ 0,001	$\frac{1}{t_1^2}$	$\frac{1}{t_2^2}$	$\frac{1}{t_2^2} - \frac{1}{t_1^2}$	a (cm/s^2)
0,054 $\pm$ 2%	0,031 $\pm$ 3%	343 $\pm$ 14	1040 $\pm$ 62	698 $\pm$ 64	87 $\pm$ 8
0,038	0,027				
0,025	0,020				

(b) Nehmen Sie an, Sie versetzten in einem modifizierten Experiment dem Wagen beim Start verschieden starke Stöße. Sie können dann, wie üblich, die Daten und alle Rechnungen in eine einzige Tabelle eintragen wie in Tab. 3–4 (t_1, t_2 sind die gemessenen Zeiten, deren Abweichungen 0,001 s betragen, was sich für jede Zeit sofort in eine relative Unsicherheit umrechnen läßt). Verwenden Sie Gleichung (3.33) für die Beschleunigung (und denselben Wert $l^2/2s = 0{,}125$ cm $\pm$ 2 Prozent wie zuvor) zur Berechnung von a und δa für die in der Tabelle aufgeführten Daten. Sind die Ergebnisse konsistent mit der erwarteten Konstanz von a und mit dem erwarteten Wert $g \sin \theta$ von Teil (a)? Würde es sich lohnen, den Wagen fester anzustoßen, um die Konstanz von a bei noch höheren Geschwindigkeiten zu überprüfen? Erklären Sie Ihre Antwort.

***3.16** (Abschn. 3.9). Die partielle Ableitung $\partial q/\partial x$ von $q(x, y)$ erhält man durch Differentiation von q nach x bei konstant gehaltenem y. Schreiben Sie die partiellen Ableitungen $\partial q/\partial x$ und $\partial q/\partial y$ für die folgenden drei Funktionen hin:
(a) $q(x, y) = x + y$, (b) $q(x, y) = xy$, (c) $q(x, y) = x^2 y^2$.

***3.17** (Abschn. 3.9) Die entscheidende Näherung in Abschn. 3.9 stellt eine Verbindung her zwischen den Werten der Funktion q an den benachbarten Punkten $(x + u, y + v)$ und (x, y):

$$q(x + u, y + v) \approx q(x, y) + \frac{\partial q}{\partial x} u + \frac{\partial q}{\partial y} v, \tag{3.49}$$

vorausgesetzt u und v sind klein. Verifizieren Sie explizit, daß dieser Ausdruck für die drei Funktionen in Aufgabe 3.16 eine gute Näherung ist. Schreiben Sie also für jede dieser drei Funktionen beide Seiten von Gleichung (3.49) exakt hin und zeigen Sie, daß sie näherungsweise gleich sind, wenn u und v klein sind. Beispielsweise für $q(x, y) = x\,y$ lautet die linke Seite von Gleichung (3.49)

$$(x + u)\,(y + v) = x\,y + u\,y + x\,v + u\,v\,.$$

Für die rechte Seite von (3.49) finden Sie

$$x\,y + y\,u + x\,v\,.$$

Sind u und v klein, läßt sich $u\,v$ im ersten Ausdruck vernachlässigen, und die zwei Ausdrücke sind näherungsweise gleich.

3.18 (Abschn. 3.9).

(a) Schreiben Sie für die Funktion $q(x, y) = x\,y$, die partiellen Ableitungen $\partial q/\partial x$ und $\partial q/\partial x$ hin. Nehmen wir an, wir mäßen x und y mit den Unsicherheiten δx und δy und berechneten dann $q(x, y)$. Verwenden Sie die allgemeinen Regeln (3.47) und (3.48), um die Unsicherheit δq hinzuschreiben, und zwar sowohl für den Fall, daß δx und δy unabhängig und zufällig sind, und für den Fall, daß sie es nicht sind. Dividieren Sie durch $|q| = |x\,y|$ und zeigen Sie, daß Sie damit die einfachen Regeln (3.18) und (3.19) für die relative Unsicherheit eines Produkts erhalten.

(b) Wiederholen Sie Teil (a) für die Funktion $q(x, y) = x^n\,y^m$, wobei n und m bekannte feste Zahlen sind.

(c) Wie sehen die Gleichungen (3.47) und (3.48) aus, wenn q nur von von einer Variablen – x – abhängt?

***3.19** (Abschn. 3.9). Wenn wir drei unabhängige Größen x, y, z messen und dann eine Funktion wie $q = (x + y)/(x + z)$ berechnen, dann kann, wie wir am Anfang von Abschnitt 3.9 erörtert haben, eine schrittweise Berechnung die Unsicherheit δq überschätzen.

(a) Betrachten Sie die Meßwerte $x = 20 \pm 1$, $y = 2$, $z = 0$ und nehmen Sie der Einfachheit halber an, daß δy und δz vernachlässigbar sind. Berechnen Sie die Unsicherheit δq korrekt mit Hilfe der allgemeinen Regel (3.47), und vergleichen Sie das Ergebnis mit dem, was Sie bei schrittweiser Berechnung von δq erhalten würden.

(b) Wiederholen sie die Rechnungen von (a) für die Werte $x = 20 \pm 1$, $y = -40$, $z = 0$. Erklären Sie alle Unterschiede zwischen Teil (a) und (b).

4 Statistische Analyse zufälliger Unsicherheiten

Wir haben gesehen, daß eines der besten Verfahren zur Abschätzung der Zuverlässigkeit einer Messung darin besteht, sie mehrmals zu wiederholen und die so gewonnenen unterschiedlichen Meßwerte zu untersuchen. In diesem Kapitel und in Kapitel 5 wollen wir uns mit statistischen Verfahren zur Auswertung solcher Messungen befassen.

Wie schon erwähnt, lassen sich nicht alle Arten experimenteller Unsicherheiten durch eine statistische Analyse abschätzen, die auf wiederholten Messungen beruht. Aus diesem Grunde teilt man Unsicherheiten in zwei Gruppen ein: die *zufälligen* Unsicherheiten, die statistisch behandelt werden *können*, und die *systematischen* Unsicherheiten, bei denen das *nicht* möglich ist. Auf diese Unterscheidung gehen wir in Abschnitt 4.1 näher ein; der Rest dieses Kapitels ist in erster Linie der Beschreibung der zufälligen Unsicherheiten gewidmet. In Abschnitt 4.2 führen wir ohne formale Begründung zwei wichtige Definitionen ein, die mit einer Reihe von Meßwerten $x_1, \ldots, x_N$, derselben Größe x verknüpft sind. Als erstes definieren wir den *arithmetischen Mittelwert* oder kurz *Mittelwert* $\bar{x}$ von $x_1, \ldots, x_N$. Unter geeigneten Bedingungen ist der Mittelwert $\bar{x}$ der beste Schätzwert, also der Bestwert für x auf der Grundlage der Meßwerte $x_1, \ldots, x_N$. Dann definieren wir die *Standardabweichung* von $x_1, \ldots, x_N$. Diese wird als σ_x bezeichnet und charakterisiert die mittlere Unsicherheit der Einzelmeßwerte $x_1, \ldots, x_N$. In Abschn. 4.3 geben wir ein Beispiel für den Gebrauch der Standardabweichung.

In Abschn. 4.4 führen wir den wichtigen Begriff der *Standardabweichung des Mittelwerts* ein. Dieser wird als $\sigma_{\bar{x}}$ bezeichnet und charakterisiert die Unsicherheit des Mittelwerts $\bar{x}$ als Bestwert von x. In Abschn. 4.5 geben wir einige Beispiele für die Standardabweichung des Mittelwerts. Schließlich kehren wir in Abschn. 4.6 zu dem leidigen Problem der systematischen Abweichungen zurück.

Nirgendwo in diesem Kapitel versuchen wir eine vollständige Rechtfertigung der beschriebenen Verfahren. Unser Hauptziel ist es, die grundlegenden Formeln einzuführen und ihre Verwendung zu beschreiben. In Kapitel 5 werden wir eine umfassende Begründung auf der Grundlage des wichtigen Begriffs der Normalverteilungskurve geben.

4.1 Zufällige und systematische Abweichungen

Experimentelle Unsicherheiten, die enthüllt werden können, indem man die Messungen wiederholt, heißen *zufällige* Abweichungen. Solche, denen man auf diese Weise nicht auf die Spur kommt, bezeichnet man als *systematische* Abweichungen. Betrachten wir zur

Veranschaulichung dieser Unterscheidung einige Beispiele. Nehmen wir als erstes an, wir mäßen die für eine Umdrehung eines Plattentellers benötigte Zeit. Eine Fehlerquelle wird unsere Reaktionszeit beim Starten und Stoppen der Uhr sein. Wenn unsere Reaktionszeit immer exakt dieselbe wäre, würden sich diese zwei Verzögerungen gegenseitig aufheben. In der Praxis schwankt unsere Reaktionszeit jedoch. Eine größere Verzögerung beim Starten führt dazu, daß wir die Zeit einer Umdrehung unterschätzen. Verzögern wir hingegen mehr beim Stoppen, so werden wir die Zeit überschätzen. Da beide Möglichkeiten gleich wahrscheinlich sind, ist das Vorzeichen des Effekts *zufällig*. Wenn wir die Messung mehrmals wiederholen, werden wir manchmal überschätzen und manchmal unterschätzen. Schwankungen in unserer Reaktionszeit werden sich also als Schwankung der gefundenen Ergebnisse zeigen. Durch eine statistische Analyse der Streuung der Ergebnisse können wir eine sehr zuverlässige Schätzung dieser Art von Fehler erhalten.

Wenn andererseits unsere Stoppuhr beständig nachgeht, dann werden all unsere Zeiten unterschätzt. Auch wenn wir die Messung noch so oft (mit derselben Uhr) wiederholen, kommt diese Fehlerquelle nicht an den Tag. Diese Art der Abweichung heißt *systematisch*, weil sie unser Ergebnis immer in dieselbe Richtung verschiebt. (Wenn die Uhr nachgeht, unterschätzen wir immer, wenn sie vorgeht, überschätzen wir immer.) Systematische Fehler können durch eine statistischen Analyse, wie wir sie hier betrachten, nicht entdeckt werden.

Als zweites Beispiel für zufällige und systematische Abweichungen nehmen wir an, wir hätten mit einem Lineal eine wohldefinierte Länge zu messen. Dann wird eine Quelle der Unsicherheit sein, daß wir zwischen den Teilungsstrichen der Skala interpolieren müssen. Diese Unsicherheit ist wahrscheinlich zufällig. (Beim Interpolieren ist es gleich wahrscheinlich, daß wir über- oder unterschätzen.) Es gibt aber auch die Möglichkeit, daß unser Lineal verformt ist, und diese Quelle der Unsicherheit wäre systematisch. (Wenn das Lineal sich gedehnt hat, unterschätzen wir immer, wenn es geschrumpft ist, überschätzen wir immer.)

Genau wie bei diesen zwei Beispielen unterliegen fast alle Messungen sowohl zufälligen als auch systematischen Unsicherheiten. Sie sollten keine Schwierigkeiten haben, weitere Beispiele zu finden. Beachten Sie insbesondere, daß übliche Quellen zufälliger Unsicherheiten unter anderem kleine Abweichungen der Schätzungen des Beobachters (wie beim Interpolieren), kleine Störungen des Gerätes (wie mechanische Schwingungen) und Definitionsprobleme sind. Vielleicht die offensichtlichste Ursache systematischer Abweichungen ist die falsche Kalibrierung von Instrumenten wie bei der nachgehenden Uhr, dem Lineal, das sich gedehnt hat, oder einem Meßgerät, dessen Nullpunkt nicht richtig eingestellt ist.

Die Unterscheidung zwischen zufälligen und systematischen Fehlern ist nicht immer klar. Wenn Sie beispielsweise Ihren Kopf vor einem typischen Meßgerät (wie einer gewöhnlichen Uhr) seitlich hin und her bewegen, ändert sich der am Meßgerät abgelesene Wert. Dieser Effekt heißt *Parallaxe* und bedeutet, daß man ein Meßgerät nur dann richtig ablesen kann, wenn man sich direkt vor ihm aufstellt. Doch selbst, wenn Sie ein sorgfältiger Experimentator sind, können Sie nie Ihr Auge *exakt* vor dem Meßgerät positionieren. Folglich werden Ihre Meßwerte eine kleine – und zwar zufällige – Unsicherheit infolge der Parallaxe haben. Andererseits wird ein weniger sorgfältiger Experimentator, der ein Meßgerät seitlich aufgestellt hat und schräg abliest, ohne sich um Parallaxe zu kümmern, eine systematische Abweichung in alle seine Meßwerte einführen. So kann derselbe Effekt, die Parallaxe, in einem Fall zu zufälligen und im anderen Fall zu systematischen Unsicherheiten führen.

Zufällige Abweichungen werden ganz anders behandelt als systematische. Die in den folgenden Abschnitten beschriebenen statistischen Methoden liefern einen zuverlässigen Schätzwert für die zufälligen Unsicherheiten und bieten, wie wir sehen werden, ein wohldefiniertes Verfahren zu ihrer Verminderung. Systematische Unsicherheiten andererseits sind schwer zu ermitteln oder überhaupt nachzuweisen. Der erfahrene Wissenschaftler muß lernen, die möglichen Quellen systematischer Abweichungen vorauszusehen und sicherzustellen, daß alle systematischen Abweichungen viel kleiner als die geforderte Präzision sind. Zur Vorbereitung eines Experiments gehört deshalb beispielsweise die Überprüfung der Meßgeräte anhand von akzeptierten Standards, ihre Korrektur oder, falls erforderlich, Ersetzung durch bessere. Unglücklicherweise sind im physikalischen Anfängerpraktikum solche Überprüfungen kaum möglich, so daß die Handhabung systematischer Fehler ziemlich schwierig ist. Wir werden diese Problematik in Abschn. 4.6 weiter erörtern. Für den Augenblick werden wir Experimente besprechen, in denen die Quellen systematischer Abweichungen identifiziert und kleiner als die geforderte Präzision gemacht wurden.

4.2 Mittelwert und Standardabweichung

Nehmen wir an, wir müssen eine Größe x messen und haben alle Quellen systematischer Abweichungen identifiziert und sie auf ein vernachlässigbares Maß verringert. Da alle verbleibenden Quellen der Unsicherheit zufällig sind, sollten wir sie nachweisen können, indem wir das Experiment mehrmals wiederholen. Wir könnten beispielsweise die Messung fünfmal durchführen und die Ergebnisse

$$71, 72, 72, 73, 71 \tag{4.1}$$

erhalten (wobei wir der Einfachheit halber alle Einheiten weggelassen haben).

Die erste Frage, der wir uns zuwenden, lautet folgendermaßen: Wenn die fünf Meßwerte (4.1) gegeben sind, was sollten wir dann als Ergebnis für unseren Bestwert x_{Best} der Größe x nehmen? Es scheint vernünftig, daß unser Bestwert, d. h. der beste Schätzwert, der (*arithmetische*) *Mittelwert* $\bar{x}$ der fünf gefundenen Werte ist, und in Kapitel 5 werden wir beweisen, daß das normalerweise auch der Fall ist. Also ist

$$x_{\text{Best}} = \bar{x} = \frac{71 + 72 + 72 + 73 + 71}{5} = 71{,}8\,. \tag{4.2}$$

Hier definiert die zweite Zeile einfach den Mittelwert $\bar{x}$ der vorliegenden Zahlen.[1]

[1] Im Zeitalter der Taschenrechner lohnt es sich vielleicht, darauf hinzuweisen, daß man einen Mittelwert wie (4.2) leicht im Kopf ausrechnen kann. Da alle Zahlen in den Siebzigern liegen, muß dasselbe für den Mittelwert gelten. Alles, was zu mitteln bleibt, sind die Zahlen 1, 2, 2, 3, 1 an den Einerstellen. Diese haben offensichtlich den Mittelwert $9/5 = 1{,}8$, und unser Ergebnis lautet daher $\bar{x} = 71{,}8$.

Nehmen wir allgemeiner an, wir mäßen die Größe N mal (und verwendeten dabei immer dieselben Geräte und Verfahren) und erhielten die N Werte

$$x_1, x_2, \ldots, x_N \,. \tag{4.3}$$

Wie gewöhnlich ist dann der Bestwert für x der Mittelwert von $x_1, \ldots, x_N$. Das heißt,

$$x_{\text{Best}} = \bar{x}, \tag{4.4}$$

wobei

$$\bar{x} = \frac{x_1 + x_2 + \cdots + x_N}{N} = \frac{\sum x_i}{N} \,. \tag{4.5}$$

In der letzten Zeile haben wir die nützliche Sigma-Schreibweise eingeführt, wonach gilt:

$$\sum_{i=1}^{N} x_i = \sum_i x_i = \sum x_i = x_1 + x_2 + \cdots + x_N;$$

Der zweite und dritte Ausdruck hier sind übliche Abkürzungen, die wir verwenden, wenn keine Verwechslungsgefahr besteht.

Der Begriff des (arithmetischen) Mittelwerts dürfte den meisten Lesern vertraut sein. Bei unserem nächsten Begriff, der *Standardabweichung*, ist das wahrscheinlich weniger der Fall. Die Standardabweichung der Meßwerte $x_1, \ldots x_N$ ist ein Schätzwert für die *mittlere Unsicherheit der Meßwerte* $x_1, \ldots, x_N$, den man folgendermaßen erhält.

Tab. 4–1. Berechnung von Abweichungen.

Versuch Nr. i	Meßwert x_i	Abweichung, $d_i = x_i - \bar{x}$
1	71	−0.8
2	72	0,2
3	72	0,2
4	73	1,2
5	71	−0,8
	$\bar{x} = 71{,}8$	$\bar{d} = 0{,}0$

Nachdem der Mittelwert $\bar{x}$ unser Bestwert für die Größe x ist, ist es natürlich, die Differenz $x_i - \bar{x} = d_i$ zu betrachten. Diese Differenz, die oft *Abweichung der Einzelmessungen* x_i vom Mittelwert $\bar{x}$ genannt wird, sagt uns, *wie stark sich der* i*te Meßwert* x_i *vom Mittelwert* $\bar{x}$ unterscheidet. Bei sehr kleinen Abweichungen $d_i = x_i - \bar{x}$ liegen unsere Meßwerte alle nahe beieinander und sind vermutlich sehr genau. Sind dagegen einige der Abweichungen groß, so ist die Genauigkeit unserer Messungen offensichtlich nicht so hoch.

Um sicherzustellen, daß wir den Begriff der Abweichung verstehen, wollen wir jetzt die Abweichungen der in (4.1) angegebenen Menge von 5 Meßwerten berechnen. Diese können wie in Tab. 4–1 gezeigt aufgelistet werden. Beachten Sie, daß die Abweichungen (natürlich) nicht alle die gleiche Größe haben. d_i ist klein, wenn der $i$te Meßwert x_i zufällig nahe bei $\bar{x}$ liegt, aber d_i ist groß, wenn x_i weit von $\bar{x}$ wegliegt. Beachten Sie auch, daß einige der d_i positiv und andere negativ sind, da einige der Meßwerte x_i notgedrungenermaßen größer sind als der Mittelwert $\bar{x}$ und andere kleiner.

Zur Schätzung der mittleren Zuverlässigkeit von Meßwerten $x_1, \ldots, x_N$ könnten wir natürlich versuchen, den Mittelwert der Abweichungen d_i zu bilden. Unglücklicherweise ist, wie ein Blick auf Tab. 4–1 zeigt, der Mittelwert der Abweichungen gleich Null. Das wird sogar bei jeder Menge von Meßwerten, $x_1, \ldots, x_N$, der Fall sein, da die Definition des Mittelwerts $\bar{x}$ sicherstellt, daß $d_i = x_i - \bar{x}$ manchmal positiv und manchmal negativ ist, und zwar genau so, daß sich $\bar{x} = 0$ ergibt (siehe Aufgabe 4.3). Offensichtlich ist dann der Mittelwert der Abweichungen keine Größe, die eine vernünftige Aussage über die Zuverlässigkeit der Meßwerte $x_1, \ldots, x_N$ erlaubt.

Die beste Möglichkeit, dieses Ärgernis zu beseitigen, besteht darin, die Abweichungen alle zu *quadrieren*, wodurch eine Menge *positiver* Zahlen entsteht, und anschließend den Mittelwert dieser Zahlen zu bilden.[2] Wenn wir daraus die Quadratwurzel ziehen, so erhalten wir eine Größe mit denselben Einheiten wie x selbst. Die Zahl heißt die *Standardabweichung* von $x_1, \ldots, x_N$ und wird als σ_x bezeichnet:

$$\sigma_x = \sqrt{\frac{1}{N} \sum_{i=1}^{N} (d_i)^2} = \sqrt{\frac{1}{N} \sum_{i=1}^{N} (x_i - \bar{x})^2}. \tag{4.6}$$

Mit dieser Definition kann die Standardabweichung als *mittlere quadratische Abweichung* der Meßwerte $x_1, \ldots, x_N$ bezeichnet werden. (Dies entspricht der englischen Bezeichnung „root mean square (R.M.S.) deviation", die – korrekter als die deutsche – auch die Tatsache ausdrückt, daß nach der Mittelwertbildung die Wurzel gezogen wird.) Die Standardabweichung oder mittlere quadratische Abweichung erweist sich als vernünftige Größe zur Charakterisierung der Zuverlässigkeit der Meßwerte.

Zur Berechnung der Standardabweichung σ_x entsprechend der Definition (4.6) müssen wir die Abweichungen d_i berechnen, sie quadrieren, den Mittelwert ihrer Quadrate bilden und dann die Quadratwurzel aus dem Ergebnis ziehen. Für die fünf Meßwerte von Tab. 4–1 könnten wir σ_x wie in Tab. 4–2 berechnen.

Tab. 4–2. Berechnung der Standardabweichung.

Versuch Nr. i	Meßwert x_i	Abweichung $d_i = x_i - \bar{x}$	d_i^2
1	71	−0,8	0,64
2	72	0,2	0,04
3	72	0,2	0,04
4	73	1,2	1,44
5	71	−0,8	0,64
	$\bar{x} = 71{,}8$		$\sum d_i^2 = 2{,}80$

[2] Eine andere Möglichkeit wäre, die Absolutwerte $|d_i|$ zu nehmen und deren Mittelwert zu bilden. Der Mittelwert der $(d_i)^2$ erweist sich aber als nützlicher. Der Mittelwert der $|d_i|$ heißt *mittlerer Abweichungsbetrag*. Die kürzere Bezeichnung „mittlere Abweichung" sollte nicht verwendet werden, da sie mißverständlich ist.

Durch Summieren der Zahlen d_i^2 in der vierten Spalte von Tab. 4–2 und Division durch 5 bekommen wir die Größe σ_x^2 (die oft *Varianz* der Meßwerte genannt wird),

$$\sigma_x^2 = \frac{1}{N} \sum d_i^2 = \frac{2{,}80}{5} = 0{,}56\,. \tag{4.7}$$

Wenn wir die Quadratwurzel ziehen, erhalten wir die Standardabweichung

$$\sigma_x \approx 0{,}7\,. \tag{4.8}$$

Also beträgt die mittlere Unsicherheit der fünf Meßwerte 71, 72, 72, 73, 71 rund 0,7.

Unglücklicherweise gibt es eine alternative Definition der Standardabweichung. Theoretische Überlegungen liefern Gründe dafür, den Faktor N in (4.6) durch $(N-1)$ zu ersetzen und die Standardabweichung σ_x von $x_1, \ldots, x_N$ zu definieren als

$$\sigma_x = \sqrt{\frac{1}{N-1} \sum (d_i)^2} = \sqrt{\frac{1}{N-1} \sum (x_i - \bar{x})^2}\,. \tag{4.9}$$

Wir wollen hier nicht beweisen, daß Definition (4.9) von σ_x besser ist als (4.6). Es soll lediglich festgestellt werden, daß die neue „verbesserte“ Definition offensichtlich zu einem etwas größeren Wert von σ_x führt als die alte in (4.6), und daß sie eine Tendenz von (4.6) korrigiert, die Unsicherheit der Meßwerte $x_1, \ldots, x_N$ zu unterschätzen, insbesondere wenn die Anzahl der Meßwerte klein ist. Man kann sich diese Tendenz klar machen, indem man den extremen (und absurden) Fall betrachtet, daß $N = 1$ ist (wir also nur eine Messung durchführen). Hier ist der Mittelwert $\bar{x}$ gleich unserem Meßwert x_1, und die eine, innerhalb unserer „Meßreihe auftretende Abweichung ist automatisch gleich Null. Deshalb liefert die Gleichung (4.6) das unsinnige Ergebnis $\sigma_x = 0$. Die Definition (4.9) andererseits ergibt 0/0. Das bedeutet, daß σ_x nach dieser Definition unbestimmt ist, was unser völliges Unwissen über die Unsicherheit nach nur einer Messung widerspiegelt. Manchmal wird die Definition (4.6) *Standardabweichung der Grundgesamtheit* und (4.9) die *Stichproben-Standardabweichung* genannt.

Der Zahlenwert der Differenz zwischen den zwei Definitionen (4.6) und (4.9) ist in fast allen Fällen insignifikant. Man sollte eine Messung immer viele Male (möglichst fünfmal und am besten noch viel öfter) wiederholen. Selbst wenn wir nur fünfmal messen ($N = 5$), ist die Differenz zwischen $\sqrt{N} = 2{,}2$ und $\sqrt{(N-1)} = 2$ für die meisten Zwecke unbedeutend. Wenn wir beispielsweise die Standardabweichung (4.8) nochmals berechnen und die “verbesserte„ Definition (4.9) verwenden, erhalten wir $\sigma_x = 0{,}8$ anstatt 0,7, was keinen sehr großen Unterschied macht. Trotzdem muß man wissen, daß es beide Definitionen gibt. Es ist wahrscheinlich das Beste, immer auf die konservativere (d. h. sicherere) Definition (4.9) zurückzugreifen. In einem Laborbericht sollte auf alle Fälle klar angegeben sein, welche Definition verwendet wird, so daß der Leser die Rechnungen überprüfen kann.

4.3 Die Standardabweichung als Unsicherheit einer Einzelmessung

Wir haben gesagt, daß die Standardabweichung σ_x die mittlere Unsicherheit der Meßwerte $x_1, \ldots, x_N$ charakterisiert, aus denen sie berechnet wurde. In Kapitel 5 werden wir dafür eine Rechtfertigung liefern, indem wir die folgende genauere Aussage beweisen: Wenn die Meßwerte normalverteilt sind und wir die Messung sehr viele Male (immer mit denselben Geräten) wiederholt hätten, dann lägen ca. 70 Prozent der Meßwerte[3] innerhalb einer Entfernung von σ_x beiderseits von $\bar{x}$. Das heißt, 70 Prozent der Meßwerte befänden sich im Bereich $\bar{x} \pm \sigma_x$.

Wir können dieses Ergebnis folgendermaßen neu in Worte fassen. Nehmen wir wie zuvor an, daß wir die Werte $x_1, \ldots, x_N$ erhalten und $\bar{x}$ und σ_x berechnen. Wenn wir dann (mit denselben Geräten) eine weitere Messung durchführen, gibt es eine *Wahrscheinlichkeit* von 70 Prozent dafür, daß der neue Meßwert *nicht weiter als σ_x vom augenblicklichen Wert* entfernt ist. Klarerweise bedeutet σ_x genau das, was wir auch in den vorhergehenden Kapiteln mit der Bezeichnung „Unsicherheit" gemeint hatten. Bei jeder mit denselben Geräten durchgeführten Messung von x können wir für die dabei auftretende Unsicherheit $\delta x = \sigma_x$ nehmen. Mit dieser Wahl haben wir ein Vertrauen von 70 Prozent, daß unser Meßwert nicht weiter als δx vom richtigen Ergebnis entfernt liegt.

Um diese Ideen zu veranschaulichen, nehmen wir an, uns gäbe jemand eine Schachtel voll ähnlicher Sprungfedern und verlangte, wir sollten ihre Federkonstanten k messen. Wir könnten die Federkonstante einer jeden Feder bestimmen, indem wir sie belasten und die sich daraus ergebende Verlängerung beobachten, oder besser, indem wir an jede Feder eine Masse hängen und deren Schwingungsdauer messen. Doch was für ein Verfahren wir auch wählen, wir müssen k und seine Unsicherheit δk für jede Feder kennen. Es wäre aber hoffnungslos zeitaufwendig, unsere Messung bei jeder Feder viele Male zu wiederholen. Statt dessen argumentieren wir folgendermaßen. Wenn wir k für die erste Feder mehrere Male (sagen wir 10- oder 20mal) messen, dann sollte uns der Mittelwert dieser Messungen einen guten Schätzwert für das tatsächliche k der ersten Feder liefern. Was hier noch wichtiger ist: die Standardabweichung σ_k dieser 10 oder 20 Meßwerte liefert uns einen Schätzwert für die Unsicherheit unseres Verfahrens zur Messung der Federkonstante k der ganzen Charge. Unter der Voraussetzung, daß unsere Federn alle praktisch gleich sind und wir bei jeder dasselbe Meßverfahren verwenden, können wir vernünftigerweise bei jeder Messung dieselbe Unsicherheit erwarten.[4] Wir brauchen also für jede weitere Feder nur eine Messung zu machen und können sofort sagen, daß die Unsicherheit δk gleich der für die erste Feder bestimmten Standardabweichung σ_k ist und unser Ergebnis einem Vertrauen von 70 Prozent nicht um mehr als σ_k vom korrekten Wert abweicht.

[3] Wie wir sehen werden, ist die genaue Zahl 68,27... Prozent, aber es widerspricht offensichtlich aller Vernunft, diese Art von Zahl so genau anzugeben.

[4] Wenn sich einige Federn stark von der ersten unterscheiden, so kann die Unsicherheit bei der Messung ihrer Federkonstanten eine andere sein. In diesem Fall bleibt nichts anderes übrig, als die Unsicherheit zu überprüfen, und zwar indem man viele Messungen an mehreren dieser abweichenden Federn durchführt.

Zur Veranschaulichung dieser Ideen anhand eines Zahlenbeispiels stellen wir uns vor, wir hätten 10 Messungen an der ersten Feder durchgeführt und die folgenden Meßwerte für k (in Newton/Meter) erhalten:

$$86,\ 85,\ 84,\ 89,\ 86,\ 88,\ 88,\ 85,\ 83,\ 85. \tag{4.10}$$

Daraus ergibt sich sofort $\bar{k} = 85{,}9$ N/m und mit Hilfe der Definition (4.9):

$$\sigma_k = 1{,}9 \text{ N/m} \tag{4.11}$$

$$\approx 2 \text{ N/m}. \tag{4.12}$$

Die Unsicherheit eines jeden Meßwerts k beträgt also etwa 2 N/m. Wenn wir jetzt die zweite Feder einmal messen und das Ergebnis $k = 71$ N/m erhalten, können wir ohne weiteres $\delta k = \sigma_k = 2$ N/m annehmen und mit einem Vertrauen von 70 Prozent sagen, k liege im Bereich

$$k \text{ für die zweite Feder} = (71 \pm 2) \text{ N/m}. \tag{4.13}$$

4.4 Die Standardabweichung des Mittelwerts

Wenn $x_1, \ldots, x_N$ die Ergebnisse von N Messungen derselben Größe x sind, dann ist, wie wir gesehen haben, unser Bestwert für die Größe x ihr Mittelwert $\bar{x}$. Wir haben auch gesehen, daß die Standardabweichung σ_x die mittlere Unsicherheit der Einzelmeßwerte $x_1, \ldots, x_N$ charakterisiert. Unser Ergebnis $x_{\text{Best}} = \bar{x}$ stellt jedoch eine wohlüberlegte Kombination aller N Meßwerte dar, und wir haben allen Grund zu der Annahme, daß dieses Ergebnis zuverlässiger ist als jede einzelne Messung für sich alleine betrachtet. In Kapitel 5 werden wir beweisen, daß das tatsächlich der Fall ist und daß sich als Unsicherheit des Endergebnisses $x_{\text{Best}} = \bar{x}$ die Standardabweichung σ_x *dividiert durch* $\sqrt{N}$ ergibt. Diese Größe heißt *Standardabweichung des Mittelwerts* und wird mit $\sigma_{\bar{x}}$ bezeichnet:

$$\sigma_{\bar{x}} = \frac{\sigma_x}{\sqrt{N}}. \tag{4.14}$$

(Andere gebräuchliche Namen hierfür sind *Standardfehler* und *Standardfehler des Mittelwerts.*) Also können wir auf der Grundlage der N Meßwerte $x_1, \ldots, x_N$ unser Endergebnis für den Wert von x angeben als

$$(\text{Wert von } x) = x_{\text{Best}} \pm \delta x,$$

wobei $x_{\text{Best}} = \bar{x}$ (dem Mittelwert von $x_1, \ldots, x_N$) und δx gleich der Standardabweichung des Mittelwerts $\sigma_{\bar{x}}$ ist.

$$\delta x = \sigma_{\bar{x}} = \frac{\sigma_x}{\sqrt{N}}. \tag{4.15}$$

Als Beispiel betrachten wir die in (4.10) aufgeführten Meßwerte. Es handelte sich um zehn Messungen der Federkonstanten k einer einzelnen Feder. Wie wir bereits sahen, ist der Mittelwert dieser Werte $\bar{k} = 85{,}9$ N/m und die Standardabweichung $\sigma_k = 1{,}9$ N/m. Deshalb ist die Standardabweichung des Mittelwerts

$$\sigma_{\bar{k}} = \frac{\sigma_k}{\sqrt{10}} = 0{,}6 \text{ N/m}, \tag{4.16}$$

und unser Endergebnis auf der Grundlage dieser zehn Meßwerte lautet:

$$k = 85{,}9 \pm 0{,}6 \text{ N/m}. \tag{4.17}$$

Wenn Sie ein Meßergebnis so angeben, ist es wichtig, daß Sie erläutern, was mit den Zahlen gemeint ist – nämlich der Mittelwert und die Standardabweichung des Mittelwerts –, so daß der Leser beurteilen kann, was sie bedeuten.

Ein wichtiges Merkmal der Standardabweichung des Mittelwerts, $\sigma_{\bar{x}} = \sigma_x/\sqrt{N}$ ist der Faktor $\sqrt{N}$ im Nenner. Die Standardabweichung σ_x stellt die mittlere Unsicherheit der Einzelmeßwerte $x_1, \ldots, x_N$ dar. Wenn wir weitere Messungen (mit demselben Verfahren) durchzuführen hätten, würde sich die Standardabweichung σ_x nicht wesentlich ändern. Andererseits nähme die Standardabweichung des Mittelwerts, $\sigma_x/\sqrt{N}$, mit zunehmendem N langsam ab. Genau das würden wir auch erwarten: durch mehr Messungen wird das Endergebnis zuverlässiger; und eben das garantiert der Nenner $\sqrt{N}$ in (4.15). Damit haben wir also ein einfaches Verfahren an der Hand, mit dem wir die Genauigkeit unserer Messungen verbessern können.

Leider wächst der Faktor $\sqrt{N}$ ziemlich langsam, wenn wir N erhöhen. Wollten wir beispielsweise unsere Präzision um einen Faktor 10 verbessern, indem wir einfach die Anzahl der Messungen erhöhen, so müßten wir N gleich um einen Faktor 100 erhöhen – eine, gelinde gesagt, beängstigende Aussicht! Außerdem vernachlässigen wir im Augenblick alle systematischen Abweichungen. Aber diese werden auch durch mehr Messungen *nicht* vermindert. Also werden Sie in der Praxis, wenn Sie die Genauigkeit Ihrer Meßergebnisse wesentlich erhöhen wollen, wahrscheinlich besser daran tun, Ihr Verfahren zu verbessern, als sich nur auf die Erhöhung der Anzahl der Messungen zu verlassen.

4.5 Beispiele

Als erstes einfaches Beispiel für die Anwendung der Standardabweichung des Mittelwerts stellen wir uns vor, wir sollten die Fläche A eines rechteckigen Blechs von ca. 2,5 cm × 5 cm sehr genau messen. Wir suchen zuerst das beste zur Verfügung stehende Meßgerät, das eine Noniusschieblehre sein könnte, und messen dann einige Male Länge l und Breite b des Blechs. Um Unregelmäßigkeiten an den Rändern zu berücksichtigen, führen wir unsere Messungen an mehreren unterschiedlichen Stellen aus, und zur Berücksichtigung kleiner Defekte des Instruments verwenden wir einige verschiedene Schieblehren (soweit vorhanden). Wir könnten l und b je zehnmal messen und so die in Tab. 4–3 gezeigten Ergebnisse erhalten.

Tab. 4–3. Länge und Breite (in mm).

	Meßwerte	Mittelwert	SA	SAM
l	24,25; 24,26; 24,22; 24,28; 24,24 24,25; 24,22; 24,26; 24,23; 24,24	$\bar{l} = 24{,}245$	$\sigma_l = 0{,}019$	$\sigma_{\bar{l}} = 0{,}006$
b	50,36; 50,35; 50,41; 50,37; 50,36 50,32; 50,39; 50,38; 50,36; 50,38	$\bar{b} = 50{,}368$	$\sigma_b = 0{,}024$	$\sigma_{\bar{b}} = 0{,}008$

Aus diesen zehn beobachteten Werten von l können wir schnell den Mittelwert $\bar{l}$, die Standardabweichung σ_l und die Standardabweichung des Mittelwerts $\sigma_{\bar{l}}$ berechnen, die in den Spalten mit den Überschriften Mittelwert, SA bzw. SAM gezeigt werden. Entsprechend können wir $\bar{b}$, σ_b und $\sigma_{\bar{b}}$ berechnen. Bevor Sie irgendwelche weiteren Rechnungen ausführen, sollten Sie jedoch überprüfen, ob diese Ergebnisse vernünftig erscheinen. Da l und b auf genau die gleiche Art und Weise gemessen wurden, wäre es beispielsweise ziemlich überraschend, wenn die Standardabweichungen σ_l und σ_b deutlich voneinander oder von dem abwichen, was wir als vernünftige Unsicherheit der Messungen betrachten.

Nachdem wir uns davon überzeugt haben, daß die Ergebnisse so weit vernünftig sind, können wir unsere Rechnungen schnell beenden. Unser Bestwert für die Länge ist der Mittelwert $\bar{l}$, und unsere Unsicherheit ist die Standardabweichung des Mittelwerts $\sigma_{\bar{l}}$, so daß unser endgültiges Meßergebnis für l lautet:

$$l = (24{,}245 \pm 0{,}006)\ \text{mm} \qquad (\text{oder } 0{,}025\,\%),$$

wobei die Zahl in Klammern die relative Unsicherheit ist. Entsprechend lautet unser Meßergebnis für b:

$$b = (50{,}368 \pm 0{,}008)\ \text{mm} \qquad (\text{oder } 0{,}016\,\%).$$

Schließlich ergibt sich der Bestwert für die Fläche $A = lb$ aus dem Produkt dieser Werte, und zwar mit einer relativen Unsicherheit, die durch die quadratische Summe derjenigen von l und b gegeben ist (wobei wir annehmen, daß die Fehler unabhängig sind):

$$\begin{aligned} A &= (24{,}245\ \text{mm} \pm 0{,}025\,\%) \times (50{,}368\ \text{mm} \pm 0{,}016\,\%) \\ &= 1221{,}17\ \text{mm}^2 \pm 0{,}03\,\% \\ &= (1221{,}2 \pm 0{,}4)\ \text{mm}^2. \end{aligned} \tag{4.18}$$

Um das Ergebnis (4.18) für A zu erhalten, haben wir die Mittelwerte $\bar{l}$ und $\bar{b}$ berechnet, und für beide wurde als Unsicherheit die Standardabweichung ihres Mittelwerts verwendet. Die Fläche A ergab sich dann als Produkt von $\bar{l}$ und $\bar{b}$, und die Unsicherheit erhielten wir mit Hilfe der Regeln der Fehlerfortpflanzung. Wir hätten auch anders vorgehen können, indem wir beispielsweise den ersten Meßwert von l mit dem ersten Wert von b multiplizieren, um so ein erstes Ergebnis für A zu erhalten. Auf diese Weise fortfahrend, wären wir zu 10 Ergebnisse für A gekommen und hätten diese dann einer statistischen Analyse unterziehen können, bei der $\bar{A}$, σ_A und schließlich $\sigma_{\bar{A}}$ berechnet wird. Wenn jedoch die Fehler von l und b unabhängig und zufällig sind, und wenn wir genug

Messungen durchführen, dann wird dieses alternative Verfahren zum selben Ergebnis führen wie das erste.[5]

Als zweites Beispiel betrachten wir einen Fall, wo eine statistische Analyse sich nicht einfach bei den direkt gemessenen Werten durchführen läßt, aber wohl bei den Endergebnissen möglich ist. Nehmen wir an, wir wollten die Federkonstante k einer Feder bestimmen, indem wir die Dauer der Schwingungen einer an ihrem Ende befestigten Masse m messen. Aus der elementaren Mechanik ist wohlbekannt, daß die Schwingungsdauer solcher Schwingungen $T = 2\pi\sqrt{m/k}$ ist. Also können wir durch Messung von T und m die Federkonstante k berechnen zu

$$k = \frac{4\pi^2 m}{T^2}. \tag{4.19}$$

Die einfachste Art, k zu bestimmen, ist, eine einzelne genau bekannte Masse m zu nehmen und mehrere sorgfältige Messungen von T durchzuführen. Es kann jedoch aus verschiedenen Gründen interessanter sein, die Schwingungsdauer T für mehrere *verschiedene* Massen zu messen. (In diesem Fall könnten wir beispielsweise sowohl überprüfen, ob $T \propto \sqrt{m}$ ist, als auch k messen.) Wir könnten so eine Reihe von Meßwerten wie die in den ersten zwei Zeilen von Tab. 4–4 erhalten.

Tab. 4–4. Messung der Federkonstanten k.

Masse m (kg)	0,513	0,581	0,634	0,691	0,752	0,834	0,901	0,950
Schwingungsdauer T (s)	1,24	1,33	1,36	1,44	1,50	1,59	1,65	1,69
$k = 4\pi^2 m/T^2$	13,17	12,97	usw.					

Es ist offensichtlich nicht sinnvoll, den Mittelwert der vielen verschiedenen Massen in der obersten Zeile zu berechnen (und entsprechendes gilt für die Zeiten in der zweiten Zeile), da sie *nicht* verschiedene Meßwerte derselben Größe sind. Wir können auch nichts über die Unsicherheit unserer Meßfehler lernen, indem wir die verschiedenen m-Werte betrachten. Andererseits können wir jeden Wert von m mit seiner zugehörigen Schwingungsdauer T kombinieren und die k-Werte berechnen, die in der letzten Zeile von Tab. 4–4 stehen. Unsere Ergebnisse für k *sind* nun alle Meßwerte derselben Größe und können einer statistischen Analyse unterzogen werden. Insbesondere ist unser Bestwert von k der Mittelwert $\bar{k} = 13{,}16$ N/m, und unsere Unsicherheit ist die Standardabweichung des Mittelwerts $\sigma_{\bar{k}} = 0{,}06$ N/m (siehe Aufgabe 4.12). Also lautet unser Meßergebnis auf der Grundlage der Daten von Tab. 4–4

$$\text{Federkonstante } k = (13{,}16 \pm 0{,}06)\ \text{N/m}. \tag{4.20}$$

Hätten wir vernünftige Schätzwerte der Unsicherheiten unserer anfänglichen Messungen von m und T gebildet, könnten wir die Unsicherheit von k auch mit Hilfe der

[5] Das zweite Verfahren enthält eine gewisse Unlogik, da es keinen besonderen Grund gibt, den ersten Meßwert von l dem ersten Meßwert von b zuzuordnen. Wir hätten sogar l 8mal und b 12mal messen können, dann ließen sich die Werte überhaupt nicht paaren. Unser erstes Verfahren ist also, logisch gesehen, vorzuziehen.

Fehlerfortpflanzung schätzen können, indem wir von diesen Schätzwerten für δm und δT ausgingen. In diesem Falle wäre es eine gute Idee, die mit den zwei Verfahren erhaltenen endgültigen Unsicherheiten von k miteinander zu vergleichen.

4.6 Systematische Abweichungen

In den letzten Abschnitten haben wir immer vorausgesetzt, daß alle systematischen Abweichungen auf ein vernachlässigbares Niveau vermindert wurden, bevor ernsthafte Messungen begannen. Hier wenden wir uns wieder der unangenehmen Möglichkeit zu, daß es beträchtliche systematische Abweichungen gibt. In dem gerade behandelten Beispiel können wir die Masse mit einer Waage bestimmt haben, die beständig zuviel oder zuwenig anzeigt, oder unsere Uhr kann dauernd vor- oder nachgegangen sein. Keine dieser systematischen Abweichungen wird sich im Vergleich unserer verschiedenen Ergebnisse für die Federkonstante k zeigen. Folglich kann die Standardabweichung des Mittelwerts $\sigma_{\bar{k}}$ als *zufällige Komponente* δk_{Zuf} der Unsicherheit δk betrachtet werden, ist aber sicher nicht die gesamte Unsicherheit δk. Unser Problem lautet nun, zu entscheiden, wie man die *systematische Komponente* δk_{sys} abschätzen kann und wie δk_{zuf} und δk_{sys} zu kombinieren sind, um die gesamte Unsicherheit δk zu ergeben.

Eine einfache Theorie, die uns sagt, was bei systematischen Abweichungen zu tun ist, gibt es nicht. In der Tat ist die einzige Theorie systematischer Abweichungen, daß sie identifiziert und vermindert werden müssen, bis sie viel kleiner als die geforderte Präzision sind. In einem Praktikumslabor ist das jedoch nicht immer machbar. So ist es oft nicht möglich, ein Meßgerät anhand eines besseren zu überprüfen, um es zu korrigieren, geschweige denn, ein unzulängliches Meßgerät gegen ein neues auszutauschen. Aus diesem Grunde verfährt man in Praktikumslabors häufig nach der Regel, daß bei Fehlen besonderer Angaben bei Meßgeräten davon ausgegangen werden soll, daß sie irgendeine festgesetzte systematische Unsicherheit haben. Man könnte beispielsweise übereinkommen, daß alle Stoppuhren eine systematische Unsicherheit von bis zu 0,5% haben, alle Waagen bis zu 1 Prozent, alle Ampere- und Voltmeter bis zu 3 Prozent usw.

Mit solchen Regeln an der Hand können wir auf viele verschiedene Weisen verfahren. Keiner der Wege läßt sich wirklich streng begründen, und wir beschreiben hier nur ein Verfahren. Im letzten Beispiel von Abschn. 4.5 wurde die Federkonstante $k = 4\pi^2 m/T^2$ durch die Messung einer Reihe von m-Werten und entsprechenden T-Werten bestimmt. Eine statistische Analyse der verschiedenen Ergebnisse für k lieferte die zufällige Komponente von δk zu

$$\delta k_{\text{zuf}} = \sigma_{\bar{k}} = 0{,}06 \text{ N/m}. \tag{4.21}$$

Nehmen wir jetzt an, uns sei gesagt worden, die zur Messung von m benutzte Waage und die zur Ermittlung von T verwendete Uhr hätten eine Unsicherheit von bis zu 1 Prozent bzw. 0,5 Prozent. Wir können dann die systematische Komponente von δk durch Fehlerfortpflanzung bestimmen. Die einzige Frage dabei ist, ob die Meßabweichungen direkt oder quadratisch addiert werden sollen. Die Fehler von m und T sind sicher unabhängig, und es ist daher möglich, daß sie sich irgendwie gegenseitig aufheben. Deshalb erscheint es vernünftig, die quadratische Summe zu verwenden, die[6]

$$\frac{\delta k_{sys}}{k} = \sqrt{\left(\frac{\delta m_{sys}}{m}\right)^2 + \left(2\,\frac{\delta T_{sys}}{T}\right)^2} \tag{4.22}$$

$$= \sqrt{1 + 1\,\%} = 1{,}4\,\% \tag{4.23}$$

liefert, so daß

$$\delta k_{sys} = (13{,}16 \text{ N/m}) \times 0{,}014 = 0{,}18 \text{ N/m}. \tag{4.24}$$

Da wir jetzt sowohl für die zufällige als auch für die systematische Komponente von δk einen Schätzwert haben, ist unser einziges verbleibendes Problem, sie zu kombinieren, so daß sie δk selbst ergeben. Man könnte argumentieren, daß sie quadratisch addiert werden sollten, womit sich eine Unsicherheit von

$$\delta k = \sqrt{(\delta k_{zuf})^2 + (\delta k_{sys})^2} \tag{4.25}$$

$$= \sqrt{(0{,}06)^2 + (0{,}18)^2} \approx 0{,}2 \text{ N/m}. \tag{4.26}$$

ergäbe. In diesem Beispiel würden demnach die systematischen Unsicherheiten die zufälligen völlig dominieren.

Der Ausdruck (4.25) für δk kann nicht wirklich streng begründet werden. Und die Bedeutung des Ergebnisses ist auch nicht klar. Wir können beispielsweise nicht behaupten, das wahre Ergebnis liege mit einem Vertrauen von 70 Prozent im Bereich $k \pm \delta k$. Trotzdem liefert der Ausdruck einen vernünftigen Schätzwert für unsere gesamte Unsicherheit, wenn unsere Apparatur systematische Unsicherheiten hat, die wir nicht beseitigen konnten. Insbesondere ist das Ergebnis (4.25) in einer Hinsicht realistisch und lehrreich. Wir haben in Abschnitt 4.4 gesehen, daß sich die Standardabweichung des Mittelwerts $\sigma_{\bar{k}}$ dem Wert Null nähert, wenn die Anzahl der Messungen N erhöht wird. Dieses Ergebnis legte nahe, daß man, wenn man die Geduld hat, eine enorme Anzahl von Messungen durchzuführen, die Unsicherheiten beliebig weit reduzieren kann, ohne seine Meßgeräte oder sein Meßverfahren verbessern zu müssen. Wir sehen jetzt, daß das nicht wirklich der Fall ist. Durch die Erhöhung von N läßt sich die *zufällige* Komponente $\delta k_{zuf} = \sigma_{\bar{k}}$ beliebig reduzieren, aber jede Apparatur hat *irgendeine* systematische Unsicherheit, die *nicht* reduziert wird, wenn wir N erhöhen. Aus (4.25) folgt klar, daß die weitere Verminderung von δk_{zuf} nicht mehr viel bringt, sobald δk_{zuf} kleiner ist als δk_{sys}. Insbesondere kann das gesamte δk nicht kleiner gemacht werden als δk_{sys}. Das bestätigt, was wir schon erraten haben – daß in der Praxis eine große Verminderung der Unsicherheit eine Verbesserung der Verfahren oder Geräte erfordert, um sowohl die zufälligen als auch die systematischen Abweichungen bei jeder Einzelmessung zu reduzieren.

[6] Ob wir die quadratische oder die direkte Summe verwenden sollten, hängt in Wirklichkeit davon ab, was mit der Aussage, die Waage habe eine „systematische Unsicherheit von bis zu 1 Prozent“, gemeint ist. Wenn das bedeutet, daß die Meßabweichung *sicher* nicht größer als 1 Prozent ist (und entsprechendes für die Uhr), dann ist direkte Addition angebracht, und δk_{sys} ist dann *sicher* nicht größer als 2 Prozent. Andererseits könnte es sein, daß eine Analyse aller Waagen im Labor gezeigt hat, daß sie einer Normalverteilung folgen und 70 Prozent von ihnen besser als auf 1 Prozent zuverlässig sind (und entsprechendes für die Uhren). In diesem Falle können wir die quadratische Addition wie in (4.22) verwenden, mit der üblichen Bedeutung von 70 Prozent Vertrauen.

Übungsaufgaben

Erinnerung: Ein Stern (*) zeigt an, daß im Abschnitt „Lösungen“ am Ende des Buches die entsprechende Aufgabe besprochen oder ihre Lösung angegeben wird.

***4.1** (Abschn. 4.2). Ein Student mißt eine Größe x fünfmal mit den Ergebnissen

$$5, 7, 9, 7, 8 .$$

Berechnen Sie den Mittelwert $\bar{x}$ und die Standardabweichung σ_x. (Rechnen Sie die Aufgabe selbst. Drücken Sie nicht nur die entsprechenden Knöpfe an Ihrem Taschenrechner. Geben Sie an, welche Definition von σ_x Sie verwenden.)

4.2 (Abschn. 4.2). Berechnen Sie Mittelwert und Standardabweichung der zehn in (4.10) angegebenen Meßwerte. (Die Ergebnisse werden im Text genannt; hier ist aber wichtig, daß *Sie* die Rechnungen *selbst* ausführen sollen. Sie müssen sich für ein ordentliches Format Ihrer Rechnungen entscheiden; eine der Möglichkeiten ist in Tab. 4–2 gezeigt.)

***4.3** (Abschn. 4.2). Der Mittelwert $\bar{x}$ von N Größen $x_1, \ldots, x_N$ ist definiert als ihre Summe geteilt durch N; das heißt, $\bar{x} = (\sum x_i)/N$. Die Abweichung des Werts x_i ist die Differenz $d_i = x_i - \bar{x}$. Zeigen Sie, daß der Mittelwert der Abweichungen $d_1, \ldots, d_N$ automatisch gleich Null ist.

Wenn Sie mit der $\sum$-Schreibweise nicht vertraut sind, empfiehlt es sich, diese Aufgabe einmal mit und einmal ohne $\sum$-Schreibweise zu lösen. Schreiben Sie dann beispielsweise die Summe $\sum(x_i - \bar{x})$ als $(x_1 - \bar{x}) + (x_2 - \bar{x}) + \cdots + (x_N - \bar{x})$ und gruppieren Sie um.

***4.4** (Abschn. 4.2). Zur Berechnung der Standardabweichung σ_x von N Meßwerten $x_1, \ldots, x_N$ benötigt man die Summe $\sum(x_i - \bar{x})^2$. Beweisen Sie, daß diese Summe umgeschrieben werden kann in

$$\sum[(x_i - \bar{x})^2] = [\sum(x_i)^2] - N\bar{x}^2 . \tag{4.27}$$

(Das ist eine gute Übung im Gebrauch der $\sum$-Schreibweise. Das Ergebnis ist in der Praxis sehr nützlich und wird in Taschenrechnern zur Berechnung von σ_x verwendet.)

4.5 (Abschn. 4.2) Berechnen Sie die Standardabweichung in Aufgabe 4.1 mit Hilfe der Identität (4.27) neu.

4.6 (Abschn. 4.3). Ein Student mißt die Schwingungsdauer eines Pendels dreimal und erhält die Ergebnisse 1,6; 1,8; 1,7 (alle in s). Berechnen Sie Mittelwert und Standardabweichung (mit Hilfe der Definition (4.9) der Standardabweichung). Wenn der Student eine vierte Messung durchführt, mit welcher Wahrscheinlichkeit liegt dann dieser neue Meßwert außerhalb des Bereichs 1,6 bis 1,8 s? (Offensichtlich sind diese Zahlen so gewählt, daß „das Richtige herauskommt“. In Kapitel 5 werden wir sehen, wie man diese Art von Problem selbst dann löst, wenn die Zahlen nicht so günstig liegen.)

***4.7** (Abschn. 4.3).

(a) Berechnen Sie den Mittelwert $\bar{t}$ und die Standardabweichung σ_t der folgenden 30 Meßwerte einer Zeit t (alle in s). Sie werden einen Rechner brauchen, aber Sie können sich eine Menge Knöpfedrücken ersparen, wenn Sie beachten, daß nur die letzten zwei Stellen gemittelt werden müssen, und Sie das Komma vor der Rechnung zwei Stellen nach rechts schieben. Wenn Ihr Rechner Standardabweichungen nicht automatisch berechnet, sollten Sie die Identität (4.27) verwenden.

8,16; 8,14; 8,12; 8,16; 8,18; 8,10; 8,18; 8,18; 8,18; 8,24;
8,16; 8,14; 8,17; 8,18; 8,21; 8,12; 8,12; 8,17, 8,06; 8,10;
8,12; 8,10; 8,14; 8,09; 8,16; 8,16; 8,21; 8,14; 8,16; 8,13.

(b) Wie wir gesehen haben, kann man nach einer großen Anzahl von Messungen erwarten, daß ca. 70 Prozent der Werte nicht weiter als σ_t von $\bar{t}$ entfernt (d. h. innerhalb des Bereichs $\bar{t} \pm \sigma_t$) liegen. Wie wir in Kapitel 5 sehen werden, können wir erwarten, daß ca. 95 Prozent aller Werte innerhalb der $2\sigma_t$-Grenzen (d. h. innerhalb des Intervalls $\bar{t} \pm 2\sigma_t$) liegen. Wie viele der Meßwerte würden Sie bei Aufgabe (a) *außerhalb* des Bereichs $\bar{t} \pm \sigma_t$ erwarten? Wie viele sind es tatsächlich? Beantworten Sie dieselbe Frage für die Anzahl außerhalb von $\bar{t} \pm 2\sigma_t$.

4.8 (Abschn. 4.4). Berechnen Sie die Standardabweichung des Mittelwerts für die Meßwerte der Aufgabe 4.1. Wie sollte das Endergebnis des Studenten für x und für die Unsicherheit lauten?

***4.9** (Abschn. 4.4). Was wäre auf der Grundlage der Meßwerte in Aufgabe 4.7 Ihr Bestwert für die dortige Zeit und dessen Unsicherheit, wenn wir annehmen, daß alle Unsicherheiten zufällig sind?

***4.10** (Abschn. 4.4). Nach der mehrmaligen Messung der Schallgeschwindigkeit u zieht ein Student den Schluß, daß die Standardabweichung σ_u der Meßwerte $\sigma_u = 10$ m/s ist. Wir nehmen an, die Abweichungen seien alle zufällig. Dann kann der Student jede beliebige Präzision erreichen, indem er genug Messungen durchführt und deren Mittelwert berechnet. Wie viele Messungen sind nötig, damit die endgültige Unsicherheit $\pm$ 3 m/s beträgt? Wie viele für eine Unsicherheit von nur 0,5 m/s?

***4.11** (Abschn. 4.5). In Tab. 4–3 sind jeweils zehn Meßwerte der Länge l und der Breite b eines Rechtecks angegeben, die zur Berechnung von dessen Fläche $A = lb$ verwendet werden. Wenn die Messungen paarweise durchgeführt wurden (jeweils eine von l und eine von b), dann wäre es folgerichtig, jedes Paar miteinander zu multiplizieren, um einen Wert für A zu erhalten. Multiplikation des ersten l mit dem ersten b ergäbe dann ersten Wert von A usw. Berechnen Sie die sich ergebenden zehn A-Werte sowie den Mittelwert $\bar{A}$, die Standardabweichung σ_A und die Standardabweichung des Mittelwerts, $\sigma_{\bar{A}}$. Vergleichen Sie die Ergebnisse für $\bar{A}$ und $\sigma_{\bar{A}}$ mit dem Ergebnis (4.18), bei dem als Bestwert $A_{\text{Best}} = \bar{l}\,\bar{b}$ verwendet und die Unsicherheit mit Hilfe der Regeln der Fehlerfortpflanzung bestimmt wurde. (Bei einer größeren Anzahl von Messungen sollten die zwei Verfahren übereinstimmende Resultate liefern.)

4.12 (Abschn. 4.5). Vervollständigen Sie Tabelle 4–4 zur Berechnung der Federkonstanten k und berechnen Sie dann den Mittelwert $\bar{k}$ und seine Unsicherheit (d. h. die Standardabweichung des Mittelwerts $\sigma_{\bar{k}}$).

***4.13** (Abschn. 4.6).

(a) Ein Student mißt die Schallgeschwindigkeit nach der Formel $u = f\lambda$, wobei f die Frequenz ist, die an der Anzeige eines Schallsenders abgelesen wird, und λ die Wellenlänge, die aus der Messung der Abstände mehrerer Maxima in einer resonanten Luftsäule folgt. Da es mehrere Messungen von λ gibt, können sie statistisch analysiert werden, und der Student schließt, daß $\lambda = (11.2 \pm 0{,}5)$ cm ist. Für die Frequenz gibt es jedoch nur den einen Meßwert von $f = 3000$ Hz (die Einstellung auf dem Oszillator), und der Student hat keine Möglichkeit, dessen Zuverlässigkeit zu beurteilen. Der Praktikumsassistent sagt ihm, der Schallsender sei „sicher auf 1 Prozent genau“. Deshalb berücksichtigt der Student eine 1prozentige systematische Abweichung von f (aber keine von λ). Welches Ergebnis erhält er für u und seine Unsicherheit? Ist der mögliche Fehler von 1 Prozent in der Frequenz wichtig?

(b) Wenn der Student $\lambda = (11{,}2 \pm 0{,}1)$ cm gemessen hätte und die Kalibrierung des Oszillators auf 3 Prozent zuverlässig wäre, wie hätte dann das Ergebnis gelautet? Ist die systematische Abweichung wichtig?

5 Die Normalverteilung

In diesem Kapitel setzen wir die Besprechung der statistischen Analyse wiederholter Messungen fort. In Kapitel 4 haben wir die wichtigen Begriffe Mittelwert, Standardabweichung und Standardabweichung des Mittelwerts eingeführt. Wir haben gesehen, was sie bedeuten und wie sie verwendet werden. In diesem Kapitel liefern wir die theoretische Begründung dieser Begriffe und beweisen einige Ergebnisse, die in früheren Kapiteln ohne Beweis angegeben wurden.

Das erste Problem bei der Diskussion von Messungen, die viele Male wiederholt werden, besteht darin, einen Weg zu finden, die vielen erhaltenen Werte zu verarbeiten und darzustellen. Ein geeignetes Verfahren ist, ihre *Verteilung* in einem *Stabdiagramm* oder einem *Histogramm* darzustellen, wie in Abschn. 5.1 beschrieben wird. In Abschn. 5.2 führen wir den Begriff der *Grenzverteilung* ein – der Verteilung der Ergebnisse, die man erhielte, wenn die Anzahl der Messungen unendlich groß würde. In Abschn. 5.3 definieren wir die *Normal-* oder *Gauß-Verteilung*, welche die Grenzverteilung solcher Meßergebnisse beschreibt, die viele kleine zufällige Abweichungen aufweisen.

Sobald wir die mathematischen Eigenschaften der Normalverteilung verstanden haben, können wir uns daran machen, einige wichtige Ergebnisse recht einfach zu beweisen. In Abschnitt 5.4 zeigen wir, daß – wie in Kapitel 4 vorweggenommen – etwa 70 Prozent aller Meßwerte (von ein und derselben Größe und mit demselben Verfahren erhalten) innerhalb einer Standardabweichung vom wahren Wert entfernt liegen sollten. In Abschnitt 5.5 beweisen wir ein Ergebnis, das wir bereits in Kapitel 1 verwendet haben: wenn wir N Meßwerte $x_1, \dots, x_N$ einer Größe x ermitteln, dann ist unser bester Schätzwert auf der Grundlage dieser Werte, der Bestwert x_{Best}, der Mittelwert $\bar{x} = \sum x_i/N$. In Abschnitt 5.6 rechtfertigen wir die Verwendung der quadratischen Addition bei der Fortpflanzung von einander unabhängiger und zufälliger Meßabweichungen. In Abschnitt 5.7 beweisen wir, daß die Unsicherheit des Mittelwerts $\bar{x}$, wenn er als Bestwert von x verwendet wird, durch die Standardabweichung des Mittelwerts $\sigma_{\bar{x}} = \sigma_x/\sqrt{N}$ gegeben ist, wie in Kapitel 4 angegeben. Schließlich behandeln wir in Abschnitt 5.8, wie experimentellen Ergebnissen ein zahlenmäßiges Vertrauen zugeordnet werden kann.

Die in diesem Kapitel benötigte Mathematik ist etwas anspruchsvoller als die bisher verwendete. Doch der Leser, der die Behandlung der Normalverteilung in Abschnitt 5.3 sorgfältig verfolgt (indem er die Rechnungen notfalls mit Bleistift und Papier nachvollzieht), sollte in der Lage sein, den meisten Argumenten ohne große Schwierigkeiten folgen zu können.

5.1 Stabdiagramme, Histogramme und Verteilungen

Es sollte klar sein, daß zur ernsthaften statistischen Analyse eines Experiments viele Messungen erforderlich sind. Folglich ist unser erstes Problem, Verfahren für die Aufzeichnung und Darstellung großer Anzahlen von Meßwerten zu entwickeln. Nehmen wir beispielsweise an, wir hätten die Aufgabe, eine Länge x zehnmal zu messen. x könnte z. B. der Abstand zwischen einer Linse und einem von ihr erzeugten Bild sein. Wir könnten die Werte

$$26, 24, 26, 28, 23, 24, 25, 24, 26, 28 \tag{5.1}$$

erhalten. Wenn sie so hingeschrieben werden, ist den zehn Zahlen wenig Information zu entnehmen. Und wenn wir viel mehr Meßwerte so aufzeichneten, wäre das Ergebnis ein verwirrender Zahlendschungel. Offensichtlich brauchen wir ein besseres System.

Als ersten Schritt können wir die Zahlen (5.1) nach aufsteigender Größe anordnen:

$$23, 24, 24, 24, 25, 25, 26, 26, 26, 28. \tag{5.2}$$

Als nächstes können wir, anstatt die drei Meßwerte 24, 24, 24 aufzuschreiben, einfach notieren, daß wir den Wert 24 dreimal erhalten haben. Mit anderen Worten können wir die *verschiedenen* Werte von x, die wir gefunden haben, zusammen mit der *Anzahl* der Male, die jeder Wert vorgekommen ist, notieren wie in Tab. 5–1.

Tab. 5–1.

unterschiedliche Werte, x_k	23	24	25	26	27	28
Anzahl der gefundenen Male, n_k	1	3	2	3	0	1

Hier haben wir die Schreibweise x_k ($k = 1, 2, \ldots$) zur Bezeichnung der verschiedenen gefundenen Werte eingeführt: $x_1 = 23$, $x_2 = 24$, $x_3 = 25$ usw. Und mit n_k wird die Anzahl der Male bezeichnet, die der entsprechende Wert x_k gefunden wurde: $n_1 = 1$, $n_2 = 3$ usw.

Wenn wir Meßwerte wie in Tab. 5–1 aufzeichnen, dann können wir die Definition des Mittelwerts $\bar{x}$ umschreiben in eine Form, die sich für unsere Zwecke als geeigneter erweist. Nach unserer alten Definition galt

$$\bar{x} = \frac{\sum_i x_i}{N} = \frac{23 + 24 + 24 + 24 \; + 25 + \cdots + 28}{10}. \tag{5.3}$$

Das ist dasselbe wie

$$\bar{x} = \frac{23 + (24 \times 3) + (25 \times 2) + \cdots + 28}{10}.$$

oder allgemein

$$\bar{x} = \frac{\sum_k x_k n_k}{N}. \tag{5.4}$$

In der ursprünglichen Form (5.3) summieren wir über *alle* Messungen; in (5.4) summieren wir über die *unterschiedlichen* erhaltenen Werte, wobei jeder Wert mit der Anzahl der Male multipliziert wird, die er auftrat. Offensichtlich sind beide Summen identisch, aber die Form (5.4) erweist sich als nützlicher, wenn wir eine große Anzahl von Messungen machen. Eine Summe wie die in (5.4) wird manchmal als *gewichtete Summe* bezeichnet, da jeder Wert x_k mit der Anzahl der Male *gewichtet* wird, die er vorkommt. Für die spätere Bezugnahme halten wir fest, daß die Summe der Anzahlen n_k gleich der Gesamtanzahl der durchgeführten Messungen, N, ist. Das heißt:

$$\sum_k = n_k = N \,. \tag{5.5}$$

(Mit dieser Gleichung folgt beispielsweise für Tab. 5–1, daß die Summe der Zahlen in der unteren Zeile gleich 10 ist.)

Die Ideen der letzten zwei Absätze lassen sich in einer für bestimmte Zwecke noch geeigneteren Weise formulieren. Anstatt zu sagen, daß das Ergebnis $x = 24$ dreimal erhalten wurde, können wir sagen, daß wir $x = 24$ in 3/10 aller Messungen gefunden haben. Mit anderen Worten: anstatt n_k, der *Anzahl* der Male, die das Ergebnis x_k auftrat, verwenden wir

$$F_k = \frac{n_k}{N}, \tag{5.6}$$

den *Anteil* an unseren N Messungen, die das Ergebnis x_k lieferten. Man sagt, daß durch die Anteile F_k die *Verteilung* unserer Ergebnisse gegeben ist, da sie beschreiben, wie unsere Meßwerte auf die verschiedenen möglichen Werte *verteilt* waren.

Mit Hilfe der Anteile F_k können wir die Formel (5.4) für den Mittelwert in die kompakte Form

$$\bar{x} = \sum_k x_k F_k \tag{5.7}$$

bringen. Das heißt, der Mittelwert ist einfach die gewichtete Summe aller unterschiedlichen Werte x_k, die erhalten wurden, wobei jedes x_k mit dem Anteil der Male, F_k, gewichtet ist, die es auftrat.

Aus Gl. (5.5) folgt

$$\sum_k F_k = 1 \,. \tag{5.8}$$

Wenn wir die Anteile F_k aller möglichen Ergebnisse x_k aufaddieren, erhalten wir 1. Jede Menge von Zahlen, deren Summe gleich 1 ist, wird *normiert* genannt, und die Beziehung (5.8) heißt deshalb *Normierungsbedingung*.

Die Verteilung unserer Meßwerte kann wie in Abb. 5–1 in einem *Histogramm* grafisch dargestellt werden. Hier werden einfach die F_k gegen die x_k aufgetragen, wobei die verschiedenen Meßwerte x_k entlang der waagerechten Achse und der Anteil der Male, die jedes x_k erhalten wurde, durch die Höhe der senkrechten Stäbe über den x_k gezeichnet wird. (Man kann auch n_k gegen x_k auftragen, aber für unsere Zwecke ist die Auftragung

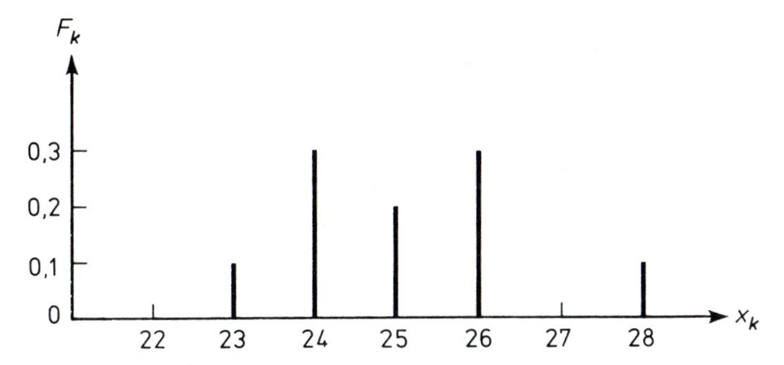

Abb. 5–1. Histogramm für die Messungen einer Länge x. Die senkrechte Achse zeigt den Anteil der Male, F_k, die jeder Wert x_k beobachtet wurde.

von F_k gegen x_k geeigneter.) In solchen Diagrammen gezeigte Daten sind leicht zu verstehen, wessen sich Autoren von Zeitungs- und Zeitschriftenartikeln bewußt sind.

Ein Diagramm wie das in Abb. 5–1 wird *Stabdiagramm* genannt, da die Verteilung der Ergebnisse durch die Höhe senkrechter Stäbe über den x_k angezeigt wird. Diese Art von Diagramm ist immer angemessen, wenn die Werte x_k klare Abstände mit ganzzahligen Werten haben. (Beispielsweise sind Punktzahlen von Studenten in einer Prüfung gewöhnlich ganze Zahlen und in einem Stabdiagramm einfach darzustellen.) Doch die meisten Messungen liefern nicht klare ganzzahlige Ergebnisse, da die meisten physikalischen Größen einen kontinuierlichen Bereich möglicher Werte haben. Beispielsweise ist es sehr viel wahrscheinlicher, daß Sie anstatt der zehn Längen in Gleichung (5.1) zehn Werte wie

$$26{,}4;\ 23{,}9;\ 25{,}1;\ 24{,}6;\ 22{,}7;\ 23{,}8;\ 25{,}1;\ 23{,}9;\ 25{,}3;\ 25{,}4 \qquad (5.9)$$

erhalten. Ein entsprechendes Stabdiagramm würde aus zehn einzelnen Stäben bestehen, die alle dieselbe Höhe haben, und würde verhältnismäßig wenig Information liefern. Wenn uns Meßwerte wie die in (5.9) vorliegen, ist das beste Verfahren, den Wertebereich in eine geeignete Anzahl von *Intervallen* oder Klassen zu unterteilen und zu zählen, wie viele Werte jeweils in eine solche Klasse fallen. Beispielsweise könnten wir die Anzahl der Meßwerte in (5.9) zwischen $x = 22$ und 23, zwischen 23 und 24 usw. zählen. Die Ergebnisse einer derartigen Zählung werden in Tab. 5–2 gezeigt. (Wenn eine Messung zufällig genau auf die Grenze zwischen zwei Klassen fällt, muß man entscheiden, in welche man sie legen will. Ein einfaches und vernünftiges Verfahren ist, jeder Klasse eine halbe Messung zuzuteilen.)

Tab. 5–2.

Klasse	22 bis 23	23 bis 24	24 bis 25	25 bis 26	26 bis 27	27 bis 28
Beobachtungen in Klasse	1	3	1	4	1	0

Das Ergebnis in Tab. 5–2 kann, wie in Abb. 5–2 gezeigt, in einem sogenannten *Histogramm* dargestellt werden. In diesem Diagramm wird der Anteil der Meßwerte, die in jede

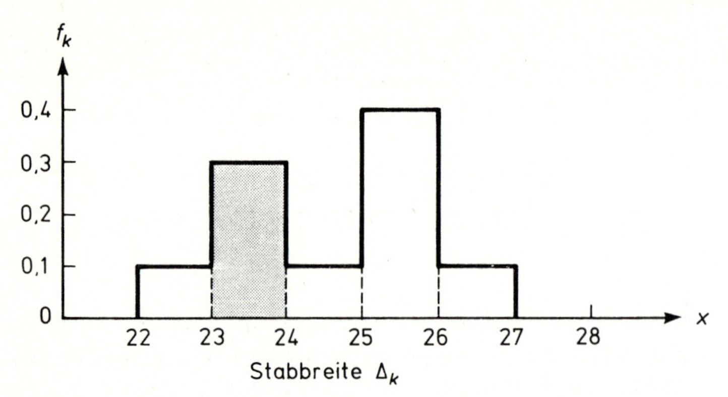

Abb. 5–2. Histogramm, das den Anteil der Meßwerte von x zeigt, die in die „Klassen" 22 bis 23, 23 bis 24, usw. fallen. Die Fläche des Rechtecks über jedem Intervall gibt den Anteil der Meßwerte, die in dieses Intervall fallen. So ist die Fläche des dunklen Rechtecks gleich 0,3, was anzeigt, daß 3/10 aller Meßwerte zwischen 23 und 24 fallen (Stabbreite $\triangleq$ Klassenbreite).

Klasse fallen, durch die Fläche des Rechtecks über dem entsprechenden Intervall repräsentiert. Folglich hat das dunkle Rechteck über dem Intervall von $x = 23$ bis $x = 24$ die Fläche $0{,}3 \times 1 = 0{,}3$, wodurch angezeigt wird, daß 3/10 aller Meßwerte in dieses Intervall fiel. Im allgemeinen bezeichnen wir die Breite des $k$ten Intervalls mit Δ_k. (Diese Breiten sind gewöhnlich alle gleich, müssen es aber gewiß nicht sein.) Die Höhe f_k des über diesem Intervall gezeichneten Rechtecks wird so gewählt, daß die Fläche gleich $f_k \Delta_k$ ist:

$$f_k \Delta_k = \text{Anteil der Meßwerte in der } k\text{ten Klasse}.$$

Mit anderen Worten: in einem Histogramm hat die Fläche $f_k \Delta_k$ des $k$ten Rechtecks dieselbe Bedeutung wie die Höhe F_k des $k$ten Stabs in einem Stabdiagramm.

Etwas Sorgfalt ist bei der Wahl der Breite Δ_k der Klassen eines Histogramms angebracht. Wenn die Klassen zu breit gemacht werden, dann fallen alle (oder fast alle) Meßwerte in ein und dieselbe Klasse, und das Histogramm ist ein uninteressantes einziges Rechteck. Wenn die Klassen zu schmal gewählt werden, dann werden wenige von ihnen mehr als einen Meßwert enthalten, und das Histogramm wird aus einer großen Anzahl von engen Rechtecken bestehen, von denen fast alle dieselbe Höhe haben. Klarerweise muß die Klassenbreite so gewählt werden, daß es in jeder der Klassen mehrere Meßwerte gibt. Wenn also die Gesamtanzahl der Meßwerte N klein ist, müssen wir unsere Klassen verhältnismäßig breit wählen. Wenn wir aber N erhöhen, dann ist es gewöhnlich möglich, engere Klassen zu wählen.

5.2 Grenzverteilungen

Bei den meisten Experimenten beginnt das Histogramm, wenn man die Anzahl der Messungen erhöht, eine bestimmte einfache Form anzunehmen. Das ist bei den Abb. 5–3

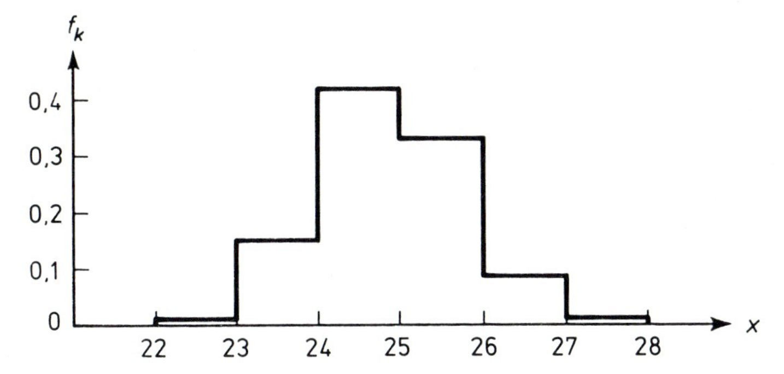

Abb. 5–3. Histogramm für 100 Messungen derselben Größe wie in Abb. 5–2.

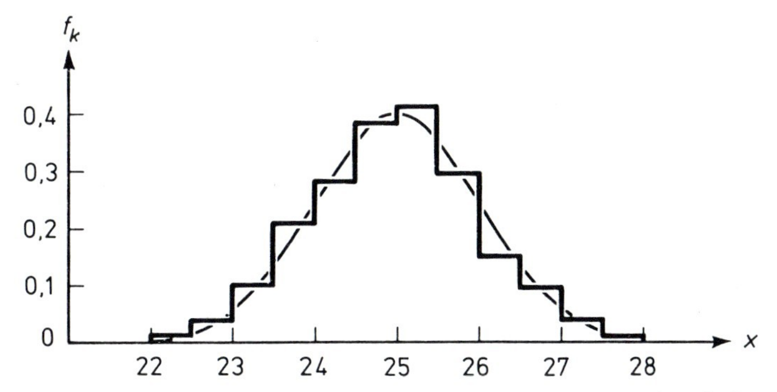

Abb. 5–4. Histogramm für 1000 Messungen derselben Größe wie in Abb. 5–2. Die gestrichelte Kurve gibt die Grenzverteilung wieder.

und 5–4 klar zu sehen. Sie zeigen 100 bzw. 1000 Meßwerte derselben Größe wie in Abb. 5–2. Nach 100 Messungen ist aus dem Histogramm eine einzige, näherungsweise symmetrische Spitze geworden. Bei 1000 Messungen können wir die Klassenbreite halbieren, und das Histogramm wird ziemlich glatt und regelmäßig. Diese drei Bilder veranschaulichen eine wichtige Eigenschaft der meisten Messungen. Wenn die Anzahl der Messungen gegen Unendlich geht, nähert sich die Verteilung einer bestimmten stetigen Kurve. Eine solche Kurve gibt die sog. *Grenzverteilung* wieder.[1] So scheint bei den Messungen von Abb. 5–2 bis 5–4 die Grenzverteilung so etwas wie die symmetrische Glockenkurve zu sein, die Abb. 5–4 überlagert wurde.

Es sollte betont werden, daß die Grenzverteilung ein theoretisches Konstrukt ist, das selbst nie exakt gemessen werden kann. Je mehr Messungen wir durchführen, um so mehr nähert sich unser Histogramm der Grenzverteilung. Doch nur, wenn wir unendlich viele Messungen durchführten und unendlich schmale Klassen verwendeten, erhielten wir

[1] Einige der üblichen Synonyme (oder näherungsweisen Synonyme) für Grenzverteilung sind: Stammverteilung, unendliche Stammverteilung, universelle Verteilung, Grundgesamtheit.

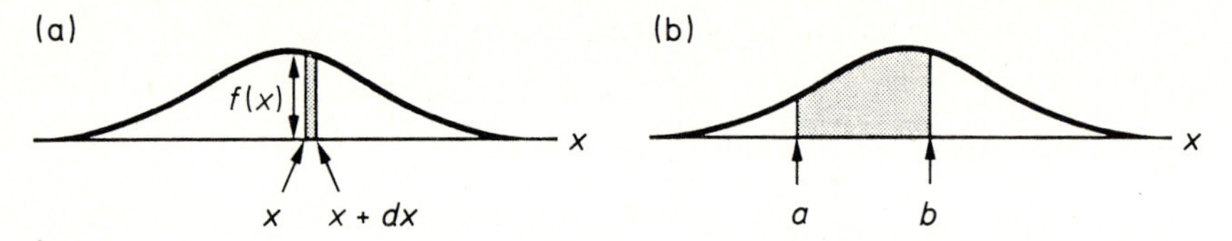

Abb. 5–5. Eine Grenzverteilung $f(x)$. (a) Nach sehr vielen Messungen ist der Anteil, der im Intervall zwischen x und $x + dx$ liegt, die Fläche $f(x)\,dx$ des schmalen Streifens. (b) Der Anteil, der zwischen $x = a$ und $x = b$ fällt, ist der dunkle Bereich.

wirklich die Grenzverteilung selbst. Trotzdem gibt es überzeugende Beweise dafür, daß es für fast alle Messungen eine Grenzverteilung gibt, der sich unser Histogramm immer mehr nähert, je mehr Messungen wir durchführen.

Eine Grenzverteilung wie die glatte Kurve in Abb. 5–4 definiert eine Funktion, die wir $f(x)$ nennen. Die Bedeutung dieser Funktion zeigt Abb. 5–5. Wenn wir immer mehr Messungen der Größe x durchführen, wird unser Histogramm schließlich ununterscheidbar von der Grenzkurve $f(x)$. Deshalb wird der Anteil der Meßwerte, die in einem beliebigen kleinen Intervall von x bis $x + dx$ liegen, gleich der Fläche $f(x)\,dx$ des dunklen Streifens in Abb. 5–5 (a):

$$f(x)\,dx = \text{Anteil der Meßwerte, die zwischen } x \text{ und } x + dx \text{ fallen.} \tag{5.10}$$

Allgemeiner ist die Anzahl der Meßwerte, die zwischen zwei beliebige Werte a und b fallen, die gesamte Fläche unter dem Graphen zwischen $x = a$ und $x = b$ Abb. 5–5(b). Diese Fläche ist einfach das *bestimmte Integral* von $f(x)$. Folglich haben wir das wichtige Ergebnis, daß

$$\int_a^b f(x)\,dx = \text{Anzahl der Meßwerte, die zwischen } x = a \text{ und } x = b \text{ liegen.} \tag{5.11}$$

Es ist wichtig, die Bedeutung der zwei Aussagen (5.10) und (5.11) zu verstehen. Beide nennen uns den Anteil der Meßwerte, die erwartungsgemäß in einem Intervall liegen, nachdem wir eine *sehr große Anzahl von Messungen* durchgeführt haben. Das läßt sich auch auf andere und sehr nützliche Art ausdrücken, indem wir sagen, daß $f(x)\,dx$ die *Wahrscheinlichkeit* ist, mit der eine einzelne Messung ein Ergebnis zwischen x und $x + dx$ liefert:

$$f(x)\,dx = \begin{array}{l}\text{Wahrscheinlichkeit, daß irgendeine Messung}\\ \text{ein Ergebnis zwischen } x \text{ und } x + dx \text{ liefert.}\end{array} \tag{5.12}$$

Entsprechend gibt das Integral $\int_a^b f(x)\,dx$ die Wahrscheinlichkeit wieder, mit der irgendein beliebiges Meßergebnis zwischen $x = a$ und $x = b$ fallen wird. Wir sind bei folgendem wichtigen Schluß angelangt: Wenn uns die Grenzverteilung $f(x)$ der Meßwerte einer gegebenen Größe x, die mit einer gegebenen Apparatur erhalten werden, bekannt wäre, dann wüßten wir die Wahrscheinlichkeit dafür, ein Ergebnis in einem beliebigen Intervall $a \leq x \leq b$ zu erhalten.

Da die gesamte Wahrscheinlichkeit, ein Ergebnis zwischen $-\infty$ und $+\infty$ zu erhalten, gleich 1 ist, erfüllt die Grenzverteilung $f(x)$ die Bedingung

$$\int_{-\infty}^{\infty} f(x)\, dx = 1. \tag{5.13}$$

Diese Identität ist das Analogon zur Normierungssumme (5.8), $\sum_k F_k = 1$, und eine Funktion $f(x)$, die (5.13) erfüllt, wird *normiert* genannt.

Der Leser mag über die Grenzen $\pm\infty$ im Integral (5.13) verwirrt sein. Diese bedeuten nicht, daß wir wirklich erwarten, Ergebnisse zu erhalten, die den gesamten Bereich von $-\infty$ bis $+\infty$ überstreichen. Ganz im Gegenteil. In jedem realen Experiment fallen die Messungen alle in ein ziemlich kleines endliches Intervall. Beispielsweise liegen die Meßwerte von Abb. 5–4 alle zwischen $x = 21$ und $x = 29$. Selbst nach unendlich vielen Messungen wäre der Anteil der Messungen, die außerhalb des Bereichs von $x = 21$ bis $x = 29$ liegen, völlig vernachlässigbar. Mit anderen Worten: $f(x)$ ist außerhalb dieses Bereichs im wesentlichen gleich Null, und es macht keinen Unterschied, ob das Integral (5.13) von $-\infty$ bis $+\infty$ oder von 21 bis 29 geht. Da wir im allgemeinen nicht wissen, wo diese Grenzen liegen, ist es bequemer, sie bei $\pm\infty$ zu belassen.

Wenn die betrachtete Messung sehr präzise ist, dann werden alle erhaltenen Werte sehr nahe bei dem tatsächlichen Wert von x liegen. Also wird das Histogramm und folglich auch die Grenzverteilung eine schmale Spitze haben wie die durchgezogene Kurve in Abb. 5–6. Wenn die Päzision der Messung gering ist, dann werden die Werte weit streuen, und die Verteilung wird breit und niedrig sein wie die gestrichelte Kurve in Abb. 5–6.

Die Grenzverteilung $f(x)$ für Messungen einer Größe x mit einer gegebenen Apparatur beschreibt, wie Ergebnisse nach vielen, vielen Messungen verteilt wären. Wenn uns also $f(x)$ bekannt wäre, könnten wir den Mittelwert $\bar{x}$ berechnen, der nach vielen Messungen gefunden würde. Wir haben in (5.7) gesehen, daß der Mittelwert einer beliebigen Anzahl von Meßwerten die Summe aller unterschiedlichen Werte x_k ist, wobei jeder mit dem Anteil der Male gewichtet ist, mit dem er gefunden wurde,

$$\bar{x} = \sum_k x_k F_k. \tag{5.14}$$

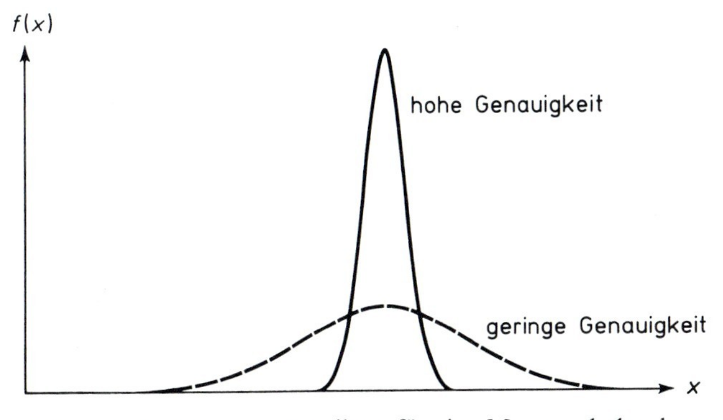

Abb. 5–6. Je eine Grenzverteilung für eine Messung hoher bzw. geringer Genauigkeit.

Im vorliegenden Fall haben wir eine enorme Anzahl von Meßwerten mit der Verteilung $f(x)$. Wenn wir den gesamten Wertebereich in kleine Intervalle x_k bis $x_k + dx_k$ unterteilen, dann ist der Anteil der Werte in jedem Intervall $F_k = f(x_k)\,dx_k$, und im Grenzfall, daß alle Intervalle gegen Null gehen, wird aus (5.14)

$$\int_{-\infty}^{\infty} x f(x)\,dx = 1. \tag{5.15}$$

Es sei daran erinnert, daß diese Formel den Mittelwert $\bar{x}$ liefert, den man nach unendlich vielen Versuchen erwarten würde.

Entsprechend können wir die Standardabweichung σ_x berechnen, die sich nach einer großen Anzahl von Messungen ergibt. Da wir uns mit dem Limes $N \to \infty$ befassen, spielt es keine Rolle, welche Definition von σ_x wir verwenden, die ursprüngliche (4.6) oder die verbesserte (4.9), in der N durch $N - 1$ ersetzt ist. In beiden Fällen ist, wenn $N \to \infty$ geht, σ_x^2 der Mittelwert der quadrierten Abweichung $(x - \bar{x})^2$. Folglich führt genau das Argument, das auch (5.15) lieferte, zu dem Ergebnis, daß nach einer großen Anzahl von Versuchen

$$\sigma_x^2 = \int_{-\infty}^{\infty} (x - \bar{x})^2 f(x)\,dx = 1\,. \tag{5.16}$$

5.3 Die Normalverteilung

Unterschiedliche Arten von Messungen haben auch unterschiedliche Grenzverteilungen. Nicht alle Grenzverteilungen haben die symmetrische Glockenform wie in Abschnitt 5.2 gezeigt. (Beispielsweise sind die in Kapitel 10 und 11 behandelten Verteilungen, die Binomial- und die Poisson-Verteilung, gewöhnlich nicht symmetrisch.) Trotzdem findet man eine große Vielfalt an Messungen, die als Grenzverteilung eine symmetrische Glokkenkurve haben. In der Tat werden wir in Kapitel 10 beweisen: wenn eine Messung vielen kleinen Quellen zufälliger Abweichungen und vernachlässigbaren systematischen Abweichungen unterliegt, dann sind die Meßwerte gemäß einer Glockenkurve verteilt, und das Zentrum dieser Glockenkurve liegt wie in Abb. 5–7 am wahren Wert von x. Der Rest dieses Kapitels ist ausschließlich Messungen mit dieser Eigenschaft gewidmet.

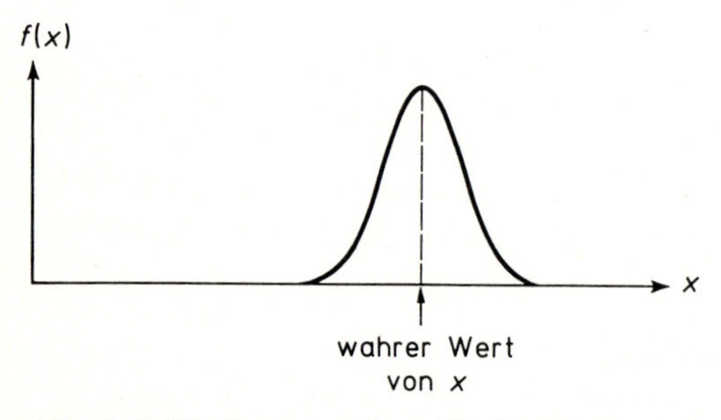

Abb. 5–7. Die Grenzverteilung für eine Messung, die vielen kleinen zufälligen Abweichungen unterliegt. Die Verteilung ist glockenförmig, und ihr Zentrum liegt beim wahren Wert der Meßgröße x.

Wenn unsere Messungen erhebliche systematische Abweichungen haben, dann würde man *nicht* erwarten, daß das Zentrum der Grenzverteilung beim wahren Wert liegt. Bei zufälligen Abweichungen ist die Wahrscheinlichkeit, daß sie die Meßwerte über oder unter den wahren Wert verschieben, gleich groß. Wenn alle Meßabweichungen zufällig sind, werden nach vielen Messungen so viele Beobachtungen über dem wahren Wert liegen wie darunter, und das Zentrum unserer Verteilung der Ergebnisse wird deshalb genau am wahren Wert liegen. Aber eine systematische Abweichung (wie ein gedehntes Bandmaß oder eine nachgehende Uhr) verschiebt alle Werte in eine Richtung und somit das Zentrum der Verteilung der beobachteten Werte vom wahren Wert weg. In diesem Kapitel werden wir annehmen, daß alle systematischen Abweichungen auf ein vernachlässigbares Ausmaß verringert wurden.

Wir müssen uns jetzt kurz einer Frage zuwenden, deren Behandlung wir bisher vermieden haben: was ist der „wahre Wert" einer physikalischen Größe? Das ist eine schwierige Frage, auf die es keine zufriedenstellende, einfache Antwort gibt. Da es offensichtlich ist, daß keine Messung den wahren Wert irgendeiner stetigen Variablen (einer Länge, einer Zeit usw.) genau bestimmen kann, ist es nicht einmal klar, ob der wahre Wert solch einer Größe existiert. Trotzdem wird es sehr bequem sein, anzunehmen, jede physikalische Größe habe einen wahren Wert; und wir werden diese Annahme machen.

Wir können uns den wahren Wert einer Größe vorstellen als denjenigen Wert, dem man sich immer weiter nähert, wenn man immer mehr Messungen immer sorgfältiger durchführt. Als solcher ist der „wahre Wert" eine Idealisierung, ähnlich dem Punkt ohne Ausdehnung oder der Linie ohne Breite in der Mathematik, und wie diese beiden ist er eine nützliche Idealisierung. Wir werden oft den wahren Wert einer Größe $x, y, \ldots$ durch den entsprechenden Großbuchstaben, $X, Y, \ldots$, bezeichnen. Wenn die Messungen von x vielen kleinen zufälligen, aber vernachlässigbaren systematischen Abweichungen unterliegen, dann ist ihre Verteilung eine symmetrische glockenförmige Kurve mit dem Zentrum am wahren Wert X.

Die mathematische Funktion, welche die Glockenkurve beschreibt, heißt *Normalverteilung* oder *Gauß-Funktion.*[2] Der Prototyp dieser Funktion ist

$$e^{-x^2/2\sigma^2}, \tag{5.17}$$

wobei σ ein fester Parameter ist, den wir *Breiteparameter* nennen. Der Leser muß sich mit den Eigenschaften dieser Funktion vertraut machen.

Wenn $x = 0$ ist, dann ist die Gauß-Funktion (5.17) gleich Eins. Die Funktion ist symmetrisch um $x = 0$, da sie für x und $-x$ denselben Wert hat. Wenn x sich in eine der beiden Richtungen wegbewegt, wächst $x^2/2\sigma^2$ – schnell, wenn σ klein ist, langsamer, wenn σ groß ist. Deshalb nimmt die Funktion (5.17) ab, wenn x sich vom Ursprung wegbewegt, und nähert sich Null. Folglich ist die allgemeine Erscheinung der Gauß-Funktion (5.17) wie in Abb. 5–8 gezeigt. Das Bild erklärt den Namen „Breiteparameter" für σ, da die Glockenform breit ist, wenn σ groß ist, und schmal, wenn σ klein ist.

[2] Andere übliche Bezeichnungen für die Gauß-Funktion sind normale Dichtefunktion oder normale Fehlerfunktion. Die letzte von ihnen ist ziemlich unglücklich, da der Name „Fehlerfunktion" oft für das Integral der Gauß-Funktion verwendet wird (wie wir in Abschnitt 5.4 besprechen werden).

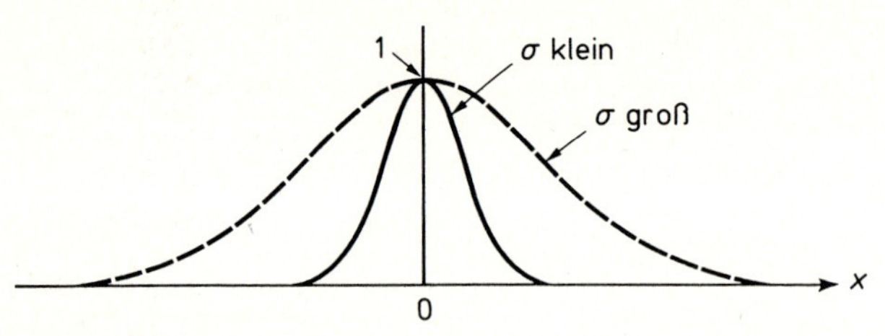

Abb. 5–8. Die Gauß-Funktion (5.17) ist glockenförmig und bei $x = 0$ zentriert. Die Kurve ist breit, wenn der Breiteparameter σ groß ist, und schmal, wenn σ klein ist.

Die Gauß-Funktion (5.17) ist eine bei $x = 0$ zentrierte Glockenkurve. Um eine bei einem anderen Punkt $x = X$ zentrierte Glockenkurve zu erhalten, brauchen wir nur in (5.17) durch $x - X$ zu ersetzen. Also hat die Funktion

$$e^{-(x-X)^2/2\sigma^2}, \tag{5.18}$$

ihr Maximum bei $x = X$ und fällt symmetrisch nach beiden Seiten von $x = X$ ab wie in Abb. 5–9

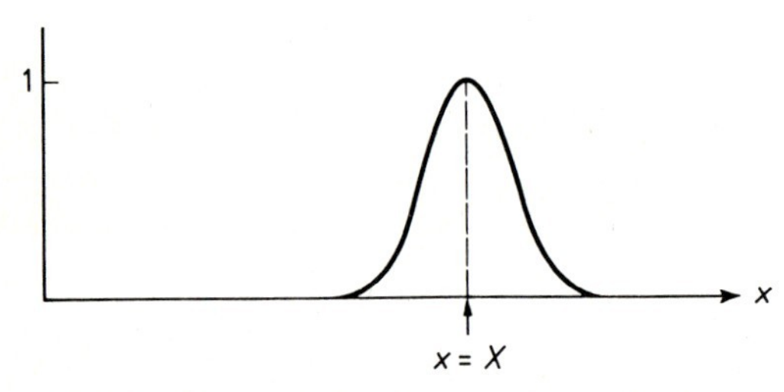

Abb. 5–9. Die Gauß-Funktion (5.18) ist glockenförmig und bei $x = X$ zentriert.

Die Funktion (5.18) ist noch nicht ganz in ihrer endgültigen Form, um eine Grenzverteilung zu beschreiben, weil jede Verteilung *normiert* sein muß. Das heißt, sie muß die Bedingung

$$\int_{-\infty}^{\infty} f(x)\, dx = 1 \tag{5.19}$$

erfüllen. Um das zu erreichen, setzen wir

$$f(x) = N e^{-(x-X)^2/2\sigma^2}. \tag{5.20}$$

(Die Multiplikation mit dem Faktor N verändert nicht die Form und verschiebt auch nicht das Maximum weg von $x = X$.) Wir müssen dann den „Normierungsfaktor" N so wählen, daß $f(x)$ entsprechend (5.19) normiert ist. Das erfordert einige elementare Umformungen von Integralen, die wir im Detail wiedergeben:

$$\int_{-\infty}^{\infty} f(x)\, dx = \int_{-\infty}^{\infty} N e^{-((x-X^2)^2/2\sigma^2} dx. \tag{5.21}$$

Zur Auswertung dieser Art von Integral ist es immer eine gute Idee, die Variablen zu ändern, um das Integral zu vereinfachen. Wir können also $x - X = y$ setzen (so daß

$dx = dy$ ist) und

$$= N \int_{-\infty}^{\infty} e^{-y^2/2\sigma^2} dy \,. \tag{5.22}$$

Als nächstes können wir $y/\sigma = z$ setzen (wobei $dy = \sigma\, dz$ ist) und erhalten

$$= N\sigma \int_{-\infty}^{\infty} e^{-z^2/2} dz. \tag{5.23}$$

Das verbleibende Integral ist eines der Standardintegrale der mathematischen Physik. Es kann mit elementaren Methoden ausgewertet werden, aber die Einzelheiten sind nicht besonders erhellend. Deshalb geben wir einfach das Ergebnis an:[3]

$$\int_{-\infty}^{\infty} e^{-z^2/2} dz = \sqrt{2\pi}. \tag{5.24}$$

Wenn wir zu (5.21) und (5.23) zurückkehren, finden wir, daß

$$\int_{-\infty}^{\infty} f(x)\, dx = N\sigma \sqrt{2\pi}.$$

Da dieses Integral gleich Eins sein muß, müssen wir den Normierungsfaktor N wählen als $N = 1/(\sigma\sqrt{2\pi})$.

Wir schließen, daß die richtig normierte Gaußsche oder Normalverteilungsfunktion gegeben ist durch

$$f_{X,\sigma}(x) = \frac{1}{\sigma\sqrt{2\pi}} e^{-(x-X)^2/2\sigma^2}. \tag{5.25}$$

Beachten Sie, daß wir an f die Indizes X, σ angehängt haben, um das Zentrum und die Breite der Verteilung anzuzeigen. Die Funktion $f_{X,\sigma}(x)$ beschreibt die Grenzverteilung von Ergebnissen bei der Messung einer Größe x, deren wahrer Wert gleich X ist, wenn die Messung nur zufälligen Abweichungen unterliegt. Alle Messungen, deren Grenzverteilung durch die Gauß-Funktion (5.25) gegeben ist, werden *normalverteilt* genannt.

Wir untersuchen jetzt kurz den Breiteparameter σ. Es ist schon klar, daß ein kleiner Wert von σ eine Verteilung mit einer scharfen Spitze liefert, die einer präzisen Messung entspricht, während ein großer Wert von σ eine breite Verteilung liefert, die einer Messung geringer Präzision entspricht. In Abb. 5–10 zeigen wir zwei Beispiele von Gauß-Verteilungen mit unterschiedlichen Lageparametern X und Breiten σ. Beachten Sie, wie der Faktor σ im Nenner von (5.25) garantiert, daß eine schmalere Verteilung (mit kleinerem σ) an ihrem Maximum automatisch höher ist, wie es auch sein muß, damit die gesamte Fläche unter der Kurve gleich 1 ist.

Wir haben in Abschnitt 5.2 gesehen, daß die Kenntnis der Grenzverteilung für eine Messung uns erlaubt, den Mittelwert $\bar{x}$ zu berechnen, der nach einer großen Anzahl von Versuchen erwartet wird. Nach (5.15) ist der erwartete Mittelwert nach vielen Versuchen

$$\bar{x} = \int_{-\infty}^{\infty} x f(x)\, dx = 1\,. \tag{5.26}$$

[3] Eine Herleitung finden Sie beispielsweise in Hugh D. Young *Statistical Treatment of Experimental Data* (McGraw-Hill, 1962), Anhang D.

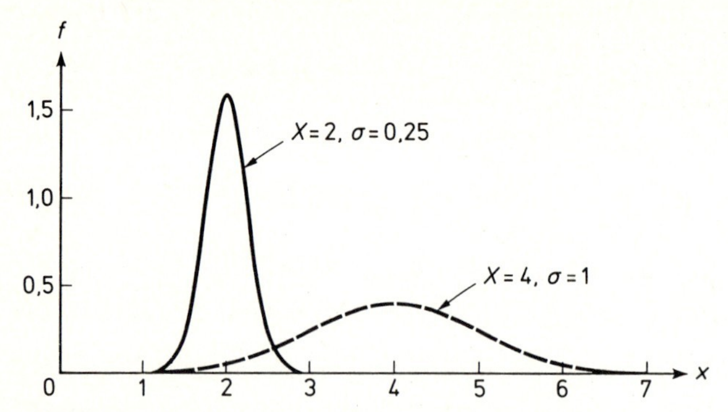

Abb. 5–10. Zwei Normal- oder Gauß-Verteilungen.

Wenn die Grenzverteilung die beim wahren Wert X zentrierte Gauß-Verteilung $f_{X,\sigma}$ ist, dann kann dieses Integral ausgewertet werden. Bevor wir das tun, sollten wir bemerken, daß es fast offensichtlich ist, daß der Mittelwert $\bar{x}$ nach sehr vielen Versuchen gleich X sein wird. Denn aus der Symmetrie der Gauß-Funktion um X folgt, daß genausoviele Ergebnisse in irgendeinen Bereich oberhalb von X fallen werden wie in den entsprechenden Bereich unterhalb X.

Wir können das Integral (5.26) für die Gauß-Verteilung folgendermaßen berechnen:

$$\bar{x} = \int_{-\infty}^{\infty} x f_{X,\sigma}(x)\, dx = \frac{1}{\sigma\sqrt{2\pi}} \int_{-\infty}^{\infty} x e^{-(x-X)^2/2\sigma^2} dx\,. \tag{5.27}$$

Wenn wir die Variablentransformation $y = x - X$ durchführen, dann ist $dx = dy$ und $x = y + X$. Also werden aus dem Integral (5.27) zwei Terme,

$$\bar{x} = \frac{1}{\sigma\sqrt{2\pi}} \left(\int_{-\infty}^{\infty} y e^{-y^2/2\sigma^2} dy + X \int_{-\infty}^{\infty} e^{-y^2/2\sigma^2} dy \right). \tag{5.28}$$

Das erste Integral hier ist exakt gleich Null, da der Beitrag von jedem Punkt y genau von dem des Punkts $-y$ weggehoben wird. Das zweite Integral ist das Normierungsintegral, das bei (5.22) auftritt, und es hat den Wert $\sigma\sqrt{2\pi}$. Das hebt sich gegen den Nenner $\sigma\sqrt{2\pi}$ weg, und wir erhalten das erwartete Ergebnis, daß nach vielen Versuchen

$$\bar{x} = X, \tag{5.29}$$

ist. Mit anderen Worten: Wenn die Meßwerte gemäß der Gaußverteilung $f_{X,\sigma}(x)$ verteilt sind, dann ist nach vielen, vielen Versuchen der Mittelwert $\bar{x}$ gleich dem wahren Wert X, bei dem die Gaußfunktion zentriert ist.

Das Ergebnis (5.29) wäre nur dann exakt richtig, wenn wir unendlich viele Messungen machen könnten. Sein praktischer Nutzen besteht darin, daß wir nach einer großen aber endlichen Anzahl von Versuchen einen Mittelwert erhalten, der *nahe* bei X liegt.

Eine andere Größe, deren Berechnung interessiert, ist die *Standardabweichung* σ_x nach einer großen Anzahl von Versuchen. Gemäß (5.16) ist diese gegeben durch

$$\sigma_x^2 = \int_{-\infty}^{\infty} (x - \bar{x})^2 f_{X,\sigma}(x)\, dx\,. \tag{5.30}$$

Dieses Integral ist leicht auszuwerten. Wir ersetzen $\bar{x}$ durch X, machen die Substitutionen $x - X = y$ und $y/\sigma = z$ und integrieren partiell, um schließlich das Ergebnis zu erhalten (siehe Aufgabe 5.6), daß nach vielen Versuchen

$$\sigma_x^2 = \sigma^2 . \tag{5.31}$$

Mit anderen Worten: Der Breiteparameter σ der Gauß-Funktion $f_{X,\sigma}(x)$ ist gerade die Standardabweichung, die wir erhalten, nachdem wir viele Messungen gemacht haben. Das ist natürlich der Grund, warum der Buchstabe σ als Breiteparameter verwendet wird und warum σ oft die Standardabweichung der Gaußverteilung $f_{X,\sigma}(x)$ genannt wird. Doch genaugenommen ist σ nur die Standardabweichung nach *unendlich vielen* Versuchen. Wenn wir irgendeine endliche Anzahl von Messungen von x (etwa 10 oder 20) durchführen, dann sollte die beobachtete Standardabweichung eine Näherung für σ sein, wir haben aber keinen Grund, zu denken, daß sie *exakt* gleich σ ist. In Abschn. 5.5 werden wir uns eingehender damit befassen, was über Mittelwert und Standardabweichung gesagt werden kann, nachdem wir eine endliche vernünftige Anzahl von Versuchen durchgeführt haben.

5.4 Die Standardabweichung als 68-Prozent-Vertrauensgrenze

Die Grenzverteilung $f(x)$ für die Messung einer Größe x gibt die die Wahrscheinlichkeit an, mit der wir irgendeinen bestimmten Wert von x erhalten. Insbesondere ist das Integral

$$\int_a^b f(x)\,dx$$

die Wahrscheinlichkeit, daß eine beliebige Messung ein Ergebnis im Bereich $a \leq x \leq b$ liefert. Wenn die Grenzverteilung die Gauß-Funktion $f_{X,\sigma}(x)$ ist, dann kann dieses Integral ausgewertet werden. Insbesondere können wir jetzt die (in Kapitel 4 behandelte) Wahrscheinlichkeit berechnen, daß ein Meßwert innerhalb einer Standardabweichung σ vom wahren Wert X fällt. Diese Wahrscheinlichkeit ist

$$P\,(\text{innerhalb } \sigma) = \int_{X-\sigma}^{X+\sigma} f_{X,\sigma}(x)\,dx \tag{5.32}$$

$$= \frac{1}{\sigma\sqrt{2\pi}} \int_{X-\sigma}^{X+\sigma} e^{-(x-X)^2/2\sigma^2}\,dx . \tag{5.33}$$

Dieses Integral wird in Abb. 5–11 veranschaulicht. Es läßt sich auf die uns jetzt schon vertraute Art vereinfachen durch die Substitution $(x - X)/\sigma = z$. Mit dieser Substitution ist $dx = \sigma\,dz$, und die Integrationsgrenzen werden ± 1. Deshalb ist

$$P\,(\text{innerhalb } \sigma) = \frac{1}{\sqrt{2\pi}} \int_{-1}^{1} e^{-z^2/2}\,dz . \tag{5.34}$$

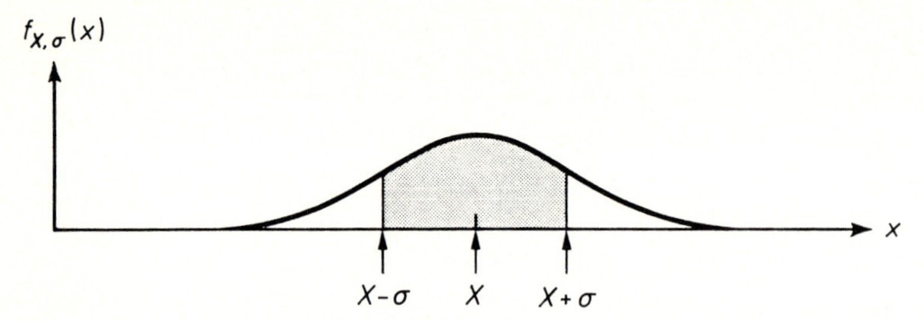

Abb. 5–11. Der dunkle Bereich zwischen $X \pm \sigma$ ist die Wahrscheinlichkeit, daß ein Meßwert innerhalb einer Standardabweichung von X entfernt liegt.

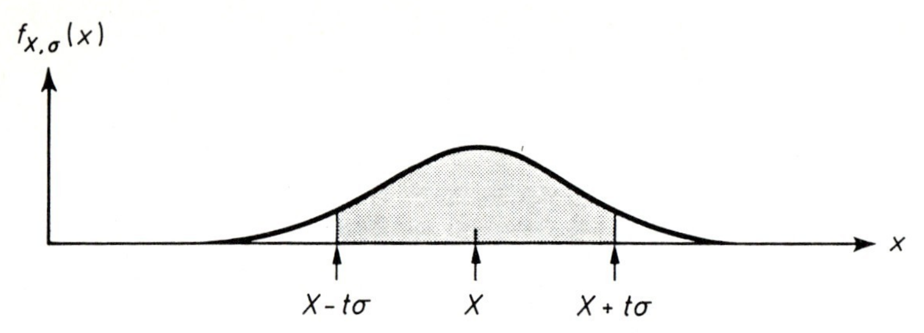

Abb. 5–12. Die dunkle Fläche zwischen $X \pm t\sigma$ ist die Wahrscheinlichkeit, daß ein Meßwert innerhalb von t Standardabweichungen von X liegt.

Bevor wir das Integral (5.34) weiter besprechen, machen wir uns klar, daß wir genauso gut die Wahrscheinlichkeit hätten bestimmen können, mit der ein Ergebnis innerhalb 2σ von X oder innerhalb $1{,}5\sigma$ von X liegt. Allgemeiner hätten wir P (innerhalb $t\sigma$) berechnen können, was nichts anderes bedeutet als „die Wahrscheinlichkeit, daß ein Ergebnis innerhalb $t\sigma$ von X liegt," wobei t eine beliebige positive Zahl ist. Diese Wahrscheinlichkeit ist durch die Fläche in Abb. 5–12 gegeben, und eine Rechnung, die mit der übereinstimmt, die zu (5.34) führte, liefert (Aufgabe 5.7)

$$P\,(\text{innerhalb } t\sigma) = \frac{1}{\sqrt{2\pi}} \int_{-t}^{t} e^{-z^2/2}\, dz. \tag{5.35}$$

Das Integral (5.35) ist ein Standardintegral der mathematischen Physik und wird oft *Fehlerfunktion*, mit der Bezeichnung erf(t) vom englischen „error function", oder *normales Fehlerintegral* genannt. Es kann nicht analytisch ausgewertet werden, ist aber mit einem Taschenrechner einfach zu berechnen. In Abb. 5–13 ist dieses Intergral als Funktion von t dargestellt, und einige seiner Werte sind tabelliert. Eine vollständigere Tabelle enthält Anhang A am Ende des Buches. (Siehe auch Anhang B, der ein anderes aber eng verwandtes Integral zeigt.)

Abb. 5–13 macht zunächst einmal deutlich, daß die Wahrscheinlichkeit, mit der ein Meßwert innerhalb einer Standardabweichung vom wahren Ergebnis fällt, 68 Prozent beträgt, wie in Kapitel 4 vorweggenommen wurde (wo gesagt wurde, sie sei „etwa 70 Prozent"). Wenn wir die Standardabweichung bei einer solchen Messung als unsere

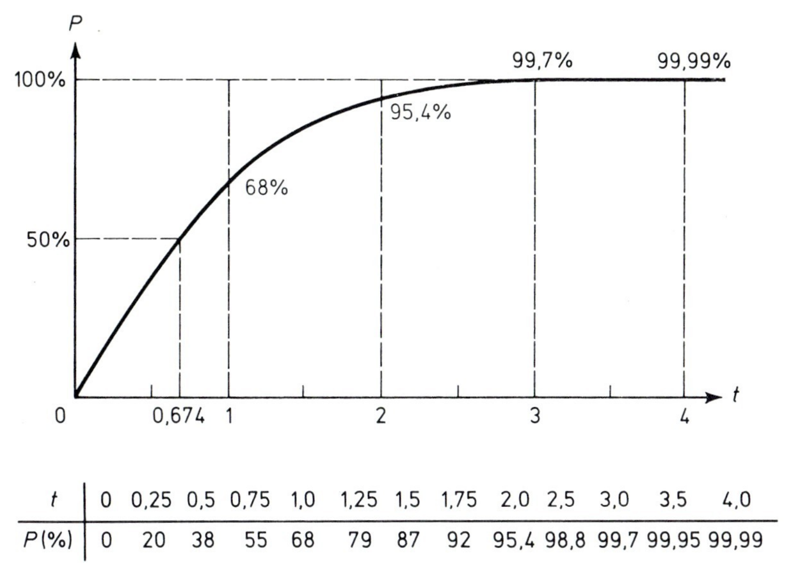

t	0	0,25	0,5	0,75	1,0	1,25	1,5	1,75	2,0	2,5	3,0	3,5	4,0
P(%)	0	20	38	55	68	79	87	92	95,4	98,8	99,7	99,95	99,99

Abb. 5–13. Die Wahrscheinlichkeit P (innerhalb $t\sigma$), daß ein Meßwert von x innerhalb t Standardabweichungen vom wahren Wert X fällt. Zwei übliche Namen für diese Funktion sind *normales Fehlerintegral* oder *Fehlerfunktion* erf(t).

Meßunsicherheit angeben (d. h. $x = x_{\text{Best}} \pm \delta x$ schreiben und $\delta x = \sigma$ wählen), können wir ein Vertrauen von 68 Prozent haben, daß wir innerhalb σ vom korrekten Ergebnis liegen.

Wir können in Abb. 5–13 auch sehen, daß die Wahrscheinlichkeit P (innerhalb $t\sigma$) sich schnell 100 Prozent nähert, wenn t wächst. Die Wahrscheinlichkeit, daß ein Meßwert innerhalb von 2σ fällt, ist 94 Prozent, und die für 3σ ist 99,7 Prozent. Um diese Ergebnisse anders auszudrücken: die Wahrscheinlichkeit, daß ein Meßwert *außerhalb* von einer Standardabweichung fällt, ist recht beträchtlich (32 Prozent), daß sie außerhalb 2σ liegt, ist viel kleiner (4,6%) und daß sie außerhalb 3σ fällt, ist äußerst klein (0,3 Prozent).

Die Zahl von 68 Prozent ist natürlich durch nichts geheiligt; sie ist nur zufällig das Vertrauen, das zu genau einer Standardabweichung gehört. Eine Alternative zur Standardabweichung ist der sogenannte *wahrscheinliche Fehler* P.E. (von probable error), der definiert ist als der Abstand, bei dem die Wahrscheinlichkeit dafür, daß ein Meßwert zwischen $X \pm$ P.E. fällt, 50 Prozent ist. Es ist aus Abb. 5–13 zu entnehmen, daß (bei einer normalverteilten Messung) der wahrscheinliche Fehler

$$\text{P.E.} \approx 0{,}67\,\sigma$$

ist. Einige Experimentatoren geben gerne den wahrscheinlichen Fehler, P.E., als Unsicherheit ihrer Messungen an. Trotzdem wird die Standardabweichung am häufigsten verwendet, da ihre Eigenschaften so einfach sind.

5.5 Rechtfertigung des Mittelwerts als Bestwert

In den letzten drei Abschnitten haben wir die Grenzverteilung $f(x)$ behandelt, die Verteilung, die man von einer unendlichen Anzahl von Messungen einer Größe x erhalten würde. Wenn $f(x)$ bekannt wäre, könnten wir den Mittelwert $\bar{x}$ und die Standardabweichung σ, die wir nach unendlich vielen Messungen erhalten, berechnen und wüßten (zumindest bei der Normalverteilung) auch den wahren Wert X. Unglücklicherweise kennen wir nie die Grenzverteilung. In der Praxis haben wir eine endliche Anzahl von Meßwerten (5 oder 10 oder vielleicht 50),

$$x_1, x_2, \ldots, x_N,$$

und unser Problem ist, auf der Grundlage dieser N Meßwerte *Bestwerte* für X und σ zu erhalten.

Wenn uns die Meßwerte einer Normalverteilung $f_{X,\sigma}(x)$ und die Parameter X und σ bekannt wären, dann könnten wir die Wahrscheinlichkeit dafür berechnen, daß wir die Werte $x_1, x_2, \ldots, x_N$ erhalten, die wir tatsächlich erhalten haben. So ist die Wahrscheinlichkeit dafür, einen Meßwert in der Nähe von x_1, in einem kleinen Intervall dx, zu erhalten,

$$P\,(x \text{ zwischen } x_1 \text{ und } x_1 + dx_1) = \frac{1}{\sigma\sqrt{2\pi}}\, e^{-(x_1 - X)^2/2\sigma^2} dx_1. \tag{5.36}$$

In der Praxis sind wir an der Größe des Intervalls dx_1 nicht interessiert (und auch nicht am Faktor $\sqrt{2\pi}$). Folglich kürzen wir das ab auf

$$P(x_1) \propto \frac{1}{\sigma}\, e^{-(x_1 - X)^2/2\sigma^2}. \tag{5.37}$$

Wir wollen (5.37) als Wahrscheinlichkeit dafür bezeichnen, den Wert x_1 zu erhalten, obwohl das in Wirklichkeit die Wahrscheinlichkeit ist, einen Wert in einem Intervall in der Nähe von x_1 zu finden wie in (5.36).

Die Wahrscheinlichkeit, den zweiten Meßwert x_2 zu erhalten, ist

$$P(x_2) \propto \frac{1}{\sigma}\, e^{-(x_2 - X)^2/2\sigma^2}, \tag{5.38}$$

und entsprechend können wir alle Wahrscheinlichkeiten hinschreiben bis zu

$$P(x_N) \propto \frac{1}{\sigma}\, e^{-(x_N - X)^2/2\sigma^2}. \tag{5.39}$$

Die Gleichungen (5.37) bis (5.39) liefern die Wahrscheinlichkeiten dafür, jeden der einzelnen Meßwerte $x_1, x_2, \ldots, x_N$ zu erhalten, ausgedrückt mit Hilfe der Grenzverteilung $f_{X,\sigma}(x)$. Die Wahrscheinlichkeit, daß wir die gesamte Menge von N Meßwerten beobachten, ist einfach das Produkt dieser einzelnen Wahrscheinlichkeiten,[4]

$$P_{X,\sigma}(x_1, \ldots, x_N) = P(x_1) \times P(x_2) \times \cdots \times P(x_N)$$

oder

$$P_{X,\sigma}(x_1, \ldots, x_N) \propto \frac{1}{\sigma^N} e^{-\Sigma(x_i - X)^2/2\sigma^2}. \tag{5.40}$$

Es ist äußerst wichtig, die Bedeutung der verschiedenen Größen in (5.40) zu verstehen. Die Zahlen $x_1, \ldots, x_N$ sind die tatsächlichen Ergebnisse von N Messungen. $x_1, \ldots, x_N$ sind also bekannte, feste Zahlen. Die Größe $P_{X,\sigma}(x_1, \ldots, x_N)$ ist die Wahrscheinlichkeit dafür, die N Ergebnisse $x_1, \ldots, x_N$ zu erhalten, berechnet mit Hilfe von X und σ, des wahren Werts von x und des Breiteparameters seiner Verteilung. Die Zahlen X und σ sind *nicht* bekannt. Wir wollen auf der Grundlage der gegebenen Beobachtungen $x_1, \ldots, x_N$ Bestwerte für X und σ finden. Wir haben an die Wahrscheinlichkeit (5.40) Indizes X und σ angehängt, um hervorzuheben, daß sie von den (unbekannten) Werten von X und σ abhängt.

Da die tatsächlichen Werte von X und σ unbekannt sind, könnten wir uns vorstellen, Werte X' und σ' zu raten und dann diese geratenen Werte zur Berechnung der Wahrscheinlichkeit $P_{X',\sigma'}(x_1, \ldots, x_N)$ zu berechnen. Wenn wir als nächstes zwei neue Werte X'' und σ'' erraten und diese einer Wahrscheinlichkeit $P_{X'',\sigma''}(x_1, \ldots, x_N)$ entsprechen sollte, die größer ist, dann würden wir natürlich die neuen Werte X'' und σ'' als bessere Schätzwerte für X und σ betrachten. Wir könnten uns vorstellen, so weiterzumachen mit der Jagd nach den besten Werten von X und σ, die $P_{X,\sigma}(x_1, \ldots, x_N)$ so groß wie möglich machen, und diese Werte würden dann als die besten Schätzwerte – die Bestwerte – für X und σ betrachtet.

Dieses plausible Verfahren, die Bestwerte von X und σ zu finden, wird von Statistikern das *Prinzip der größten Wahrscheinlichkeit* bzw. *Maximum-Likelihood-Prinzip* genannt. Es kann kurz angegeben werden, wie folgt.

Wenn N beobachtete Meßwerte $x_1, \ldots, x_N$ gegeben sind, dann sind die Bestwerte von X und σ diejenigen Werte, für welche die beobachteten $x_1, \ldots, x_N$ am wahrscheinlichsten sind. Das heißt, daß die Bestwerte für X und σ diejenigen Werte sind, für die $P_{X,\sigma}(x_1, \ldots, x_N)$ maximal ist, wobei hier

$$P_{X,\sigma}(x_1, \ldots, x_N) \propto \frac{1}{\sigma^N} e^{-\Sigma(x_i - X)^2/2\sigma^2}. \tag{5.41}$$

Bei Verwendung dieses Prinzips können wir leicht den Bestwert für den wahren Wert von X finden. Offensichtlich ist (5.41) *maximal*, wenn die Summe im Exponenten *minimal* ist. Folglich ist der Bestwert von X derjenige Wert von X, für den

$$\sum_{i=1}^{N} (x_i - X)^2/2\sigma^2. \tag{5.42}$$

[4] Wir verwenden das wohlbekannte Ergebnis, daß die Wahrscheinlichkeit mehrerer unabhängiger Ereignisse das Produkt ihrer einzelnen Wahrscheinlichkeiten ist. Beispielsweise ist die Wahrscheinlichkeit dafür, mit einer Münze „Kopf" zu werfen, gleich ½ und dafür, beim Würfeln eine „sechs" zu werfen, gleich 1/6. Deshalb ist die Wahrscheinlichkeit dafür, „Kopf" und „sechs" zu werfen, gleich (1/2) × (1/6) = 1/12.

minimal ist. Zum Auffinden dieses Minimums differenzieren wir nach X und setzen die Ableitung gleich Null, was

$$\sum_{i=1}^{N} (x_i - X) = 0$$

ergibt oder

$$X = \frac{\sum x_i}{N} \quad \text{(Bestwert)}. \tag{5.43}$$

Das heißt, daß der *Bestwert* für den wahren Wert X der Mittelwert unserer N Meßwerte, $\bar{x} = \sum x_i/N$, ist – ein Ergebnis, das wir seit Kapitel 1 ohne Beweis angenommen haben.

Den Bestwert für σ, die Breite der Grenzverteilung, zu finden, ist etwas schwerer, da die Wahrscheinlichkeit (5.41) eine kompliziertere Funktion von σ ist. Wir müssen (5.41) nach σ differenzieren und die Ableitung gleich Null setzen. (Wir überlassen die Details dem Leser; siehe Aufgabe 5.10.) Das liefert den Wert von σ, der (5.41) maximiert und deshalb der Bestwert für σ ist, als

$$\sigma = \sqrt{\frac{1}{N} \sum_{i=1}^{N} (x_i - X)^2} \quad \text{(Bestwert)}. \tag{5.44}$$

Der wahre Wert X ist unbekannt. Wir müssen also in der Praxis X in (5.44) durch unseren Bestwert, nämlich den Mittelwert $\bar{x}$, ersetzen. Das liefert den Schätzwert

$$\sigma = \sqrt{\frac{1}{N} \sum_{i=1}^{N} (x_i - \bar{x})^2}. \tag{5.45}$$

Mit anderen Worten: unser Schätzwert für die Breite σ der Grenzverteilung ist die Standardabweichung der N beobachteten Werte $x_1, \ldots, x_N$, wie sie ursprünglich in (4.6) definiert wurde.

Der Leser mag überrascht gewesen sein, daß der Schätzwert (5.45) mit der ursprünglichen Definition (4.6) der Standardabweichung übereinstimmt, bei der N im Nenner steht, und nicht unsere „verbesserte" Definition, bei der $N - 1$ verwendet wird. In der Tat haben wir uns beim Übergang vom Bestwert (5.44) zum Ausdruck (5.45) einer ziemlich eleganten Vereinfachung bedient. Im Bestwert ist der wahre Wert X enthalten, während wir in (5.45) X durch $\bar{x}$ (unseren Bestwert für X) ersetzt haben. Nun sind diese Zahlen im allgemeinen nicht gleich, und man kann leicht sehen, daß die Zahl (5.45) *immer kleiner als* oder zumindest gleich (5.44) ist.[5] Wir haben also beim Übergang von (5.44) zu (5.45) die Breite σ konsistent unterschätzt. Es ist ziemlich leicht, den Betrag zu schätzen, um den (5.45) kleiner ist als (5.44). Wir werden das hier aber nicht tun. Das Ergebnis ist, daß die beste Näherung für σ nicht (5.45) selbst ist, sondern erhalten wird, wenn man (5.45) mit etwa $\sqrt{N/(N-1)}$ multipliziert. Folglich ist unser endgültiger Schluß, daß der Bestwert für die Breite σ die „verbesserte" Standardabweichung der Meßwerte $x_1, \ldots, x_N$ ist:

$$\sigma = \sqrt{\frac{1}{N-1} \sum_{i=1}^{N} (x_i - \bar{x})^2} \quad \text{(Bestwert)}. \tag{5.46}$$

---

[5] Wenn wir (5.44) als Funktion von X betrachten, dann ist, wie wir gerade gesehen haben, diese Funktion minimal bei $X = \bar{x}$. Folglich ist (5.45) immer größer oder gleich (5.44).

Vielleicht wäre es gut, hier eine Pause einzulegen und die ziemlich komplizierten Zusammenhänge zu wiederholen, die wir bisher dargelegt haben. Erstens: wenn bei den Messungen von x nur zufällige Abweichungen auftreten, dann ist ihre Grenzverteilung die Gauß-Funktion $f_{X,\sigma}(x)$, die am wahren Wert X zentriert ist und die Breite σ hat. Die Breite σ ist die 68-Prozent-Vertrauensgrenze, und es gibt eine Wahrscheinlichkeit von 68 Prozent, daß irgendeine Messung innerhalb einen Abstand σ vom wahren Wert X fällt. In der Praxis ist weder X noch σ bekannt. Statt dessen kennen wir unsere N Meßwerte $x_1, \ldots, x_N$, wobei die Anzahl N so groß ist, wie unsere Zeit und Geduld uns erlaubte, sie zu machen. Es wurde gezeigt, daß auf der Grundlage dieser N Meßwerte unser Bestwert für den wahren Wert X der Mittelwert $\bar{x} = \sum x_i/N$ und der für die Breite σ die in (5.46) definierte Standardabweichung σ_x von $x_1, \ldots, x_N$ ist. In Abschnitt 5.7 werden wir uns mit der *Zuverlässigkeit* von $\bar{x}$ als Bestwert für x befassen; entsprechend könnten wir die Zuverlässigkeit von σ_x als Bestwert für σ diskutieren, aber wir wollen das hier nicht tun.

Alle Ergebnisse der letzten zwei Abschnitte gehen von der Annahme aus, daß unsere Meßwerte normalverteilt sind.[6] Obwohl das eine vernünftige Annahme ist, ist sie in der Praxis schwer zu verifizieren, und sie gilt manchmal nicht exakt. Wenn das der Fall ist, sollten wir betonen, daß selbst dann, wenn die Verteilung der Meßwerte *nicht* normal ist, sie fast immer *näherungsweise* normal ist, und man die Vorstellungen dieses Kapitels sicher zumindest als gute Näherungen verwenden kann.

5.6 Rechtfertigung der quadratischen Addition

Wir können jetzt zu einem in Kapitel 3 behandelten Problem zurückkehren – der Fehlerfortpflanzung. Wir haben dort ohne Beweis angegeben, daß Meßabweichungen, wenn sie zufällig und unabhängig sind, gemäß bestimmten Standardregeln quadratisch kombiniert werden können, und zwar gemäß den „einfachen Regeln" in (3.16) und (3.18) oder der allgemeinen Regel (3.47), in der die „einfachen" Regeln als Spezialfälle enthalten sind. Wir sind jetzt ausreichend vorbereitet, diese Verwendung der quadratischen Addition zu begründen.

Das Problem der Fehlerfortpflanzung tritt auf, wenn wir eine oder mehrere Größen $x, \ldots, z$ alle mit Unsicherheiten messen und dann diese Meßwerte zur Berechnung einer Größe $q(x, \ldots, z)$ verwenden. Die wichtigste Aufgabe ist natürlich, über die Unsicherheit unseres Ergebnisses für q zu entscheiden. Wenn die Größen $x, \ldots, z$ nur zufälligen Abweichungen unterliegen, sind sie normalverteilt mit den Breiteparametern[7] $\sigma_x, \ldots, \sigma_z$, die wir als die mit jeder einzelnen Messung der entsprechenden Größe verbundene Unsicherheit wählen. Jetzt müssen wir über folgende Frage entscheiden: wenn wir die Verteilung der Meßwerte von $x, \ldots, z$ kennen, was können wir dann über die Verteilung der Werte von q sagen?

[6] Und daß systematische Abweichungen auf ein vernachlässigbares Ausmaß vermindert wurden.

[7] Wenn wir es mit mehreren unterschiedlichen Meßgrößen $x, \ldots, z$ zu tun haben, verwenden wir Indizes $x, \ldots, z$ zur Unterscheidung der Breiteparameter ihrer Grenzverteilungen. So bezeichnet σ_x die Breite der Gauß-Verteilung $f_{X,\sigma_x}(x)$ für die Meßwerte von x usw.

Gemessene Größe plus feste Zahl

Wir beginnen mit der Betrachtung von zwei sehr einfachen Spezialfällen. Als erstes nehmen wir an, daß wir eine Größe x messen und danach die Größe

$$q = x + A \tag{5.47}$$

berechnen, wobei A eine feste Zahl ohne Unsicherheit ist (wie $A = 1$ oder π). Nehmen wir an, die Meßwerte von x seien um den wahren Wert X mit der Breite σ_x normalverteilt wie in Abb. 5–14(a). Dann ist die Wahrscheinlichkeit dafür, einen beliebigen Wert x (in einem kleinen Intervall dx) zu erhalten, $f_{X,\sigma_x}(x)\,dx$ oder

$$\text{(Wahrscheinlichkeit, den Wert } x \text{ zu erhalten)} \propto e^{-(x-X)^2/2\sigma_x^2}. \tag{5.48}$$

Unser Problem ist, die Wahrscheinlichkeit dafür herzuleiten, irgendeinen Wert q der durch (5.47) definierten Größe zu erhalten. Aus (5.47) folgt, daß $x = q - A$ ist und somit

$$\begin{aligned} &\text{(Wahrscheinlichkeit, den Wert } q \text{ zu erhalten)} \\ &= \text{(Wahrscheinlichkeit , } x = q - A \text{ zu erhalten)}. \end{aligned}$$

Die zweite Wahrscheinlichkeit ist durch (5.48) gegeben, also ist

$$\begin{aligned} \text{(Wahrscheinlichkeit, den Wert } q \text{ zu erhalten)} &\propto e^{-[(q-A)-X]^2/2\sigma_x^2} \\ &= e^{-[q-(X+A)]^2/2\sigma_x^2}. \end{aligned} \tag{5.49}$$

Das Ergebnis (5.49) zeigt, daß die berechneten Werte von q wie in Abb. 5–14(b) normalverteilt sind mit Zentrierung beim Wert $X + A$ und Breite σ_x. Insbesondere ist die Unsicherheit von Q dieselbe (nämlich σ_x) wie die von x, genau, wie unsere Regel in (3.16) vorausgesagt hätte.

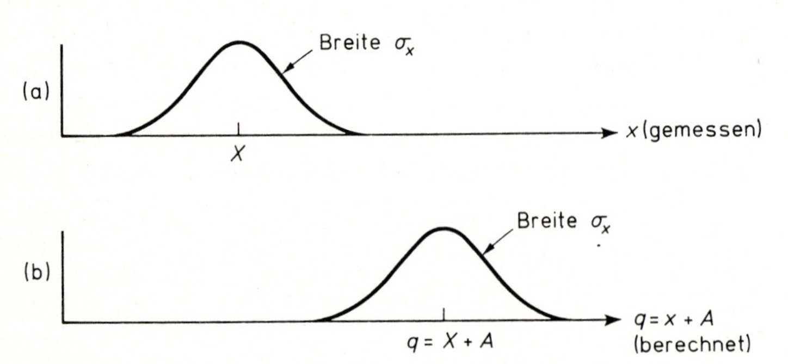

Abb. 5–14. Wenn die Meßwerte von x normalverteilt sind mit Zentrum bei $x = X$ und Breite σ_x, so sind die berechneten Werte von $q = x + A$ (wobei A fest und bekannt ist) normalverteilt mit dem Zentrum bei $q = X + A$ und derselben Breite σ_x.

Gemessene Größe mal feste Zahl

Als zweites einfaches Beispiel nehmen wir an, daß wir x messen und die Größe

$$q = Bx$$

berechnen, wobei B eine feste Zahl ist (wie $B = 2$ oder $B = \pi$). Wenn die Meßwerte von x normalverteilt sind, dann schließen wir mit genau denselben Argumenten wie zuvor, daß[8]

$$\begin{aligned}&(\text{Wahrscheinlichkeit, den Wert } q \text{ zu erhalten})\\ &\propto (\text{Wahrscheinlichkeit } x = q/B \text{ zu erhalten})\\ &\propto \exp\left[\frac{-\left(\dfrac{q}{B} - X\right)^2}{2\sigma_x^2}\right] = \exp\left[\frac{-(q - BX)^2}{2B^2\sigma_x^2}\right].\end{aligned} \tag{5.50}$$

Mit anderen Worten: die Werte von $q = Bx$ werden normalverteilt sein mit Zentrum bei $q = BX$ und Breite $B\sigma_x$, wie in Abb. 5–15 gezeigt ist. Insbesondere ist die Unsicherheit von $q = Bx$ gleich B mal der von x, genau wie unsere Regel in (3.18) vorhergesagt hätte.

Summe zweier Meßgrößen

Als erstes nichttriviales Beispiel für die Fehlerfortpflanzung nehmen wir an, wir mäßen zwei unabhängige Größen x und y und berechneten ihre Summe $x + y$. Wir nehmen weiter an, die Meßwerte seien wie in Abb. 5–16(a) und (b) um ihre wahren Werte X und Y normalverteilt mit den Breiten σ_x und σ_y, und wir werden versuchen, die Verteilung der

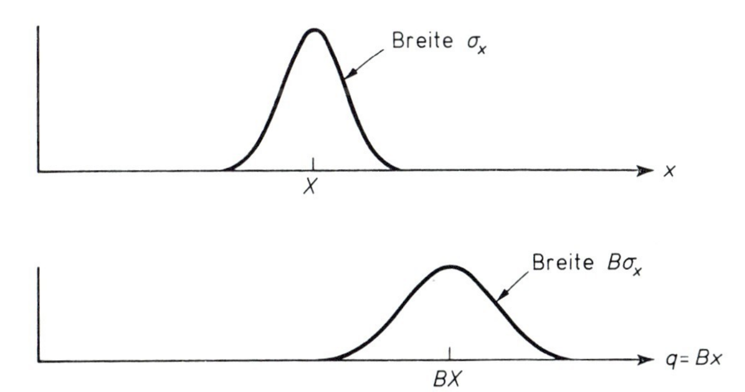

Abb. 5–15. Wenn die Meßwerte von x normalverteilt sind mit Zentrum bei $x = X$ und Breite σ_x, dann sind die berechneten Werte von $q = Bx$ (wobei B fest und bekannt ist) normalverteilt mit Zentrum BX und Breite $B\sigma_x$.

[8] Hier führen wir die alternative Schreibweise für die Exponentialfunktion, $\exp(z) = e_z$, ein. Wenn der Exponent z kompliziert wird, ist die „exp"-Schreibweise leichter auf der Maschine zu schreiben oder zu drucken.

berechneten Werte von $x + y$ zu finden. Wir werden sehen, daß die Werte von $x + y$ normalverteilt sind, daß ihr Zentrum der wahre Wert $X + Y$ ist und die Breite ihrer Verteilung

$$\sqrt{\sigma_x^2 + \sigma_y^2},$$

ist wie in Abb. 5–16(c). Hierdurch wird insbesondere die Regel von Kapitel 3 gerechtfertigt, daß, wenn x und y nur unabhängigen zufälligen Unsicherheiten unterliegen, dann die Unsicherheit von $x + y$ die quadratische Summe der getrennten Unsicherheiten von x und y ist.

Zur Vereinfachung unserer Algebra nehmen wir an, daß die wahren Werte X und Y beide gleich Null sind. In diesem Fall ist die Wahrscheinlichkeit dafür, irgendeinen besonderen Wert von x zu erhalten

$$P(x) \propto \exp\left(\frac{-x^2}{2\sigma_x^2}\right) \tag{5.51}$$

und die von y ist

$$P(y) \propto \exp\left(\frac{-y^2}{2\sigma_y^2}\right). \tag{5.52}$$

Unser Problem ist jetzt, die Wahrscheinlichkeit dafür zu berechnen, irgendeinen speziellen Wert von x und y zu erhalten. Wir beobachten als erstes, daß, da x und y unabhängig voneinander gemessen werden, die Wahrscheinlichkeit dafür, irgendein bestimmtes Paar x *und* y zu erhalten, einfach das Produkt von (5.51) und (5.52) ist:

$$P(x, y) \propto \exp\left[-\frac{1}{2}\left(\frac{x^2}{2\sigma_x^2} + \frac{y^2}{2\sigma_y^2}\right)\right]. \tag{5.53}$$

Nachdem wir die Wahrscheinlichkeit dafür kennen, irgendein Paar x *und* y zu finden, können wir die Wahrscheinlichkeit berechnen, irgendeinen gegebenen Wert von $x + y$ zu erhalten. Der erste Schritt ist, den Exponenten in (5.53) umzuschreiben in die interessie-

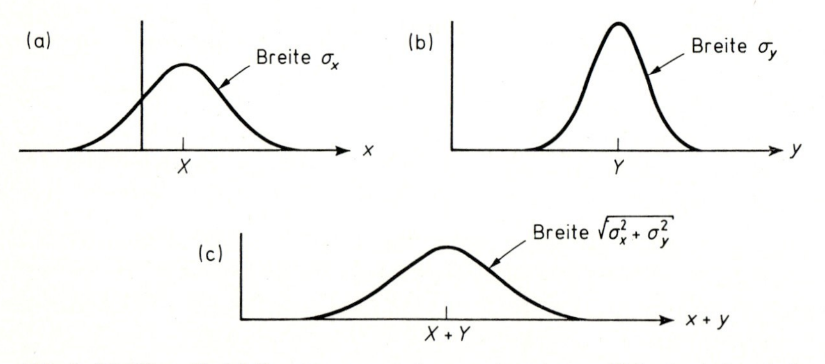

Abb. 5–16. Wenn die Meßwerte von x und y voneinander unabhängig sind und einer Normalverteilung mit Zentrum X und Y und der Breite σ_x bzw. σ_y folgen, dann sind die berechneten Werte von $x + y$ normalverteilt mit Zentrum $X + Y$ und Breite $\sqrt{\sigma_x^2 + \sigma_y^2}$.

rende Variable, d.h. $x + y$. Dazu kann man die (vom Leser leicht verifizierbare) Identität

$$\frac{x^2}{A} + \frac{y^2}{B} = \frac{(x+y)^2}{A+B} + \frac{(Bx - Ay)^2}{AB(A+B)} \tag{5.54}$$

$$= \frac{(x+y)^2}{A+B} + z^2 \tag{5.55}$$

verwenden. In der zweiten Zeile haben wir die Abkürzung z^2 für den zweiten Term auf der rechten Seite von (5.54) eingeführt, da sein Wert uns ohnehin nicht interessiert.

Wenn wir (5.55) in (5.53) einsetzen und dabei A durch σ_x^2 und B durch σ_y^2 ersetzen, erhalten wir

$$P(x, y) \propto \exp\left[-\frac{(x+y)^2}{2(\sigma_x^2 + \sigma_y^2)} - \frac{z^2}{2}\right]. \tag{5.56}$$

Diese Wahrscheinlichkeit dafür, gegebene Werte von x und y zu erhalten, kann genausogut als die Wahrscheinlichkeit dafür betrachtet werden, gegebene Werte von $x + y$ und z zu erhalten. Wir können also (5.56) umschreiben als

$$P(x + y, z) \propto \exp\left[-\frac{(x+y)^2}{2(\sigma_x^2 + \sigma_y^2)}\right] \exp\left[-\frac{z^2}{2}\right]. \tag{5.57}$$

Was wir schließlich haben wollen, ist die Wahrscheinlichkeit, einen gegebenen Wert von $x + y$ zu erhalten *ungeachtet des Werts von z*. Zu diesem gelangen wir, indem wir über alle Werte von z summieren bzw. integrieren; das heißt

$$P(x, y) = \int_{-\infty}^{\infty} P(x + y, z)\, dz. \tag{5.58}$$

Wenn wir (5.57) bezüglich z integrieren, integriert sich der Faktor $\exp(-z^2/2)$ zu $\sqrt{2\pi}$, und wir erhalten

$$P(x + y) \propto \exp\left[-\frac{(x+y)^2}{2(\sigma_x^2 + \sigma_y^2)}\right]. \tag{5.59}$$

Das zeigt, daß die Werte von $x + y$, entsprechend unserer ursprünglichen Annahme, normalverteilt sind mit der Breite $\sqrt{\sigma_x^2 + \sigma_y^2}$.

Unser Beweis ist erbracht für den Fall, daß die wahren Werte von x und y beide gleich Null sind, $X = Y = 0$. Wenn X und Y ungleich Null sind, können wir folgendermaßen vorgehen: Wir schreiben zuerst

$$x + y = (x - X) + (y - Y) + (X + Y). \tag{5.60}$$

Hier sind die ersten zwei Terme gemäß dem Ergebnis (5.49) bei Null zentriert mit den Breiten σ_x und σ_y. Deshalb ist die Summe der ersten zwei Terme normalverteilt mit der Breite $\sqrt{\sigma_x^2 + \sigma_y^2}$. Der dritte Term in (5.60) ist eine feste Zahl. Deshalb bewirkt er gemäß dem Ergebnis (5.49) eine Verschiebung nach $(X + Y)$, läßt aber die Breite unverändert. Mit anderen Worten: die in (5.60) gegebenen Werte von $(x + y)$ sind um $(X + Y)$ normalverteilt mit der Breite $\sqrt{\sigma_x^2 + \sigma_y^2}$. Das ist das benötigte Ergebnis.

Der allgemeine Fall

Nachdem wir die Fehlerfortpflanzungsformel für den speziellen Fall einer Summe $x + y$ begründet haben, können wir die allgemeine Formel für die Fehlerfortpflanzung überraschend einfach begründen. Nehmen wir an, wir messen zwei unabhängige Größen, x und y, deren beobachtete Werte normalverteilt sind, und wir berechnen jetzt irgendeine Größe $q(x, y)$, die von x und y abhängt. Die Verteilung der Werte von $q(x, y)$ ist bei Verwendung der vorigen drei Ergebnisse leicht zu finden, wie im folgenden gezeigt wird.

Erstens müssen die Breiten σ_x und σ_y (die Unsicherheiten von x und y) klein sein. Das bedeutet, daß wir uns nur mit Werten von x in der Nähe von X und y in der Nähe von Y befassen und deshalb die Näherung (3.42) verwenden können, um zu schreiben

$$q(x, y) \approx q(X, Y) + \left(\frac{\partial q}{\partial x}\right)_{X,Y} (x - X) + \left(\frac{\partial q}{\partial y}\right)_{X,Y} (y - Y). \tag{5.61}$$

Diese Näherung ist gut, weil die einzigen Werte von x und y, die signifikant häufig vorkommen, in der Nähe von X, Y liegen. Wir haben den zwei partiellen Ableitungen die Indizes X, Y gegeben, um zu betonen, daß die partiellen Ableitungen bei X, Y auszuwerten und deshalb feste Zahlen sind.

Die Näherung (5.61) drückt die gewünschte Größe $q(x, y)$ als die Summe von drei Termen aus. Der erste Term $q(X, Y)$ ist eine feste Zahl, verschiebt also nur die Verteilung der Ergebnisse. Der zweite Term ist das Produkt aus der festen Zahl $\partial q/\partial x$ und der Differenz $(x - X)$, deren Verteilung die Breite σ_x hat. Die Werte des zweiten Terms sind also bei Null zentriert mit der Breite

$$\left(\frac{\partial q}{\partial x}\right) \sigma_x .$$

Entsprechend sind die Werte des dritten Terms bei Null zentriert mit der Breite

$$\left(\frac{\partial q}{\partial y}\right) \sigma_y .$$

Indem wir die drei Terme in (5.61) kombinieren und uns auf die bereits hergeleiteten Ergebnisse berufen, schließen wir, daß die Werte von $q(x, y)$ um den wahren Wert $q(X, Y)$ normalverteilt sind mit der Breite

$$\sqrt{\left(\frac{\partial q}{\partial x} \sigma_x\right)^2 + \left(\frac{\partial q}{\partial y} \sigma_y\right)^2} . \tag{5.62}$$

Wenn wir die Standardabweichungen σ_x und σ_y als die Unsicherheiten von x und y identifizieren, dann ist das Ergebnis (5.62) genau die Regel (3.47) für die Fortpflanzung zufälliger Meßabweichungen für den Fall, daß q eine Funktion von nur zwei Variablen ist, $q(x, y)$. Wenn q von mehreren Variablen abhängt, $q(x, y, \ldots, z)$, dann kann das vorhergehende Argument unmittelbar erweitert werden, so daß die Gültigkeit der allgemeinen Regel in (3.47) für eine Funktion mehrerer Variablen nachgewiesen wird. Da die Regeln von Kapitel 3 (die Fortpflanzung zufälliger Meßabweichungen betreffend) aus (4.47) abgeleitet werden können, sind jetzt alle diese Regeln begründet.

5.7 Standardabweichung des Mittelwerts

Es bleibt noch ein sehr wichtiges, in Kapitel 4 angegebenes Ergebnis zu beweisen. Dieses betrifft die Standardabweichung des Mittelwerts $\sigma_{\bar{x}}$. Wir haben (in Abschnitt 5.6) bewiesen: wenn wir N Meßwerte $x_1, \dots, x_N$ einer (normalverteilten) Größe x ermitteln, dann ist der Bestwert für den wahren Wert X der Mittelwert $\bar{x}$ von $x_1, \dots, x_N$. In Kapitel 4 haben wir gesagt, daß die Unsicherheit dieses Schätzwerts die Standardabweichung des Mittelwerts

$$\sigma_{\bar{x}} = \frac{\sigma_x}{\sqrt{N}}. \tag{5.63}$$

ist. Wir sind jetzt so weit, dieses Ergebnis zu beweisen. Der Beweis ist so überraschend kurz, daß Sie ihm sehr aufmerksam folgen müssen.

Wir nehmen an, daß die Meßwerte von x um den wahren Wert normalverteilt sind mit Breiteparameter σ_x. Wir möchten jetzt die Zuverlässigkeit des *Mittelwerts der N Meßwerte* wissen. Um das zu untersuchen, stellen wir uns natürlich vor, daß wir unsere N Messungen viele Male wiederholen. Wir stellen uns also vor, daß wir die Durchführung einer ganzen Meßreihe wiederholen, wobei wir jeweils N Messungen durchführen und den Mittelwert berechnen. Wir möchten jetzt die Verteilung dieser vielen Bestimmungen des Mittelwerts von N Messungen finden. Und das ist einfach.

Bei jedem Experiment messen wir N Größen $x_1, \dots, x_N$ und berechnen dann die Funktion

$$\bar{x} = \frac{x_1 + \cdots + x_N}{N}. \tag{5.64}$$

Die berechnete Größe ($\bar{x}$) ist eine einfache Funktion der Meßgrößen $x_1, \dots, x_N$, und wir können mit Hilfe der Fehlerfortpflanzung leicht die Verteilung unserer Ergebnisse für x finden. Die einzige ungewöhnliche Eigenschaft von (5.64) ist, daß alle Meßwerte $x_1, \dots, x_N$ die Meßwerte derselben Größe x mit demselben wahren Wert X und derselben Breite σ_x sind.

Als erstes bemerken wir, daß jeder der Meßwerte $x_1, \dots, x_N$ normalverteilt ist und folglich dasselbe auch für die durch (5.64) gegebene Funktion $\bar{x}$ gilt. Zweitens ist der wahre Wert eines jeden der Meßwerte $x_1, \dots, x_N$ gleich X. Also ist der wahre Wert des durch (5.64) gegebenen Mittelwerts $\bar{x}$

$$\frac{X + \cdots + X}{N} = X.$$

Also werden nach der Durchführung vieler Ermittlungen des Mittelwerts x von N Meßwerten unsere vielen Ergebnisse für $\bar{x}$ um den wahren Wert X normalverteilt sein. Die einzig verbleibende (und die wichtigste) Aufgabe ist, die Breite unserer Verteilung der Ergebnisse zu finden. Gemäß der für N Variablen umgeschriebenen Gleichung (5.62) ist diese Breite gleich

$$\sigma_{\bar{x}} = \sqrt{\left(\frac{\partial \bar{x}}{\partial x_1}\sigma_{x_1}\right)^2 + \cdots + \left(\frac{\partial \bar{x}}{\partial x_N}\sigma_{x_N}\right)^2}. \tag{5.65}$$

Da $x_1, \ldots, x_N$ alle Meßwerte derselben Größe x sind, haben sie alle denselben Breiteparameter, und der ist gleich σ_x:

$$\sigma_{x_1} = \cdots = \sigma_{x_N} = \sigma_x .$$

Wir sehen auch aus (5.64), daß alle partiellen Ableitungen in (5.65) gleich sind:

$$\frac{\partial \bar{x}}{\partial x_1} = \cdots = \frac{\partial \bar{x}}{\partial x_N} = \frac{1}{N} .$$

Deshalb reduziert sich (5.65) auf

$$\begin{aligned} \sigma_{\bar{x}} &= \sqrt{\left(\frac{1}{N}\sigma_x\right)^2 + \cdots + \left(\frac{1}{N}\sigma_x\right)^2} \\ &= \sqrt{N\,\frac{\sigma_x^2}{N^2}} = \frac{\sigma_x}{\sqrt{N}}, \end{aligned} \tag{5.66}$$

wie erforderlich.

Wir haben das gewünschte Ergebnis (5.66) so schnell erhalten, daß wir wahrscheinlich eine Pause machen und wiederholen müssen, was es bedeutet. Wir stellten uns eine große Anzahl von Experimenten vor, bei denen wir jeweils N Messungen von x durchführten und dann den Mittelwert $\bar{x}$ dieser N Meßwerte bestimmten. Wir haben gezeigt, daß, nachdem wir dieses Experiment viele Male wiederholt haben, unsere vielen Ergebnisse für $\bar{x}$ normalverteilt sein werden, daß sie bei dem wahren Wert X zentriert sein werden und die Breite ihrer Verteilung $\sigma_{\bar{x}} = \sigma_x/\sqrt{N}$ sein wird, wie Abb. 5–17 für $N = 10$ zeigt. Diese Breite $\sigma_{\bar{x}}$ ist die 68-Prozent-Vertrauensgrenze für unser Experiment. Wenn wir den Mittelwert von N Meßwerten *einmal* bestimmen, dann können wir mit 68 Prozent Sicherheit darauf vertrauen, daß unser Ergebnis innerhalb des Abstands $\sigma_{\bar{x}}$ vom wahren Wert X liegt. Das ist genau, was wir mit *Unsicherheit des Mittelwerts* bezeichnen wollten. Es macht auch ganz deutlich, warum diese Unsicherheit die Standardabweichung des Mittelwerts genannt wird.

Mit diesem einfachen und eleganten Beweis haben wir jetzt alle in früheren Kapiteln hinsichtlich zufälliger Unsicherheiten angegebenen Ergebnisse begründet.

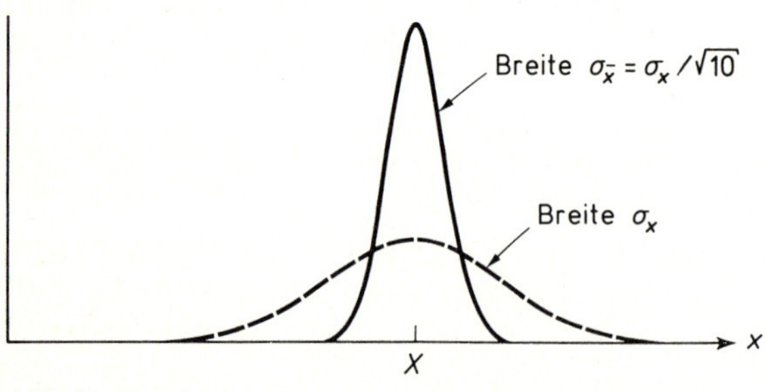

Abb. 5–17. Die einzelnen Meßwerte von x sind normalverteilt um X mit der Breite σ_x (gestrichelte Kurve). Wenn wir dasselbe Experiment dazu verwenden, viele Bestimmungen des Mittelwerts von 10 Meßwerten durchzuführen, dann sind die Ergebnisse $\bar{x}$ normalverteilt um X mit der Breite $\sigma_{\bar{x}} = \sigma_x/\sqrt{10}$ (durchgezogene Kurve).

5.8 Vertrauen

Wir können jetzt zu zwei Fragen zurückkehren, die sich in Kapitel 2 zuerst stellten, aber nicht vollständig beantwortet wurden. Erstens: was meinen wir damit, daß wir mit „vernünftigem Vertrauen" sagen können, irgendeine gemessene Größe liege im Bereich $x_{\text{Best}} \pm \delta x$? Und noch allgemeiner: wie können wir unserem Vertrauen in irgendein experimentelles Ergebnis einen quantitativen Wert geben?

Die Anwort auf die erste Frage sollte jetzt klar sein. Wenn wir eine Größe mehrmals messen (was man normalerweise tut), dann ist unser Bestwert für x der Mittelwert $\bar{x}$, und seine Standardabweichung, $\sigma_{\bar{x}}$, ist unser bestes Maß für seine Unsicherheit. Wir könnten als Meßergebnis

$$(\text{Wert von } x) = \bar{x} \pm \sigma_{\bar{x}}$$

angeben. Das bedeutet, wir erwarten aufgrund unserer Beobachtungen , daß 68 Prozent aller folgenden Meßwerte, die mit der gleichen Sorgfalt ermittelt wurden, in den Bereich $\bar{x} \pm \sigma_{\bar{x}}$ fallen.

Wir könnten für unsere Unsicherheit genauso eine andere Charakterisierung wählen. Wir könnten uns beispielsweise dafür entscheiden, unser Meßergebnis als

$$(\text{Wert von } x) = \bar{x} \pm 2\sigma_{\bar{x}}$$

anzugeben. Hier gäben wir den Bereich an, von dem wir erwarten, daß 95 Prozent aller vergleichbar ermittelter Meßwerte hineinfallen. Klarerweise ist der wesentliche Punkt bei der Angabe eines jeden Meßwertes die Angabe eines Bereichs (oder einer Unsicherheit) und *des diesem Bereich entsprechenden Vertrauensniveaus*. Üblich ist es, die Standardabweichung eines Ergebnisses anzugeben, die – inzwischen hinlänglich bekannt – einer 68-Prozent-Vertrauensgrenze entspricht.

Wie in Kapitel 2 hervorgehoben wurde, beinhalten fast alle experimentellen Schlüsse den Vergleich von zwei oder mehr Zahlen. Mit unserer statistischen Theorie können wir jetzt vielen solcher Vergleiche eine quantitative Bedeutung geben. Hier werden wir nur eine Art von Experiment betrachten – eine, bei der wir eine Zahl erhalten und unser Ergebnis mit irgendeinem bekannten, erwarteten Wert vergleichen. Beachten Sie, daß diese allgemeine Beschreibung zu vielen interessanten Ergebnissen paßt. Beispielsweise können wir bei einem Experiment zur Überprüfung der Impulserhaltung, den Anfangs- und Endimpuls, p und p', messen, um zu verifizieren, daß (innerhalb der Unsicherheiten) $p = p'$ ist, aber wir können das genausogut als Bestimmung des Werts von $(p - p')$ betrachten, der mit dem erwarteten Wert Null zu vergleichen ist. Allgemeiner: Wenn wir irgendwelche zwei Meßwerte vegleichen wollen, von denen wir annehmen, daß sie gleich sind, können wir ihre Differenz bilden und sie mit dem erwarteten Ergebnis Null vergleichen. Jedes Experiment, bei dem man eine Größe (wie die Schwerebeschleunigung g) mißt, für die ein genauer akzeptierter Wert bekannt ist, gehört auch zu diesem Typ, wobei das erwartete Ergebnis der bekannte akzeptierte Wert ist.

Nehmen wir an, ein Student mißt irgendeine Größe x (wie die Differenz von zwei Impulsen, von denen angenommen wird, daß sie gleich sind) in der Form

$$(\text{Wert von } x) = x_{\text{Best}} \pm \sigma,$$

wobei σ die Standardabweichung seines Ergebnisses bezeichnet (was die Standardabweichung des Mittelwerts wäre, wenn x_{Best} der Mittelwert mehrerer Meßwerte wäre). Er möchte jetzt sein Ergebnis mit dem erwarteten Ergebnis x_{erw} vergleichen.

In Kapitel 2 haben wir argumentiert: wenn die Diskrepanz $|x_{\text{Best}} - x_{\text{erw}}|$ kleiner (oder nur wenig größer) ist als σ, dann ist die Übereinstimmung zufriedenstellend, sie ist es aber nicht, wenn $|x_{\text{Best}} - x_{\text{erw}}|$ viel größer als σ ist. So weit sind die Kriterien korrekt, sie geben aber kein quantitatives Maß dafür, wie gut oder schlecht die Übereinstimmung ist. Sie sagen uns auch nicht, wo die Grenze der Annehmbarkeit zu ziehen ist. Wäre eine Diskrepanz von $1{,}5\sigma$ annehmbar gewesen? Oder 2σ?

Wir können diese Fragen jetzt beantworten, wenn wir annehmen, daß für die Messung unseres Studenten eine Normalverteilung gilt (was gewiß vernünftig ist). Wir beginnen damit, daß wir zwei Arbeitshypothesen über diese Verteilung aufstellen:

(a) die Verteilung ist beim erwarteten Ergebnis x_{erw} zentriert.
(b) der Breiteparameter der Verteilung ist gleich dem Schätzwert σ des Studenten.

Der Student hofft natürlich, daß Hypothese (a) zutrifft. Es läuft darauf hinaus, anzunehmen, daß alle systematischen Fehler auf ein vernachlässigbares Ausmaß reduziert worden waren (so daß die Verteilung am wahren Wert zentriert war) und der wahre Wert in der Tat gleich x_{erw} ist (d. h., daß die Gründe dafür, x_{erw} zu erwarten, korrekt sind). Hypothese (b) ist eine Näherung, da σ ein Schätzwert der Standardabweichung sein mußte, es ist aber eine vernünftige Näherung, wenn die Anzahl der Messungen, auf denen σ basiert, groß ist.[9] Zusammengenommen bedeuten unsere Hypothesen, daß die Verfahren und Berechnungen des Studenten im wesentlichen korrekt sind.

Wir müssen jetzt entscheiden, ob der Wert x_{Best} des Studenten vernünftigerweise hätte erhalten werden sollen, wenn unsere Hypothesen korrekt wären. Wenn die Antwort „ja" lautet, dann gibt es keinen Grund, die Hypothesen zu bezweifeln, und alles ist in Ordnung. Wenn die Antwort „nein" lautet, dann müssen die Hypothesen angezweifelt werden, und der Student muß eine Reihe von Möglichkeiten überprüfen für Fehler in den Messungen oder Berechnungen, für nicht erfaßte systematische Abweichungen und die Unkorrektheit des erwarteten Ergebnisses x_{erw}.

Wir bestimmen als erstes die Diskrepanz, $|x_{\text{Best}} - x_{\text{erw}}|$, und dann

$$t = \frac{|x_{\text{Best}} - x_{\text{erw}}|}{\sigma}, \tag{5.67}$$

die Anzahl der Standardabweichungen, um die sich x_{Best} von x_{erw} unterscheidet. Als nächstes können wir aus der Tabelle des normalen Fehlerintegrals in Anhang A die Wahrscheinlichkeit entnehmen, mit der wir (unter der Voraussetzung, daß unsere Hypo-

[9] Wir werden die Vernünftigkeit unseres Meßwertes x_{Best} beurteilen, indem wir $|x_{\text{Best}} - x_{\text{erw}}|$ mit σ, unserem *Schätzwert* der Breite der betreffenden Normalverteilung vergleichen. Wenn die Anzahl der Messungen, auf denen σ beruht, *klein* ist, kann dieser Schätzwert ziemlich unzuverlässig sein, und die Vertrauensgrenzen werden entsprechend ungenau (wenn auch noch ein nützlicher grober Richtwert) sein. Bei einer kleinen Anzahl von Meßwerten erfordert die genaue Berechnung von Vertrauensgrenzen die Verwendung der sogenannten „Studentschen t-Verteilung", welche die wahrscheinlichen Schwankungen unseres Schätzwerts σ der Breite berücksichtigt. Siehe H. L. Alder und E. B. Roessler, *Introduction to Probability and Statistics* (W. H. Freeman, 6. Auflage, 1977) Kapitel 10.

these wahr ist) ein Ergebnis erhalten, das sich von x_{erw} um t oder mehr Standardabweichungen unterscheidet. Das heißt,

$$P\ (\text{außerhalb von } t\sigma) = 1 - P\ (\text{innnerhalb } t\sigma). \tag{5.68}$$

Wenn diese Wahrscheinlichkeit groß ist, dann ist die Diskrepanz $|x_{Best} - x_{erw}|$ vollkommen vernünftig, und das Ergebnis x_{Best} ist annehmbar. Wenn sich die Wahrscheinlichkeit in (5.68) als „unvernünftig klein" herausstellt, dann muß die Abweichung als *signifikant* (d.h. unannehmbar) beurteilt werden, und unser glückloser Student muß versuchen, herauszufinden, was schief gegangen ist.

Nehmen wir beispielsweise an, daß die Diskrepanz $|x_{Best} - x_{erw}|$ eine Standardabweichung ist. Die Wahrscheinlichkeit, daß eine Diskrepanz so groß oder noch größer ist, beträgt die uns vertrauten 32 Prozent. Klarerweise ist es ziemlich wahrscheinlich, daß eine Abweichung von einer Standardabweichung auftritt, und deshalb ist eine solche Diskrepanz nicht signifikant. Im anderen Extrem beträgt die Wahrscheinlichkeit P (außerhalb 3σ) nur 0.3 Prozent. Also ist es, wenn unsere Hypothesen korrekt sind, äußerst unwahrscheinlich, daß wir eine Diskrepanz von 3σ erhalten könnten. Anders herum gesagt ist es, wenn die Diskrepanz unseres Studenten 3σ beträgt, äußerst unwahrscheinlich, daß unsere Hypothesen korrekt waren.

Die Grenze zwischen Annehmbarkeit und Unannehmbarkeit hängt von dem Niveau ab, unterhalb dessen wir die Wahrscheinlichkeit einer Diskrepanz als unvernünftig klein beurteilen. Dieses Niveau ist eine Meinungssache, über die der Experimentator entscheiden muß. Es gibt jedoch viele, die 5 Prozent als eine angemessene Grenze für eine „unvernünftig kleine" Wahrscheinlichkeit betrachten. Wenn wir diese Wahl akzeptieren, dann wäre eine Abweichung von 2σ gerade noch unannehmbar, da P (außerhalb 2σ) = 4,6 Prozent ist. In der Tat können wir aus der Tabelle in Anhang A ersehen, daß jede Diskrepanz von mehr als $1{,}96\sigma$ auf diesem 5-Prozent-Niveau unannehmbar ist. Auf dem 2-Prozent-Niveau wäre jede Diskrepanz von mehr als $2{,}32\sigma$ unannehmbar usw.

Wir sehen, daß es keine klare Antwort auf die Frage gibt, ob ein bestimmter Meßwert x_{Best} annehmbar ist oder nicht. Unsere Theorie der Normalverteilung hat uns jedoch ein klares und quantitatives Maß für die Vernünftigkeit eines jeden bestimmten Wertes gegeben. Und mehr dürfen wir nicht verlangen.

Es gibt natürlich kompliziertere Arten von Experimenten, bei denen die Analyse der Ergebnisse entsprechend aufwendiger ist. Die meisten der Grundprinzipien wurden jedoch bereits durch den hier behandelten einfachen und wichtigen Fall veranschaulicht. Der Leser, der weitere Beispiele nachrechnen will, kann einige in Teil II dieses Buches finden.

Übungsaufgaben

Erinnerung: Ein Stern (*) zeigt an, daß im Abschnitt „Lösungen" am Ende des Buches die Übungsaufgabe behandelt oder ihre Lösung angegeben wird.

***5.1** (Abschn. 5.1). Ein Student mißt die Drehmomente L_{Anf} und L_{End} eines rotierenden Systems vor und nach dem Hinzufügen einer zusätzlichen Masse. Zur Überprüfung der Erhaltung des Drehimpulses berechnet er $L_{Anf} - L_{End}$ (und erwartet, daß das Ergebnis gleich Null ist). Er wiederholt die Messung 50 Mal und unterteilt seine Ergebnisse in Klassen wie in Tab. 5–3. Diese zeigt seine Ergebnisse (in willkürlichen, nicht spezifizierten Einheiten) nach 5, 10 und 50 Versuchen. Zeichnen Sie Histogramme für diese drei Fälle. (Achten Sie bei der Wahl der Skalen sorgfältig darauf, daß die Fläche eines jeden Rechtecks dem Anteil der Ereignisse in der zugehörigen Klasse entspricht.)

Tab. 5–3.

	Klasse								
Anzahl nach	−9 bis −7	−7 bis −5	−5 bis −3	−3 bis −1	−1 bis 1	1 bis 3	3 bis 5	5 bis 7	7 bis 9
5 Versuchen	0	1	2	0	1	0	1	0	0
10 Versuchen	0	1	2	2	3	1	1	0	0
50 Versuchen	1	3	7	8	10	9	6	4	2

***5.2** (Abschn. 5.2). Die Grenzverteilung der Ergebnisse eines hypothetischen Experiments hat die Form

$$f(x) = \begin{cases} C & \text{für } |x| < a, \\ 0 & \text{sonst.} \end{cases}$$

(a) Verwenden Sie die Normierungsbedingung (5.13) zur Berechnung der Konstante C als Funktion von a.

(b) Skizzieren Sie die Grenzverteilung. Welche Bedeutung hat die Konstante a?

(c) Berechnen Sie mit Hilfe der Gleichungen (5.15) und (5.16) die Werte von Mittelwert $\bar{x}$ und Standardabweichung σ, die nach vielen Messungen gefunden würden.

5.3 (Abschn. 5.3). Machen Sie auf Millimeterpapier mit klar beschriftete Achsen versehene, gute graphische Darstellungen der Gauß-Verteilung

$$f_{X,\sigma}(x) = \frac{1}{\sigma\sqrt{2\pi}} e^{-(x-X)^2/2\sigma^2}$$

für $X = 2$, $\sigma = 1$ und $X = 3$, $\sigma = 0{,}3$. Verwenden Sie Ihren Taschenrechner zur Berechnung der Werte von $f_{X,\sigma}(x)$. Wenn er zwei Speicher zur Speicherung von $\sigma\sqrt{2\pi}$ und $-2\sigma^2$ hat, wird das Ihre Rechnungen beschleunigen. Wenn Sie sich daran erinnern, daß die Funktion symmetrisch um $x = X$ ist, halbiert das die Anzahl der benötigten Rechnungen. Zeichnen Sie beide Graphen in dasselbe Diagramm ein, um sie zu vergleichen.

***5.4** (Abschn. 5.3). Zeichnen Sie, falls Sie das noch nicht getan haben, das dritte Histogramm von Übung 5.1. Der Student von Übung 5.1 beschließt, daß die Verteilung seiner Ergebnisse mit der Gaußverteilung $f_{X,\sigma}(x)$ mit Zentrierung bei $X = 0$ und der Breite $\sigma = 3{,}4$ verträglich ist. Zeichnen Sie diese Verteilung in dasselbe Diagramm ein und vergleichen Sie sie mit Ihrem Histogramm. (Lesen Sie die Hinweise zu Aufgabe 5.3. Beachten Sie, daß Sie kein quantitatives Verfahren zum Vergleich der Anpassung haben. Alles, was Sie tun können, ist, nachzusehen, ob die Gauß-Funktion an das Histogramm zufriedenstellend angepaßt zu sein *scheint*.)

5.5 (Abschn. 5.3). Die Breite einer Gauß-Funktion wird normalerweise durch den Parameter σ charakterisiert. Ein alternativer Parameter mit einer einfachen geometrischen Interpretation ist die *Halbwertsbreite* Γ (auch FWHM: Full Width at Half Maximum genannt). Sie ist die Entfernung zwischen den zwei Punkten x, wo $f_{X,\sigma}(x)$ halb so groß wie der Maximalwert dieser Funktion ist. Beweisen Sie, daß

$$\Gamma = \text{FWHM} = 2\sigma\sqrt{2\ln 2} = 2{,}35\sigma$$

ist. Das bedeutet, daß die Hälfte des Maximalwerts bei den Punkten $X \pm \sigma$ oder grob bei $X \pm \sigma$ angenommen wird.

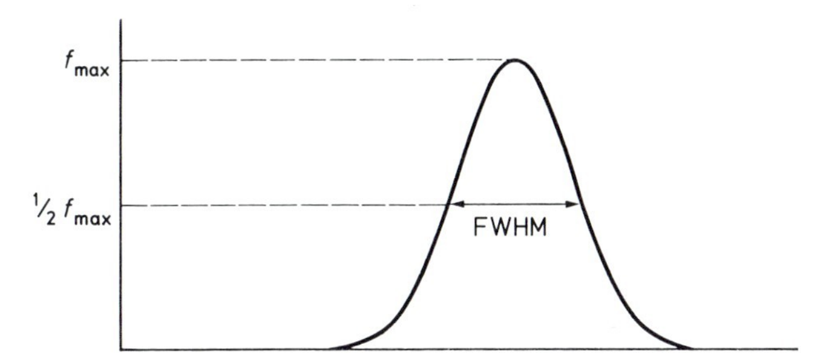

Abb. 5–18. Die Halbwertsbreite Γ (auch FWHM: Full Width at Half Maximum genannt).

***5.6** (Abschn. 5.3). Geben Sie im Detail die Schritte an, die von (5.30) zu (5.31) führen, um zu zeigen, daß die Standardabweichung σ_x sehr vieler Meßwerte, die mit dem Breiteparameter σ normalverteilt sind, $\sigma_x = \sigma$ ist.

5.7 (Abschn. 5.4). Wenn die Meßwerte einer Größe x einer Gauß-Verteilung $f_{X,\sigma}(x)$ folgen, dann ist die Wahrscheinlichkeit, einen Wert zwischen $X - t\sigma$ und $X + t\sigma$ zu erhalten, offensichtlich

$$P\,(\text{innerhalb } t\sigma) = \int_{X-t\sigma}^{X+t\sigma} f_{X,\sigma}(x)\,dz\,.$$

Beweisen Sie ausführlich, indem Sie alle notwendigen Variablenänderungen zeigen, daß

$$P\,(\text{innerhalb } t\sigma) = \frac{1}{\sqrt{2\pi}}\int_{-t}^{t} e^{-z^2/2}\,dz\,. \tag{5.69}$$

ist. Überprüfen Sie bei jeder Variablenänderung sorgfältig, was mit Ihren Integrationsgrenzen geschieht. Das Integral (5.69) wird oft Fehlerfunktion mit dem Symbol erf(t) oder normales Fehlerintegral genannt.

***5.8** (Abschn. 5.4). Ein Student mißt eine Größe y viele Male und berechnet daraus den Mittelwert zu $\bar{y} = 23$ und die Standardabweichung zu $\sigma_y = 1$. Welchen Anteil seiner Meßwerte würden Sie zwischen
(a) 22 und 24,
(b) 22,5 und 23,5,
(c) 21 und 25,
(d) 21 und 23,
(e) 24 und 25 erwarten?
(f) Innerhalb welcher (beiderseits des Mittelwerts äquidistanten) Grenzen würden Sie 50 Prozent seiner Meßwerte erwarten?

Für alle Teile dieser Frage sind die notwendigen Angaben in Abb. 5–13 enthalten. Detailliertere Angaben für diese Art von Wahrscheinlichkeiten befinden sich in den Anhängen A und B.

5.9 (Abschn. 5.4). Eine ausgedehnte Untersuchung zeigt, daß die Größe der Männer in einem bestimmten Land normalverteilt ist mit $\bar{h} = 175$ cm und Standardabweichung 5 cm. Was würden Sie bei einer Zufallsstichprobe von 1000 Männern erwarten, wieviele von ihnen eine Größe
(a) zwischen 170 cm und 180 cm,
(b) von mehr als 180 cm,
(c) von mehr als 190 cm,
(d) zwischen 165 cm und 170 cm
haben?

***5.10** (Abschn. 5.5) Nehmen wir an, wir haben N Meßwerte $x_1, \ldots, x_N$ derselben Größe x, und wir glauben, daß unsere Grenzverteilung die Gauß-Funktion $f_{X,\sigma}(x)$ mit unbekannten Werten von X und σ ist. Das Prinzip der größten Wahrscheinlichkeit sagt aus, daß der beste Schätzwert für die Breite derjenige Wert σ ist, für den die Wahrscheinlichkeit $P_{X,\sigma}(x_1, \ldots, x_N)$ der beobachten Werte $x_1, \ldots, x_N$ am größten ist. Differenzieren Sie $P_{X,\sigma}(x_1, \ldots, x_N)$ in (5.41) nach σ und zeigen Sie, daß das Maximum auftritt, wenn σ durch (5.44) gegeben ist. Wie im Anschluß an (5.44) erörtert wurde, bedeutet dieses Ergebnis, daß der Bestwert von σ die Standardabweichung der N beobachteten Werte $x_1, \ldots, x_N$ ist.

5.11 (Abschn. 5.6) Verifizieren Sie die Identität (5.54), die zur Rechtfertigung der quadratischen Addition bei der Fehlerfortpflanzung verwendet wurde.

***5.12** (Abschn. 5.7). Hier aufgeführt sind vierzig Meßwerte $t_1, \ldots, t_{40}$ der Zeit, die ein Stein braucht, um von einem Fenster auf den Boden zu fallen (alle Angaben in Hundertstelsekunden).

63	58	74	78	70	74	75	82	68	69
76	62	72	88	65	81	79	77	66	76
86	72	79	77	60	70	65	69	73	77
72	79	65	66	70	74	84	76	80	69

(a) Berechnen Sie die Standardabweichung σ_t für die vierzig Meßwerte.
(b) Berechnen Sie die Mittelwerte $\bar{t}_1, \ldots, \bar{t}_{10}$ der vier Meßwerte in jeder Spalte. Man kann sich jetzt vorstellen, daß die Daten von 10 Experimenten stam-

men, bei denen jeweils der *Mittelwert von vier Zeitmessungen* ermittelt wurde. Was würden Sie aufgrund des Ergebnisses von Teil (a) für die Standardabweichung der zehn Mittelwerte $\bar{t}_1, \ldots, \bar{t}_{10}$ erwarten? Welchen Wert hat sie?

(c) Zeichnen Sie Histogramme für die vierzig Einzelmeßwerte $t_1, \ldots, t_{40}$ und für die zehn Mittelwerte $\bar{t}_1, \ldots, \bar{t}_{10}$. Verwenden Sie für beide Diagramme dieselbe Klassenbreite und denselben Maßstab, so daß sie leicht verglichen werden können. Die Klassengrenzen können auf vielfältige Arten gewählt werden, von denen vielleicht die einfachste ist, eine Grenze an den Mittelwert aller vierzig Meßwerte (72,90) zu legen und Klassen zu verwenden, deren Breite der Standardabweichung der zehn Mittelwerte $\bar{t}_1, \ldots, \bar{t}_{10}$ entspricht.

***5.13** (Abschn. 5.8). Ein Student mißt die Schwerebeschleunigung g wiederholt und sorgfältig. Er erhält als Endergebnis 9,5 m/s^2 mit der Standardabweichung 0,1. Wenn diese Messungen normalverteilt wären, mit dem Zentrum beim akzeptierten Wert 9,8 und mit Breite 0,1, was wäre dann die Wahrscheinlichkeit dafür, ein Ergebnis zu erhalten, das sich von 9,8 um soviel (oder mehr) unterscheidet? Wenn wir annehmen, daß er keine wirklichen Fehler gemacht hat, halten Sie es dann für wahrscheinlich, daß in seinem Experiment irgendwelche nicht erfaßte systematische Abweichungen auftraten?

***5.14** (Abschn. 5.8). Zwei Studenten messen dieselbe Größe x und erhalten als Meßergebnis $x_A = 13 \pm 1$ und $x_B = 15 \pm 1$, wobei die angegebenen Unsicherheiten Standardabweichungen sind.

(a) Wenn wir annehmen, daß alle Abweichungen unabhängig und zufällig sind, wie groß ist dann die Differenz $x_A - x_B$ und ihre Unsicherheit?

(b) Wenn wir annehmen, daß alle Abweichungen wie erwartet normalverteilt sind, was wäre dann die Wahrscheinlichkeit dafür, eine so große Diskrepanz zu erhalten, wie es hier der Fall war. Betrachten Sie die Diskrepanz als signifikant (auf den 5-Prozent-Niveau)?

***5.15** (Abschn. 5.8). Ein Experimentator möchte in einer gewissen Kernreaktion die Energieerhaltung überprüfen. Er mißt die Anfangs- und Endenergie als $E_{\text{Anf}} = (75 \pm 3)$ MeV bzw. $E_{\text{End}} = (60 \pm 9)$ MeV, wobei beide angegebenen Unsicherheiten die Standardabweichungen der Ergebnisse sind. Ist diese Diskrepanz signifikant (5-Prozent-Niveau)? Erklären Sie Ihre Argumentation ausführlich.

Teil II

Wenn Sie Kapitel 5 gelesen und verstanden haben, sind Sie jetzt darauf vorbereitet, ohne große Mühe eine Anzahl fortgeschrittenerer Themen zu studieren. In den sieben Kapiteln von Teil II werden sieben solche Themen behandelt. Einige von ihnen sind Anwendungen, andere Erweiterungen der bereits entwickelten statistischen Theorie. Sie sind alle wichtig, und ein ernsthafter Student muß sich früher oder später mit allen befassen. Andererseits möchten Sie vielleicht nicht alle auf einmal lernen. Aus diesem Grunde wurden die Themen in unabhängigen, kurzen Kapiteln untergebracht, die Sie in beliebiger Reihenfolge studieren können – je nach Ihren Bedürfnissen und Interessen.

6 Verwerfen von Daten

In diesem Kapitel behandeln wir die mißliche Frage, ob wir einen Meßwert verwerfen sollten, der wie ein „Ausreißer“ aussieht.

6.1 Das Problem des Verwerfens von Daten

Es kommt manchmal vor, daß ein Meßwert in einer Meßreihe allen anderen auffällig zu widersprechen scheint. Wenn das geschieht, muß der Experimentator entscheiden, ob sich der anomale Meßwert aus irgendeinem Fehler (im üblichen Sinne) ergab und verworfen werden sollte, oder ob es sich um einen *echten* Meßwert handelt, der mit allen anderen zusammen verwendet werden sollte. Stellen wir uns beispielsweise vor, wir machten Messungen der Schwingungsdauer eines Pendels und erhielten die Ergebnisse (alle in Sekunden)

$$3{,}8; \quad 3{,}5; \quad 3{,}9; \quad 3{,}4; \quad 1{,}8\,. \tag{6.1}$$

In diesem Beispiel unterscheidet sich der Wert 1,8 auffällig von allen anderen, und wir müssen entscheiden, was wir mit ihm tun.

Wir wissen aus Kapitel 5, daß ein legitimer Meßwert von anderen Meßwerten derselben Meßgröße deutlich abweichen *kann.* Andererseits ist eine legitime Abweichung, die so groß ist wie bei dem letzten Meßwert in (6.1), sehr *unwahrscheinlich,* so daß wir geneigt sind, die Zeit 1,8 s auf irgendeinen unentdeckten Fehler oder eine andere äußere Ursache zurückzuführen. Vielleicht haben wir die letzte Zeit nur falsch abgelesen, oder es wäre vorstellbar, daß unsere elektrische Uhr während der letzten Messung wegen eines momentanen Stromausfalls tatsächlich kurze Zeit stand.

Wenn wir sehr sorgfältige Aufzeichnungen gemacht haben, sind wir manchmal in der Lage, eine solche bestimmte Ursache für den anomalen Meßwert zu ermitteln. Beispielsweise könnten unsere Aufzeichnungen zeigen, daß für die letzte Zeitmessung in (6.1) eine andere Stoppuhr verwendet wurde, und eine Überprüfung könnte ergeben, daß diese Uhr nachgeht. In diesem Fall sollte der anomale Meßwert zweifellos verworfen werden.

Unglücklicherweise ist es gewöhnlich nicht möglich, für ein anomales Ergebnis eine externe Ursache zu ermitteln. Wir müssen dann entscheiden, ob wir die Anomalie ausschließlich aufgrund einer Untersuchung der Ergebnisse verwerfen wollen oder nicht. Hierbei erweist sich unsere Kenntnis der Gauß-Funktion als nützlich.

Das Verwerfen von Daten ist ein kontroverses Thema, über das die Fachleute uneins sind. Es ist auch ein *wichtiges* Thema. In unserem Beispiel wird der Bestwert für die Schwingungsdauer des Pendels deutlich beeinflußt, wenn wir die verdächtigen 1,8 s verwerfen. Der Mittelwert aller sechs Messungen beträgt 3,4 s, während er für die ersten fünf gleich 3,7 s ist – ein beträchtlicher Unterschied.

Außerdem ist die Entscheidung, Daten zu verwerfen, letzlich subjektiv, und der Wissenschaftler, der diese Entscheidung trifft, kann von anderen Wissenschaftlern berechtigterweise beschuldigt werden, daß er seine Daten „frisiert“. Die Lage wird noch durch die Möglichkeit verschlimmert, daß das anomale Ergebnis einen wichtigen Effekt widerspiegeln könnte. In der Tat wurden viele wichtige wissenschaftliche Entdeckungen zuerst als anomale Meßwerte, die wie Fehler aussahen, abgetan. Wenn wir die Zeit von 1,8 s in dem Beispiel (6.1) verwerfen, *könnten* wir gerade den interessantesten Teil der Daten verlieren.

In der Tat gibt es, wenn wir mit Daten wie denen in (6.1) konfrontiert sind, nur ein einziges ehrliches Verfahren: die Messung sehr oft zu wiederholen. Tritt die Anomalie wieder auf, so werden wir wahrscheinlich als ihre Ursache entweder einen Fehler oder einen physikalischen Effekt ermitteln können. Wenn sie nicht wieder auftritt, dann wird es zu dem Zeitpunkt, zu dem wir beispielsweise 100 Messungen gemacht haben, keinen erheblichen Einfluß mehr auf unser Endergebnis haben, ob wir die den anomalen Meßwert verwerfen oder nicht.

Trotzdem ist es manchmal (insbesondere im Praktikumslabor) praktisch unmöglich, jedesmal eine Messung 100-mal zu wiederholen, wenn ein Ergebnis verdächtig aussieht. Wir brauchen deshalb ein Kriterium für das Verwerfen eines solchen Ergebnisses. Es gibt viele verschiedene solcher Kriterien, von denen einige recht kompliziert sind. Im folgenden wird das Chauvenetsche Kriterium beschrieben, das eine einfache Anwendung der Gauß-Verteilung darstellt.

6.2 Das Chauvenetsche Kriterium

Kehren wir zurück zu den sechs Meßwerten von Beispiel (6.1):

$$3{,}8; \quad 3{,}5; \quad 3{,}9; \quad 3{,}4; \quad 1{,}8\,.$$

Wenn wir für den Augenblick annehmen, alle sechs seien rechtmäßige Messungen einer Größe x, so können wir den Mittelwert $\bar{x}$ und die Standardabweichung σ_x berechnen:

$$\bar{x} = 3{,}4 \text{ s} \tag{6.2}$$

und

$$\sigma_x = 0{,}8 \text{ s}\,. \tag{6.3}$$

Wir können jetzt quantifizieren, in welchem Ausmaß der verdächtige Meßwert 1,8 anomal ist. Er unterscheidet sich von Mittelwert 3,4 um 1,6 – also um zwei Standardabweichungen. Nehmen wir an, die Meßwerte folgten einer Gauß-Verteilung, deren Mittelwert und Standardabweichung durch (6.2) bzw. (6.3) gegeben sind. Dann können wir die Wahrscheinlichkeit dafür berechnen, Meßwerte zu erhalten, die um mindestens soviel vom Mittelwert abweichen. Entsprechend den in (5.13) gezeigten Wahrscheinlichkeiten ist diese

$$P\,(\text{außerhalb } 2\sigma_x) = 1 - P\,(\text{innerhalb } 2\sigma_x) = 1 - 0{,}95 = 0{,}05\,.$$

Mit anderen Worten: Unter der Annahme, daß die Werte (6.2) und (6.3) für x und σ_x zulässig sind, würden wir erwarten, daß jeweils einer von 20 Meßwerten vom Mittelwert mindestens so weit wie die verdächtigen 1,8 s abweicht. Bei 20 oder mehr Messungen sollten wir also tasächlich *erwarten*, einen oder zwei Meßwerte zu erhalten, die so schlecht wie die 1,8 s ausfallen. Es gäbe dann keinen Grund, diesen Wert zu verwerfen. Wir haben aber nur sechs Messungen durchgeführt. Deshalb ist die erwartete Anzahl der Meßwerte, die mindestens so schlecht sind wie die 1,8 s tatsächlich gleich

$$0{,}05 \times 6 = 0{,}3\,.$$

Das heißt, daß wir bei sechs Meßwerten (im Mittel) nur von einem Drittel eines Meßwerts erwarten würden, daß es so schlecht ist wie die verdächtigen 1,8 s.

Dieses Ergebnis liefert uns das benötigte quantitative Maß für die „Glaubwürdigkeit" unseres verdächtigen Meßwerts. Wenn wir uns dafür entscheiden, 1/3 eines Meßwerts als „lächerlich unwahrscheinlich" zu betrachten, dann folgern wir, daß der Wert 1,8 s kein legitimer Meßwert war und verworfen werden sollte.

Die Entscheidung darüber, wo die Grenze für die „lächerlich geringe" Wahrscheinlichkeit festzusetzen ist, liegt beim Experimentator. In der normalerweise angegebenen Form besagt das Chauvenetschen Kriterium, daß ein verdächtiger Meßwert zu verwerfen ist, wenn die erwartete Anzahl von Meßwerten, die mindestens so schlecht sind wie der verdächtige Meßwert, kleiner als ½ ist. Offensichtlich ist die Wahl von ½ willkürlich; sie hat aber auch einiges für sich.

Die Anwendung des Chauvenetschen Kriteriums auf ein allgemeines Problem kann jetzt leicht beschrieben werden. Nehmen wir an, wir machen N Messungen

$$x_1, \ldots, x_N$$

derselben Größe x. Von allen N Meßwerten berechnen wir $\bar{x}$ und σ_x. Wenn einer der Meßwerte (nennen wir ihn x_{verd}) von $\bar{x}$ so weit abweicht, daß er verdächtig aussieht, dann berechnen wir als erstes

$$t_{\text{verd}} = \frac{x_{\text{verd}} - \bar{x}}{\sigma_x}\,, \tag{6.4}$$

die Anzahl der Standardabweichungen, um die x_{verd} von $\bar{x}$ abweicht. Als nächstes bestimmen wir (aus Abb. 5–13 oder der vollständigeren Tabelle in Anhang A) die Wahrscheinlichkeit P (außerhalb $t_{\text{verd}}\sigma_x$) dafür, daß ein legitimer Meßwert von $\bar{x}$ um t_{verd} oder mehr Standardabweichungen abweicht. Schließlich multiplizieren wir mit N, der gesamten Anzahl der Messungen und erhalten

$$n\ (\text{schlechter als } x_{\text{verd}}) = NP\ (\text{außerhalb } t_{\text{verd}}\sigma_x)\,.$$

Dieses n ist die erwartete Anzahl der Meßwerte, die mindestens so schlecht wie x_{verd} sind. Wenn n kleiner als ½ ist, dann erfüllt x_{verd} das Chauvenetsche Kriterium nicht und wird verworfen.

Nach dem Verwerfen irgendwelcher Meßwerte, die das Chauvenetsche Kriterium nicht erfüllen, berechnet man natürlich $\bar{x}$ und σ_x aus den verbleibenden Daten neu. Der sich hierbei ergebende Wert von σ_x wird kleiner sein als der ursprüngliche, und es ist möglich, daß nun weitere Meßwerte nicht mehr dem Chauvenetschen Kriterium genügen. Die meisten Autoren stimmen jedoch darin überein, daß das Chauvenetsche Kriterium nicht mit den neuberechneten Werten von $\bar{x}$ und σ_x ein zweites Mal angewendet werden sollte.

Viele Wissenschaftler meinen, das Verwerfen von Daten sei *niemals* gerechtfertigt, soweit es nicht *äußere* Beweise dafür gibt, daß die fraglichen Daten inkorrekt sind. Eine gemäßigtere Position ist vielleicht die, das Chauvenetsche Kriterium zur Identifizierung von Daten zu verwenden, die zumindest als Kandidaten für das Verwerfen *in Erwägung gezogen* werden könnten. Ein gewissenhafter Student könnte dann die Auswertung zweimal machen, einmal unter Einbeziehung der fraglichen Daten und einmal ohne sie. Dann würde er sehen, wie sehr die verdächtigen Werte das Endergebnis tatsächlich beeinflussen.

6.3 Ein Beispiel

Ein Student macht zehn Messungen einer Länge x und erhält die Ergebnisse (alle in mm)

$$46, 48, 44, 38, 45, 47, 58, 44, 45, 43\,.$$

Als er bemerkt, daß der Wert 58 anomal groß erscheint, überprüft er seine Aufzeichnungen. Er kann aber keine Anzeichen dafür finden, daß das Ergebnis durch einen Fehler verursacht wurde. Deshalb wendet der Student das Chauvenetsche Kriterium an. Welchen Schluß zieht er?

Der Student akzeptiert zunächst alle zehn Meßwerte und berechnet

$$\bar{x} = 45{,}8 \quad \text{und} \quad \sigma_x = 5{,}1\,.$$

Die Abweichung zwischen dem auffälligen Wert $x_{\text{verd}} = 58$ und dem Mittelwert $\bar{x} = 45{,}8$ beträgt 12,2 oder 2,4 Standardabweichungen, d.h.

$$\frac{x_{\text{verd}} - \bar{x}}{\sigma_x} = \frac{58 - 45{,}8}{5{,}1} = 2{,}4\,.$$

Durch Nachschlagen in Anhang *A* erhält er als Wahrscheinlichkeit dafür, daß ein Meßwert von $\bar{x}$ um $2{,}4\sigma_x$ oder mehr abweicht,

$$P\,(\text{außerhalb } 2{,}4\sigma_x) = 1 - P\,(\text{innerhalb } 2{,}4\sigma_x) = 1 - 0{,}984 = 0{,}016\,.$$

Unter zehn Meßwerten würde er also von nur 0,16 Meßwerten erwarten, daß sie so schlecht sind der von ihm gefundene Ausreißer. Da das weniger ist als die im Chauvenetschen Kriterium festgesetzte Zahl ½, sollte er zumindest erwägen, den Meßwert zu verwerfen.

Sein zweiter auffälliger Meßwert ist 38. Er liegt 1,5 Standardabweichungen vom Mittelwert $\bar{x} = 45{,}8$ weg. Eine ähnliche Berechnung zeigt, daß 1,3 von zehn Meßwerten erwartungsgemäß so weit wie diese vom Mittelwert abweichen sollten. Der Meßwert ist also völlig annehmbar. Wenn der Student sich entscheidet, die verdächtige 58 zu verwerfen, dann muß er $\bar{x}$ und σ_x neu berechnen zu

$$\bar{x} = 44{,}4 \quad \text{und} \quad \sigma_x = 2.9\,.$$

Wie erwartet, ändert sich der Mittelwert nur wenig, während seine Standardabweichung erheblich abnimmt.

Übungsaufgaben

Erinnerung: Ein Stern (*) zeigt an, daß die Übungsaufgabe im Abschnitt „Lösungen" am Ende des Buches behandelt oder dort ihr Ergebnis angegeben wird.

6.1 (Abschn. 6.2) Eine begeisterte Studentin macht 50 Messungen der Wärmemenge Q, die in einem bestimmten Prozeß freigesetzt wird. Als Mittelwert und Standardabweichung erhält sie $\bar{Q} = 20{,}0$ und $\sigma_Q = 1{,}7$ (beides in Joule).

(a) Bestimmen Sie unter der Annahme, daß die Meßwerte einer Normalverteilung folgen, die Wahrscheinlichkeit, daß irgendein Meßwert von $\bar{Q}$ um 3,4 J oder mehr abweicht. Wie viele Meßwerten sollten erwartungsgemäß um mehr als 3,4 J von $\bar{Q}$ abweichen? Wenn einer der Meßwerte 17,0 J ist und die Studentin sich dafür entscheidet, das Chauvenetsche Kriterium anzuwenden, würde sie dann diesen Meßwert verwerfen?

(b) Würde sie einen ihrer Meßwerte verwerfen, wenn er gleich 25,0 J ist?

***6.2** (Abschn. 6.2). Ein Student mißt eine Spannung U zehnmal mit den Ergebnissen (in Volt)

0,86; 0,83, 0,87; 0,84; 0,82; 0,95; 0,83; 0,85; 0.89; 0,88.

(a) Berechnen Sie den Mittelwert $\bar{U}$ und die Standardabweichung σ_U dieser Ergebnisse.

(b) Sollte der Student das Ergebnis 0,95 Volt verwerfen, wenn er sich dazu entschließt, das Chauvenetsche Kriterium anzuwenden? Geben Sie eine klare Begründung für Ihre Antwort.

***6.3** (Abschn. 6.2). Eine Studentin macht 14 Messungen der Schwingungsdauer eines gedämpften Oszillators mit den Ergebnissen (in Zehntelsekunden)

7, 3, 9, 3, 6, 9, 8, 7, 8, 12, 5, 9, 9, 3.

Da sie meint, das Ergebnis 12 sei verdächtig hoch, entschließt sie sich, das Chauvenetsche Kriterium anzuwenden. Verwirft sie das auffällige Ergebnis? Wie viele Meßwerte sollten erwartungsgemäß so weit wie das verdächtige Ergebnis vom Mittelwert wegliegen?

6.4 (Abschn. 6.2). Das Chauvenetsche Kriterium definiert eine Grenze, außerhalb welcher ein Meßwert als verwerfbar gilt. Wenn wir zehn Meßwerte ermitteln und einer von ihnen vom Mittelwert um mehr als ca. zwei Standardabweichungen (nach oben oder nach unten) abweicht, dann wird dieser Meßwert als verwerfbar betrachtet. Bei 20 Meßwerten beträgt diese Grenze ca. 2,2 Standardabweichungen. Fertigen Sie eine Tabelle an, in der die „Grenze der Verwerfbarkeit" für 5, 10, 20, 50, 100 und 1000 Meßwerte enthalten ist. (Verwenden Sie die Tabelle der Fehlerfunktion in Anhang A.)

7 Gewichtete Mittelwerte

In diesem Kapitel wenden wir uns dem Problem zu, wie sich zwei oder mehr getrennte und unabhängige Messungen ein und derselben physikalischen Größe kombinieren lassen. Wir werden sehen, daß der Bestwert dieser Größe, auf der Grundlage der verschiedenen Meßwerte, ein geeigneter *gewichteter Mittelwert* dieser Meßwerte ist.

7.1 Das Problem der Zusammenfassung getrennt erhaltener Meßergebnisse

Es kommt oft vor, daß eine physikalische Größe mehrere Male, vielleicht in mehreren verschiedenen Laboratorien, gemessen wird. Dann erhebt sich die Frage, wie diese Meßwerte zu einem einzigen Bestwert kombiniert werden können. Nehmen wir beispielsweise an, zwei Studenten, A und B, messen eine Größe x sorgfältig und erhalten folgende Ergebnisse:

$$\text{Student } A\text{: } x = x_A \pm \sigma_A \tag{7.1}$$

und

$$\text{Student } B\text{: } x = x_B \pm \sigma_B. \tag{7.2}$$

Jedes dieser Ergebnisse ist möglicherweise selbst aus einer Reihe von Messungen gewonnen worden. In diesem Fall ist x_A der Mittelwert aller Messungen von A und σ_A die Standardabweichung dieses Mittelwerts. (Entsprechendes gilt für x_B und σ_B.) Die Frage lautet, wie x_A und x_B am besten zu einem einzigen Bestwert von x zusammenzufassen sind.

Bevor wir diese Frage beantworten, wollen wir uns folgendes klar machen: wenn die Diskrepanz $|x_A - x_B|$ zwischen den beiden Ergebnissen viel größer ist als die beiden Unsicherheiten σ_A und σ_B zusammen, dann sollten wir argwöhnen, daß zumindest bei einer der Messungen etwas schiefgegangen ist. Die Ergebnisse sind in diesem Fall als *inkonsistent* zu betrachten, und wir sollten beide sorgfältig überprüfen, um zu sehen, ob bei einer der Meßreihen (oder beiden) unbemerkte systematische Abweichungen aufgetreten sind.

Nehmen wir jedoch an, die zwei Meßergebnisse (7.1) und (7.2) seien *konsistent*, d. h. die Diskrepanz $|x_A - x_B|$ sei *nicht* signifikant größer als σ_A und σ_B. Dann ist es sinnvoll, zu fragen, wie groß der Bestwert x_{Best} des wahren Werts X auf der Grundlage dieser zwei Meßergebnisse ist. Der erste Gedanke könnte sein, einfach den Mittelwert $(x_A + x_B)/2$ der zwei Ergebnisse zu nehmen. Durch ein bißchen Überlegen sollten wir jedoch darauf kommen, daß dieses Verfahren ungeeignet ist, wenn die zwei Unsicherheiten σ_A und σ_B ungleich sind. Beim einfachen Mittelwert $(x_A + x_B)/2$ erhalten nämlich beide Messungen dasselbe Gewicht, während das genauere Ergebnis irgendwie größeres Gewicht haben sollte.

7.2 Der gewichtete Mittelwert

Wir können unser Problem leicht lösen, indem wir, wie auch schon in Abschn. 5.5, das Prinzip der größten Wahrscheinlichkeit verwenden. Nehmen wir an, daß beide Meßergebnisse der Gauß-Verteilung folgen und bezeichnen wir den unbekannten wahren Wert von x mit X. Dann ist die Wahrscheinlichkeit dafür, daß der Student A seinen Wert x_A erhält

$$P_X(x_A) \propto \frac{1}{\sigma_A} e^{-(x_A - X)^2/2\sigma_A^2}, \tag{7.3}$$

und diejenige dafür, daß der Student B seinen Wert x_B bekommt, ist

$$P_X(x_B) \propto \frac{1}{\sigma_B} e^{-(x_B - X)^2/2\sigma_B^2}. \tag{7.4}$$

Wir haben mit dem Index X explizit gekennzeichnet, daß diese Wahrscheinlichkeiten von dem unbekannten tatsächlichen Wert abhängen. (Sie hängen auch von den jeweiligen Breiten σ_A und σ_B ab, wir haben das aber hier nicht angezeigt.)

Die Wahrscheinlichkeit, daß A den Wert x_A *und* B den Wert x_B findet, ist einfach das Produkt der zwei Wahrscheinlichkeiten. (7.3) und (7.4). Dieses Produkt enthält dann eine Exponentialfunktion, deren Exponent gleich der Summe der zwei Exponenten in (7.3) und (7.4) ist. Wir schreiben also

$$P_X(x_A, x_B) = P_X(x_A)\, P_X(x_B) \propto \frac{1}{\sigma_A \sigma_B} e^{-\chi^2/2}. \tag{7.5}$$

Hierbei haben wir die bequeme Abkürzung χ^2 (Chiquadrat) für den Exponenten eingeführt.

$$\chi^2 = \left(\frac{x_A - X}{\sigma_A}\right)^2 + \left(\frac{x_B - X}{\sigma_B}\right)^2. \tag{7.6}$$

Diese wichtige Größe ist die Summe der Quadrate der Abweichungen der beiden Meßwerte von X, jeweils dividiert durch die entsprechende Unsicherheit. Sie wird manchmal einfach „Summe der Quadrate“ genannt.

Wie in Kap. 5 erläutert, besagt das Prinzip der größten Wahrscheinlichkeit, daß unser Bestwert für den unbekannten wahren Wert X derjenige Wert ist, für den die tatsächlichen Beobachtungen x_A, x_B am wahrscheinlichsten sind. Das heißt, der Bestwert von X ist derjenige Wert, für den die Wahrscheinlichkeit (7.5) maximal oder – was das gleiche bedeutet – χ^2 minimal ist. (Da das Maximieren der Wahrscheinlichkeit erfordert, daß die „Summe der Quadrate“ χ^2 minimiert wird, wird diese Methode zur Schätzung von X

manchmal die „Methode der kleinsten Quadrate" genannt.) Also differenzieren wir zur Bestimmung des Bestwertes einfach (7.6) nach X und setzen die Ableitung gleich Null,

$$2\,\frac{x_A - X}{\sigma_A^2} + 2\,\frac{x_B - X}{\sigma_B^2} = 0\,.$$

Durch Auflösen dieser Gleichung nach X erhalten wir den Bestwert x_{Best}:

$$x_{\mathrm{Best}} = \left(\frac{x_A}{\sigma_A^2} + \frac{x_B}{\sigma_B^2}\right) \Bigg/ \left(\frac{1}{\sigma_A^2} + \frac{1}{\sigma_B^2}\right). \tag{7.7}$$

Dieses unschöne Ergebnis kann etwas übersichtlicher gemacht werden, wenn wir die *Gewichte*

$$w_A = \frac{1}{\sigma_A^2} \quad \text{und} \quad w_B = \frac{1}{\sigma_B^2} \tag{7.8}$$

definieren. Durch Einsetzen in (7.7) erhalten wir

$$x_{\mathrm{Best}} = \frac{w_A x_A + w_B x_B}{w_A + w_B}\,. \tag{7.9}$$

Wenn die zwei ursprünglichen Meßwerte gleich präzise sind (d. h. $\sigma_A = \sigma_B$ und deshalb $w_A = w_B$ ist), dann reduziert sich unser Ergebnis auf den einfachen Mittelwert $(x_A + x_B)/2$. Im allgemeinen ist (7.9) ein *gewichteter Mittelwert*. Die Gleichung ähnelt der Formel für den Schwerpunkt von zwei Körpern, wobei w_A und w_B die tatsächlichen Gewichte (bzw. die Massen) der zwei Körper und x_A und x_B ihre Ortskoordinaten sind. Hier sind die „Gewichte" die inversen Quadrate der Unsicherheiten der ursprünglichen Meßwerte (siehe (7.8)). Wenn die Messung von A genauer als die von B ist, dann ist $\sigma_A < \sigma_B$ und folglich $w_A > w_B$. Also liegt der Bestwert x_{Best} näher bei x_A als bei x_B, genau wie es sein sollte.

Unsere Analyse kann so verallgemeinert werden, daß sie sich auf die Zusammenfassung mehrerer Meßergebnisse für ein und dieselbe Größe x erstreckt. Nehmen wir an, wir haben N getrennte Meßergebnisse für die Größe x,

$$x_1 \pm \sigma_1,\; x_2 \pm \sigma_2,\; \ldots,\; x_N \pm \sigma_N$$

mit ihren entsprechenden Unsicherheiten $\sigma_1, \ldots, \sigma_N$. Durch eine ähnliche Argumentationskette wie oben erhalten wir das Ergebnis: der Bestwert auf der Grundlage dieser Meßwerte ist der gewichtete Mittelwert

$$x_{\mathrm{Best}} = \frac{\sum_{i=1}^{N} w_i x_i}{\sum_{i=1}^{N} w_i}\,. \tag{7.10}$$

Hierbei sind die *Gewichte* w_i die inversen Quadrate der entsprechenden Unsicherheiten

$$w_i = \frac{1}{\sigma_i^2}, \tag{7.11}$$

für $i = 1, 2, \ldots, N$.

Da das jedem Meßwert zugeordnete Gewicht $w_i = 1/\sigma_i^2$ das *Quadrat* der entsprechenden Unsicherheit σ_i im Nenner enthält, trägt jeder Meßwert, der sehr viel weniger präzise ist als die anderen, auch sehr viel weniger zum Endergebnis (7.10) bei. Wenn beispielsweise ein Meßwert viermal ungenauer ist als die übrigen, dann ist sein Gewicht 16mal kleiner als die anderen Gewichte. Für viele Zwecke könnte dieser Meßwert deshalb einfach ignoriert werden.

Das Endergebnis (7.10) für x_{Best} ist eine einfache Funktion der ursprünglichen Meßwerte $x_1, \ldots, x_N$. Deshalb kann die Unsicherheit mit Hilfe der Fehleranalyse leicht berechnet werden. In Übungsaufgabe 7.5 werden Sie aufgefordert zu zeigen, daß die Unsicherheit des Ergebnisses (7.10) für x_{Best}

$$\sigma_{x_{\text{Best}}} = \left(\sum_{i=1}^{N} w_i \right)^{-1/2}, \tag{7.12}$$

ist, wobei wie üblich $w_i = 1/\sigma_i^2$.

7.3 Ein Beispiel

Drei Studenten messen einen Widerstand mehrere Male und erhalten die folgenden drei Ergebnisse (in Ohm):

(Wert des ersten Studenten für R) $= 11 \pm 1$;
(Wert des zweiten Studenten für R) $= 12 \pm 1$;
(Wert des dritten Studenten für R) $= 10 \pm 3$.

Welchen Bestwert für den Widerstand R erhalten wir aus diesen Ergebnissen?

Die drei Unsicherheiten $\sigma_1, \sigma_2, \sigma_3$ sind gleich 1, 1, 3. Die drei Gewichte $w_i = 1/\sigma_i^2$ sind deshalb

$$w_1 = 1, \qquad w_2 = 1, \qquad w_3 = \tfrac{1}{9}$$

also ist gemäß (7.10) der Bestwert

$$\begin{aligned} R_{\text{Best}} &= \frac{\sum w_i R_i}{\sum w_i} = \frac{(1 \times 11) + (1 \times 12) + (\frac{1}{9} \times 10)}{(1 + 1 + \frac{1}{9})} \\ &= 11{,}42\,\Omega. \end{aligned}$$

Die durch (7.12) gegebene Unsicherheit dieses Ergebnisses ist

$$\sigma_{\text{Best}} = (\textstyle\sum w_i)^{-1/2} = (1 + 1 + \frac{1}{9})^{-1/2} = 0{,}69.$$

Also lautet unser Endergebnis:

$$R = (11{,}4 \pm 0{,}7)\,\Omega\,.$$

Es ist interessant zu sehen, welches Ergebnis wir erhalten, wenn wir den Meßwert des dritten Studenten völlig ignorieren, der dreimal weniger genau und deshalb neunmal weniger wichtig ist. Hier ergibt eine einfache Rechnung 11,50 (verglichen mit 11,42) mit der Unsicherheit 0,71 (verglichen mit 0,69). Offensichtlich hat der dritte Meßwert keine große Auswirkung.

Übungsaufgaben

Erinnerung: Ein Stern (*) weist darauf hin, daß die Aufgabe im Abschnitt „Lösungen" am Ende des Buches behandelt oder ihre Lösung dort angegeben wird.

***7.1** (Abschn. 7.2)

(a) Zwei Messungen der Schallgeschwindigkeit u liefern die Ergebnisse 334 ± 1 und 336 ± 2 (beides in m/s). Würden Sie sie als konsistent betrachten? Berechnen Sie, für den Fall, daß die Ergebnisse konsistent sind,den Bestwert für u und seine Standardabweichung.

(b) Wiederholen Sie Teil (a) für die Ergebnisse 334 ± 1 und 336 ± 5. Lohnt es sich hier, das zweite Ergebnis zu berücksichtigen?

***7.2** (Abschn. 7.2). Zwei Studenten messen einen Widerstand mit unterschiedlichen Methoden. Jeder macht 10 Messungen und berechnet dann den Mittelwert und seine Standardabweichung mit folgenden Ergebnissen:

$$\text{Student } A\text{: } R = (72 \pm 8)\,\Omega;$$
$$\text{Student } B\text{: } R = (78 \pm 5)\,\Omega.$$

(a) Wie groß ist bei Berücksichtigung beider Meßergebnisse der Bestwert von R und seine Unsicherheit?

(b) Wie viele Messungen müßte der Student A (bei Anwendung des bisherigen Verfahrens) ungefähr machen, um ein Ergebnis zu erhalten, dessen Gewicht gleich dem von B ist?

7.3 (Abschn. 7.2). Bestimmen Sie den Bestwert und seine Unsicherheit auf der Grundlage der folgenden vier Messungen einer Größe:

$$1{,}4 \pm 0{,}5; \quad 1{,}2 \pm 0{,}2; \quad 1{,}0 \pm 0{,}25; \quad 1{,}3 \pm 0{,}2\,.$$

7.4 (Abschn. 7.2). Nehmen Sie an, daß N Meßwerte irgendeiner Größe x alle dieselbe Unsicherheit haben. Zeigen Sie, daß in diesem Fall der gewichtete Mittelwert (7.10) sich auf den gewöhnlichen Mittelwert $\bar{x} = (\sum x_i)/N$ und der Ausdruck (7.12) auf die vertraute Standardabweichung des Mittelwerts reduziert.

***7.5** (Abschn. 7.2). Gegeben sind N Meßwerte $x_1, \ldots, x_N$ ein und derselben Größe x mit den Unsicherheiten $\sigma_1, \ldots, \sigma_N$. Der Bestwert von x ist durch (7.10) gegeben als $x_{\text{Best}} = (\sum w_i x_i)/(\sum w_i)$ mit den Gewichten $w_i = 1/\sigma_i^2$. Dadurch ist x_{Best} als eine Funktion von $x_1, \ldots, x_N$ definiert. Benutzen Sie Formel (3.47) für die Fehlerfortpflanzung, um zu zeigen, daß die Unsicherheit von x_{Best} durch (7.12) gegeben ist als

$$\sigma_{x_{\text{Best}}} = \left(\sum w_i\right)^{-1/2}.$$

8 Anpassung nach der Methode der kleinsten Quadrate

Bei der Behandlung der Analyse statistischer Daten haben wir unsere Aufmerksamkeit bisher ausschließlich auf die wiederholte Messung ein und derselben Größe konzentriert. Das geschah nicht deshalb, weil die Analyse vieler Messungen ein und derselben Variablen das interessanteste Problem der Statistik ist. Der Grund für dieses Vorgehen war vielmehr, daß wir diesen einfachen Fall gut verstanden haben müssen, bevor wir allgemeinere behandeln können. Wir sind inzwischen darauf vorbereitet, unser erstes allgemeineres Problem, das von großer Bedeutung ist, zu besprechen.

8.1 Daten, die an eine Gerade angepaßt werden sollen

Eine der häufigsten und interessantesten Arten von Experimenten betrifft die Messung mehrerer Werte zweier verschiedener physikalischer Variablen zur Untersuchung der mathematischen Beziehung zwischen den zwei Variablen. Man könnte beispielsweise einen Stein aus verschiedenen Höhen $h_1, \ldots, h_N$ fallen lassen und die entsprechenden Fallzeiten $t_1, \ldots, t_N$ messen, um herauszufinden, ob die Höhen und Zeiten durch die erwartete Beziehung $h = ½\, g t_2$ verknüpft sind.

Die wichtigsten Experimente dieser Art sind wohl diejenigen, bei denen die erwartete Beziehung *linear* ist. Diesen Fall betrachten wir als ersten. Wenn wir beispielsweise glauben, daß ein Körper mit konstanter Beschleunigung g fällt, dann sollte seine Geschwindigkeit v eine lineare Funktion der Zeit t sein,

$$v = v_0 + g t.$$

Allgemeiner werden wir zwei beliebige physikalische Variable x und y betrachten, von denen wir vermuten, daß sie durch eine lineare Beziehung der Form

$$y = A + B x \tag{8.1}$$

verknüpft sind (A und B Konstanten). Unglücklicherweise werden für lineare Beziehungen viele verschiedene Schreibweisen verwendet. Geben Sie acht, daß Sie die Form (8.1) nicht mit der gleichermaßen üblichen Form $y = a x + b$ verwechseln.

Wenn zwischen zwei Variablen eine lineare Beziehung wie in (8.1) besteht, dann sollte die graphischen Darstellung von y gegen x eine Gerade mit Steigung B liefern, welche die y-Achse bei $y = A$ schneidet. Wenn wir N verschiedene Werte $x_1, \ldots, x_N$ und die zugehö-

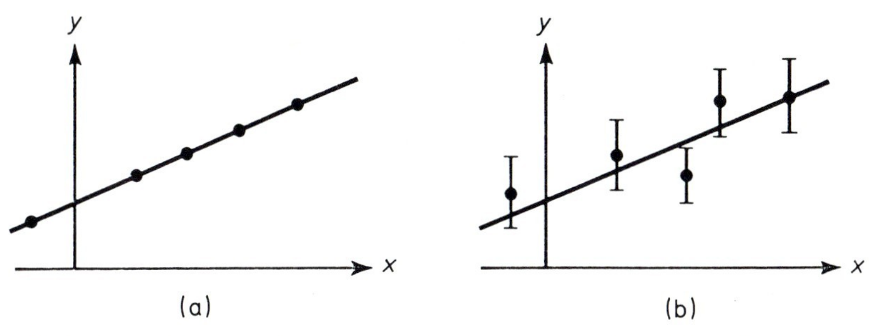

Abb. 8–1. (a) Wenn zwischen den Variablen y und x eine lineare Beziehung wie in Gleichung (8.1) besteht und wenn es keine experimentellen Unsicherheiten gäbe, dann lägen die gemessenen Punkte alle auf der Geraden $y = A + Bx$. (b) In der Praxis gibt es immer Unsicherheiten, die sich durch Fehlerbalken darstellen lassen. Man kann nur erwarten, daß die Punkte (x_i, y_i) vernünftig nahe bei der Geraden liegen. Hier wird der Fall gezeigt, daß nur y mit Unsicherheiten behaftet ist.

rigen Werte $y_1, \ldots, y_N$ gemessen hätten und unsere Messungen keinerlei Unsicherheit aufwiesen, dann läge jeder der Punkte (x_i, y_i) wie in Abb. 8–1(a) exakt auf der Geraden $y = A + Bx$. In der Praxis *gibt* es Unsicherheiten, und wir können höchstens erwarten, daß der Abstand eines jeden Punktes (x_i, y_i) von der Geraden wie in Abb. 8–1(b) im Vergleich zu den Unsicherheiten vernünfig ist.

Wenn wir eine Meßreihe der gerade beschriebenen Art durchführen, können wir zwei mögliche Fragen stellen. Erstens: Vorausgesetzt, die Beziehung zwischen x und y *ist* linear, dann gilt es, die Gerade $y = A + Bx$ zu finden, die am besten zu den Meßwerten paßt. Mit anderen Worten: Wir müssen die Bestwerte der Konstanten A und B auf der Grundlage der Daten $(x_1, y_1), \ldots, (x_N, y_N)$ ermitteln. Dieses Problem kann graphisch angegangen werden, wie in Abschn. 2.6 kurz besprochen wurde. Es kann auch mit Hilfe des Prinzips der größten Wahrscheinlichkeit analytisch behandelt werden. Das analytische Verfahren zur Bestimmung der Geraden, die am besten an eine Reihe experimentell gefundener Punkte angepaßt ist, heißt *lineare Regression* oder *Anpassung einer Geraden nach der Methode der kleinsten Quadrate* und ist das Hauptthema dieses Kapitels.

Die zweite Frage, die gestellt werden kann, lautet: erfüllen die Meßwerte $(x_1, y_1), \ldots, (x_N, y_N)$ wirklich unsere Erwartung, daß y linear in x ist? Wir können als erstes die Gerade bestimmen, die am besten an die Daten angepaßt ist, aber wir müssen dann ein Maß dafür finden, *wie gut* diese Gerade zu den Daten paßt. Wir werden diese Frage in Kapitel 9 aufgreifen.

8.2 Berechnung der Konstanten A und B

Kehren wir jetzt zu der Aufgabe zurück, die Gerade $y = A + Bx$ zu finden, die am besten an eine Menge von Meßpunkten $(x_1, y_1), \ldots, (x_i, y_i)$ angepaßt ist. Vereinfachend werden wir annehmen, daß zwar unsere Meßwerte für y unter Unsicherheiten leiden, aber die Unsicherheit der gemessenen x-Werte vernachlässigbar ist. Das ist oft eine vernünftige

Annahme, da die Unsicherheiten in der einen Variablen oft viel größer als die in der anderen sind. Diese können wir dann gefahrlos vernachlässigen. Wir werden ferner annehmen, daß die Unsicherheiten von y alle gleich groß sind. (Das ist auch bei vielen Experimenten eine vernünftige Annahme. Wenn sich die Unsicherheiten jedoch unterscheiden, dann läßt sich unsere Analyse so verallgemeinern, daß die Meßwerte angemessen gewichtet werden; siehe Aufgabe 8.4.) Genauer gesagt, nehmen wir an, jeder Meßwert y_i folge einer Gauß-Verteilung mit dem Breiteparameter σ_y.

Wenn wir wüßten, welche Werte die Konstanten A und B haben, dann könnten wir für jeden gegebenen Wert x_i (von dem wir annehmen, daß er keine Unsicherheit aufweist) den wahren Wert des zugehörigen y_i berechnen,

$$(\text{wahrer Wert von } y_i) = A + Bx_i. \tag{8.2}$$

Die Messung von y_i folgt einer beim wahren Wert zentrierten Normalverteilung mit Breiteparameter σ_y. Deshalb ist die Wahrscheinlichkeit dafür, den beobachteten Wert y_i zu erhalten

$$P_{A,B}(y_i) \propto \frac{1}{\sigma_y}\, e^{-(y_i - A - Bx_i)^2/2\sigma_y^2}, \tag{8.3}$$

wobei die Indizes A und B darauf hinweisen, daß diese Wahrscheinlichkeit von den (unbekannten) Werten von A und B abhängt. Die Wahrscheinlichkeit dafür, unsere gesamte Menge von Meßwerten $y_1, \ldots, y_i$ zu erhalten, ist das Produkt

$$P_{A,B}(y_1, \ldots, y_N) = P_{A,B}(y_1) \cdots P_{A,B}(y_N) \propto \frac{1}{\sigma_y^N}\, e^{-\chi^2/2}, \tag{8.4}$$

wobei der Exponent gegeben ist durch

$$\chi^2 = \sum_{i=1}^{N} \frac{(y_i - A - Bx_i)^2}{\sigma_y^2}. \tag{8.5}$$

Wie wir uns jetzt schon denken können, sind die Bestwerte für die unbekannten Werte A und B diejenigen Werte von A und B, für welche die Wahrscheinlichkeit $P_{A,B}(y_1, \ldots, y_N)$ maximal ist, bzw. für welche die Summe der Quadrate χ^2 in (8.5) minimal ist. (Deshalb ist diese Art der Anpassung als Anpassung nach der Methode der kleinsten Quadrate bekannt.) Zur Bestimmung dieser Werte differenzieren wir χ^2 nach A und B und setzen die Ableitungen gleich Null:

$$\frac{\partial \chi^2}{\partial A} = \left(-\frac{2}{\sigma_y^2}\right) \sum_{i=1}^{N} (y_i - A - Bx_i) = 0 \tag{8.6}$$

und

$$\frac{\partial \chi^2}{\partial B} = \left(-\frac{2}{\sigma_y^2}\right) \sum_{i=1}^{N} x_i(y_i - A - Bx_i) = 0. \tag{8.7}$$

Diese zwei Gleichungen können in ein Gleichungssystem für A und B umgeschrieben werden:

$$AN + B\sum x_i = \sum y_i \tag{8.8}$$

und

$$A \sum x_i + B \sum x_i^2 = \sum x_i y_i. \tag{8.9}$$

(Von jetzt an lassen wir die Grenzen $i = 1$ bis N bei den Summationszeichen $\sum$ weg.) Diese zwei als *Normalgleichungen* bekannten Gleichungen können leicht gelöst werden. Sie liefern *Schätzwerte für die Konstanten* A und B nach der Methode der kleinsten Quadrate

$$A = \frac{(\sum x_i^2)(\sum y_i) - (\sum x_i)(\sum x_i y_i)}{\Delta} \tag{8.10}$$

und

$$B = \frac{N(\sum x_i y_i) - (\sum x_i)(\sum y_i)}{\Delta}. \tag{8.11}$$

Hierbei haben wir die bequeme Abkürzung

$$\Delta = N(\sum x_i^2) - (\sum x_i)^2 \tag{8.12}$$

eingeführt.

Die Ergebnisse (8.10) und (8.11) liefern die Bestwerte der Konstanten A und B der Gerade $y = A + Bx$ auf der Grundlage der gemessenen Punkte $(x_1, y_1), \ldots, (x_N, y_N)$. Die sich ergebende Gerade heißt *Anpassung* an die Daten *nach der Methode der kleinsten Quadrate* oder *Regressionsgerade* von y auf x. Jetzt drängt sich die Frage auf, welche Unsicherheit unsere Schätzwerte von A und B haben. Bevor wir diese Frage beantworten können, müssen wir jedoch erst die Unsicherheit σ_y unserer ursprünglichen Meßwerte $y_1, \ldots, y_N$ diskutieren.

8.3 Unsicherheit der Meßwerte von y

Im Verlauf der Messung der Werte $y_1, \ldots, y_N$ haben wir uns wahrscheinlich eine Vorstellung von ihrer Unsicherheit gebildet. Trotzdem ist es wichtig zu wissen, wie sich die Unsicherheit durch die Analyse der Daten berechnen läßt. Erinnern wir uns daran, daß die Werte $y_1, \ldots, y_N$ *nicht* N Meßwerte derselben Größe sind. (Sie könnten beispielsweise die Zeiten sein, die ein Stein benötigt, um N verschiedene Höhen zu durchfallen.) Wir erhalten also keine Vorstellung von ihrer Zuverlässigkeit, indem wir die Streuung dieser Werte untersuchen.

Trotzdem können wir die Unsicherheit σ_y der Werte $y_1, \ldots, y_N$ leicht abschätzen. Der Meßwert eines jeden y_i ist (wie wir annehmen) um den wahren Wert $A + Bx_i$ mit dem Breiteparameter σ_y normalverteilt. Also sind die *Abweichungen* $y_i - A - Bx_i$ normalverteilt und alle mit derselben Breite $\sigma_y$beim selben Wert 0 zentriert. Das legt unmittelbar nahe, daß ein guter Schätzwert für σ_y durch eine Summe von Quadraten in der vertrauten

Form

$$\sigma_y^2 = \frac{1}{N} \sum (y_i - A - Bx_i)^2 \tag{8.13}$$

gegeben ist. In der Tat läßt sich dieses Ergebnis mit Hilfe des Prinzips der größten Wahrscheinlichkeit bestätigen. Wie üblich ist der Bestwert für den fraglichen Parameter (hier σ_y) derjenige Wert, für den die Wahrscheinlichkeit (8.4) maximal ist, die beobachteten Werte $y_1, \ldots, y_N$ zu erhalten. Wie Sie leicht überprüfen können, indem Sie (8.4) nach σ_y ableiten und die Ableitung gleich Null setzen, ist dieser Bestwert genau das Ergebnis (8.13).

Wie sie vielleicht vermuteten, ist mit dem Schätzwert (8.13) für σ_y^2 die Angelegenheit unglücklicherweise noch nicht ganz erledigt. Die Zahlen A und B in (8.13) sind die unbekannten wahren Werte der Konstanten A und B. In der Praxis müssen diese durch unsere *Schätzwerte* für A und B, nämlich (8.10) und (8.11), ersetzt werden. Durch diese Ersetzung wird der Wert von (8.13) leicht vermindert. Es kann gezeigt werden, daß diese Verminderung ausgeglichen wird, wenn wir den Faktor N im Nenner durch $(N-2)$ ersetzen. Also lautet unser endgültiges Ergebnis für die Unsicherheit der Meßwerte $y_1, \ldots, y_N$:

$$\sigma_y^2 = \frac{1}{N-2} \sum_{i=1}^{N} (y_i - A - Bx_i)^2. \tag{8.14}$$

Hierbei sind A und B durch (8.10) und (8.11) gegeben. Wenn uns schon ein unabhängiger Schätzwert für unsere Unsicherheit von $y_1, \ldots, y_N$ vorliegt, dann müßte dieser vergleichbar sein mit dem aus (8.14) berechneten Wert von σ_y.

Wir werden nicht versuchen, den Faktor $(N-2)$ in (8.14) zu rechtfertigen, bemerken aber folgendes dazu. Erstens: Solange N mäßig groß ist, kommt es auf den Unterschied zwischen N und $(N-2)$ ohnehin nicht an. Zweitens: Daß der Faktor $(N-2)$ *vernünftig* ist, wird klar, wenn wir die Messung von nur zwei Datenpaaren, (x_1, y_1) und (x_2, y_2), betrachten. Bei nur zwei Punkten läßt sich immer eine Gerade finden, die *exakt* durch beide Punkte geht, und die Anpassung nach der Methode der kleinsten Quadrate wird diese Gerade liefern. Das bedeutet, daß es bei zwei Datenpunkten keinerlei Möglichkeit gibt, etwas über die Zuverlässigkeit unserer Meßwerte herzuleiten. Da nun beide Punkte exakt auf der besten Geraden liegen, sind die zwei Terme der Summe in (8.13) und (8.14) jeweils gleich Null. Also würde die Formel (8.13) (mit $N = 2$ im Nenner) das absurde Ergebnis $\sigma_y = 0$ liefern. Hingegen ergibt (8.14), mit $N - 2 = 0$ im Nenner, $\sigma_y = 0/0$. Das weist korrekt darauf hin, daß σ_y nach nur zwei Messungen unbestimmt ist.

Die Anwesenheit des Faktors $(N-2)$ in (8.14) erinnert an den Nenner $(N-1)$, der bei unserem Schätzwert für die Standardabweichung von N Meßwerten einer Größe x in Gleichung (5.46) auftrat. Dort ermittelten wir N Meßwerte $x_1, \ldots, x_N$ einer Größe x. Bevor wir σ_x berechnen konnten, mußten wir erst die Daten zur Berechnung des Mittelwerts $\bar{x}$ verwenden. In einem gewissen Sinne blieben dadurch nur $(N-1)$ unabhängige Meßwerte übrig. So sagen wir, daß nach der Berechnung von $\bar{x}$ nur noch $(N-1)$ *Freiheitsgrade* übrig sind. Hier nun führten wir N Meßungen durch, aber vor der Berechnung von σ_y mußten wir die *zwei* Größen A und B ermitteln. Nachdem wir das getan hatten, blieben nur noch $(N - 2)$ Freiheitsgrade übrig. Im allgemeinen definieren wir die *Anzahl der Freiheitsgrade* bei jedem Schritt einer statistischen Berechnung als die Anzahl der unabhängigen Messungen *minus* der Anzahl der aus den betreffenden Meßwerten berechneten Parameter. Es läßt sich zeigen (wenn wir es hier auch nicht tun), daß im Nenner von Formeln wie (8.14) und (5.46) die Anzahl der Freiheitsgrade und *nicht* die Anzahl der Meßwerte stehen sollte. Das erklärt, warum (8.14) den Faktor $(N - 2)$ und (5.46) den Faktor $(N - 1)$ enthält.

8.4 Unsicherheit der Konstanten A und B

Wir kennen nun die Unsicherheit σ_y der Meßwerte $y_1, \ldots, y_N$. Deshalb können wir jetzt leicht zu unseren Schätzwerten für die Konstanten A und B und deren Unsicherheit zurückkehren. Der wesentliche Punkt ist, daß die Schätzwerte (8.10) und (8.11) für A und B wohldefinierte Funktionen der Meßwerte $y_1, \ldots, y_N$ sind. Das erlaubt uns, die Unsicherheiten von A und B aus der einfachen Fortpflanzung der Unsicherheiten von $y_1, \ldots, y_N$ zu erhalten. Es sei dem Leser überlasssen, nachzuprüfen, daß

$$\sigma_A^2 = \frac{\sigma_y^2 \sum x_i^2}{\Delta} \tag{8.15}$$

und

$$\sigma_B^2 = \frac{N \sigma_y^2}{\Delta}, \tag{8.16}$$

wobei Δ wie üblich durch (8.12) gegeben ist (Aufgabe 8.8b).

8.5 Ein Beispiel

Wenn bei der Probe eines idealen Gases das Volumen konstant gehalten wird, dann ist ihre Temperatur t eine lineare Funktion des Druckes p,

$$t = A + Bp. \tag{8.17}$$

Hier ist die Konstante A die Temperatur, bei welcher der Druck auf Null abfiele (wenn das Gas nicht vorher zu einer Flüssigkeit kondensieren würde). Diese Temperatur heißt *absoluter Nullpunkt der Temperatur* und hat den akzeptierten Wert

$$A = -273{,}15\,^{\circ}\mathrm{C}. \tag{8.18}$$

Die Konstante B hängt von der Art des Gases, seiner Masse und seinem Volumen ab.[1] Durch Messen einer Reihe von t- und p-Werten können wir die Bestwerte für die Konstanten A und B finden. Insbesondere liefert die Konstante A den absoluten Nullpunkt der Temperatur.

Tab. 8–1 zeigt einen Satz von je 5 p- und t-Werten, die ein Student gemesen hat. Der Student ging davon aus, daß die Unsicherheit seiner p-Meßwerte vernachlässigbar klein und die aller t-Werte gleich groß sei, nämlich „ein paar Grad" betrage. Unter der Annahme, daß seine Punkte zu einer Geraden der Form (8.17) passen sollten, berechnete er seinen Bestwert für die Konstante A (den absoluten Nullpunkt) und deren Unsicherheit. Wie hätten seine Ergebnisse lauten sollen?

Tab. 8–1. Druck-Temperatur-Experiment.

Versuch Nummer i	Druck p_i (in mm Quecksilber)	Temperatur, t_i (in °C)	$A + Bp_i$
1	65	−20	−22,2
2	75	17	14,9
3	85	42	52,0
4	95	94	89,1
5	105	127	126,2

Alles, was wir hier tun müssen, ist, zur Berechnung der interessierenden Größen die Formeln (8.10) und (8.15) zu verwenden, wobei x_i durch p_i und y_i durch t_i zu ersetzen sind. Dazu müssen wir die Summen $\sum p_i$, $\sum p_i^2$, $\sum t_i$, $\sum p_i t_i$ berechnen. Viele Taschenrechner können diese Summen automatisch auswerten, aber selbst ohne ein solches Gerät können wir diese Rechnungen leicht ausführen, wenn die Daten richtig organisiert sind. Mit den Daten von Tab. 8–1 ergibt sich:

$$\begin{aligned} \sum p_i &= 425, \\ \sum p_i^2 &= 37125, \\ \sum t_i &= 260, \\ \sum p_i t_i &= 25\,810, \\ \Delta &= 5000, \end{aligned}$$

wobei $\Delta = N(\sum p_i^2) - (\sum p_i)^2$ ist. Bei derartigen Rechnungen ist es wichtig, viele signifikante Stellen zu behalten, da wir Differenzen dieser großen Zahlen zu bilden haben. Mit diesen Summen können wir unmittelbar die Bestwerte der Konstanten A und B berechnen:

$$A = \frac{(\sum p_i^2)(\sum t_i) - (\sum p_i)(\sum p_i t_i)}{\Delta} = -263{,}35$$

[1] Die Differenz $t - A$ heißt *absolute Temperatur*. Folglich läßt sich aus (8.17) ableiten, daß (bei konstantem Volumen) die absolute Temperatur dem Druck proportional ist.

und

$$B = \frac{N(\sum p_i t_i) - (\sum p_i)(\sum t_i)}{\Delta} = 3{,}71\,.$$

Das liefert schon den Bestwert des Studenten für den absoluten Nullpunkt: $A = -263\,^\circ\mathrm{C}$.

Nachdem wir die Konstanten A und B kennen, können wir als nächstes die Zahlen $A + Bp_i$ berechnen – die Temperaturen, die wir auf der Grundlage unserer besten Anpassung an die Beziehung $t = A + Bp$ „erwarten" würden. Diese sind in der rechten Spalte der Tabelle gezeigt. Wie erhofft, stimmen alle in vernünftigen Grenzen mit den beobachteten Temperaturen überein. Wir können jetzt die Differenz zwischen den letzten zwei Spalten bilden und

$$\sigma_t^2 = \frac{1}{(N-2)} \sum (t_i - A - Bp_i)^2 = 44{,}6$$

und damit die Standardabweichung

$$\sigma_t = 6{,}7$$

berechnen. Das ist in vernünftiger Übereinstimmung mit der Schätzung des Studenten, daß seine Temperaturmeßwerte eine Unsicherheit von „ein paar Grad" hätten.

Schließlich können wir mit Hilfe von (8.15) die Unsicherheit von A berechnen:

$$\sigma_A^2 = \frac{\sigma_t^2 (\sum p_i^2)}{\Delta} = 331$$

oder

$$\sigma_A = 18\,.$$

Folglich lautet das endgültige Meßergebnis des Studenten, entsprechend gerundet,

$$\text{absoluter Nullpunkt } A = (-260 \pm 20)\,^\circ\mathrm{C},$$

was zufriedenstellend mit dem anerkannten Wert von $-273\,^\circ\mathrm{C}$ übereinstimmt.

Wie auch sonst oft werden die Ergebnisse viel klarer, wenn wir sie wie in Abb. 8–2 graphisch darstellen. Die fünf Datenpunkte mit ihren Unsicherheiten von $\pm 7\,^\circ\mathrm{C}$ werden rechts oben gezeigt. Die beste Gerade schneidet vier der Fehlerbalken und geht am fünften knapp vorbei.

Um einen Wert für den absoluten Nullpunkt zu erhalten, wurde die Gerade über alle Datenpunkte hinaus bis zu ihrem Schnittpunkt mit der t-Achse verlängert. Dieses Verfahren der *Extrapolation* (Verlängerung einer Kurve über die Datenpunkte, die sie festlegen, hinaus) kann zu großen Unsicherheiten führen, wie das Bild klar zeigt. Eine sehr kleine Änderung der Steigung der Geraden führt zu einer großen Änderung ihres Schnittpunkts mit der weit entfernten t-Achse. So wird jede Unsicherheit stark vergrößert, wenn wir über eine größere Entfernung zu extrapolieren haben. Das erklärt, warum die Unsicherheit des absoluten Nullpunkts ($\pm 18\,^\circ\mathrm{C}$) so viel größer ist als die der ursprünglichen Temperaturmeßwerte ($\pm 7\,^\circ\mathrm{C}$).

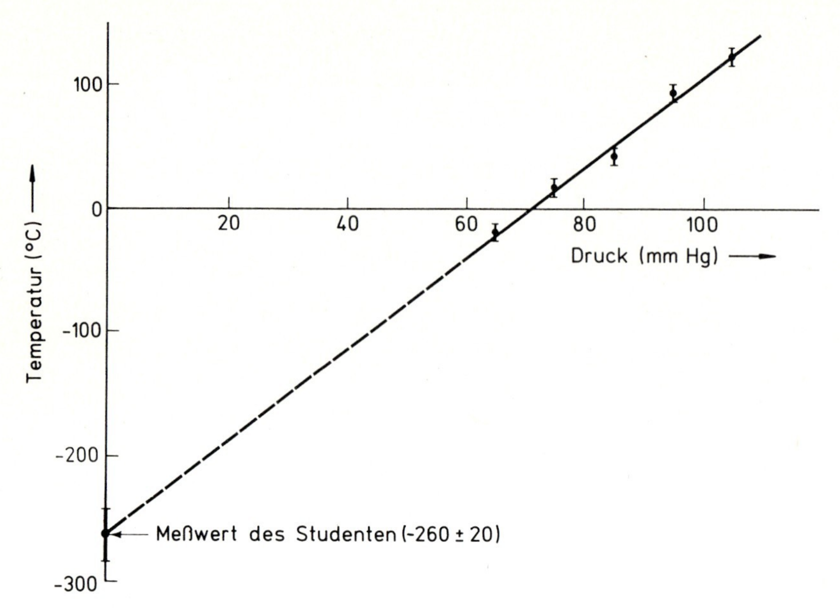

Abb. 8–2. Graphische Darstellung der Temperatur t gegen den Druck p für ein Gas bei konstantem Volumen. Die Fehlerbalken erstrecken sich auf beiden Seiten der fünf Meßpunkte über je eine Standardabweichung, σ_t, und die Gerade ist die beste Anpassung nach der Methode der kleinsten Quadrate. Der absolute Nullpunkt der Temperatur wurde durch Extrapolation der Geraden bis zum Schnittpunkt mit der t-Achse bestimmt.

8.6 Anpassungen anderer Kurven nach der Methode der kleinsten Quadrate

Bisher haben wir in diesem Kapitel die Messung von zwei Variablen betrachtet, die eine lineare Beziehung, $y = A + Bx$, erfüllen, und wir sind insbesondere auf die Berechnung der Konstanten A und B eingegangen. Dieses wichtige Problem ist ein Spezialfall einer großen Klasse von Kurvenanpassungsproblemen, von denen viele auf ähnliche Art und Weise gelöst werden können. In diesem letzten Abschnitt erwähnen wir kurz einige weitere Probleme dieser Art.

Anpassung eines Polynoms

Es kommt oft vor, daß man von einer Variablen, y, annimmt, sie sei ein Polynom einer zweiten Variablen, x,

$$y = A + Bx + Cx^2 + \cdots + Hx^n. \tag{8.19}$$

Beispielsweise wird erwartet, daß die Höhe y eines fallenden Körpers sich quadratisch mit der Zeit t ändert:

$$y = y_0 + v_0 t - \tfrac{1}{2}\, g t^2,$$

wobei y_0 die Anfangshöhe ist, v_0 Anfangsgeschwindigkeit und g die Schwerebeschleunigung. Wenn eine Menge von Beobachtungswerten der zwei Variablen gegeben ist, kann man Bestwerte für die Konstanten $A, B, \ldots, H$ in (8.19) finden, indem man analog zu den Ausführungen von Abschnitt 8.2 vorgeht. Das wollen wir jetzt tun.

Zur Vereinfachung der Diskussion nehmen wir an, das Polynom sei tatsächlich quadratisch,

$$y = A + Bx + Cx^2. \tag{8.20}$$

(Der interessierte Leser kann die Analyse leicht auf den allgemeinen Fall ausdehnen.) Wir nehmen wie zuvor an, daß wir eine Reihe von Meßwerten (x_i, y_i), $i = 1, \ldots, N$, haben, wobei die Unsicherheiten aller y_i gleich und die x_i alle exakt sind. Für jedes x_i ist der entsprechende wahre Wert von y_i durch (8.20) gegeben, wobei A, B und C bis jetzt unbekannt sind. Wir nehmen an, daß die Meßwerte y_i Normalverteilungen folgen, von denen jede beim entsprechenden wahren Wert zentriert ist und die alle die gleiche Breite σ_y haben. Das erlaubt uns, auf vertraute Weise die Wahrscheinlichkeit dafür zu berechnen, daß wir die beobachteten Werte $y_1, \ldots, y_N$ erhalten,

$$P(y_1, \ldots, y_N) \propto e^{-\chi^2/2}, \tag{8.21}$$

wobei jetzt

$$\chi^2 = \sum_{i=1}^{N} \frac{(y_i - A - Bx_i - Cx_i^2)^2}{\sigma_y^2}. \tag{8.22}$$

(Das entspricht Gleichung (8.5) für den linearen Fall.) Die Bestwerte von A, B und C sind diejenigen Werte, für die $P(y_1, \ldots, y_N)$ am größten, also χ^2 am kleinsten ist. Indem wir χ^2 nach A, B und C differenzieren und diese Ableitungen gleich Null setzen, erhalten wir (wie Sie überprüfen sollten) die drei Gleichungen

$$\begin{aligned} AN + B\sum x_i + C\sum x_i^2 &= \sum y_i \\ A\sum x_i + B\sum x_i^2 + C\sum x_i^3 &= \sum x_i y_i \\ A\sum x_i^2 + B\sum x_i^3 + C\sum x_i^4 &= \sum x_i^2 y_i . \end{aligned} \tag{8.23}$$

Für jede gegebene Menge von Meßwerten (x_i, y_i) kann dieses System von Gleichungen für A, B und C (die als *Normalgleichungen* bekannt sind) zur Bestimmung der Bestwerte von A, B und C gelöst werden. Geschieht die Berechnung von A, B und C auf diese Weise, so wird die Gleichung $y = A + Bx + Cx^2$ die Polynomanpassung nach der Methode der kleinsten Quadrate oder die polynomiale Regression für die gegebenen Meßwerte genannt.

Die Methode der polynomialen Regression ist leicht auf Polynome beliebigen Grades zu verallgemeinern, aber die sich ergebenden Normalgleichungen werden für Polynome hohen Grades sehr umständlich. Im Prinzip kann eine ähnliche Methode auf *beliebige* Funktionen $y = f(x)$ angewendet werden, die von mehreren unbekannten Parametern $A, B, \cdots$ abhängen. Allerdings kann es u. U. schwer oder unmöglich sein, die sich ergebenden Normalgleichungen zur Bestimmung der Bestwerte von $A, B, \cdots$ zu lösen. Eine große Klasse von Problemen gibt es jedoch, die immer gelöst werden *können*, nämlich die, wo die Funktion $y = f(x)$ von den Parametern $A, B, \cdots$ linear abhängt. Dazu gehören zunächst alle Polynome – offensichtlich ist das Polynom (8.19) linear in den Koeffizienten $A, B, \cdots$ –, darüber hinaus aber noch viele andere Funktionen. Beispielsweise wird bei manchen Problemen erwartet, daß y die Summe von trigonometrischen Funktionen ist wie

$$y = A \sin x + B \cos x. \tag{8.24}$$

Für diese Funktion, und in der Tat für jede in den Parametern $A, B, \cdots$ lineare Funktion, bilden die Normalgleichungen, welche die Bestwerte von $A, B, \cdots$ bestimmen, ein lineares Gleichungssystem, das immer gelöst werden kann (siehe Aufgaben 8.12 und 8.13).

Exponentialfunktionen

Eine der wichtigsten Funktionen in der Physik ist die Exponentialfunktion

$$y = A e^{Bx}, \tag{8.25}$$

wobei A und B Konstanten sind. Die Intensität I von Strahlung fällt nach dem Durchlaufen einer Strecke x in einer Abschirmung exponentiell ab:

$$I = I_0 e^{-\mu x},$$

wobei I_0 der Anfangswert der Intensität ist und μ die Absorption durch die Abschirmung charakterisiert. Die Ladung auf einem kurzgeschlossenen Kondensator fließt exponentiell ab:

$$Q = Q_0 e^{-\lambda t}.$$

Hierbei bedeutet Q_0 den Anfangswert der Ladung und $\lambda = 1/(RC)$, wobei R und C der Widerstand bzw. die Kapazität ist.

Wenn die Konstanten A und B in (8.25) unbekannt sind, so bietet es sich an, Schätzwerte für sie auf der Grundlage von Meßwerten von x und y zu suchen. Unglücklicherweise führt die direkte Anwendung unserer vorherigen Argumente zu Gleichungen für A und B, die nicht leicht zu lösen sind. Es ist jedoch möglich, die nichtlineare Beziehung (8.25) zwischen y und x in eine lineare Beziehung umzuformen, auf die sich unsere Anpassung nach der Methode der kleinsten Quadrate anwenden läßt.

Um die gewünschte „Linearisierung" zu erreichen, logarithmieren wir (8.25) und erhalten

$$\ln y = \ln A + Bx. \tag{8.26}$$

Wir sehen, daß sich, obwohl y nicht linear in x ist, eine lineare Beziehung zwischen $\ln y$ und x ergibt. Diese Umwandlung der nichtlinearen Beziehung (8.25) in die lineare Beziehung (8.26) ist auch in vielen anderen Zusammenhängen neben dem der Anpassung nach der Methode der kleinsten Quadrate nützlich. Wenn wir die Beziehung (8.25) graphisch prüfen wollen, dann entsteht beim direkten Auftragen von y gegen x eine Kurve, die mit dem Auge schlecht zu begutachten ist. Andererseits sollte bei einer Auftragung von $\ln y$

gegen x (oder $\log y$ gegen x) eine Gerade entstehen, die leicht als solche identifiziert werden kann. (Eine solche Auftragung ist besonders einfach, wenn man „halblogarithmisches" Millimeterpapier verwendet, bei dem die Einteilung an einer Achse logarithmisch ist. Solches Papier erlaubt, $\log y$ direkt aufzutragen, also ohne den Logarithmus zu berechnen.)

Die Nützlichkeit der linearen Gleichung (8.26) bei der Anpassung nach der Methode der kleinsten Quadrate ist leicht einzusehen. Wenn wir glauben, zwischen y und x bestehe die Beziehung $y = A\,e^{Bx}$, dann sollten die Variablen $z = \ln y$ und x der Beziehnung (8.26) genügen. Es sollte also

$$z = \ln A + Bx \tag{8.27}$$

sein.

Wenn wir eine Reihe von Meßwerten (x_i, y_i) haben, dann können wir für jedes y_i das entsprechende $z_i = \ln y_i$ berechnen. Dann sollten die Paare (x_i, z_i) auf der Geraden (8.27) liegen. Diese Gerade kann mit der Methode der kleinsten Quadrate so angepaßt werden, daß sich die Bestwerte für die Konstanten $\ln A$ (woraus wir A berechnen können) und B ergeben.

Beispiel

Viele Populationen (von Menschen, Bakterien, radioaktiven Kernen usw.) neigen dazu, sich exponentiell mit der Zeit zu verändern. Wenn eine Gesamtheit N exponentiell abnimmt, schreiben wir

$$N = N_0 e^{-t/\tau}, \tag{8.28}$$

wobei τ die *mittlere Lebensdauer* der Population ist (die eng mit der *Halbwertszeit* $t_{1/2}$ zusammenhängt, und zwar ist $t_{1/2} = 0{,}693\,\tau$). Ein Biologe hat den Verdacht, daß eine Population von Bakterien entsprechend (8.28) exponentiell abnimmt. Er mißt die Population an drei aufeinanderfolgenden Tagen mit den in den ersten zwei Spalten von Tab. 8–2 gezeigten Ergebnissen. Wenn diese Daten gegeben sind, was ist dann sein Bestwert für die mittlere Lebensdauer τ?

Tab. 8–2. Bakterienpopulation.

Zeit t_i (Tage)	Population N_i	$z_i = \ln N_i$
0	153,000	11,94
1	137,000	11,83
2	128,000	11,76

Wenn N wie in (8.28) variiert, dann sollte die Variable $z = \ln N$ linear in t sein:

$$z = \ln N = \ln N_0 - \frac{t}{\tau}. \tag{8.29}$$

Unser Biologe berechnet deshalb die drei Zahlen $z_i = \ln N_i$ ($i = 0, 1, 2$), die in der dritten Spalte von Tab. 8–2 aufgeführt sind, und findet als Bestwerte für die Koeffizienten $\ln N_0$

und $(-1/\tau)$

$$\ln N_0 = 11{,}93 \quad \text{und} \quad (-1/\tau) = -0{,}089 \text{ Tag}^{-1}.$$

Aus dem zweiten dieser Werte folgt, daß sein Bestwert für die mittlere Lebensdauer

$$\tau = 11{,}2 \text{ Tage}$$

ist.

Die Einfachheit des gerade beschriebenen Verfahrens (insbesondere bei einem Rechner, der die lineare Regression automatisch ermittelt) ist bestechend; es wird daher häufig verwendet. Trotzdem ist das Verfahren logisch nicht ganz einwandfrei. Unsere Herleitung für die Anpassung an eine Gerade $y = a + Bx$ nach der Methode der kleinsten Quadrate beruhte auf der Annahme, daß die Meßwerte $y_1, \ldots, y_N$ alle die gleiche Unsicherheit haben. Hier nun verwenden wir für die Durchführung unserer Anpassung nach der Methode der kleinsten Quadrate die Variable $z = \ln z_i$. Wenn voraussetzungsgemäß die gemessenen y_i alle gleich unsicher sind, dann sind es die Werte $z_i = \ln y_i$ *nicht*. In der Tat wissen wir von der einfachen Fehlerfortpflanzung her, daß

$$\sigma_z = \left|\frac{dz}{dy}\right| \sigma_y = \frac{\sigma_y}{y} \tag{8.30}$$

ist. Wenn also σ_y bei allen Messungen gleich ist, dann ändert sich σ_z (wobei σ_z größer ist, wenn y kleiner ist). Offensichtlich erfüllt die Variable $z = \ln y$ nicht die Bedingung gleicher Unsicherheiten für alle Meßwerte, auch wenn y selbst es tut.

Die Abhilfe bei dieser Schwierigkeit ist einfach. Man kann die Methode der kleinsten Quadrate so abändern, daß unterschiedliche Unsicherheiten der Meßwerte berücksichtigt werden, vorausgesetzt, die verschiedenen Unsicherheiten sind bekannt. (Diese Methode der *gewichteten kleinsten Quadrate* wird in Aufgabe 8.1 beschrieben.) Wenn wir wissen daß die Meßunsicherheiten von $y_1, \ldots, y_N$ wirklich gleich sind, dann sagt uns Gleichung (8.30), wie die Unsicherheiten von $z_1, \ldots, z_N$ variieren, und wir können deshalb die Methode der gewichteten kleinsten Quadrate auf die Gleichung $z = \ln A + Bx$ anwenden.

In der Praxis ist es oft nicht sicher, ob die Unsicherheiten von $y_1, \ldots, y_N$ tatsächlich konstant sind. So kann man vielleicht argumentieren, daß man genausogut annehmen könnte, die Unsicherheiten von $z_1, \ldots, z_N$ seien konstant, und die einfachen ungewichteten kleinsten Quadrate verwenden. Oft ist die Variation der Unsicherheiten klein, und es macht kaum einen Unterschied, welche Methode angewendet wird; so war es beim letzten Beispiel. Auf alle Fälle ist die einfache Anwendung der gewöhnlichen Methode der (ungewichteten) kleinsten Quadrate ein unzweideutiges und einfaches Verfahren, *vernünftige* Schätzwerte (wenn nicht *Bestwerte*) für die Konstanten A und B in der Gleichung $y = Ae^{Bx}$ zu erhalten. Deshalb wird sie oft auf diese Weise verwendet.

Mehrdimensionale Regression

Bisher haben wir nur die Messung von *zwei* Variablen, x und y, und ihre Beziehung behandelt. Bei vielen realen Problemen sind mehr als zwei Variablen zu berücksichtigen.

Beispielsweise findet man bei der Untersuchung des Drucks p eines Gases, daß er vom Volumen V und der Temperatur t abhängt und man p als Funktion von V und t untersuchen muß. Das einfachste Beispiel für ein solches Problem ist eine Variable z, die linear von zwei anderen, x und y, abhängt:

$$z = A + Bx + Cy \tag{8.31}$$

Dieses Problem kann durch eine sehr einfache Verallgemeinerung unserer Zwei-Variablen-Methode analysiert werden. Wenn wir eine Reihe von Meßwerten (x_i, y_i, z_i), $i = 1, \ldots, N$, haben, (wobei die z_i alle gleich unsicher und die x_i und y_i exakt sind), dann können wir genau wie in Abschnitt 8.2 das Prinzip der größten Wahrscheinlichkeit anwenden. Hierbei erhalten wir für die Bestwerte der Konstanten A, B, C Normalgleichungen der Form:

$$\begin{aligned} AN + B\sum x_i + C\sum y_i &= \sum z_i \\ A\sum x_i + B\sum x_i^2 + C\sum x_i y_i &= \sum x_i z_i \\ A\sum y_i + B\sum x_i y_i + C\sum y_i^2 &= \sum y_i z_i \, . \end{aligned} \tag{8.32}$$

Diese Gleichungen können nach A, B, C aufgelöst werden und liefern die beste Anpassung für die Beziehung (8.31). Diese Methode heißt *mehrdimensionale Regression* („mehrdimensional", weil aus der eindimensionalen Geraden jetzt eine mehrdimensionale Fläche wird), aber wir werden das hier nicht weiter vertiefen.

Übungsaufgaben

Erinnerung: Ein Stern (*) weist darauf hin, daß die Übungsaufgabe im Abschnitt „Lösungen" am Ende des Buches behandelt oder dort ihre Lösung angegeben wird.

***8.1** (Abschn. 8.2). Verwenden Sie die Methode der kleinsten Quadrate zur Bestimmung der Geraden $y = A + Bx$, die am besten zu den vier Punkten (1, 12), (2, 13), (3, 18), (4, 19) paßt. Zeichnen Sie die Punkte und die Gerade.

***8.2** (Abschn. 8.2). Um die Federkonstante k einer Feder zu bestimmen, belastet eine Studentin sie mit mehreren Massen m und mißt die entsprechenden Längen l. Ihre Ergebnisse werden in Tab. 8–3 gezeigt.

Tab. 8–3.

Last m (g)	200	300	400	500	600	700	800	900
Länge l (cm)	5,1	5,5	5,9	6,8	7,4	7,5	8,6	9,4

Da die Kraft mg gleich $k(l - l_0)$ ist, wobei l_0 die Länge der ungedehnten Feder ist, sollten diese Daten sich durch eine Gerade $l = l_0 + (g/k)\,m$ anpassen lassen.

***8.3** (Abschn. 8.2). Nehmen wir an, es sei bekannt, daß zwei Variable x und y der Beziehung $y = Bx$ genügen, sie also auf einer Geraden liegen, die durch den Ursprung geht. Nehmen wir weiter an, Sie hätten N Meßwertpaare (x_i, y_i), bei denen die Unsicherheit von x vernachlässigbar und die von y überall gleich ist. Zeigen Sie analog zur Vorgehensweise in Abschnitt 8.2, daß der mit der Methode der kleinsten Quadrate ermittelte Bestwert für B gegeben ist durch

$$B = \frac{\sum x_i y_i}{\sum x_i^2}.$$

***8.4** (Abschn. 8.2). Nehmen wir an, wir mäßen N Wertepaare (x_i, y_i) von zwei Variablen x und y, von denen erwartet wird, daß sie einer linearen Beziehung $y = A + Bx$ genügen. Nehmen wir weiter an, die Unsicherheit der Meßwerte x_i sei vernachlässigbar, und der y_i hätten unterschiedliche Meßunsicherheiten σ_i. (Das heißt, y_1 hat die Unsicherheit σ_1, y_2 hat die Unsicherheit σ_2 und so weiter.) Wiederholen Sie die Herleitung der Anpassung nach der Methode der kleinsten Quadrate in Abschnitt 8.2 und verallgemeinern Sie diese dann auf den Fall, daß die Unsicherheiten der y_i nicht alle gleich sind. Zeigen Sie, daß die Bestwerte für A und B

$$A = [(\sum w_i x_i^2)(\sum w_i y_i) - (\sum w_i x_i)(\sum w_i x_i y_i)]/\Delta \tag{8.33}$$

und

$$B = [(\sum w_i)(\sum w_i x_i y_i) - (\sum w_i x_i)(\sum w_i y_i)]/\Delta \tag{8.34}$$

sind. Hierbei sind die Gewichte $w_i = 1/\sigma_i^2$ und

$$\Delta = (\sum w_i)(\sum w_i x_i^2) - (\sum w_i x_i)^2. \tag{8.35}$$

Diese Methode der *gewichteten kleinsten Quadrate* ist nur anwendbar, wenn die Unsicherheiten σ_i (oder zumindest ihre relativen Größen) bekannt sind. Vielleicht die häufigsten Fälle, wo das zutrifft, sind Zählexperimente, z. B. das Zählen radioaktiver Zerfälle. Wie in Abschn. 3.1 erörtert wurde (und in Kapitel 11 bewiesen wird), hat ein Zählwert ν die Unsicherheit $\sqrt{\nu}$.

8.5 (Abschn. 8.2). Nehmen wir an, es sei bekannt, daß eine Größe y linear von x abhängt, so daß $y = A + By$. Nehmen wir darüber hinaus an, wir hätten drei Messungen von (x, y): $(1, 2 \pm 0{,}5)$; $(2, 3 \pm 0{,}5)$; $(3, 2 \pm 1{,}5)$, bei denen die Unsicherheiten der x-Werte vernachlässigbar sind. Verwenden Sie die Methode der gewichteten kleinsten Quadrate, Gleichung (8.33) bis (8.35), zur Berechnung von A und B. Vergleichen Sie Ihr Ergebnis mit demjenigen, das Sie erhalten, wenn Sie die Variation der Unsicherheiten vernachlässigen, d. h. die ungewichtete Anpassung nach den Gleichungen (8.10) bis (8.12) durchführen. Zeichnen Sie ein Diagramm mit beiden Geraden, und versuchen Sie, den Unterschied zu verstehen.

***8.6** (Abschn. 8.4). Bei einem Zug, der mit konstanter Geschwindigkeit fährt, sind die Zeitpunkte gemessen worden, zu denen er an vier verschiedenen Stellen vorbeifährt (s. Tab. 8–4). Bestimmen Sie mit Hilfe einer Anpassung nach der Methode der kleinsten Quadrate an die Gerade $s = s_0 + vt$ den Bestwert für die Geschwindigkeit v des Zuges. Wie groß ist die Unsicherheit von v?

Tab. 8–4.

Weg (m)	0	1000	2000	3000
Zeit (s)	17,6	40,4	67,7	90,1

8.7 (Abschn. 8.4). Ein Student mißt den Druck p eines Gases bei fünf verschiedenen Temperaturen t, wobei das Volumen V konstantgehalten wird. Seine Ergebnisse zeigt Tab. 8–5.

Tab. 8–5.

Druck p_i (mm Hg)	79	82	85	88	90
Temperatur t_i (°C)	8	17	30	37	52

Seine Daten sollten an eine lineare Gleichung der Form $t = A + Bp$ anpaßbar sein, wobei A der absolute Nullpunkt der Temperatur ist (dessen Wert $-273\,°\mathrm{C}$ ist, wie in Abschnitt 8.5 erörtert wurde). Ermitteln Sie die beste Anpassung an die Daten des Studenten und damit den Bestwert für den absoluten Nullpunkt und seine Unsicherheit.

***8.8** (Abschn. 8.4).

(a) Bei der Erörterung von Gleichung (8.13) wurde das Prinzip der größten Wahrscheinlichkeit beschrieben. Zeigen Sie mit Hilfe dieses Prinzips, daß (8.13) die Unsicherheit σ_y von y in einer Reihe von Messungen $(x_1, y_1), \ldots, (x_N, y_N)$ liefert, die auf einer Geraden liegen.

(b) Zeigen Sie unter Verwendung der Regeln für die Fehlerfortpflanzung, daß die Unsicherheiten σ_A und σ_B der Parameter einer Geraden $y = A + Bx$ durch (8.15) und (8.16) gegeben sind.

***8.9** (Abschn. 8.4). Die Anpassung nach der Methode der kleinsten Quadrate an eine Menge von Punkten $(x_1, y_1), \ldots, (x_N, y_N)$ behandelt die Variablen x und y unsymmetrisch. Insbesondere findet man die beste Anpassung der Geraden $y = A + Bx$, indem man annimmt, die Werte $y_1, \ldots, y_N$ seien alle gleich unsicher und die Unsicherheit von $x_1, \ldots, x_N$ sei vernachlässigbar. Wenn die Lage umgekehrt wäre, dann hätte man die Rollen von x und y zu vertauschen und eine Gerade der Form $x = A' + B'y$ anzupassen. Die zwei Geraden $y = A + Bx$ und $x = A' + B'y$ wären identisch, wenn die N Punkte *exakt* auf einer Geraden lägen, aber im allgemeinen werden sich die zwei Geraden etwas unterscheiden. Passen Sie die Daten von Aufgabe 8.1 an eine Gerade $x = A' + B'y$ an (wobei Sie die x_i als gleich unsicher und die y_i als sicher behandeln). Bestimmen Sie A' und B' und ihre Unsicherheiten $\sigma_{A'}$ und $\sigma_{B'}$. Welche Werte hätten A' und B' auf der Grundlage der Ergebnisse von Aufgabe 8.1? Vergleichen Sie die mit den zwei Methoden gefundenen Geraden. Ist der Unterschied signifikant?

8.10 (Abschn. 8.6). Betrachten Sie das Problem der Anpassung einer Menge von Meßwerten (x_i, y_i), $i = 1, \ldots, N$ an das Polynom $y = A + Bx + Cx^2$. Verwenden Sie das Prinzip der größten Wahrscheinlichkeit, um zu zeigen, daß die auf den Daten basierenden Bestwerte von A, B, C durch die Gleichungen (8.23) gegeben sind. Folgen Sie der Argumentation, die ausgehende von (8.20) bis zu (8.23) führt.

***8.11** (Abschn. 8.6). Eine Möglichkeit, die Beschleunigung eines frei fallenden Körpers zu messen, besteht darin, seine Höhe y_i zu verschiedenen äquidistanten Zeitpunkten (z. B. mit einer mehrfach belichteten Photographie) zu messen und die beste Anpassung an das erwartete Polynom

$$y = y_0 + v_0 t - \tfrac{1}{2} g t^2 \tag{8.36}$$

zu finden. Verwenden Sie die Gleichung (8.23) dazu, die Bestwerte für die drei Koeffizienten in (8.36) und folglich den Bestwert von g auf der Grundlage der fünf Messungen in Tab. 8–6 zu bestimmen.

Tab. 8–6.

Zeit t (Zehntelsekunden)	-2	-1	0	1	2
Höhe y (cm)	131	113	89	51	7

Beachten Sie, daß wir den Nullpunkt der Zeitskala und die Zeitabstände nach Belieben festlegen können. Eine naheliegende Wahl wäre $t = 0, 1, \ldots, 4$ gewesen. Wenn Sie jedoch die Aufgabe lösen, werden Sie sehen, daß es vorteilhaft ist, die Zeiten so zu definieren, daß sie mit gleichen Abständen um Null verteilt sind. Dann ist nämlich die Hälfte der vorkommenden Summen gleich Null, was die Rechnungen stark vereinfacht. Dieser Trick kann immmer verwendet werden, wenn die Werte der unabhängigen Variablen gleiche Abstände haben.

8.12 (Abschn. 8.6). Nehmen wir an, wir erwarteten, daß y die Form $y = Af(x) + Bg(x)$ hat, wobei A und B unbekannte Parameter und f und g feste, bekannte Funktionen sind (wie $f = x$ und $g = x^2$ oder $f = \cos x$ und $g = \sin x$). Zeigen Sie mit Hilfe des Prinzips der größten Wahrscheinlichkeit, daß die Bestwerte von A und B auf der Grundlage von Daten (x_i, y_i), $i = 1, \ldots, N$, die folgenden Gleichungen erfüllen müssen:

$$\begin{aligned} A\sum[f(x_i)]^2 + B\sum f(x_i)\, g(x_i) &= \sum y_i\, f(x_i) \\ A\sum f(x_i)\, g(x_i) + B\sum[g(x_i)]^2 &= \sum y_i g(x_i)\,. \end{aligned} \tag{8.37}$$

***8.13** (Abschn. 8.6). Die Höhe y eines an einer senkrechten Feder schwingenden Gewichts sollte gegeben sein durch

$$y = A\, \cos\omega t + B\, \sin\omega t\,.$$

Eine Studentin mißt ω als 10 rad/s mit vernachlässigbarer Unsicherheit. Mit Hilfe einer mehrfach belichteten Photographie bestimmt sie dann y zu fünf Zeitpunkten mit gleichen Abständen, wie Tab. 8–7 zeigt.

Tab. 8–7.

t (Zehntelsekunden)	-4	-2	0	2	4
y (cm)	3	-16	6	9	-8

Bestimmen Sie mit Hilfe der Gleichungen (8.37) die Bestwerte von A und B. Tragen Sie die Daten und die von Ihnen ermittelte beste Anpassung in ein Diagramm ein. (Wenn Sie zuerst die Daten einzeichnen, wird Ihnen auffallen, wie schwer es wäre, ohne die Methode der kleinsten Quadrate eine beste Anpassung zu finden.) Nehmen wir an, die Studentin schätze, daß ihre Meßwerte von y eine Unsicherheit von „ein paar Zentimetern" haben. Stellen dann die Daten eine akzeptable Anpassung an die erwartete Kurve dar?

***8.14** (Abschn. 8.6). Die Rate R, mit der eine Probe radioaktiven Materials Strahlung aussendet, nimmt exponentiell mit der Zeit ab:

$$R = R_0 e^{-t/\tau},$$

wobei τ die mittlere „Lebensdauer" dieser Probe ist. Ein Student beobachtete einen bestimmten radioaktiven Stoff drei Stunden lang mit den in Tab. 8–8 gezeigten Ergebnissen. Berechnen Sie mittels einer Anpassung nach der Methode der kleinsten Quadrate an die Gerade $\ln R = \ln R_0 - t/\tau$ den Bestwert für die mittlere Lebensdauer τ.

Tab. 8–8.

Zeit t (Stunden)	0	1	2	3
Rate R (willkürliche Einheiten)	13,8	7,9	6,1	2,9

9 Kovarianz und Korrelation

In diesem Kapitel beschäftigen wir uns mit dem wichtigen Begriff Kovarianz. Die Bedeutung dieses Terminus zeigt sich ganz zwanglos bei der Besprechung der Fehlerfortpflanzung. Deshalb führen wir die Kovarianz in Abschnitt 9.2 ein, nachdem wir in Abschn. 9.1 kurz die Fehlerfortpflanzung wiederholt haben. In Abschnitt 9.3 werden wir dann die Kovarianz dazu verwenden, den linearen Korrelationskoeffizienten für N gemessene Punkte $(x_1, y_1), \ldots, (x_N, y_N)$ zu definieren. Dieser mit r bezeichnete Koeffizient liefert ein Maß dafür, wie gut die beobachteten Punkte (x_i, y_i) zu einer Geraden der Form $y = A + Bx$ passen. Seine Anwendung wird in den Abschnitten 9.4 und 9.5 behandelt.

9.1 Wiederholung der Fehlerfortpflanzung

In diesem und dem nächsten Abschnitt werfen wir noch einmal einen Blick auf die wichtige Frage der Fehlerfortpflanzung, die wir zum erstenmal in Kapitel 3 erörterten, wobei wir bereits zu einigen Ergebnissen kamen. Wir stellten uns vor, wir würden zwei Größen x und y messen, um eine Funktion $q(x, y)$ wie $q = x + y$ oder $q = x^2 \sin y$ zu berechnen. (Wir haben dort sogar eine Funktion $q(x, \ldots, z)$ einer beliebigen Anzahl von Variablen $x, \ldots, z$ behandelt. Der Einfachheit halber werden wir hier jedoch nur Funktionen mit zwei Variablen betrachten.) Ein einfaches Argument legte nahe, die Unsicherheit unseres Ergebnisses für q sei einfach

$$\delta q \approx \left|\frac{\partial q}{\partial x}\right| \delta x + \left|\frac{\partial q}{\partial y}\right| \delta y . \tag{9.1}$$

Wir leiteten diese Näherungsgleichung zuerst für die einfachen Spezialfälle der Summe, der Differenz, des Produkts und des Quotienten her. Wenn beispielsweise q die Summe $q = x + y$ ist, so reduziert sich (9.1) auf das vertraute Ergebnis $\delta q \approx \delta x + \delta y$. Das allgemeine Ergebnis (9.1) wurde mit der Gleichung (3.43) hergeleitet.

Wir machten uns als nächstes klar, daß (9.1) oft wahrscheinlich ein zu großes δq liefert, da sich die Abweichungen von x und y teilweise gegenseitig wegheben können. Wir gaben ohne Beweis an: Wenn die Abweichungen von x und y unabhängig und zufällig sind, so ist ein besserer Wert für die Unsicherheit des berechneten Wertes von $q(x, y)$ gegeben durch

$$\delta q = \sqrt{\left(\frac{\partial q}{\partial x}\,\delta x\right)^2 + \left(\frac{\partial q}{\partial y}\,\delta y\right)^2} . \tag{9.2}$$

Ferner stellten wir ohne Beweis fest: Egal, ob die Fehler unabhängig und zufällig sind oder nicht, die einfachere Formel (9.1) liefert immer eine obere Schranke für δq. Das heißt, die Unsicherheit δq ist nie schlechter als durch (9.1) angegeben.

In Kapitel 5 gaben wir eine genaue Definition und Beweisführung für (9.2). Wir bemerkten als erstes, daß ein gutes Maß für die Unsicherheit δx eines Meßwerts gegeben ist durch die Standardabweichung σ_x. Insbesondere sahen wir: Wenn die Meßwerte von x normalverteilt sind, so liegt der gemessene Wert mit einem Vertrauen von 68 Prozent innerhalb σ_x vom wahren Wert. Zweitens sahen wir: Wenn die Meßwerte von x und y unabhängigen Normalverteilungen mit den Standardabweichungen σ_x und σ_y folgen, so sind die Werte von $q(x, y)$ auch normalverteilt, und zwar mit der Standardabweichung

$$\sigma_q = \sqrt{\left(\frac{\partial q}{\partial x}\sigma_x\right)^2 + \left(\frac{\partial q}{\partial y}\sigma_y\right)^2}. \tag{9.3}$$

Dieses Ergebnis liefert die Rechtfertigung für unsere Behauptung von (9.2).

In Abschnitt 9.2 werden wir eine exakte Formel für die Unsicherheit von q herleiten, die auf jeden Fall gilt, egal, ob die Abweichungen von x und y unabhängig normalverteilt sind oder nicht. Insbesondere werden wir beweisen, daß (9.1) immer eine obere Schranke für die Unsicherheit von q liefert.

Bevor wir diese Ergebnisse herleiten, wollen wir zunächst die Definition der Standardabweichung wiederholen. Die Standardabweichung σ_x von N Meßwerten $x_1, \ldots, x_N$ wurde ursprünglich definiert durch die Gleichung

$$\sigma_x^2 = \frac{1}{N}\sum_{i=1}^{N}(x_i - \bar{x})^2. \tag{9.4}$$

Wenn die Meßwerte von x normalverteilt sind, so ist im Grenzfall eines großen N die Definition (9.4) gleichwertig damit, σ_x als den Breiteparameter zu definieren, der in der Gauß-Funktion

$$\frac{1}{\sigma_x\sqrt{2\pi}}\, e^{-(x-X)^2/2\sigma_x^2}$$

erscheint, die die Meßwerte von x beschreibt. Da wir jetzt die Möglichkeit in Betracht ziehen, daß die Fehler von x auch nicht normalverteilt sind, steht uns diese zweite Definition nicht mehr zur Verfügung. Wir können jedoch σ_x noch durch (9.4) definieren und werden das auch tun. Unabhängig davon, ob die Verteilung der Abweichungen normal ist oder nicht, liefert diese Definition von σ_x ein vernünftiges Maß für die zufälligen Unsicherheiten unserer Meßwerte von x. (Wie in Kapitel 5 werden wir annehmen, daß alle systematischen Abweichungen identifiziert und auf ein vernachlässigbares Maß reduziert wurden, so daß alle verbleibenden Fehler zufällig sind.)

Es bleibt die übliche Mehrdeutigkeit, ob wir die Definition (9.4) von σ_x oder die „verbesserte" Definition verwenden, bei welcher der Faktor N im Nenner durch $(N - 1)$ ersetzt ist. Glücklicherweise gilt die folgende Erörterung für beide Definitionen, solange wir in unserer Verwendung der einen oder anderen konsistent sind. Der Bequemlichkeit halber werden wir die Definition (9.4) mit N im Nenner verwenden.

9.2 Kovarianz in der Fehlerfortpflanzung

Nehmen wir an, wir würden zur Bestimmung eines Wertes der Funktion $q(x, y)$ die zwei Größen x und y mehrmals messen und erhielten dabei N Datenpaare $(x_1, y_1), \ldots, (x_N, y_N)$. Aus den Meßwerten $x_1, \ldots, x_N$ können wir den Mittelwert $\bar{x}$ und die Standardabweichung σ_x wie üblich berechnen; und entsprechend erhalten wir aus $y_1, \ldots, y_N$ den Mittelwert $\bar{y}$ und die Standardabweichung σ_y. Als nächstes können wir aus den N Meßwertpaaren N Werte der interessierenden Größe

$$q_i = q(x_i, y_i) \qquad (i = 1, \ldots, N)$$

ermitteln. Aus den gegebenen $q_1, \ldots, q_N$ lassen sich dann deren Mittelwert $\bar{q}$ und Standardabweichung σ_q berechnen. Vom Mittelwert nehmen wir an, daß er uns den Bestwert für q liefert, und die Standardabweichung ist unser Maß für die zufällige Unsicherheit der Werte q_i.

Wir werden wie üblich annehmen, daß alle unsere Unsicherheiten klein sind und folglich alle Zahlen $x_1, \ldots, x_N$ nahe bei $\bar{x}$ und alle $y_1, \ldots, y_N$ nahe bei $\bar{y}$ liegen. Wir können dann die Näherung

$$q_i = q(x_i, y_i) \approx q(\bar{x}, \bar{y}) + \frac{\partial q}{\partial x}(x_i - \bar{x}) + \frac{\partial q}{\partial y}(y_i - \bar{y})\,. \tag{9.5}$$

machen. In diesem Ausdruck sind die partiellen Ableitungen $\partial q/\partial x$ und $\partial q/\partial y$ alle am Punkt $x = \bar{x}$, $y = \bar{y}$ genommen und deshalb für alle $i = 1, \ldots, N$ gleich. In dieser Näherung wird der Mittelwert

$$\bar{q} = \frac{1}{N}\sum_{i=1}^{N} q_i = \frac{1}{N}\sum_{i=1}^{N}\left[q(\bar{x}, \bar{y}) + \frac{\partial q}{\partial x}(x_i - \bar{x}) + \frac{\partial q}{\partial y}(y_i - \bar{y})\right].$$

Das liefert $\bar{q}$ als Summe von drei Termen. Der erste Term ist einfach $q(\bar{x}, \bar{y})$, und die anderen zwei sind exakt gleich Null. (Beispielsweise folgt aus der Definition von $\bar{x}$, daß $\sum(x_i - \bar{x}) = 0$ ist.) Folglich haben wir das bemerkenswert einfache Ergebnis

$$\bar{q} = q(\bar{x}, \bar{y}). \tag{9.6}$$

Das bedeutet, daß wir zur Bestimmung des Mittelwerts $\bar{q}$ nur die Funktion $q(x, y)$ am Punkt $x = \bar{x}$, $y = \bar{y}$ zu berechnen brauchen.

Die Standardabweichung der N Werte $q_1, \ldots, q_N$ ist gegeben durch

$$\sigma_q^2 = \frac{1}{N}\sum(q_i - \bar{q})^2\,.$$

Durch Einsetzen von (9.5) und (9.6) erhalten wir:

$$\begin{aligned}
\sigma_q^2 &= \frac{1}{N}\sum\left[\frac{\partial q}{\partial x}(x_i - \bar{x}) + \frac{\partial q}{\partial y}(y_i - \bar{y})\right]^2 \\
&= \left(\frac{\partial q}{\partial x}\right)^2 \frac{1}{N}\sum(x_i - \bar{x})^2 + \left(\frac{\partial q}{\partial y}\right)^2 \frac{1}{N}\sum(y_i - \bar{y})^2 \\
&\quad + 2\,\frac{\partial q}{\partial x}\frac{\partial q}{\partial y}\frac{1}{N}\sum(x_i - \bar{x})(y_i - \bar{y}).
\end{aligned} \tag{9.7}$$

Die Summen in den ersten zwei Termen sind diejenigen, die in der Definition der Standardabweichungen σ_x und σ_y erscheinen. Der letzten Summe sind wir bisher noch nicht begegnet. Sie heißt Kovarianz[1] von $x$und y und wird definiert durch

$$\sigma_{xy} = \frac{1}{N} \sum_{i=1}^{N} (x_i - \bar{x})(y_i - \bar{y}) . \tag{9.8}$$

Mit dieser Definition wird aus der Gleichung (9.7) für die Standardabweichung σ_q

$$\sigma_q^2 = \left(\frac{\partial q}{\partial x}\right)^2 \sigma_x^2 + \left(\frac{\partial q}{\partial y}\right)^2 \sigma_y^2 + 2\,\frac{\partial q}{\partial x}\frac{\partial q}{\partial y}\,\sigma_{xy}. \tag{9.9}$$

Das liefert die Standardabweichung σ_q sowohl unabhängig davon, ob die Meßwerte von x und y unabhängig sind oder nicht, als auch davon, ob sie normalverteilt sind oder nicht.

Wenn die Meßwerte von x und y unabhängig *sind*, kann man leicht sehen, daß sich die Kovarianz σ_{xy} nach vielen Messungen dem Wert Null nähert. Unabhängig vom Wert von y_i ist es genauso wahrscheinlich, daß die Größe $y_i - \bar{x}$ negativ ist, wie, daß sie positiv ist. Folglich sollten sich nach vielen Messungen die positiven und negativen Terme in (9.8) fast die Waage halten. Im Grenzfall unendlich vieler Messungen garantiert der Faktor $1/N$ in (9.8), daß σ_{xy} gleich Null ist. (Nach einer endlichen Anzahl von Messungen wird die Kovarianz σ_{xy} nicht exakt gleich Null sein; sie sollte jedoch *klein* sein, wenn die Fehler in x und y wirklich unabhängig und zufällig sind.) Mit σ_{xy} gleich Null reduziert sich Gleichung (9.9) auf

$$\sigma_q^2 = \left(\frac{\partial q}{\partial x}\right)^2 \sigma_x^2 + \left(\frac{\partial q}{\partial y}\right)^2 \sigma_y^2, \tag{9.10}$$

das vertraute Ergebnis für unabhängige und zufällige Unsicherheiten.

Sofern die Messungen von x und y *nicht* unabhängig sind, braucht die Kovarianz σ_{xy} nicht gleich Null zu sein. man kann sich beispielsweise leicht einen Fall vorstellen, wo eine Überschätzung von x immer mit einer Überschätzung von y einhergeht und umgekehrt. Die Zahlen $(x_i - \bar{x})$ und $(y_i - \bar{y})$ haben dann immer dasselbe Vorzeichen (beide positiv oder beide negativ), und ihr Produkt ist immer positiv. Da alle Terme in der Summe (9.8) positiv sind, braucht σ_{xy} nicht verschwinden, nicht einmal in dem Grenzfall, daß wir unendlich viele Messungen durchführen.

Wenn die Kovarianz σ_{xy} nicht Null ist (selbst für den Grenzfall unendlich vieler Messungen), so sagen wir, die Fehler in x und y seien *korreliert*. Dann ist die Unsicherheit

[1] Die Bezeichnung *Kovarianz* für σ_{xy} (für zwei Variable x, y) entspricht dem Begriff *Varianz* für σ_x^2 (für eine Variable x). Zur Betonung dieser Ähnlichkeit wird für die Kovarianz (9.8) manchmal die Schreibweise σ_{xy}^2 verwendet, was aber nicht besonders glücklich gewählt ist, da die Kovarianz negativ sein kann. Eine bequeme Eigenschaft unserer Definition (9.8) ist, daß σ_{xy} die Dimension von xy hat, so wie auch σ_x und x von gleicher Dimension sind.

von $q(x, y)$, wie sie sich aus (9.9) ergibt, *nicht* gleich derjenigen, die wir aus (9.10) erhalten, denn letztere gilt nur für den Fall unabhängiger und statistisch verteilter Fehler.

Unter Verwendung der Formel (9.9) können wir eine obere Grenze für σ_q herleiten, die immer gilt. Es ist eine einfache algebraische Übung (Aufgabe 9.5), zu beweisen, daß die Kovarianz σ_{xy} der sogenannten *Schwarzschen Ungleichung*

$$|\sigma_{xy}| \leq \sigma_x \sigma_y \tag{9.11}$$

genügt. Wenn wir (9.11) in den Ausdruck (9.9) für die Unsicherheit σ_q einsetzen, finden wir

$$\sigma_q^2 \leq \left(\frac{\partial q}{\partial x}\right)^2 \sigma_x^2 + \left(\frac{\partial q}{\partial y}\right)^2 \sigma_y^2 + 2\left|\frac{\partial q}{\partial x}\frac{\partial q}{\partial y}\right| \sigma_x \sigma_y = \left[\left|\frac{\partial q}{\partial x}\right| \sigma_x + \left|\frac{\partial q}{\partial y}\right| \sigma_y\right]^2;$$

das heißt

$$\sigma_q \leq \left|\frac{\partial q}{\partial x}\right| \sigma_x + \left|\frac{\partial q}{\partial y}\right| \sigma_y . \tag{9.12}$$

Mit diesem Ergebnis haben wir schließlich die genaue Bedeutung unseres ursprünglichen einfachen Ausdrucks

$$\delta q \approx \left|\frac{\partial q}{\partial x}\right| \delta x + \left|\frac{\partial q}{\partial y}\right| \delta y \tag{9.13}$$

für die Unsicherheit δq. Wenn wir die Standardabweichung σ_q als unser Maß für die Unsicherheit von q wählen, dann zeigt (9.12), daß der frühere Ausdruck (9.13) wirklich die *obere Grenze* der Unsicherheit liefert. Ob nun die Abweichungen von x und y unabhängig sind oder nicht und ob sie normalverteilt sind oder nicht – nie überschreitet die Unsicherheit von q den Zahlenwert der rechten Seite von (9.13). Wenn die Meßwerte von x und y so korreliert sind, daß $|\sigma_{xy}| = \sigma_x \sigma_y$, dann hat nach (9.11) die Kovarianz ihren größten möglichen Wert. In diesm Fall kann die Unsicherheit von q tatsächlich so groß sein wie durch (9.13) gegeben, aber niemals größer.

Die Kovarianz ist in dieser Behandlung der Fehlerfortpflanzung nur von rein theoretischer Bedeutung; und in der Tat spielt der Begriff der Kovarianz in der Fehlerfortpflanzung nicht oft eine praktische Rolle (zumindest im physikalischen Anfängerpraktikum). Als nächstes behandeln wir ein Problem, bei dem der Kovarianz eine zentrale und praktische Rolle zukommt.

9.3 Linearer Korrelationskoeffizient

Die in Abschnitt. 9.2 eingeführte Kovarianz σ_{xy} ermöglicht uns, eine in Kapitel 8 aufgekommene Frage zu beantworten – wie gut eine Menge von Meßwerten $(x_1, y_1), \ldots, (x_N, y_N)$ von zwei Variablen die Hypothese stützt, daß zwischen x und y eine lineare Beziehung besteht.

Nehmen wir an, wir haben N Wertepaare $(x_1, y_1), \ldots, (x_N, y_N)$ von zwei Variablen gemessen, von denen wir vermuten, daß sie einer linearen Beziehung der Form

$$y = A + Bx$$

genügen. Es ist wichtig, darauf hinzuweisen, daß $x_1, \ldots, x_N$ nicht mehr Meßwerte ein und derselben Zahl sind, wie das in den letzten zwei Kapiteln der Fall war. Sie sind vielmehr Meßwerte von N verschiedenen Werten einer Variablen (z. B. N verschiedene Höhen, aus denen wir einen Stein fallen ließen). Dasselbe gilt für $y_1, \ldots, y_N$.

Unter Verwendung der Methode der kleinsten Quadrate können wir die Werte von A und B für die Gerade bestimmen, die am besten zu den Punkten $(x_1, y_1), \ldots, (x_N, y_N)$ paßt. Wenn wir schon einen zuverlässigen Schätzwert für die Unsicherheiten der Meßwerte kennen, dann können wir nachprüfen, ob die gemessenen Punkte (verglichen mit den bekannten Unsicherheiten) vernünftig nahe bei der Geraden liegen. Wenn sie das tun, dann stützen die Meßwerte unsere Vermutung, daß zwischen x und y eine lineare Beziehung besteht.

Unglücklicherweise ist es bei vielen Experimenten schwer, einen zuverlässigen Schätzwert für die Unsicherheiten im voraus zu erhalten, und wir müssen die Daten selbst verwenden, um zu entscheiden, ob zwischen den zwei Variablen eine lineare Beziehung zu bestehen scheint oder nicht. Insbesondere gibt es eine Art von Experimenten, bei denen es *unmöglich* ist, die Größe der Unsicherheiten im voraus zu wissen. Dieser Typ von Experiment, der in den Sozialwissenschaften häufiger vorkommt als in der Physik, wird am besten mit einem Beispiel erklärt.

Stellen wir uns einen Professor vor, der darauf bedacht ist, seine Studenten davon zu überzeugen, daß es es ihnen helfen wird, bei Examina gut abzuschneiden, wenn sie Hausaufgaben machen. Nehmen wir an,er zeichne ihre Punktzahlen bei Hausaufgaben und Examina auf und trage sie in ein „Streuungsdiagramm" wie in Abb. 9–1 ein. In

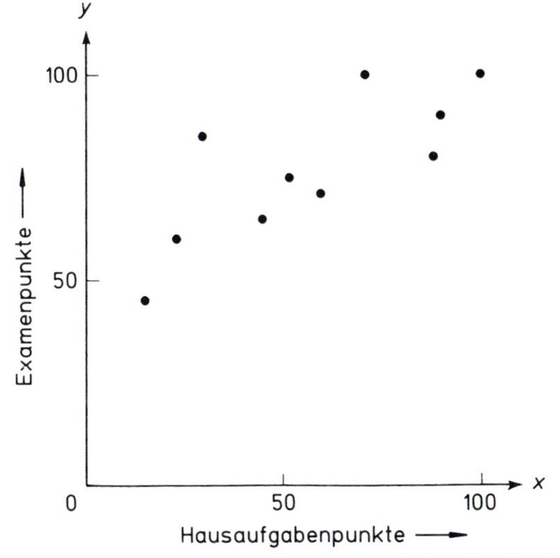

Abb. 9–1. Ein Streuungsdiagramm mit den Punktzahlen, die Studenten für Hausaufgaben und in Examina erhalten haben. Jeder der zehn Punkte (x_i, y_i) zeigt die bei den Hausaufgaben erreichten Punkte x_i und die im Examen erreichten Punkte y_i eines Studenten.

dieser Abbildung sind die bei den Hausaufgaben erreichten Punkte waagerecht und die im Examen erreichten senkrecht aufgetragen. Jeder Punkt (x_i, y_i) zeigt die Hausaufgabenpunkte x_i und die Examenspunkte y_i eines Studenten. Was der Professor zu zeigen hofft, ist, daß hohe Punktzahlen bei den Examina mit hohen Punktzahlen bei den Hausaufgaben *korrelieren* und umgekehrt (und sein Streuungsdiagramm legt gewiß nahe, daß das näherungsweise der Fall ist). Bei dieser Art von Experiment gibt es keine Unsicherheiten in den Punkten. Die zwei Punktzahlen jedes Studenten sind exakt bekannt. Die Unsicherheit liegt eher in dem Ausmaß, in dem die Punktzahlen *korreliert* sind; und das muß aus den Daten entschieden werden.

Zwischen den zwei Variablen x und y (entweder in einem physikalischen Experiment oder einem wie dem gerade beschriebenen) kann natürlich eine kompliziertere Beziehung bestehen als die einfache lineare, $y = A + Bx$. Beispielsweise führen viele physikalische Gesetze zu quadratischen Beziehungen der Form $y = A + Bx + Cx^2$. Trotzdem werden wir unsere Erörterung hier auf das einfachere Problem beschränken, ob eine gegebene Menge von Punkten die Hypothese einer *linearen* Beziehung $y = A + Bx$ stützt.

Das Ausmaß, in dem eine Menge von Punkten $(x_1, y_1), \ldots, (x_N, y_N)$ die Annahme einer linearen Beziehung zwischen x und y stützt, wird gemessen durch den *linearen Korrelationskoeffizienten* oder einfach *Korrelationskoeffizienten*,

$$r = \frac{\sigma_{xy}}{\sigma_x \sigma_y}, \tag{9.14}$$

wobei die Kovarianz σ_{xy} und die Standardabweichungen σ_x und σ_y genau wie zuvor in den Gleichungen (9.8) und (9.4) definiert sind.[2] Durch Einsetzen dieser Definitionen in (9.14) können wir den Korrelationskoeffizienten umschreiben in

$$r = \frac{\sum (x_i - \bar{x})(y_i - \bar{y})}{[\sum (x_i - \bar{x})^2 \sum (y_i - \bar{y})^2]^{1/2}}. \tag{9.15}$$

Wie wir gleich sehen, ist der Koeffizient r ein Indikator dafür, wie gut die Punkte (x_i, y_i) zu einer Geraden passen. Sein Wert liegt zwischen -1 und 1. Wenn sein Wert nahe bei ± 1 liegt, dann befinden sich die Punkte dicht bei einer Geraden. Ist r dagegen nahe bei 0, dann sind die Punkte unkorreliert und zeigen wenig oder keine Neigung, auf einer Geraden zu liegen.

Zum Beweis dieser Behauptungen bemerken wir als erstes: Aus der Schwarzschen Ungleichung (9.11), $|\sigma_{xy}| \le \sigma_x \sigma_y$, folgt sofort, daß $|r| \le 1$ oder

$$-1 \le r \le 1$$

[2] Beachten Sie jedoch, daß ihre Bedeutung sich leicht unterscheidet. Beispielsweise waren in Abschnitt 9.2 $x_1, \ldots, x_N$ Meßwerte *einer Zahl*, und wenn die Messungen präzise waren, dann sollte σ_x klein sein. Im augenblicklichen Fall sind $x_1, \ldots, x_N$ Messungen *verschiedener* Werte einer Variablen, und selbst dann, wenn die Meßwerte präzise ausfallen, gibt es keinen Grund anzunehmen, σ_x sei klein. Beachten Sie, daß auch manche Autoren die Zahl r^2 verwenden, die *Bestimmtheitskoeffizient* genannt wird.

ist. Nehmen wir als nächstes an, die Punkte (x_i, y_i) lägen alle *exakt* auf der Geraden $y = A + Bx$. In diesem Falle ist $y_i = A + Bx_i$ für alle i und folglich $\bar{y} = A + B\bar{x}$. Wenn wir diese zwei Gleichungen subtrahieren, sehen wir, daß für jedes i

$$y_i - \bar{y} = B(x_i - \bar{x})$$

ist. In (9.15) eingesetzt, liefert das:

$$r = \frac{B\sum(x_i - \bar{x})^2}{[\sum(x_i - \bar{x})^2\, B^2 \sum(x_i - \bar{x})^2]^{1/2}} = \frac{B}{|B|} = \pm 1\,. \tag{9.16}$$

Das heißt, wenn die Punkte $(x_1, y_1), \ldots, (x_N, y_N)$ exakt auf einer Geraden liegen, dann ist $r = \pm 1$, wobei das Vorzeichen von r durch die Steigung der Geraden bestimmt ist ($r = 1$ für positives B und $r = -1$ für negatives B).[3] Selbst dann, wenn zwischen den Variablen x und y wirklich eine lineare Beziehung besteht, erwarten wir nicht , daß unsere experimentellen Punkte *exakt* auf einer Geraden liegen. Folglich nehmen wir nicht an, daß r exakt gleich ± 1 ist. Andererseits erwarten wir aber einen Wert von r, der *nahe* bei ± 1 liegt, wenn wir glauben, daß zwischen x und y eine lineare Beziehung besteht.

Nehmen wir andererseits an, es gäbe keine Beziehung zwischen den Variablen x und y. Unabhängig vom jeweiligen Wert von y_i läge dann jedes x_i mit gleicher Wahrscheinlichkeit oberhalb von $\bar{x}$ wie unterhalb von $\bar{x}$. Folglich sind die Terme in der Summe

$$\sum(x_i - \bar{x})\,(y_i - \bar{y}),$$

dem Zähler von r in (9.15), genauso wahrscheinlich positiv wie negativ. Hingegen sind die Terme im Nenner von (9.15) alle positiv. Folglich wird in dem Grenzfall, daß N, die Anzahl der Meßwerte, sich Unendlich nähert, der Korrelationskoeffizient r gleich Null sein. Bei einer endlichen Anzahl von Datenpunkten erwarten wir nicht, daß r exakt gleich Null ist, wohl aber, daß es *klein* ist (falls die Variablen wirklich unkorreliert sind).

Wenn die Kovarianz σ_{xy} für zwei Variablen x und y im Grenzfall unendlich vieler Messungen gleich Null ist (und folglich $r = 0$), sagen wir, die Variablen seien *unkorreliert*. Wenn nach einer endlichen Anzahl von Messungen der Korrelationskoeffizient $\sigma_{xy}/\sigma_x\sigma_y$ klein ist, dann stützt das die Hypothese, daß x und y unkorreliert sind.

Als Beispiel können wir die in Abb. 9–1 gezeigten Examens- und Hausaufgabenpunkte betrachten. Diese Punktzahlen sind in Tab. 9–1 aufgeführt. Eine einfache Rechnung (Aufgabe 9.4) zeigt, daß der Korrelationskoeffizient für diese zehn Paare von Punktzahlen $r = 0{,}8$ ist. Der Professor zieht den Schluß, daß dieser Wert „vernünftig nahe" bei 1 liegt

Tab. 9–1. Punktzahlen der Studenten.

Student, i	1	2	3	4	5	6	7	8	9	10
Hausaufgaben, x_i	90	60	45	100	15	23	52	30	71	88
Examen, y_i	90	71	65	100	45	60	75	85	100	80

[3] Wenn die Gerade exakt horizontal verläuft, dann ist $B = 0$, und aus (9.16) folgt $r = 0/0$. D.h. r ist nicht definiert. Zum Glück spielt dieser Spezialfall in der Praxis keine große Rolle, weil er für die seltene Beziehung $y =$ const., d.h. y unabhängig von x, steht.

und er im nächsten Jahr den Studenten verkündigen kann, daß es wichtig ist, die Hausaufgaben zu machen, weil es eine gute Korrelation zwischen Hausaufgaben und Examenspunkten gibt.

Hätte unser Professor einen Korrelationskoeffizienten r in der Nähe von Null gefunden, dann wäre er in einer peinlichen Lage gewesen: Er hätte damit den Nachweis erbracht, daß die bei den Hausaufgaben erreichten Punkte keinen Einfluß auf die Leistung beim Examen haben. Wenn sich herausgestellt hätte, daß r in der Nähe von -1 liegt, dann hätte er die noch unangenehmere Entdeckung gemacht, daß Hausaufgaben- und Examenspunkte eine *negative Korrelation* zeigen, das heißt, die Studenten, die ihre Hausaufgaben gut erledigen, würden dazu neigen, bei Examina schlecht abzuschneiden.

9.4 Die quantitative Bedeutung von r

Das gerade behandelte Beispiel sollte verdeutlicht haben, daß wir bis jetzt keine vollständige Antwort auf unsere ursprüngliche Frage haben, wie gut Meßdaten die Annahme einer linearen Beziehung zwischen x und y stützen. Unser Professor fand für den Korrelationskoeffizienten $r = 0{,}8$ und betrachtete das als „hinreichend nahe“ bei 1. Aber wie können wir objektiv entscheiden, was „hinreichend nahe bei 1“ ist? Wäre $r = 0{,}6$ hinreichend nahe gewesen? Oder $r = 0{,}4$? Wir können diese Fragen mit der folgenden Überlegung beantworten.

Nehmen wir an, die zwei Variablen x und y seien tatsächlich *unkorreliert*. Das bedeutet, daß im Grenzfall unendlich vieler Messungen der Korrelationskoeffizient r gleich 0 wäre. Nach einer endlichen Anzahl von Messungen ist es sehr unwahrscheinlich, daß r exakt gleich Null ist. Man kann in der Tat die Wahrscheinlichkeit berechnen, daß r irgendeinen bestimmten Wert übersteigt. Mit

$$P_N(|r| \geq r_0)$$

bezeichnen wir die Wahrscheinlichkeit, daß N Messungen von zwei unkorrelierten Variablen x und y einen Koeffizienten r liefern, der größer[4] als irgendein bestimmtes r_0 ist. Beispielsweise könnten wir die Wahrscheinlichkeit

$$P_N(|r| \geq 0{,}8)$$

berechnen, daß nach N Messungen der unkorrelierten Variablen x und y der Korrelationskoeffizient mindestens so groß wie die 0,8 unseres Professors wäre. Die Berechnung dieser Wahrscheinlichkeiten ist ziemlich kompliziert und wird hier nicht durchgeführt. Doch die Ergebnisse für ein paar repräsentative Werte der Parameter werden in Tab. 9–2 gezeigt; eine umfangreichere Tabelle befindet sich in Anhang C.

[4] Da eine Korrelation angezeigt wird, wenn r nahe bei $+1$ oder -1 liegt, betrachten wir die Wahrscheinlichkeit dafür, daß der *Absolutwert* $|r| \geq r_0$ ist.

Tab. 9–2. Die Wahrscheinlichkeit $P_N(|r| \geq r_0)$, daß N Messungen zweier unkorrelierter Variablen x und y einen Korrelationskoeffizienten mit $|r| \geq r_0$ liefern. Die angegebenen Werte sind prozentuale Wahrscheinlichkeiten, die Striche (–) weisen auf kleinere Werte als 0,05 Prozent hin.

	r_0										
N	0	0,1	0,2	0,3	0,4	0,5	0,6	0,7	0,8	0,9	1
3	100	94	87	81	74	67	59	51	41	29	0
6	100	85	70	56	43	31	21	12	6	1	0
10	100	78	58	40	25	14	7	2	0,5	–	0
20	100	67	40	20	8	2	0,5	0,1	–	–	0
50	100	49	16	3	0,4	–	–	–	–	–	0

Obwohl wir nicht gezeigt haben, wie die Wahrscheinlichkeiten in Tab. 9–2 berechnet werden, können wir ihr allgemeines Verhalten verstehen und sie verwenden. Die linke Spalte zeigt die Anzahl der Datenpunkte N. (In unserem Beispiel zeichnete der Professor die Punktzahlen von zehn Studenten auf; also ist $N = 10$.) Die Zahlen in den folgenden Spalten zeigen die Wahrscheinlichkeiten dafür, daß N Messungen von zwei *unkorrelierten* Variablen einen Koeffizienten liefern, der mindestens so groß ist wie die Zahl im jeweiligen Spaltenkopf. Beispielsweise sehen wir, daß die Wahrscheinlichkeit dafür, daß zehn unkorrelierte Datenpunkte $|r| \geq 0{,}8$ liefern, nur 0,5 Prozent beträgt – keine große Wahrscheinlichkeit. Unser Professor kann deshalb sagen, daß es *sehr unwahrscheinlich* ist, daß unkorrelierte Punktzahlen einen Koeffizienten hervorgebracht hätten, bei dem $|r|$ größer oder gleich den von ihm erhaltenen 0,8 ist. Mit anderen Worten: Es ist *sehr wahrscheinlich*, daß die Punktzahlen bei den Hausaufgaben und den Examina wirklich korreliert sind.

Mehrere Eigenschaften von Tab. 9–2 verdienen es, kommentiert zu werden. Alle Eintragungen in der ersten Spalte lauten 100 Prozent, weil $|r|$ immer größer als oder gleich Null ist. Deshalb ist die Wahrscheinlichkeit, $|r| \geq 0$ zu erhalten, immer gleich 100 Prozent. Entsprechend sind die Prozentwerte in der letzten Spalte alle gleich Null, da die Wahrscheinlichkeit dafür, $|r| \geq 1$ zu finden, gleich Null ist.[5] Die Zahlen in den dazwischenliegenden Spalten hängen von der Anzahl N der Datenpunkte ab. Das ist auch leicht zu verstehen. Wenn wir einfach drei Messungen machen, ist die Chance für einen Korrelationskoeffizienten mit beispielsweise $|r| \geq 0{,}5$ offensichtlich sehr gut (immerhin 67 Prozent). Führen wir aber 20 Messungen durch und sind die beiden Variablen wirklich unkorreliert, dann ist die Wahrscheinlichkeit dafür, $|r| \geq 0{,}5$ zu erhalten offensichtlich sehr klein (nur zwei Prozent)

Mit den Wahrscheinlichkeiten in Tab. 9–2 (oder denen in der vollständigeren Tabelle in Anhang C) an der Hand können wir jetzt die vollständigste mögliche Antwort auf die Frage geben, wie gut N Wertepaare (x_i, y_i) die Annahme einer linearen Beziehung zwischen x und y stützen. Aus den gemessenen Punkten können wir zunächst den beobachteten Korrelationskoeffizienten r_b berechnen (der Index b bedeutet „beob-

[5] Obwohl es *unmöglich* ist, daß $|r| > 1$ ist, ist es im Prinzip möglich, daß $|r| = 1$ ist. r ist jedoch eine stetige Variable, und die Wahrscheinlichkeit dafür, $|r|$ exakt gleich Eins zu erhalten, ist gleich Null. Folglich ist $P_N |r| \geq 1) = 0$.

achtet“). Anschließend können wir unter Verwendung einer der beiden Tabellen die Wahrscheinlichkeit $P_N(|r| \geq |r_b|)$ dafür ermitteln, daß N unkorrelierte Punkte einen Koeffizienten geliefert hätten, der mindestens so groß ist wie der beobachtete Koeffizient r_b. Wenn diese Wahrscheinlichkeit „hinreichend klein“ ist, so können wir zwei Schlüsse ziehen: es ist a) *sehr unwahrscheinlich*, daß x und y unkorreliert sind, und b) entsprechend *sehr wahrscheinlich*, daß sie tatsächlich korreliert sind.

Wir müssen noch den Wert der Wahrscheinlichkeit wählen, den wir als „hinreichend klein“ betrachten. Häufig wird eine beobachtete Korrelation r_b dann als „signifikant“ betrachtet, wenn die Wahrscheinlichkeit dafür, bei unkorrelierten Variablen einen Wert r mit $|r| \geq |r_b|$ zu erhalten, kleiner als 5 Prozent ist. Eine Korrelation wird manchmal „hochsignifikant“ genannt, wenn die entsprechende Wahrscheinlichkeit kleiner als 1 Prozent ist. Welche Wahl wir auch treffen, wir erhalten *keine* eindeutige Antwort auf die Frage, ob die Daten korreliert sind oder nicht. Statt dessen haben wir ein quantitatives Maß dafür, wie unwahrscheinlich es ist, daß sie unkorreliert sind.

9.5 Beispiele

Nehmen wir an, wir hätten drei Wertepaare (x_i, y_i) gemessen und für sie einen Korrelationskoeffizienten von 0,7 (oder $-0,7$) ermittelt. Stützt das die Hypothese, daß zwischen x und y eine lineare Beziehung besteht?

Durch Nachschauen in Tab. 9–2 erhalten wir die Antwort: Selbst dann, wenn die Variablen x und y völlig unkorreliert wären, betrüge bei $N = 3$ die Wahrscheinlichkeit dafür, $|r| \geq 0{,}7$ zu erhalten, 51 Prozent. Wir haben also keinen hinreichenden Beweis für eine Korrelation. In der Tat wäre es mit nur drei Messungen sehr schwierig, einen überzeugenden Beweis für eine Korrelation zu erhalten. Sogar ein so großer beobachteter Koeffizient wie 0,9 ist völlig ungenügend, da die Wahrscheinlichkeit dafür, mit drei Messungen von unkorrelierten Variablen $|r| \geq 0{,}9$ zu erreichen, 27 Prozent beträgt.

Wenn wir aus sechs Messungen eine Korrelation von 0,7 erhielten, wäre die Lage ein bißchen besser, aber immer noch nicht gut genug. Bei $N = 6$ ist die Wahrscheinlichkeit für $|r| \geq 0{,}7$ 12 Prozent. Das ist nicht klein genug, um die Möglichkeit auszuschließen, daß x und y unkorreliert sind.

Ergibt sich andererseits bei 20 Messungen $r = 0{,}7$, so haben wir einen starken Hinweis auf eine Korrelation, da bei $N = 20$ die Wahrscheinlichkeit dafür, von zwei unkorrelierten Variablen $|r| \geq 0{,}7$ zu erhalten, nur 0,1 Prozent beträgt. Das ist nach allen Regeln sehr unwahrscheinlich, und wir könnten getrost argumentieren, daß eine Korrelation existiert. Die gefundene Korrelation könnte sogar als „hochsignifikant“ bezeichnet werden, da die betreffende Wahrscheinlichkeit kleiner als 1 Prozent ist.

Übungsaufgaben

Erinnerung: Ein Stern(*) weist darauf hin, daß im Abschnitt „Lösungen" am Ende des Buches die Übungsaufgabe besprochen oder ihre Lösung angegeben wird.

***9.1** (Abschn. 9.2). Beweisen Sie, daß die in (9.8) definierte Kovarianz $|\sigma_{xy}|$ der Schwarzschen Ungleichung (9.11),

$$|\sigma_{xy}| \leq \sigma_x \sigma_y, \tag{9.17}$$

genügt.

Hinweis: Betrachten Sie für eine beliebige Zahl t die Funktion

$$A(t) = \frac{1}{N} \sum [(x_i - \bar{x}) + t(y_i - \bar{y})]^2 \geq 0. \tag{9.18}$$

Da $A(t)$ unabhängig von dem Wert von t positiv ist, kann man ihr Minimum $A_{\min}$ ermitteln, inden man ihre Ableitung dA/dt gleich Null setzt, und dieses $A_{\min}$ ist immer noch größer oder gleich Null. Zeigen Sie, daß $A_{\min} = \sigma_x^2 - (\sigma_{xy}^2/\sigma_y^2)$ ist, und leiten Sie (9.17) her.

9.2 (Abschn. 9.2).

(a) Stellen Sie sich eine Reihe von N Messungen zweier fester Längen x und y vor, die zur Bestimmung des Wertes einer Funktion $q(x, y)$ durchgeführt werden. Nehmen Sie an, daß mehrere verschiedene Bandmaße verwendet werden, daß aber jedes Paar (x_i, y_i) mit demselben Bandmaß gemessen wird, d. h. das Paar (x_1, y_1) mit einem Bandmaß, das Paar (x_2, y_2) mit einem anderen und so weiter. Die Hauptfehlerquelle sei, daß einige der Bandmaße geschrumpft sind und andere gedehnt wurden. Zeigen Sie, daß unter dieser Voraussetzung die Kovarianz σ_{xy} positiv sein muß.

(b) Zeigen Sie außerdem unter denselben Voraussetzungen, daß $\sigma_{xy} = \sigma_x \sigma_y$ ist, also daß σ_{xy} so groß ist, wie die Schwarzsche Ungleichung (9.17) erlaubt. *Hinweis*: Nehmen Sie an, daß das $i$te Bandmaß um einen Faktor α_i geschrumpft ist (wobei α_i nahe bei 1 liegt). Dann wird eine Länge, die wirklich gleich X ist, als $x_i = \alpha_i X$ gemessen. Die Lehre aus dieser Übungsaugabe ist, daß es Umstände gibt, unter denen die Kovarianz sicher nicht vernachlässigbar ist.

***9.3** (Abschn. 9.3).

(a) Beweisen Sie die Identität

$$\sum (x_i - \bar{x})(y_i - \bar{y}) = \sum x_i y_i - N \bar{x} \bar{y}.$$

(b) Zeigen Sie, daß der in (9.15) definierte Korrelationskoeffizient r folglich geschrieben werden kann als

$$r = \frac{\sum x_i y_i - N \bar{x} \bar{y}}{[(\sum x_i^2 - N \bar{x}^2)(\sum y_i^2 - N \bar{y}^2)]^{1/2}}. \tag{9.19}$$

Das ist oft ein bequemeres Verfahren zur Bestimmung von r, da bei ihm nicht die einzelnen Abweichungen $x_i - \bar{x}$ und $y_i - \bar{y}$ berechnet werden müssen.

9.4 (Abschn. 9.4).
(a) Überprüfen Sie, ob der Korrelationskoeffizient für die zehn Paare von Punktzahlen in Tab. 9–1 $r \approx 0{,}8$ beträgt.
(b) Bestimmen Sie unter Verwendung der Wahrscheinlichkeiten in Anhang C die Wahrscheinlichkeit dafür, eine Korrelation r mit $|r| \geq 0{,}8$ zu erhalten, wenn die zwei Punktzahlen wirklich unkorreliert wären.

9.5 (Abschn. 9.4). Beim photoelektrischen Effekt wird angenommen, daß die kinetische Energie K der herausgestoßenen Elektronen eine lineare Funktion der Frequenz f des verwendeten Lichts ist,

$$K = hf - \Phi, \tag{9.20}$$

wobei h und Φ Konstanten sind. Um das zu überprüfen, mißt eine Studentin K für N verschiedene Werte von f und berechnet den Korrelationskoeffizienten r für ihre Ergebnisse.
(a) Sie führe fünf Messungen durch ($N = 5$) und finde $r = 0{,}7$. Hat sie dann eine signifikante Stützung der Annahme einer linearen Beziehung (9.20)?
(b) Was ist bei $N = 20$ und $r = 0{,}5$?

***9.6** (Abschn. 9.4).
(a) Zeichnen Sie ein Streuungsdiagramm für die folgenden fünf Meßwertpaare:

$$\begin{array}{llllll} x = 1 & 2 & 3 & 4 & 5 \\ y = 4 & 4 & 3 & 2 & 1\,. \end{array}$$

Berechnen Sie ihren Korrelationskoeffizienten r. Es ist wahrscheinlich einfacher, dafür (9.19) zu verwenden. Zeigen die Daten eine signifikante Korrelation? Die benötigten Wahrscheinlichkeiten sind in Anhang C zu finden.
(b) Wiederholen Sie Teil (a) mit den folgenden Daten:

$$\begin{array}{llllll} x = 1 & 2 & 3 & 4 & 5 \\ y = 3 & 1 & 2 & 2 & 1\,. \end{array}$$

9.7 (Abschn. 9.4). Ein Psychologe, der die Beziehung zwischen der Intelligenz von Vätern und Söhnen untersucht, mißt die Intelligenzquotienten (IQs) von zehn Vätern und ihren Söhnen. Die Ergebnisse zeigt Tab. 9–3, wobei jeweils x_i der IQ des Vaters und y_i der IQ des zugehörigen Sohnes ist.

Tab. 9–3.

x_i	74	83	85	96	98	100	106	107	120	124
y_i	76	103	99	109	111	107	91	101	120	119

Stützen diese Daten die Annahme einer Korrelation zwischen der Intelligenz von Vätern und Söhnen?

10 Die Binomialverteilung

Als einziges Beispiel für eine Verteilung haben wir bisher die Gauß- oder Normalverteilung kennengelernt. Wir werden jetzt zwei andere wichtige Beispiele besprechen: in diesem Kapitel die Binomialverteilung und in Kapitel 11 die Poisson-Verteilung.

10.1 Verteilungen

In Kapitel 5 haben wir den Begriff der *Verteilung* eingeführt, einer Funktion, die die Häufigkeit angibt, mit der wiederholte Messungen die verschiedenen möglichen Werte liefern. Wir könnten beispielsweise N Messungen der Schwingungsdauer T eines Pendels machen und die Verteilung unserer verschiedenen Meßwerte von T ermitteln; oder wir könnten die *Körpergröße* G von N Deutschen messen, um die Verteilung der verschiedenen gemessenen Körpergrößen G in Erfahrung zu bringen.

Als nächstes führten wir den Begriff der *Grenzverteilung* ein, also derjenigen Verteilung, die man im Grenzfall einer sehr großen Anzahl N von Messungen erhielte. Die Grenzverteilung kann so betrachtet werden, daß sie uns die *Wahrscheinlichkeit* dafür angibt, mit der eine Messung irgendeinen der möglichen Werte liefert – die Wahrscheinlichkeit, daß eine Messung der Schwingungsdauer irgendeinen bestimmten Wert T ergibt oder daß ein (zufällig ausgewählter) Deutscher irgendeine bestimmte Körpergröße G hat. Aus diesem Grunde wird die Grenzverteilung auch oft die *Wahrscheinlichkeitsverteilung* genannt.

Von den vielen möglichen Grenzverteilungen haben wir als einzige bisher die Gauß- oder Normalverteilung behandelt. Diese beschreibt die Verteilung der Ergebnisse aller Messungen, bei denen viele Fehlerquellen auftreten, die alle zufällig und klein sind. Aus diesem Grunde ist die Gauß-Verteilung für Physiker die wichtigste aller Grenzverteilungen und nimmt daher zurecht in diesem Buch eine hervorragende Stellung ein. Trotzdem gibt es auch noch andere Verteilungen von großer theoretischer oder praktischer Bedeutung, und mit zwei Beispielen hierfür wollen wir uns in diesem und dem nächsten Kapitel befassen.

Im vorliegenden Kapitel werden wir die Binomialverteilung beschreiben. Sie ist für Experimentalphysiker nicht von großer praktischer Bedeutung. Doch aufgrund ihrer Einfachheit eignet sie sich hervorragend zur Einführung in viele Probleme im Zusammenhang mit Verteilungen. Außerdem ist sie theoretisch von Bedeutung, da wir aus ihr die überaus wichtige Gauß-Verteilung herleiten.

10.2 Wahrscheinlichkeiten beim Würfeln

Die Binomialverteilung kann am besten anhand eines Beispiels erklärt werden. Nehmen wir an, unser „Experiment“ bestehe daraus, drei Würfel zu werfen und die Anzahl der geworfenen Einsen zu zählen. Die möglichen Ergebnisse dieses Experiments sind dann 0, 1, 2 oder 3 Einsen. Wenn wir das Experiment sehr oft wiederholen, so finden wir die Grenzverteilung, die uns die Wahrscheinlichkeit angibt, mit der wir bei irgendeinem Wurf (aller drei Würfel) ν Einsen erhalten, wobei $\nu = 0$, 1, 2 oder 3 ist.

Dieses Experiment ist hinreichend einfach, so daß wir leicht die Wahrscheinlichkeit der vier möglichen Ergebnisse berechnen können. Als erstes stellen wir fest: Unter der Annahme, daß die Würfel in Ordnung sind, beträgt die Wahrscheinlichkeit dafür, daß man eine Eins erhält, wenn man *einen* Würfel wirft, 1/6. Jetzt wollen wir alle drei Würfel werfen und als erstes nach der Wahrscheinlichkeit fragen, mit der wir drei Einsen erhalten (ν). Da bei jedem einzelnen Würfel die Wahrscheinlichkeit dafür, daß er eine Eins zeigt, 1/6 ist und die drei Würfel unabhängig voneinander rollen, ist die Wahrscheinlichkeit für drei Einsen

$$P\,(3 \text{ Einsen in } 3 \text{ Würfen}) = (1/6)^3 \approx 0{,}5\,\%.$$

Die Wahrscheinlichkeit, mit der zwei Einsen geworfen werden ($\nu = 2$), ist etwas schwieriger zu berechnen, da wir zwei Einsen auf mehrere Arten erhalten können. Der erste und der zweite Würfel könnten eine Eins zeigen und der dritte nicht (E, E, nicht E), oder der erste und dritte könnten eine Eins zeigen und der zweite nicht (E, nicht E, E) und so weiter. Hier gehen wir in zwei Schritten vor. Als erstes betrachten wir die Wahrscheinlichkeit dafür, zwei Einsen in irgendeiner bestimmten Reihenfolge wie (E, E, nicht E) zu werfen. Die Wahrscheinlichkeit, mit der der erste Würfel eine Eins zeigt, ist 1/6, und entsprechendes gilt für den zweiten. Andererseits ist die Wahrscheinlichkeit dafür, daß der letzte Würfel *keine* Eins zeigt, 5/6. Folglich ist die Wahrscheinlichkeit dafür, zwei Einsen in dieser bestimmten Reihenfolge zu erhalten,

$$P\,(E,\, E,\, \text{nicht } E) = (1/6)^2 \times (5/6).$$

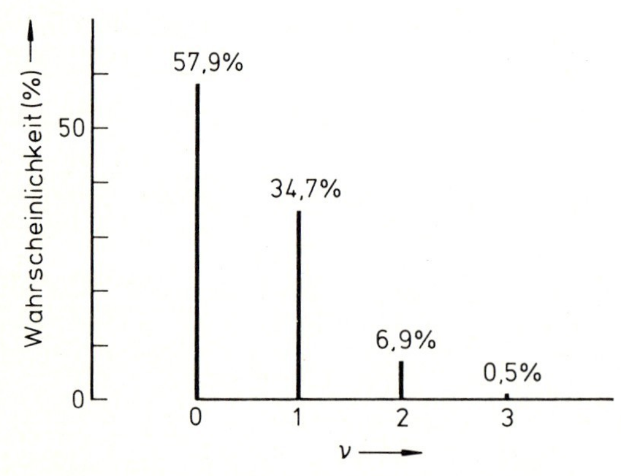

Abb. 10–1. Wahrscheinlichkeit dafür, beim Werfen von drei Würfeln ν Einsen zu erhalten. Diese Funktion ist die Binomialverteilung $b_{n,p}(\nu)$ mit $n = 3$ und $p = 1/6$.

Die Wahrscheinlichkeit dafür, zwei Einsen in irgendeiner anderen bestimmten Reihenfolge zu bekommen, ist dieselbe. Insgesamt gibt es drei verschiedene Reihenfolgen, in denen wir unsere zwei Einsen erhalten könnten: (E, E, nicht E), (E, nicht E, E) und (nicht E, E, E). Folglich ist die gesamte Wahrscheinlichkeit dafür, zwei Einsen (in irgendeiner Reihenfolge) zu erhalten,

$$P\,(2 \text{ Einsen in 3 Würfen}) = 3 \times (1/6)^2 \times (5/6) \approx 6{,}9\,\% \,. \tag{10.1}$$

Ähnliche Rechnungen liefern die Wahrscheinlichkeit dafür, in drei Würfen eine Eins (34,7 Prozent) oder in drei Würfen keine Eins zu erhalten (57,9 Prozent). Unsere numerischen Ergebnisse können zusammengefaßt werden, indem wir wie in Abb. 10–1 die Wahrscheinlichkeitsverteilung der Anzahl von Einsen auftragen, die wir beim Werfen von drei Würfeln erhalten. Diese Verteilung ist ein Beispiel für die Binomialverteilung, deren allgemeine Form wir jetzt kennenlernen.

10.3 Definition der Binomialverteilung

Zur Beschreibung der allgemeinen Binomialverteilung müssen wir zunächst einige Begriffe einführen. Als erstes stellen wir uns vor, daß wir n unabhängige *Versuche* machen – wie das Werfen von n Würfeln, das Werfen von n Münzen oder das Prüfen von n Feuerwerkskörpern. Jeder Versuch kann mehrere verschiedene Ergebnisse liefern; ein Würfel kann jede Zahl von 1 bis 6 zeigen, eine Münze Kopf oder Zahl, ein Feuerwerkskörper kann knallen oder zischen. Wir nennen das Ergebnis, an dem wir gerade interessiert sind, einen *Erfolg*. Also könnte ein „Erfolg" das Würfeln einer Eins, das Werfen von Kopf bei einer Münze oder das Knallen eines Feuerwerkskörpers sein. Wir bezeichnen mit p die Wahrscheinlichkeit eines Erfolges in irgendeinem Versuch und mit $q = 1 - p$ die eines „Mißerfolgs" (das heißt dafür, irgendein anderes Ergebnis als das interessierende zu erhalten). Also ist $p = 1/6$ für das Würfeln einer Eins mit einem Würfel, $p = ½$ für Kopf auf einer Münze, und p könnte bei einer bestimmten Marke Feuerwerkskörper 95 Prozent dafür sein, daß er richtig knallt.

Mit diesen Definitionen an der Hand können wir jetzt nach der Wahrscheinlichkeit fragen, mit der wir in n Versuchen ν Erfolge erhalten. Eine Berechnung, die wir gleich skizzieren, zeigt, daß diese Wahrscheinlichkeit durch die sogenannte *Binomialverteilung*

$$P\,(\nu \text{ Erfolge bei } n \text{ Versuchen}) = b_{n,p}(\nu) = \frac{n(n-1)\cdots(n-\nu+1)}{1 \times 2 \times \cdots \times \nu}\, p^{\nu} q^{n-\nu} \tag{10.2}$$

gegeben ist. Hier steht der Buchstabe b für „binomial", und die Indizes n und p von $b_{n,p}(\nu)$ weisen darauf hin, daß die Wahrscheinlichkeit von n, der Anzahl der gemachten Versuche, und p, der Wahrscheinlichkeit eines Erfolges bei einem Versuch, abhängt.

Die Verteilung (10.2) heißt Binomialverteilung, weil sie eng mit der wohlbekannten Binomialentwicklung zusammenhängt. Insbesondere ist der Bruch in (10.2) der *Binomial-*

koeffizient, der oft mit $\binom{n}{\nu}$ bezeichnet wird,

$$\binom{n}{\nu} = \frac{n(n-1)\cdots(n-\nu+1)}{1\times 2\times\cdots\times\nu} \tag{10.3}$$

$$= \frac{n!}{\nu!\,(n-\nu!)}, \tag{10.4}$$

wobei wir die nützliche Bezeichnung *Fakultät*,

$$n! = 1\times 2\times\cdots\times n.$$

verwenden. Der Binomialkoeffizient erscheint in der Binomialentwicklung

$$(p+q)^n = p^n + np^{n-1}q + \cdots + q^n = \sum_{\nu=0}^{n}\binom{n}{\nu}p^\nu q^{n-\nu}, \tag{10.5}$$

die für zwei beliebige Zahlen p und q und jede beliebige ganze Zahl n gilt (siehe Aufgabe 10.4).

Mit der Schreibweise (10.3) können wir die Binomialverteilung umschreiben in die kompaktere Form

$$P\,(\nu \text{ Erfolge bei } n \text{ Versuchen}) = b_{n,p}(\nu) = \binom{n}{\nu}p^\nu q^{n-\nu} \tag{10.6}$$

wobei wie üblich p die Wahrscheinlichkeit eines Erfolgs bei einem Versuch und $q = 1 - p$ ist.

Die Herleitung des Ergebnisses (10.6) ähnelt der des Beispiels mit den Würfeln in (10.1),

$$P\,(2 \text{ Einsen in } 3 \text{ Würfen}) = 3\times(1/6)^2\times(5/6). \tag{10.7}$$

In der Tat erhalten wir, wenn wir in (10.6) $\nu = 2$, $p = 1/6$ und $q = 5/6$ einsetzen, genau die Gl. (10.7). Außerdem ist die Bedeutung eines jeden Faktors in (10.6) dieselbe wie die des entsprechenden Faktors in (10.7). Der Faktor p^ν liefert die Wahrscheinlichkeit dafür, bei irgendwelchen ν Versuchen nur Erfolge zu erzielen, und $q^{n-\nu}$ die Wahrscheinlichkeit von Mißerfolgen in den restlichen $n - \nu$ Versuchen. Es läßt sich leicht zeigen, daß der Binomialkoeffizient $\binom{n}{\nu}$ die Anzahl der verschiedenen Reihenfolgen ist, in denen man ν Erfolge in n Versuchen haben kann. Damit ist gezeigt, daß die Binomialverteilung (10.6) tatsächlich die behauptete Wahrscheinlichkeit darstellt.

Beispiel

Nehmen wir an, wir werfen vier Münzen ($n = 4$) und zählen, wie oft (nämlich ν Mal) wir Kopf erhalten. Was ist die Wahrscheinlichkeit dafür, die verschiedenen möglichen Werte $\nu = 0, 1, 2, 3, 4$ zu bekommen?

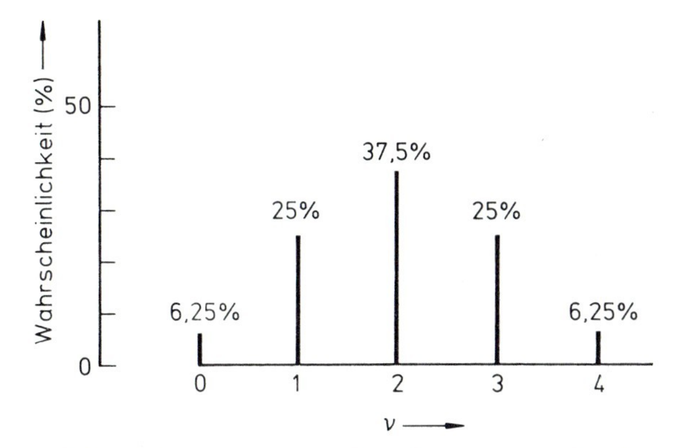

Abb. 10–2. Die Binomialverteilung $b_{n,p}(\nu)$ mit $n = 4$ und $p = \frac{1}{2}$. Sie gibt die Wahrscheinlichkeit an, mit der man beim Werfen von vier Münzen ν-mal Kopf erhält.

Da die Wahrscheinlichkeit, in einem Wurf mit einer Münze Kopf zu erhalten, $p = \frac{1}{2}$ beträgt, ist die gesuchte Wahrscheinlichkeit einfach die Binomialverteilung $b_{n,p}(\nu)$ mit $n = 4$ und $p = q = \frac{1}{2}$,

$$P\,(\nu \text{ mal Kopf in 4 Würfen}) = \binom{4}{\nu}\,(1/2)^4 .$$

Diese Zahlen sind leicht zu berechnen (Aufgabe 10.5) und liefern die in Abb. 10–2 gezeigte Verteilung.

Wir sehen, daß die wahrscheinlichste Anzahl von „Kopf" $\nu = 2$ ist, wie man erwarten würde. Hier sind die Wahrscheinlichkeiten um diesen wahrscheinlichsten Wert symmetrisch verteilt. Das heißt, die Wahrscheinlichkeit für dreimal Kopf ist genau so groß wie die für einmal Kopf, und die Wahrscheinlichkeit für viermal Kopf dieselbe wie die für keinmal Kopf. Wie wir sehen werden, tritt diese Symmetrie nur bei $p = \frac{1}{2}$ auf.

10.4 Eigenschaften der Binomialverteilung

Die Binomialverteilung $b_{n,p}(\nu)$ gibt die Wahrscheinlichkeit an, mit der man in n Versuchen ν „Erfolge" hat, wenn p die Wahrscheinlichkeit eines Erfolgs bei einem einzelnen Versuch ist. Wenn wir unser gesamtes (aus n Versuchen bestehendes) Experiment viele Male wiederholen, dann ist es natürlich zu fragen, wie groß die mittlere Anzahl der Erfolge $\bar{\nu}$ ist. Diese ist einfach

$$\bar{\nu} = \sum_{\nu=0}^{n} \nu\, b_{n,p}(\nu) \qquad (10.8)$$

und läßt sich leicht berechnen (Aufgabe 10.8) zu

$$\bar{\nu} = np\,. \qquad (10.9)$$

Das heißt, wenn wir unsere Reihe von n Versuchen viele Male wiederholen, dann ist, wie man erwarten würde, die mittlere Anzahl der Erfolge einfach das n-fache der Wahrscheinlichkeit eines Erfolgs bei einem Versuch (p). Ähnlich kann man die Standardabweichung σ_ν der Anzahl der Erfolge berechnen (Aufgabe 10.10). Das Ergebnis lautet

$$\sigma_\nu = \sqrt{np(1-p)}. \tag{10.10}$$

Wenn $p = 1/2$ ist (wie in unserem Münzenwurfexperiment), dann ist die mittlere Anzahl der Erfolge einfach $n/2$. Außerdem ist für $p = 1/2$ leicht zu beweisen, daß

$$b_{n,1/2}(\nu) = b_{n,1/2}(n-\nu) \tag{10.11}$$

ist (siehe Aufgabe 10.11). Das heißt, die Binomialverteilung mit $p = 1/2$ ist symmetrisch zum Mittelwert $n/2$, wie wir an der Abb. 10–2 sahen.

Im allgemeinen, für $p \neq 1/2$, *verläuft die Binomialverteilung* $b_{n,p}(\nu)$ nicht symmetrisch. Beispielsweise ist Abb. 10–1 offensichtlich nicht symmetrisch. Bei ihr ist die wahrscheinlichste Zahl von Erfolgen $\nu = 0$, und die Wahrscheinlichkeit für $\nu = 1$, 2, und 3 wird immer kleiner. Ferner ist hier die mittlere Anzahl der Erfolge ($\bar{\nu} = 0{,}5$) nicht identisch mit der wahrscheinlichsten Anzahl der Erfolge ($\bar{\nu} = 0$).

Es ist interessant, die Binomialverteilung $b_{n,p}(\nu)$ mit der uns vertrauteren Gauß-Verteilung $f_{X,\sigma}(x)$ zu vergleichen. Vielleicht der größte Unterschied ist dieser: Das durch die erste Verteilung beschriebene Experiment liefert Ergbnisse, die durch die *diskreten*[1] Werte $\nu = 0, 1, 2, \ldots, n$ gegeben sind, während sie im zweiten Fall durch die *stetigen* (kontinuierlichen) Werte der Meßgröße x bestimmt sind. Die Gaußverteilung ist eine symmetrische Glockenkurve, die am Mittelwert $x = X$ zentriert ist, was bedeutet, daß der Mittelwert X auch der wahrscheinlichste Wert ist (bei dem $f_{X,\sigma}(x)$ ihr Maximum hat). Wie wir gesehen haben, ist die Binomialverteilung nur symmetrisch, wenn $p = 1/2$ ist, und im allgemeinen fällt der Mittelwert nicht mit dem wahrscheinlichsten Wert zusammen.

Gaußsche Näherung für die Binomialverteilung

Bei all ihren Unterschieden gibt es eine wichtige Verbindung zwischen der Binomial- und der Gauß-Verteilung. Wenn wir die Binomialverteilung $b_{n,p}(\nu)$ für irgendeine feste Zahl p betrachten, dann wird bei großen n die Verteilung $b_{n,p}(\nu)$ gut durch die Gauß-Verteilung $f_{X,\sigma}(x)$ mit demselben Mittelwert und derselben Standardabweichung approximiert:

$$b_{n,p}(\nu) \approx f_{X,\sigma}(\nu) \quad (n \text{ groß}) \tag{10.12}$$

mit

$$X = np \quad \text{und} \quad \sigma = \sqrt{np(1-p)}. \tag{10.13}$$

[1] Das Wort *diskret* (das nichts mit Diskretion zu tun hat) bedeutet „voneinander getrennt" und ist das Gegenteil von stetig (kontinuierlich).

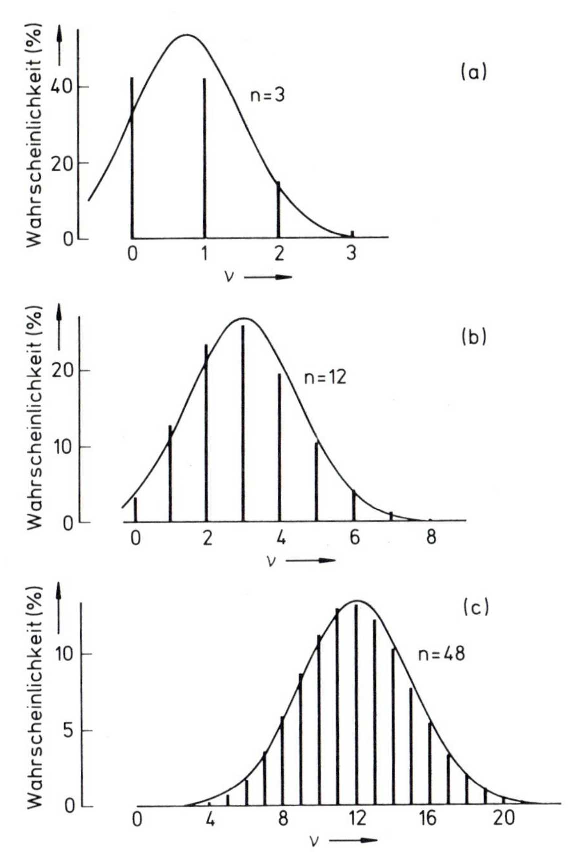

Abb. 10–3. Die Binomialverteilung mit $p = \frac{1}{4}$ und $n = 3$, 12 und 48. Die jedem Bild überlagerte stetige Kurve ist die Gauß-Funktion mit jeweils demselben Mittelwert und derselben Standardabweichung.

Wir nennen (10.12) die Gaußsche Näherung für die Binomialverteilung. Wir werden dieses Ergebnis hier nicht beweisen[2], aber seine Gültigkeit wird durch Abb. 10–3 veranschaulicht, in dem die Binomialverteilungen für $p = \frac{1}{4}$ und für drei zunehmend größere n-Werte ($n = 3, 12, 48$) zu sehen sind. Jeder Binomialverteilung ist eine Gauß-Verteilung mit demselben Mittelwert und derselben Standardabweichung überlagert. Bei nur drei Versuchen ($n = 3$) unterscheidet sich die Binomialverteilung stark von der entsprechenden Gauß-Verteilung. Insbesondere ist die Binomialverteilung deutlich asymmetrisch, während die Gauß-Verteilung natürlich vollkommen symmetrisch um ihren Mittelwert verläuft. Bei $n = 12$ ist die Asymmetrie der Binomialverteilung weit weniger ausgeprägt, und die zwei Verteilungen liegen recht nahe beieinander. Bei $n = 48$ ist der Unterschied

[2] Beweise sind zu finden in Stuart L. Meyer, *Data Analysis for Scientists and Engineers* (John Wiley, 1975), S. 226 oder Hugh D. Young, *Statistical Treatment of Experimental Data* (McGraw-Hill, 1962), Anhang C.

zwischen der Binomialverteilung und der entsprechenden Gauß-Verteilung so gering, daß die zwei auf dem Maßstab von Abb. 10–3(c) fast ununterscheidbar sind.

Daß die Binomialverteilung durch die Gauß-Funktion approximiert werden kann, wenn n groß ist, ist in der Praxis sehr nützlich. Die Berechnung der Binomialfunktion mit n z. B. größer als 20 ist äußerst mühsam, während sich die der Gauß-Funktion unabhängig vom Wert von X und σ immer einfach berechnen läßt. Um dies zu veranschaulichen, nehmen wir an, wir wollten die Wahrscheinlichkeit dafür berechnen, bei 36 Würfen einer Münze 23mal Kopf zu erhalten. Diese Wahrscheinlichkeit ist durch die Binomialverteilung $b_{36,\,1/2}(\nu)$ gegeben, da die Wahrscheinlichkeit dafür, in einem Wurf Kopf zu erhalten, $p = 1/2$ beträgt. Folglich ist

$$P\,(\text{23mal Kopf bei 36 Würfen}) = b_{36,\,1/2}(23) \tag{10.14}$$

$$= \frac{36!}{23!\,13!}\left(\frac{1}{2}\right)^{36}, \tag{10.15}$$

was, wie eine ziemlich mühsame Rechnung[3] zeigt, gleich

$$P\,(\text{23mal Kopf}) = 3{,}36\,\%$$

ist. Andererseits können wir, da der Mittelwert der Verteilung $np = 18$ und die Standardabweichung $\sigma = \sqrt{np(1-p)} = 3$ ist, die Binomialverteilung in (10.14) durch die Gauß-Funktion $f_{18,\,3}(23)$ ersetzen, und eine triviale Rechnung liefert

$$P\,(\text{23mal Kopf}) \approx f_{18,\,3}(23) = 3{,}32\,\%\,.$$

Das ist für fast alle Zwecke eine hervorragende Näherung.

Die Nützlichkeit der Gaußschen Näherung ist sogar noch offensichtlicher, wenn wir die Wahrscheinlichkeit mehrerer Ergebnisse vergleichen wollen. Beispielsweise ist die Wahrscheinlichkeit dafür, bei 36 Würfen 23mal *oder öfter* Kopf zu erhalten,

$$P\,(\text{23mal oder öfter Kopf}) = P\,(\text{23mal Kopf}) + P\,(\text{24mal Kopf}) + \cdots + P\,(\text{36mal Kopf}),$$

eine Summe, die nur äußerst mühsam direkt zu berechnen ist. Wenn wir jedoch die Binomialverteilung durch die Gauß-Verteilung approximieren, dann ist die Wahrscheinlichkeit leicht zu finden. Da bei der Berechnung Gaußscher Wahrscheinlichkeiten ν als stetige Variable behandelt wird, läßt sich die Wahrscheinlichkeit dafür, daß $\nu = 23, 24, \cdots$ ist, am besten als $P_{\text{Gauss}}(\nu \geq 22{,}5)$ berechnen, also als die Wahrscheinlichkeit für alle $\nu \geq 22{,}5$. Nun liegt $\nu = 22{,}5$ 1,5 Standardabweichungen über dem Mittelwert 18. (Zur Erinnerung: $\sigma = 3$, so daß $4{,}5 = 1{,}5\,\sigma$.) Die Wahrscheinlichkeit, mit der ein Ergebnis mehr als $1{,}5\,\sigma$ über dem Mittelwert liegt, ist gleich der in Abb. 10–4 gezeigten Fläche. Sie läßt sich mit Hilfe der Tabelle in Anhang A leicht berechnen, und wir erhalten

$$P\,(\text{23mal oder öfter Kopf}) \approx P_{\text{Gauss}}(\nu \geq X + 1{,}5\,\sigma) = 6{,}7\,\%\,.$$

[3] Mit einigen Taschenrechnern, läßt sich (10.15) leicht berechnen, da sie für die Berechnung von $n!$ vorprogrammiert sind. In den meisten solchen Rechnern gibt $n!$ jedoch für $n \geq 70$ einen Überlauf. Folglich ist für $n \geq 70$ die vorprogrammierte Funktion keine Hilfe.

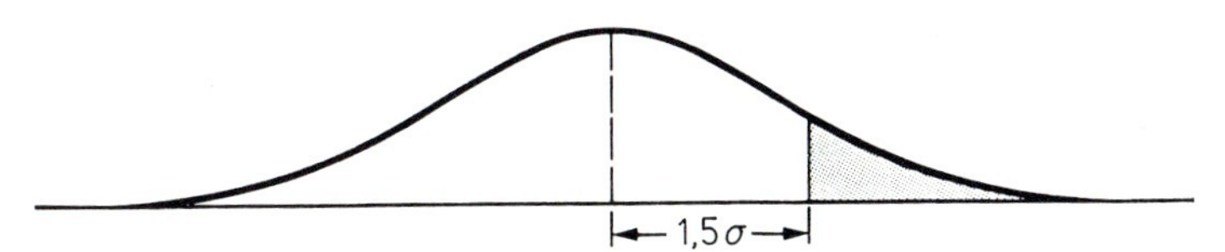

Abb. 10–4. Die Wahrscheinlichkeit, ein Ergebnis zu erhalten, das mehr als 1,5 σ über dem Mittelwert liegt, ist durch die gerasterte Fläche unter der Gauß-Kurve gegeben.

Das ist gut vergleichbar mit dem exakten Ergebnis (auf zwei signifikante Stellen) von 6,6%.

10.5 Die Gauß-Verteilung für zufällige Abweichungen

In Kapitel 5 wurde festgestellt, daß ein Meßwert, bei dem viele kleine zufällige Abweichungen auftreten, normalverteilt ist. Wir sind jetzt in der Lage, das an Hand eines einfachen Modells für die betreffende Art von Messung zu beweisen.

Nehmen wir an, wir mäßen eine Größe x, deren wahrer Wert X ist. Ferner seien die bei unseren Messungen auftretenden systematischen Abweichungen vernachlässigbar, es gebe aber n unabhängige Quellen zufälliger Abweichungen (Auswirkung der Parallaxe, Reaktionszeiten usw.). Zur Vereinfachung unserer Erörterung nehmen wir ferner an, alle diese Quellen verursachten zufällige Abweichungen derselben Größe ε. Das heißt, jede Quelle der Abweichungen verschiebt unser Ergebnis um ε nach oben oder nach unten, und diese zwei Möglichkeiten treten mit gleicher Wahrscheinlichkeit $p = ½$ auf. Wenn beispielsweise der wahre Wert gleich X ist und es genau eine solche Quelle gibt, dann sind unsere möglichen Ergebnisse $x = X - \varepsilon$ und $x = X + \varepsilon$, und beide sind gleich wahrscheinlich. Gibt es zwei Fehlerquellen, so könnte eine Messung $x = X - 2\varepsilon$ (wenn zufällig beide Abweichungen negativ sind) oder $x = X$ (wenn eine positiv und die andere negativ ist) oder $x = X + 2\varepsilon$ liefern (wenn beide Abweichungen zufällig positiv sind). Diese Möglichkeiten werden in Abb. 10–5 (a) und (b) gezeigt.

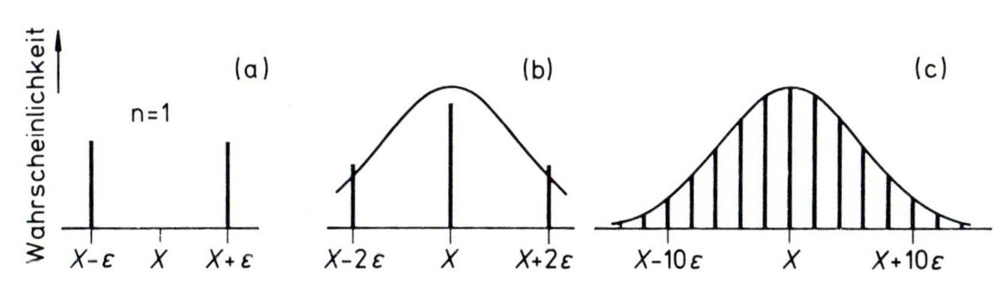

Abb. 10–5. Verteilung der Meßwerte beim Auftreten von n zufälligen Abweichungen der Größe ε für $n = 1$, 2 und 32. Die den Teilbildern (b) und (c) überlagerten Kurven sind Gauß-Verteilungen mit gleicher Zentrierung und Breite. (Die Maßstäbe in senkrechter Richtung sind in den drei Abbildungen verschieden.)

Allgemeiner könnte, wenn es n Fehlerquellen gibt, unser Ergebnis im Bereich von $x = X - n\varepsilon$ bis $x = X + n\varepsilon$ liegen. Wenn bei einer gegebenen Messung zufällig ν Quellen positive und $(n - \nu)$ Quellen negative Abweichungen liefern, dann ist unser Ergebnis

$$x = X + \nu\varepsilon - (n - \nu)\,\varepsilon = X + (2\nu - n)\,\varepsilon\,. \tag{10.16}$$

Die Wahrscheinlichkeit dafür ist einfach die binomiale Wahrscheinlichkeit

$$P\,(\nu \text{ positive Abweichungen}) = b_{n,\,1/2}(\nu)\,. \tag{10.17}$$

Folglich sind unsere möglichen Ergebnisse um den wahren Wert X symmetrisch verteilt, und die Wahrscheinlichkeiten sind durch die Binomialfunktion (10.17) gegeben. Das wird durch Abb. 10–5 für $n = 1$, 2 und 32 veranschaulicht.

Jetzt behaupten wir: Wenn die Anzahl n der Quellen der Abweichungen groß ist und die Einzelabweichungen ε klein sind, dann sind unsere Meßergebnisse normalverteilt. Um genauer zu sein, bemerken wir, daß die Standardabweichung der Binomialverteilung $\sigma_\nu = \sqrt{np(1-p)} = \sqrt{n/4}$ ist. Deshalb ist gemäß (10.16) die Standardabweichung unserer Meßwerte von x gleich $\sigma_x = 2\varepsilon\sigma_\nu = \varepsilon\sqrt{n}$. Entsprechend machen wir den Übergang $n \to \infty$ und $\varepsilon \to 0$ so, daß $\sigma_x = \varepsilon\sqrt{n}$ fest bleibt. Dabei geschieht zweierlei. Erstens nähert sich, wie im vorhergehenden Abschnitt besprochen, die Binomialverteilung der Gaußverteilung mit Zentrierung bei X und Breite σ_x. Das ist in den Abbildungen 10–5(b) und (c) klar zu sehen, denen entsprechende Gauß-Funktionen überlagert wurden. Zweitens rükken für $\varepsilon \to 0$ die Ergebnisse unserer Messung näher zusammen (wie auch aus Abb. 10–5 ersichtlich ist), so daß die diskrete Verteilung in eine stetige Verteilung übergeht, die genau die erwartete Gauß-Funktion ist.

10.6 Anwendungen; Prüfung von Hypothesen

Nachdem wir wissen, wie die Ergebnisse eines Experiments verteilt sein sollten, können wir fragen, ob die tatsächlichen Ergebnisse des Experiments so verteilt *sind*, wie wir erwarten. Diese Art der Überprüfung einer Verteilung ist in der Physik ein wichtiges Verfahren, und sie hat in der Biologie und den Sozialwissenschaften vielleicht eine noch größere Bedeutung. Ein wichtiger Test, der χ^2-Test, ist das Thema von Kapitel 12. Zunächst geben wir zwei Beispiele für einen einfacheren Test, der auf bestimmte Probleme angewendet werden kann, bei denen die Binomialverteilung eine Rolle spielt.

Testen eines neuen Skiwachses

Nehmen wir an, ein Hersteller von Skiwachs behauptet, ein neues Wachs entwickelt zu haben, das die Reibung zwischen Skiern und Schnee stark herabsetzt. Um diese Behauptung zu prüfen, könnten wir 10 Paare von Skiern nehmen und dann von jedem Paar jeweils einen Ski mit Wachs behandeln. Wir könnten dann Rennen zwischen dem behandelten und unbehandelten Ski eines jeden Paares veranstalten, indem wir sie einen geeigneten schneebedeckten Hang hinuntergleiten lassen.

Wenn die behandelten Skier alle zehn Rennen gewännen, hätten wir einen deutlichen Hinweis darauf, daß das Wachs hält, was es verspricht. Leider erhalten wir selten ein so klares Ergebnis. Und selbst wenn, so hätten wir gerne ein quantitatives Maß für die Stärke unseres Hinweises. Folglich müssen wir uns zwei Fragen zuwenden. Erstens: wie können wir die Stärke des Hinweises darauf, daß das Wachs „funktioniert" (oder nicht), quantifizieren? Zweitens: wo würden wir die Grenze ziehen: Bei neun Gewinnen der behandelten Skier, bei acht oder bei sieben?

Die gleiche Art von Fragen tritt bei einer Menge ähnlicher statistischer Tests auf. Wenn wir z. B. die Wirksamkeit eines Düngers testen wollten, würden wir „Rennen" zwischen behandelten und unbehandelten Pflanzen organisieren. Oder um vorherzusagen, welcher Kandidat eine Wahl gewinnen wird, nähmen wir eine Zufallsstichprobe von Wählern und würden mit ihnen „Wettrennen" zwischen den Kandidaten abhalten.

Zur Beantwortung unserer Fragen müssen wir genauer entscheiden, was wir von unseren Tests erwarten sollten. In der akzeptierten Terminologie ausgedrückt, müssen wir eine *statistische Hypothese* formulieren. Beim Beispiel des Skiwachses ist die einfachste Hypothese die *Nullhypothese*, daß das neue Wachs keine Auswirkung hat. Unter dieser Hypothese können wir die Wahrscheinlichkeit der verschiedenen möglichen Testergebnisse berechnen und dann die Signifikanz unseres besonderen Ergebnisses beurteilen.

Nehmen wir an, wir wählten als Hypothese, das Skiwachs habe keine Auswirkung. Dann wäre bei jedem einzelnen Rennen der Sieg eines behandelten Skis gleich wahrscheinlich wie der eines unbehandelten. Das heißt, die Wahrscheinlichkeit eines behandelten Skis zu gewinnen ist $p = 1/2$. Die Wahrscheinlichkeit, daß die behandelten Skier ν der zehn Rennen gewinnen, ist dann die binomiale Wahrscheinlichkeit

$$P\ (\nu \text{ Siege in 10 Rennen}) = b_{10,1/2}(\nu) = \frac{10!}{\nu!\,(10-\nu)!}\left(\frac{1}{2}\right)^{10}. \qquad (10.18)$$

Nach (10.18) ist die Wahrscheinlichkeit, daß die behandelten Skier alle zehn Rennen gewinnen,

$$P\ (10 \text{ Siege in 10 Rennen}) = (1/2)^{10} \approx 0{,}1\,\%. \qquad (10.19)$$

Wenn also unsere Hypothese korrekt ist, dann ist es *sehr* unwahrscheinlich, daß die behandelten Skier alle zehn Rennen gewinnen. Wenn umgekehrt die behandelten Skier alle Rennen *gewonnen* haben, dann ist die Richtigkeit der Nullhypothese sehr unwahrscheinlich. In der Tat ist die Wahrscheinlichkeit (10.19) so klein, daß wir sagen könnten, die Hinweise zugunsten des Wachses waren „hochsignifikant". Darauf werden wir gleich näher eingehen.

Nehmen wir statt dessen an, daß die behandelten Skier acht der zehn Rennen gewonnen haben. Hier würden wir die Wahrscheinlichkeit von acht oder *mehr* Siegen berechnen:

$$\begin{aligned} P\ (8 \text{ oder mehr Siege in 10 Rennen}) &= P\ (8 \text{ Siege}) + P\ (9 \text{ Siege}) + P\ (10 \text{ Siege}) \\ &\approx 5{,}5\,\%. \end{aligned} \qquad (10.20)$$

Daß die behandelten Skier acht oder mehr Rennen gewinnen, ist zwar ziemlich unwahrscheinlich, aber nicht annähernd so unwahrscheinlich wie der Fall, daß sie alle zehn gewinnen.

Um zu entscheiden, welchen Schluß wir aus den acht Siegen ziehen sollen, müssen wir erkennen, daß es gerade genau zwei Alternativen gibt: Entweder

(a) unsere Nullhypothese ist korrekt (das Wachs hat keine Auswirkung), aber zufällig ist ein unwahrscheinliches Ergebnis eingetreten (die behandelten Skier haben acht Rennen gewonnen);

oder

(b) unsere Nullhypothese ist falsch, und das Wachs hilft tatsächlich.

Bei statistischen Tests ist es Tradition, eine bestimmte Wahrscheinlichkeit, z.B. 5%, auszuwählen, die man als Definition der Grenze betrachtet, unterhalb derer ein Ereignis inakzeptabel unwahrscheinlich ist. Wenn die Wahrscheinlichkeit des tatsächlichen Ergebnisses (in unserem Falle acht oder mehr Siege) unter dieser Grenze liegt, dann wählen wir Alternative (b), verwerfen die Hypothese und sagen, das Ergebnis sei signifikant.

Es ist allgemein üblich, ein Ergebnis signifikant zu nennen, wenn seine Wahrscheinlichkeit weniger als 5 Prozent beträgt, und es als „hochsignifikant" zu bezeichnen, wenn seine Wahrscheinlichkeit kleiner als 1 Prozent ist. Da die Wahrscheinlichkeit (10.20) 5,5 Prozent ist, sehen wir, daß acht Siege für die gewachsten Skier gerade *nicht* ausreichen, um einen signifikanten Hinweis darauf zu geben, daß das Wachs funktioniert. Andererseits sahen wir, daß die Wahrscheinlichkeit von zehn Siegen 0,1 Prozent beträgt. Da dies weniger als 1 Prozent ist, können wir sagen, daß zehn Siege einen „hochsignifikanten" Hinweis darauf darstellen, daß das Wachs hilft.[4]

Allgemeines Verfahren

Die Methoden des gerade beschriebenen Beispiels können auf eine beliebige Menge von n ähnlichen aber unabhängigen Tests (oder „Wettrennen") angewendet werden, von denen jeder die zwei möglichen Ergebnisse „Erfolg" oder „Fehlschlag" hat. Man formuliert als erstes eine Hypothese, hier einfach einen angenommenen Wert für die Wahrscheinlichkeit p eines Erfolgs in einem beliebigen einzelnen Test. Dieser angenommene Wert von p bestimmt die erwartete mittlere Anzahl der Erfolge, $\bar{v} = np$, in n Versuchen.[5] Wenn die tatsächliche Anzahl der Erfolge, v, bei unseren n Versuchen in der Nähe von np liegt, dann gibt es keinen Hinweis gegen die Richtigkeit der Hypothese. (Wenn die gewachsten Skier fünf von zehn Rennen gewinnen, dann liegt kein Hinweis darauf vor, daß Wachs irgendeinen Unterschied macht.) Wenn v viel größer ist als np, berechnen wir die Wahrscheinlichkeit (unter unserer Hypothese) dafür, v oder mehr Erfolge zu erzielen.

---

[4] Es lohnt sich vielleicht, die große Einfachheit des gerade beschriebenen Tests zu betonen. Wir hätten viele zusätzliche Parameter messen können wie die von jedem Ski benötigte Zeit, die Höchstgeschwindigkeit eines jeden Skis und so weiter. Statt dessen haben wir einfach aufgezeichnet, welcher Ski jeweils das Rennen gewann. Tests, die nicht solche zusätzlichen Parameter einbeziehen, heißen *nichtparametrische* oder verteilungsfreie Tests. Sie haben den großen Vorteil der Einfachheit und weiten Anwendbarkeit.

[5] Wie gewöhnlich ist $\bar{v} = np$ der Mittelwert der Erfolge, den wir erwarten, wenn wir unsere gesamte Reihe von n Versuchen viele Male wiederholen.

Liegt diese Wahrscheinlichkeit unter dem gewählten „Signifikanzniveau" (z.B. 1 oder 5 Prozent), so argumentieren wir, daß die Wahrscheinlichkeit unserer beobachteten Anzahl unannehmbar klein ist (falls unsere Hypothese korrekt ist) und deshalb unsere Hypothese verworfen werden sollte. In der gleichen Weise können wir argumentieren, wenn die Anzahl der Erfolge ν beträchtlich kleiner als np ist, außer daß wir jetzt die Wahrscheinlichkeit dafür berechnen, ν oder weniger Erfolge zu erhalten.[6]

Wie erwartet, liefert dieses Verfahren keine einfache Antwort auf die Frage, ob unsere Hypothese sicher richtig oder sicher falsch ist. Was es liefert, ist ein quantitatives Maß für die Vernünftigkeit unseres Ergebnisses im Lichte der Hypothese, und wir können ein objektives, wenn auch willkürliches Kriterium für die Ablehmung der Hypothese angeben. Wenn ein Experimentator aufgrund dieser Art der Argumentation zu einer Schlußfolgerung gelangt, dann ist es wichtig, daß er klar angibt, welches Kriterium verwendet wurde und wie groß die berechnete Wahrscheinlichkeit war, so daß der Leser die Vernünftigkeit des Schlusses beurteilen kann.

Eine Meinungsumfrage

Betrachten wir als nächstes Beispiel eine Wahl zwischen den zwei Kandidaten A und B. Nehmen wir an, Kandidat A behaupte, eine ausgedehnte Untersuchung habe ergeben, daß er von 60 Prozent der Wähler bevorzugt werde, und Kandidat B bäte uns daraufhin, diese Behauptung zu überprüfen (natürlich in der Hoffnung, es stelle sich heraus, daß der Anteil derjenigen, die A bevorzugen, signifikant unter 60 Prozent liegt).

Hier wäre unsere statistische Hypothese, daß 60 Prozent der Wähler A bevorzugen, d.h. die Wahrscheinlichkeit, daß ein einzelner zufällig herausgegriffener Wähler A bevorzugt, würde $p = 0{,}6$ betragen. Da wir erkennen, daß wir nicht jeden einzelnen Wähler befragen können, wählen wir sorgfältig eine Zufallsstichprobe von 600 Personen aus und fragen diese, wen sie bevorzugen. Wenn wirklich 60 Prozent für A sind, dann ist die erwartete Anzahl derer in unserer Stichprobe, die A vorziehen, $np = 600 \times 0{,}6 = 360$. Drücken nun in Wirklichkeit 330 ihre Vorliebe für A aus, können wir dann behaupten, daß signifikanten Zweifel an der Hypothese, 60 Prozent bevorzugten A, angebracht sind?

Zur Beantwortung dieser Frage halten wir fest: die Wahrscheinlichkeit, daß ν Wähler A bevorzugen, ist (gemäß der Hypothese) die binomiale Wahrscheinlichkeit

$$P\,(\nu \text{ Wähler bevorzugen } A) = b_{n,p}(\nu) \tag{10.21}$$

mit $n = 600$ und $p = 0{,}6$. Weil n so groß ist, erhalten wir eine ausgezeichnete Näherung, wenn wir die Binomialfunktion durch die entsprechende Gaußfunktion mit Zentrierung bei $np = 360$ und Standardabweichung $\sigma_\nu = \sqrt{np(1-p)} = 12$ ersetzen,

$$P\,(\nu \text{ Wähler bevorzugen } A) \approx f_{360,12}(\nu)\,. \tag{10.22}$$

[6] Wie wir weiter unten besprechen, ist in manchen Experimenten die Wahrscheinlichkeit, auf die es ankommt, gegeben durch die „zweiseitige" Wahrscheinlichkeit dafür, einen Wert von ν zu erhalten, der in *irgendeiner Richtung* um ebensoviel wie oder mehr als der tatsächlich erhaltene Wert von np abweicht.

Die erwartete mittlere Anzahl derjenigen, die A bevorzugen, beträgt 360. Folglich ist die Anzahl der Personen in unserer Stichprobe, die tatsächlich A bevorzugen (nämlich 330), um 30 kleiner als erwartet. Da die Standardabweichung gleich 12 ist, liegt unser Ergebnis um 2,5 Standardabweichungen unterhalb des angenommenen Mittelwerts. Die Wahrscheinlichkeit eines so niedrigen oder noch niedrigeren Ergebnisses beträgt (gemäß der Tabelle in Anhang B) 0,6 Prozent.[7]

Dieses Beispiel veranschaulicht zwei allgemeine Eigenschaften dieser Art von Test. Erstens: nach der Feststellung, daß 330 Wähler (d. h. 30 weniger als erwartet) A bevorzugen, haben wir die Wahrscheinlichkeit berechnet, daß die Anzahl derjenigen, die A bevorzugen, 330 *oder weniger* ist. Zunächst hätte man die Wahrscheinlichkeit dafür betrachten können, daß die Anzahl derjenigen, die A bevorzugen genau $\nu = 330$ ist. Diese Wahrscheinlichkeit ist jedoch äußerst klein (ganze 0,15 Prozent), und selbst das wahrscheinlichste Ergebnis ($\nu = 360$) hat eine geringe Wahrscheinlichkeit (3,3 Prozent). Um ein geeignetes Maß dafür zu erhalten, wie unerwartet das Ergebnis $\nu = 330$ ist, müssen wir $\nu = 330$ *und* jedes Ergebnis, das noch weiter unter dem Mittelwert liegt, betrachten.

Unser Ergebnis $\nu = 330$ war um 30 kleiner als das erwartete Ergebnis 360. Die Wahrscheinlichkeit eines Ergebnisses, das um 30 oder mehr unter dem Mittelwert liegt, wird manchmal eine „einseitige" Wahrscheinlichkeit genannt, da sie nur die Abweichung nach einer Seite berücksichtigt und der Fläche unter einer der auslaufenden Flanken der Verteilungskurve entspricht, siehe Abb. 10–6(a). Bei einigen Tests kommt es auf die sog. „zweiseitige" Wahrscheinlichkeit dafür an, mit der das Ergebnis *in irgendeiner Richtung* von dem erwarteten Mittelwert um 30 oder mehr abweicht, das heißt auf die Wahrscheinlichkeit, daß $\nu \leq 330$ *oder* $\nu \geq 390$ ist, wie in Abb. 10–6(b) gezeigt. Ob man die einseitige oder die zweiseitige Wahrscheinlichkeit verwendet, hängt davon ab, was man als die interessierende Alternative der ursprünglichen Hypothese betrachtet. Hier waren wir damit befaßt, zu zeigen, daß Kandidat A von *weniger* als den behaupteten 60 Prozent Wählern bevorzugt wird, also war die einseitige Wahrscheinlichkeit angebracht. Hätten wir nachweisen wollen, daß die Anzahl derjenigen, die A bevorzugen, von sechzig Prozent (in irgendeine Richtung) *abweicht*, dann wäre die zweiseitige Wahrscheinlichkeit besser gewesen. In der Praxis ist es oft leicht zu sehen, welche Wahrscheinlichkeit verwendet werden sollte. In jedem Fall muß der Experimentator klar angeben, welche Wahrschein-

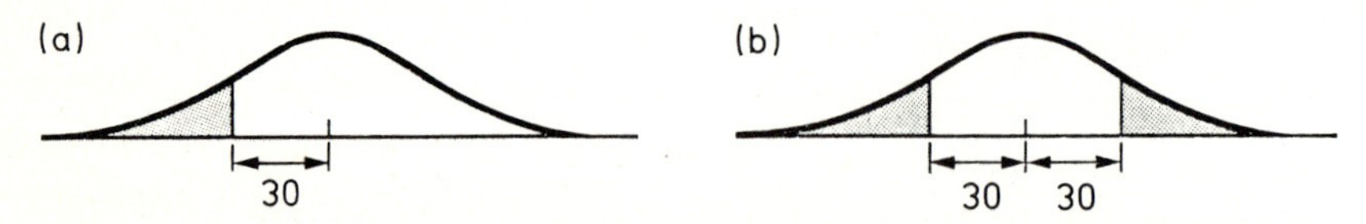

Abb. 10–6. (a) Die „einseitige" Wahrscheinlichkeit dafür, ein Ergebnis zu erhalten, das um 30 oder mehr unter dem Mittelwert liegt. (b) Die „zweiseitge" Wahrscheinlichkeit für ein Ergebnis, das vom Mittelwert in irgendeiner Richtung um 30 oder mehr abweicht. (Nicht maßstabsgerecht.)

[7] Genaugenommen hätten wir die Wahrscheinlichkeit für $\nu \leq 330{,}5$ berechnen sollen, weil die Gaußverteilung ν als stetige Variable behandelt. Das ist $2{,}46\sigma$ unterhalb des Mittelwertes. So beträgt die korrekte Wahrscheinlichkeit tatsächlich 0,7 Prozent, aber ein so kleiner Unterschied beeinflußt unseren Schluß nicht.

lichkeit und welches Signifikanzniveau gewählt wurden und wie groß der berechnete Wahrscheinlichkeitswert war. Mit diesen Informationen kann der Leser die Signifikanz der Ergebnisse selbst beurteilen.

Übungsaufgaben

Erinnerung: Ein Stern (*) bei einer Aufgabe zeigt an, daß sie im Abschnitt „Lösungen" am Ende des Kapitels behandelt oder dort ihre Lösung angegeben wird.

10.1 (Abschn. 10.2). Betrachten Sie das Experiment in Abschn. 10.2, der das Würfeln mit drei Würfeln zum Gegenstand hat. Leiten Sie die Wahrscheinlichkeiten dafür her, daß keine Eins bzw. eine Eins geworfen wird. Verifizieren sie alle vier Wahrscheinlichkeiten, die in Abb. 10–1 gezeigt werden.

***10.2** (Abschn. 10.2).
(a) Berechnen Sie die Wahrscheinlichkeiten P (ν Einsen in zwei Würfen) für alle möglichen Werte von ν beim Werfen von zwei Würfeln. Tragen Sie diese in ein Histogramm ein.
(b) Tun Sie dasselbe für einen Wurf mit vier Würfeln.

10.3 (Abschn. 10.3).
(a) Berechnen Sie 5!, 6!, 25!/23!.
(b) Zeigen Sie anhand der Beziehung $n! = (n+1)!/(n+1)$, daß 0! als 1 definiert werden sollte.
(c) Beweisen Sie, daß für den durch Gleichung (10.3) definierten Binomialkoeffizienten gilt:

$$\binom{n}{\nu} = \frac{n!}{\nu!\,(n-\nu)!}.$$

***10.4** (Abschn. 10.3). Berechnen Sie die Binomialkoeffizienten $\binom{3}{\nu}$ für $\nu = 0, 1, 2, 3$ und $\binom{4}{\nu}$ für $\nu = 0, \ldots, 4$. Schreiben Sie also die Binomialentwicklung (10.5) von $(p+q)^n$ für $n = 3$ und 4 hin.

***10.5** (Abschn. 10.3).
(a) Berechnen Sie die Funktion $b_{n,p}(\nu)$ der Binomialverteilung für $n = 4$, $p = 1/2$ und alle möglichen ν, und tragen Sie die Werte in ein Diagramm ein.
(b) Wiederholen Sie Teil (a) für $n = 4$ und $p = \frac{1}{5}$.

***10.6** (Abschn. 10.3) Ein Krankenhaus nimmt vier Patienten auf, die an einer Krankheit leiden, bei der die Sterblichkeitsrate 80 Prozent ist. Verwenden Sie die Ergebnisse von Aufgabe 10.5 (b) zur Ermittlung der Wahrscheinlichkeiten für folgende Ergebnisse:
(a) keiner der Patienten überlebt,
(b) genau einer überlebt,
(c) zwei oder mehr überleben.

***10.7** (Abschn. 10.3). Bestimmen Sie die Wahrscheinlichkeiten dafür, in einem Wurf mit fünf Würfeln ν Einsen zu erhalten für $\nu = 0, 1, \ldots, 5$.

10.8 (Abschn. 10.4). Beweisen Sie, daß die mittlere Anzahl der Erfolge

$$\bar{\nu} = \sum_{\nu=0}^{n} \nu b_{n,p}(\nu)$$

der Binomialverteilung einfach gleich np ist.

Von den vielen Möglichkeiten, diesen Beweis zu führen, ist die folgende eine der besten: Schreiben Sie die Binomialentwickling (10.5) für $(p+q)^n$ auf. Da diese für alle p und q gilt, können Sie nach p differenzieren. Wenn Sie jetzt $p + q = 1$ setzen und beide Seitem mit p multiplizieren, dann erhalten Sie das gewünschte Ergebnis.

***10.9** (Abschn. 10.4). Die Standardabweichung einer beliebigen Verteilung $f(\nu)$ ist definiert durch

$$\sigma_\nu^2 = \overline{(\nu - \bar{\nu})^2}.$$

Beweisen Sie, daß dieser Ausdruck gleich $\overline{\nu^2} - (\bar{\nu})^2$ ist.

10.10 (Abschn. 10.4). Verwenden Sie das Ergebnis von Aufgabe 10.9, um für die Binomialverteilung $b_{n,p}(\nu)$ zu beweisen, daß

$$\sigma_\nu^2 = np(1-p).$$

(Verwenden Sie denselben Trick wie in Aufgabe 10.8, differenzieren Sie aber zweimal nach p.)

10.11 (Abschn. 10.4). Beweisen Sie, daß für $p = 1/2$ die Binomialverteilung der Beziehung

$$b_{n,1/2}(\nu) = b_{n,1/2}(n - \nu)$$

genügt, das heißt, die Verteilung um $\nu = n/2$ symmetrisch ist.

10.12 (Abschn. 10.4). Die Gaußsche Näherung (10.12) an die Binomialverteilung fällt hervorragend für große n aus und überraschend gut für kleine n (insbesondere, wenn p nahe bei $1/2$ liegt). Berechnen Sie zur Veranschaulichung dieses Sachverhalts $b_{4,1/2}(\nu)$ (für $\nu = 0, 1, \ldots, 4$) sowohl exakt als auch unter Verwendung der Gaußschen Näherung. Vergleichen Sie die Ergebnisse.

***10.13** (Abschn. 10.4). Berechnen Sie mit Hilfe der Gaußschen Näherung die Wahrscheinlichkeit dafür, genau 15mal Kopf zu erhalten, wenn Sie 25mal eine Münze würfeln. Berechen Sie dieselbe Wahrscheinlichkeit exakt, und vergleichen Sie die Ergebnisse.

***10.14** (Abschn. 10.4). Berechnen Sie mit Hilfe der Gaußschen Näherung die Wahrscheinlichkeit dafür, bei 25 Würfen mit einer Münze 18mal oder öfter Kopf zu werfen. (Bei der Verwendung der Gauß-Verteilung müssen Sie die Wahrscheinlichkeit für $\nu \geq 17{,}5$ berechnen.) Vergleichen Sie dies mit dem exakten Ergebnis, das 2,16 Prozent beträgt.

10.15 (Abschn. 10.6). Nehmen Sie bei dem in Abschn. 10.6 beschriebenen Test eines Skiwachses an, die gewachsten Skier hätten 9 der 10 Rennen gewonnen. Berechnen Sie unter der Annahme, daß das Wachs keine Auswirkung hat, die Wahrscheinlichkeit von neun und mehr Siegen. Geben neun Siege einen „signifikanten" Hinweis (5-Prozent-Niveau) darauf, daß das Wachs wirksam ist? Ist der Hinweis „hochsignifikant" (1-Prozent-Niveau)?

***10.16** (Abschn. 10.6). Zum Testen eines neuen Düngers wählt ein Gärtner 14 Paare ähnlicher Pflanzen und behandelt jeweils eine Pflanze von jedem Paar mit dem Dünger. Nach zwei Monaten sind 12 der behandelten Pflanzen gesünder als ihre unbehandelten Gegenstücke (und die restlichen zwei sind weniger gesund). Hätte der Dünger in Wirklichkeit keine Auswirkung, wie groß wäre dann die Wahrscheinlichkeit, daß reiner Zufall zu zwölf und mehr Erfolgen führt? Geben die 12 Erfolge einen signifikanten Hinweis darauf, daß der Dünger etwas nützt (5-Prozent-Niveau)? Ist der Hinweis „hochsignifikant" (1-Prozent-Niveau)?

10.17 (Abschn. 10.6). Es ist bekannt, daß 25 Prozent einer bestimmten Sorte Saatgut normalerweise keimen. Zum Testen eines neuen „Keimstimulans" werden 100 dieser Samen eingesät und mit dem Stimulans behandelt. Wenn 32 von ihnen keimem, kann man dann (auf dem 5-Prozent-Signifikanzniveau) schließen, daß das Stimulans etwas bewirkt?

***10.18** (Abschn. 10.6). In einer bestimmten Schule bestehen 420 der 600 Schüler einen standardisierten Mathematiktest, den landesweit 60 Prozent mit Erfolg ablegen. Vorausgesetzt, die Schüler waren für den Test nicht in besonderer Weise qualifiziert, von wie vielen hätte man dann erwartet, daß sie bestehen? Wie groß ist die Wahrscheinlichkeit, daß 420 oder mehr bestehen? Kann die Schule behaupten, daß ihre Schüler signifikant besser vorbereitet in den Test gingen?

11 Die Poisson-Verteilung

In diesem Kapitel studieren wir unser drittes Beispiel für eine Grenzverteilung, die Poisson-Verteilung. Sie beschreibt die Ergebnisse von Experimenten, bei denen Ereignisse gezählt werden, die zufällig, aber mit einer bestimmten mittleren Rate eintreten. Besonders wichtig ist sie in der Atom- und Kernphysik, wo man die Zerfälle instabiler Atome und Kerne zählt.

11.1 Definition der Poisson-Verteilung

Als Beispiel für die Poisson-Verteilung nehmen wir an, uns werde eine Probe eines radioaktiven Stoffes gegeben. Mit einem Geigerzähler können wir die Anzahl ν der Elektronen zählen, die durch radioaktive Zerfälle während einer Zeit von einer Minute ausgestrahlt werden. Wenn der Zähler zuverlässig ist, dann gibt es keine Unsicherheit in unserem Wert von ν. Trotzdem werden wir bei Wiederholung des Experiments zweifellos ein anderes Ergebnis für ν erhalten. Diese Schwankung der Zahl ν spiegelt keine Unsicherheit in unserer Zählung wider, sie ist vielmehr eine charakteristische Eigenschaft des radioaktiven Zerfallsprozesses.

Jeder radioaktive Kern hat eine bestimmte Wahrscheinlichkeit, in irgendeinem Zeitintervall von einer Minute Länge zu zerfallen. Wenn wir wüßten, wie groß diese Wahrscheinlichkeit ist und wieviele Kerne in unserer Probe sind, dann könnten wir die *erwartete mittlere Anzahl* der Zerfälle in einer Minute berechnen. Trotzdem zerfällt jeder Kern zu einer zufälligen Zeit, und die Anzahl der Zerfälle kann sich von Minute zu Minute von der erwarteten mittleren Anzahl unterscheiden.

Offensichtlich lautet die Frage, die wir stellen sollten, folgendermaßen: Wenn wir unser Experiment viele Male wiederholen (und die Probe immer wieder erneuern, wenn die Aktivität deutlich nachgelassen hat), welche Verteilung sollte sich für die Anzahl ν der Zerfälle ergeben? Wenn Sie Kapitel 10 studiert haben, werden Sie erkennen, daß die benötigte Verteilung die Binomialverteilung ist. Wenn es n Kerne gibt und die Wahrscheinlichkeit für den Zerfall eines Kerns gleich p ist, dann ist die Wahrscheinlichkeit für ν Zerfälle einfach die Wahrscheinlichkeit von ν „Erfolgen" bei n „Versuchen" oder $b_{n,p}(\nu)$. Die Anzahl der „Versuche", d.h. der Kerne, ist enorm (etwa $n \sim 10^{20}$), und die Wahrscheinlichkeit eines „Erfolges" (d.h. Zerfalls) für einen jeden einzelnen Kern ist winzig (oft von der Größenordnung $p \sim 10^{-20}$). Unter diesen Bedingungen (n groß und p klein) kann gezeigt werden, daß die Binomialverteilung ununterscheidbar ist von einer einfacheren Funktion, die Poisson-Verteilung genannt wird. Insbesondere kann man beweisen, daß

$$P(\nu \text{ Ereignisse in einer bestimmten Zeit}) = p_\mu(\nu), \tag{11.1}$$

wobei die *Poisson-Verteilung*, $p_\mu(\nu)$, gegeben ist durch

$$p_\mu(\nu) = e^{-\mu}\frac{\mu^\nu}{\nu!}. \tag{11.2}$$

In dieser Definition ist μ ein positiver Parameter ($\mu > 0$), der, wie wir gleich sehen werden, gerade der erwarteten mittleren Anzahl der in dem betreffenden Zeitraum gezählten Ereignisse entspricht, und $\nu!$ bezeichnet die übliche Fakultät (und $0! = 1$).

Wir wollen die Poisson-Verteilung (11.2) hier nicht herleiten, sondern nur feststellen, daß sie die richtige Verteilung für die hier behandelte Art von Experimenten ist.[1] Um die Bedeutung des Parameters μ in (11.2) zu erklären, müssen wir nur die mittlere Anzahl $\bar{\nu}$ der Ereignisse berechnen, die erwartet werden, wenn wir unser Zählexperiment viele Male wiederholen. Dieser Mittelwert ist

$$\bar{\nu} = \sum_{\nu=0}^{\infty} \nu p_\mu(\nu) = \sum_{\nu=0}^{\infty} \nu e^{-\mu}\frac{\mu^\nu}{\nu!}. \tag{11.3}$$

Der erste Term in der Summe kann weggelassen werden (da er gleich Null ist), und $\nu/\nu!$ kann durch $1/(\nu-1)!$ ersetzt werden. Wenn wir einen gemeinsamen Faktor $\mu e^{-\mu}$ vor die Summe ziehen, erhalten wir

$$\bar{\nu} = \mu e^{-\mu}\sum_{\nu=1}^{\infty}\frac{\mu^{\nu-1}}{(\nu-1)!}. \tag{11.4}$$

Die verbleibende unendliche Summe ist

$$1 + \mu + \frac{\mu^2}{2!} + \frac{\mu^3}{3!} + \cdots = e^\mu, \tag{11.5}$$

was (wie angegeben) einfach die Exponentialfunktion e^μ ist. Folglich wird die Exponentialfunktion $e^{-\mu}$ in (11.4) von der Summe exakt aufgehoben, und wir erhalten das einfache Ergebnis

$$\bar{\nu} = \mu. \tag{11.6}$$

Das heißt, der Parameter μ, der die Poisson-Verteilung $p_\mu(\nu)$ charakterisiert, ist gleich der *mittleren Anzahl der gezählten Ereignisse, die erwartet wird, wenn wir das Zählexperiment viele Male wiederholen.*

11.2 Eigenschaften der Poisson-Verteilung

In Abb. 11–1 werden die Poisson-Verteilungen für die Fälle $\mu = 0{,}8$ und $\mu = 3$ gezeigt. In Abb. 11–1(a), mit $\mu = 0{,}8$, sehen wir, daß die wahrscheinlichsten Zählwerte $\nu = 0$

[1] Herleitungen finden Sie beispielsweise in Hugh D. Young, *Statistical Treatment of Experimental Data* (McGraw-Hill, 1962), Abschnitt 8, oder Stuart L. Meyer, *Data Analysis for Scientists and Engineers* (John Wiley, 1975), S. 207.

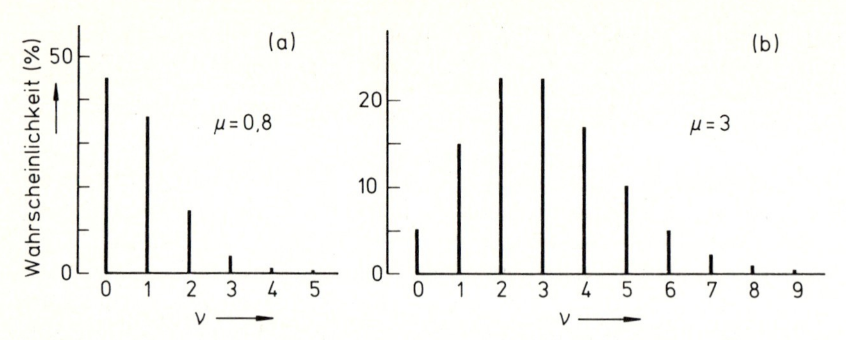

Abb. 11–1. Poisson-Verteilungen mit mittleren Zählwerten $\mu = 0{,}8$ (a) und 3 (b).

oder 1 sind (wobei $\nu = 0$ etwas wahrscheinlicher ist), daß es aber eine beträchtliche Wahrscheinlichkeit dafür gibt, $\nu = 2$ oder 3 zu erhalten. In Abb. 11–1 (b), mit $\mu = 3$, sind die wahrscheinlichsten Zählwerte 2 und 3, und es besteht eine erhebliche Wahrscheinlichkeit für Zählwerte im Bereich von $\nu = 0$ bis hinauf nach $\nu = 7$. In beiden Bildern ist die Verteilung asymmetrisch.

Wenn wir ein Experiment mit einem größeren mittleren Zählwert betrachten, z. B. $\mu = 9$, wie in Abb. 11–2 gezeigt, dann liegt die Verteilung eher näherungsweise symmetrisch um den Mittelwert. In der Tat kann bewiesen werden, daß für $\mu \to \infty$ die Poisson-Verteilung immer symmetrischer wird und sich der Gauß-Verteilung mit dem gleichen Mittelwert und der gleichen Standardabweichung nähert.[2] In Abb. 11–2 gibt die unterbrochene Kurve die bei 9 zentrierte Gauß-Funktion mit derselben Standardabweichung wieder. Man sieht also, daß die Poisson-Verteilung bereits für $\mu = 9$ nahe bei der entsprechenden Gauß-Funktion liegt, wobei die leichte Diskrepanz die Asymmetrie in der Poisson-Verteilung widerspiegelt. Wie wir gleich erörtern werden, ist es in der Praxis sehr bequem, daß man für große μ die Poisson-Verteilung durch eine entsprechende Gauß-Funktion annähern kann.

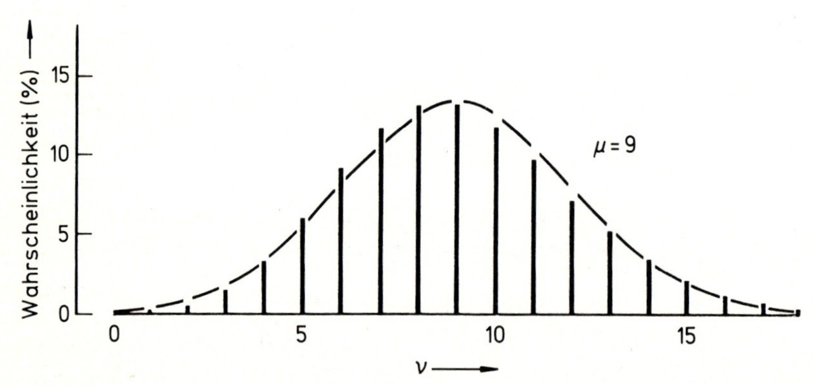

Abb. 11–2. Die Poisson-Verteilung mit $\mu = 9$. Die unterbrochene Kurve ist die Gauß-Verteilung mit derselben Zentrierung und Standardabweichung.

[2] Siehe Stuart L. Meyer, *a.a.O.*, S. 227.

Eine weitere interessante Eigenschaft der Poisson-Verteilung kommt zum Vorschein, wenn wir ihre Standardabweichung σ_ν berechnen. Wie wir in Kapitel 4 gesehen haben, ist σ_ν^2 der Mittelwert der quadrierten Abweichungen $(\nu - \bar{\nu})^2$, also

$$\sigma_\nu^2 = \overline{(\nu - \bar{\nu})^2}$$

oder (unter Verwendung des Ergebnisses von Aufgabe 10.9)

$$\sigma_\nu^2 = \overline{\nu^2} - (\bar{\nu})^2. \tag{11.7}$$

Wir haben $\bar{\nu}$ schon als μ berechnet, und eine ähnliche Berechnung liefert $\overline{\nu^2} = \mu^2 + \mu$. (siehe Aufgabe 11.6). Folglich ist $\sigma_\nu^2 = \mu$ oder

$$\sigma_\nu = \sqrt{\mu}\,. \tag{11.8}$$

Das heißt, die Poisson-Verteilung mit dem mittleren Zählwert μ hat die Standardabweichung $\sqrt{\mu}$.

Das Ergebnis (11.8) ist in der Praxis äußerst nützlich. Wenn wir ein Zählexperiment einmal ausführen und das Ergebnis ν erhalten, dann kann man (mit Hilfe des Prinzips der größten Wahrscheinlichkeit, wie in Aufgabe 11.9) leicht sehen, daß $\mu_{\text{Best}} = \nu$ unser Bestwert für den erwarteten mittleren Zählwert μ ist. Aus (11.8) folgt unmittelbar, daß unser Bestwert für die Standardabweichung einfach $\sqrt{\nu}$ ist. Mit anderen Worten: wenn wir eine Anzahl von Ereignissen während eines bestimmten Zeitintervalls einmal messen und das Ergebnis ν erhalten, dann lautet unser endgültiges Resultat für den erwarteten mittleren Zählwert in dieser Zeitdauer

$$\nu \pm \sqrt{\nu}\,. \tag{11.9}$$

Das ist das in Gleichung (3.2) ohne Beweis angegebene Ergebnis. Wenn wir über eine längere Zeitdauer zu zählen hätten, erhielten wir einen größeren Wert für ν. Gemäß (11.9) bedeutet das eine größere Unsicherheit $\sqrt{\nu}$. Die relative Unsicherheit jedoch, für die gilt

$$\text{relative Unsicherheit} = \frac{\sqrt{\nu}}{\nu} = \frac{1}{\sqrt{\nu}},$$

nimmt ab, wenn wir über eine längere Zeit zählen.

Es ist interessant, die Poisson- mit der Gauß-Verteilung zu vergleichen. Erstens: die Gauß-Verteilung $f_{X,\sigma}(x)$ ist *stetig*, da x eine stetige (kontinuierliche) Variable ist, die Poisson-Verteilung $p_\mu(\nu)$ hingegen ist *diskret* (wie die Binomialverteilung), da $\nu = 0, 1, 2, \ldots,$ ist. Zweitens: die Gauß-Verteilung $f_{X,\sigma}(x)$ ist durch *zwei* Parameter, den Mittelwert X und die Breite σ, definiert, die Poisson-Verteilung $p_\mu(\nu)$ aber durch einen einzigen Parameter (μ), weil, wie wir gerade gesehen haben, die Breite σ_ν der Poisson-Verteilung automatisch durch den Mittelwert μ bestimmt ist (nämlich durch $\sigma_\nu = \sqrt{\mu}$). Schließlich: wenn wir Poisson-Verteilungen betrachten, deren mittlerer Zählwert μ groß ist, wird die Eigenschaft von ν, diskret zu sein, weniger wichtig, und die Poisson-Verteilung wird, wie in Verbindung mit Abb. 11–2 erörtert, (wie auch die Binomialverteilung) durch die

Gauß-Funktion $f_{X,\sigma}(x)$ mit dem gleichen Mittelwert und der gleichen Breite gut approximiert. Das heißt,

$$p_\mu(\nu) \approx f_{X,\sigma}(x) \qquad (\mu \text{ groß}) \tag{11.10}$$

mit

$$X = \mu \quad \text{und} \quad \sigma = \sqrt{\mu}\,.$$

Die Näherung (11.10) wird Gaußsche Näherung der Poisson-Verteilung genannt. Sie ist analog zur (in Abschnitt 10.4 besprochenen) entsprechenden Näherung der Binomialverteilung und kann unter denselben Bedingungen benutzt werden, nämlich dann, wenn die auftretenden Parameter groß sind. Um dies zu veranschaulichen, nehmen wir an, wir möchten die Poisson-Verteilung mit $\mu = 64$ berechnen. Die Wahrscheinlichkeit beispielsweise des Zählwerts 72 ist

$$P\,(\text{Zählwert } 72) = p_{64}(72) = e^{-64}\,\frac{(64)^{72}}{72!}\,. \tag{11.11}$$

Hierfür liefert eine mühsame Rechnung

$$P\,(\text{Zählwert } 72) = 2{,}9\,\%\,.$$

Gemäß (11.10) wird jedoch die Wahrscheinlichkeit (11.11) gut approximiert durch

$$P\,(\text{Zählwert } 72) \approx f_{64,\,8}(72)\,.$$

Das läßt sich leicht berechnen zu

$$P\,(\text{Zählwert } 72) \approx 3{,}0\,\%\,.$$

Wenn wir für dasselbe Experiment die Wahrscheinlichkeit eines Zählwerts von 72 *oder mehr* berechnen wollten, dann erhielten wir nach einer außerordentlich mühsamen Rechnung:

$$P\,(\nu \geq 72) = p_{64}\,(72) + p_{64}\,(73) + \cdots = 17{,}3\,\%\,.$$

Wenn wir die Näherung (11.10) verwenden, dann brauchen wir nur die Wahrscheinlichkeit dafür zu berechnen, $\nu \geq 71{,}5$ zu erhalten, (da die Gauß-Funktion ν als stetig behandelt). Da 71,5 um 7,5 oder $0{,}94\sigma$ über dem Mittelwert liegt, kann die benötigte Wahrscheinlichkeit aus der Tabelle in Anhang B entnommen werden als

$$P\,(\nu \geq 72) \approx P_{\text{Gauss}}(\nu \geq 71{,}5) = P_{\text{Gauss}}(\nu \geq X + 0{,}94\sigma) = 17{,}4\,\%\,.$$

Das ist nach fast allen Maßstäben eine hervorragende Näherung.

11.3 Beispiele

Wie wir schon betont haben, beschreibt die Poisson-Verteilung die Verteilung von Ergebnissen bei einem Experiment, in dem man Ereignisse zählt, die zufällig, aber mit einer bestimmten erwarteten mittleren Rate auftreten. In einem physikalischen Anfängerpraktikum sind die zwei üblichsten Beispiele die Zählung der Zerfälle radioaktiver Kerne und die Zählung des Einfalls von Teilchen der kosmischen Strahlung.

Ein weiteres wichtiges Beispiel ist ein Experiment zur Untersuchung einer erwarteten Grenzverteilung wie der Gauß- oder Normalverteilung oder der Poisson-Verteilung selbst. Jede Grenzverteilung sagt uns, wieviele Ereignisse irgendeines besonderen Typs zu erwarten sind, wenn ein Experiment mehrere Male wiederholt wird. (Beispielsweise folgt aus der Gauß-Verteilung $f_{X,\sigma}(x)$, wieviele Meßwerte x aller Erwartung nach in irgendein Intervall von $x = a$ bis $x = b$ fallen.) In der Praxis ist die beobachtete Anzahl selten exakt gleich der erwarteten Anzahl. Statt dessen schwankt sie gemäß der Poisson-Verteilung. Insbesondere, wenn die erwartete Anzahl der Ereignisse irgendeines Typs gleich n ist, dann kann man davon ausgehen, daß die beobachtete Anzahl von n um eine Zahl der Größenordnung $\sqrt{n}$ abweicht.

In vielen Situationen ist die Annahme berechtigt, daß Zahlen näherungsweise gemäß der Poisson-Verteilung verteilt sind. Von der Anzahl der auf einer Hühnerfarm in einer Stunde gelegten Eier und der Anzahl der Geburten in einem Krankenhaus an einem Tag würde man z.B. erwarten, daß sie zumindest näherungsweise der Poisson-Verteilung folgen (obwohl sie wahrscheinlich auch gewisse jahreszeitliche Schwankungen zeigen werden). Um diese Annahme zu überprüfen, müßten Sie die betreffende Anzahl über einen langen Zeitraum aufzeichnen. Indem Sie die sich ergebende Verteilung in einem Diagramm darstellen, könnten Sie diese mit der Poisson-Verteilung vergleichen und somit einen Eindruck erhalten, wie gut die Daten zu ihr passen. Für eine mehr quantitative Überprüfung würden Sie den in Kapitel 12 beschriebenen χ^2-Test verwenden.

Nachweis kosmischer Strahlung

Als konkretes Beispiel für die Poisson-Verteilung wollen wir ein Experiment mit kosmischen Strahlen betrachten. Diese „Strahlen" sind in Wirklichkeit geladene Teilchen wie Protonen und α-Teilchen, die aus dem Weltraum in die Atmosphäre der Erde eindringen. Einige von ihnen legen den ganzen Weg bis zur Erdoberfläche zurück und können (beispielsweise mit einem Geigerzähler) im Labor nachgewiesen werden. Beim folgenden Problem nutzen wir die Tatsache aus, daß die Anzahl der kosmischen Teilchen, die in einer gegebenen Zeit irgendeine gegebene Fläche treffen, der Poisson-Verteilung folgen.

Student A behauptet, er habe die Anzahl der kosmischen Teilchen gemessen, die in einer Minute einen Geigerzähler treffen. Er behauptet, die Messungen wiederholt und sorgfältig durchgeführt und dabei gefunden zu haben, daß im Durchschnitt 9 Teilchen pro Minute den Zähler treffen, wobei die Unsicherheit „vernachlässigbar" sei. Zur Überprüfung dieser Behauptung zählt B, wie viele Teilchen während einer Minute ankommen und erhält das Ergebnis 12. Weckt das ernsthafte Zweifel an der Behauptung von A, die erwartete Rate sei gleich 9?

Um eine sorgfältigere Überprüfung durchzuführen, zählt Studentin C, wie viele Teilchen in 10 Minuten ankommen. Nach As Behauptung erwartet sie 90 zu erhalten, findet aber tatsächlich 120. Muß damit As Behauptung endgültig angezweifelt werden?

Betrachten wir zunächst Bs Ergebnis. Wenn A recht hat, dann ist der erwartete mittlere Zählwert 9. Da die Zählwerte der Poisson-Verteilung folgen sollten, ist die Standardabweichung $\sqrt{9} = 3$. Das Ergebnis des Studenten B weicht deshalb nur um eine Standardabweichung vom Mittelwert 9 ab. Das ist sicher nicht weit genug, um *A*s Behauptung zu widerlegen. Andererseits wissen wir, daß die Wahrscheinlichkeit für jedes einzelne Ergebnis ν gerade $p_9(\nu)$ beträgt. Somit können wir die gesamte Wahrscheinlichkeit dafür berechnen, ein Ergebnis zu erhalten, das von 9 um 3 oder mehr abweicht. Diese stellt sich als 40 Prozent heraus (siehe Aufgabe 11.11). Offensichtlich ist *B*s Ergebnis überhaupt nicht überraschend, und *A* hat keinen Grund, beunruhigt zu sein.

Das Ergebnis von Studentin *C* ist eine ganz andere Angelegenheit. Wenn *A* recht hat, dann darf *C* erwarten, in 10 Minuten 90 Teilchen zu zählen. Die Verteilung sollte eine Poisson-Verteilung und folglich die Standardabweichung $\sqrt{10} = 9{,}5$ sein. Folglich weicht *C*s Ergebnis *mehr als drei* Standardabweichungen von *A*s Vorhersage 90 ab. Bei diesen großen Zahlen ist die Poisson-Verteilung ununterscheidbar von der Gauß-Funktion, und wir können der Tabelle in Anhang *A* sofort entnehmen, daß die Wahrscheinlichkeit dafür, einen Zählwert zu finden, der mehr als 3 Standardabweichungen vom Mittelwert wegliegt, 0,3 Prozent beträgt. Das heißt: wenn *A* recht hat, dann ist es äußerst unwahrscheinlich, daß *C* den Zählwert 120 beobachtet haben kann. Wir können den Spieß umdrehen und sagen, daß fast sicher irgendwo etwas schiefgegangen ist. Vielleicht war *A* einfach nicht so sorgfältig, wie er behauptete. Vielleicht hat bei *A* oder *C* der Zähler nicht richtig funktioniert, wodurch systematische Abweichungen in eines der Ergebnisse eingeführt wurden. Oder *A* machte vielleicht seine Messungen zu einer Zeit, zu welcher der Fluß kosmischer Teilchen tatsächlich geringer als normal war.

Übungsaufgaben

Erinnerung: Ein Stern (*) bei einer Aufgabe zeigt an, daß im Abschnitt „Lösungen" am Ende des Buches diese behandelt oder ihre Lösung angegeben wird.

***11.1** (Abschn. 11.1).

(a) Berechnen Sie die Poisson-Verteilung $p_\mu(\nu)$ für $\mu = 0{,}5$ und $\nu = 0, 1, \ldots, 6$ und zeichnen Sie ein Stabdiagramm von $p_\mu(\nu)$ gegen ν.

(b) Wiederholen Sie Teil (a) für $\mu = 1$.

(c) Wiederholen Sie Teil (a) für $\mu = 2$.

***11.2** (Abschn. 11.1).

(a) Die Poisson-Verteilung muß, wie alle Verteilungsfunktionen, einer „Normierungsbedingung" genügen:

$$\sum_{\nu=0}^{\infty} p_\mu(\nu) = 1 . \tag{11.12}$$

Diese Bedingung besagt, daß die Gesamtwahrscheinlichkeit, *alle* möglichen Werte von ν zu beobachten, gleich 1 sein muß. Beweisen Sie diese Aussage. [Denken Sie an die unendliche Reihe (11.5) für e^μ.]

(b) Differenzieren Sie (11.12) nach μ und multiplizieren Sie danach mit μ, um einen alternativen Beweis dafür zu geben, daß $\bar{\nu} = \mu$ ist (Gleichung (11.6)).

11.3 (Abschn. 11.1). Im Verlauf von 28 Tagen findet der Betreiber einer Hühnerfarm, daß seine Hennen zwischen 10 und 10:30 Uhr vormittags im Mittel 2,5 Eier legen. Nehmen wir an, die Anzahl der gelegten Eier folge einer Poisson-Verteilung mit $\mu = 2{,}5$. An wieviel Tagen würde dann Ihrer Erwartung nach zwischen 10 und 10:30 Uhr kein Ei gelegt werden? An wieviel Tagen würden Sie 3 *oder weniger* erwarten? Wie oft 3 oder mehr?

***11.4** (Abschn. 11.1). Eine bestimmte radioaktive Probe enthält $1{,}5 \times 10^{20}$ Kerne, von denen jeder die Wahrscheinlichkeit $p = 10^{-20}$ hat, in irgendeiner gegebenen Minute zu zerfallen.
(a) Wie groß ist die erwartete Anzahl μ der Zerfälle in der Probe pro Minute?
(b) Berechnen Sie die Wahrscheinlichkeit $p_\mu(\nu)$ für die Beobachtung von ν Zerfällen in einer Minute für $\nu = 0, 1, 2, 3$.
(c) Wie groß ist die Wahrscheinlichkeit, 4 oder mehr Zerfälle während einer Minute zu beobachten?

***11.5** (Abschn. 11.1). Von einer radioaktiven Probe wird angenommen, daß in ihr drei Zerfälle pro Minute stattfinden. Ein Student beobachtet die Anzahl ν der Zerfälle in 100 getrennten einminütigen Zeitabschnitten mit den in Tab. 11–1 aufgeführten Ergebnissen.

Tab. 11–1.

Anzahl der Zerfälle ν	0	1	2	3	4	5	6	7	8	9
Beobachtete Häufigkeit	5	19	23	21	14	12	3	2	1	0

(a) Erstellen Sie mit diesen Ergebnissen ein Diagramm, in dem f_ν (die Häufigkeit, mit der ν gefunden wurde) gegen ν aufgetragen ist.
(b) Zeichnen Sie in dasselbe Diagramm die erwartete Verteilung $p_3(\nu)$ ein. Passen die Daten zu dieser erwarteten Verteilung?

11.6 (Abschn. 11.2).
(a) Beweisen Sie, daß der Mittelwert $\overline{\nu^2}$ für die Poisson-Verteilung $p_\mu(\nu)$ gegeben ist durch $\overline{\nu^2} = \mu^2 + \mu$. [Der leichteste Lösungsweg ist wahrscheinlich, die Gleichung (11.2) zweimal nach μ zu differenzieren.]
(b) Beweisen Sie, daß folglich für die Standardabweichung von ν gilt: $\sigma_\nu = \sqrt{\mu}$. [Verwenden Sie die Identitiät (11.7)].

***11.7** (Abschn. 11.2). Berechnen Sie den Mittelwert $\bar{\nu}$ und die Standardabweichung σ_ν der Daten in Aufgabe 11.5. Vergleichen Sie Ihre Ergebnisse mit den erwarteten Werten 3 und $\sqrt{3}$.

11.8 (Abschn. 11.2). Von einer bestimmten Probe sei bekannt, daß die mittlere Rate der Kernzerfälle ungefähr 20 pro Minute beträgt. Wenn Sie diese Rate innerhalb von 4 Prozent messen möchten, welche Dauer würden Sie für die Zählung planen?

***11.9** (Abschn. 11.2).

(a) Nehmen wir an, wir messen die Anzahl der kosmischen Teilchen, die einen Zähler in einer Minute treffen, und erhalten das Ergebnis ν_b. Weiterhin sei vorausgesetzt, daß die Meßwerte der Poisson-Verteilung $p_\mu(\nu)$ folgen, wobei μ der unbekannte erwartete mittlere Zählwert ist. Wie hoch ist dann die Wahrscheinlichkeit dafür, die beobachtete Anzahl ν_b zu erhalten? Verwenden Sie das Prinzip der größten Wahrscheinlichkeit für den Beweis, daß der Bestwert von μ

$$\mu_{\text{Best}} = \nu_b$$

ist. (Erinnern Sie sich daran, daß der Bestwert von μ derjenige Wert ist, für den die Wahrscheinlichkeit, ν_b zu beobachten, am größten ist.)

(b) Nehmen wir an, wir führen N getrennte Bestimmungen $\nu_1, \ldots, \nu_N$ durch; zeigen Sie auf ähnliche Weise wie in (a), daß hier μ_{Best} der Mittelwert

$$\mu_{\text{Best}} = \frac{1}{N} \sum_{i=1}^{N} \nu_i$$

ist.

***11.10** (Abschn. 11.2). Der erwartete mittlere Zählwert ist bei einem bestimmten Zählexperiment $\mu = 16$.

(a) Verwenden Sie die Gaußsche Näherung (11.10) zur Schätzung der Wahrscheinlichkeit, den Zählwert 10 zu erhalten. Vergleichen Sie dies mit dem exakten Ergebnis $p_{16}(10)$.

(b) Schätzen Sie mit der Gaußschen Näherung die Wahrscheinlichkeit, als Zählwert 10 *oder weniger* zu erhalten. [Denken Sie daran, $P_{\text{Gauss}}(\nu \leq 10{,}5)$ zu berechnen, um zu berücksichtigen, daß die Gauß-Verteilung ν als stetige Variable behandelt. Die benötigte Wahrscheinlichkeit kann aus der Tabelle in Anhang B berechnet werden.] Berechnen Sie auch das exakte Ergebnis und vergleichen Sie beide.

Beachten Sie, daß die Gaußsche Näherung selbst bei einem so kleinem μ-Wert wie 16 sehr gute Ergebnisse liefert und – zumindest in Teil (b) – deutlich weniger Mühe bereitet als eine exakte Berechnung.

***11.11** (Abschn. 11.3.).

(a) Berechnen Sie die Wahrscheinlichkeiten $p_9(\nu)$ dafür, die Zählwerte $\nu = 7$, 8, 9, 10 und 11 zu erhalten, wenn in einem Experiment der erwartete mittlere Zählwert gleich 9 ist.

(b) Berechnen Sie daraus die Wahrscheinlichkeit für einen Zählwert, der vom Mittelwert 9 um 3 oder mehr abweicht. Würde ein Zählwert von 12 Sie dazu führen, zu vermuten, daß der erwartete Mittelwert nicht wirklich gleich 9 ist?

11.12 (Abschn. 11.3). Eine Studentin verwendet einen Geigerzähler zur Messung der Aktivität einer radioaktiven Quelle. Sie stellt die Quelle dicht an den Zähler, der insgesamt 1600 Ereignisse in zehn Minuten registriert. Anschließend nimmt sie die Quelle weg und stellt fest, daß der Zähler immer noch weiterzählt, wenn auch mit einer kleineren Rate. Sie interpretiert dieses fortgesetzte Zählen als das

Ergebnis von Hintergrundstrahlung, z. B. der kosmischen Strahlung oder einer radioaktiven Verseuchung des Labors. Zur Bestimmung der Hintergrundrate läßt sie den Geigerzähler noch einmal zehn Minuten laufen und erhält 400 weitere Ereignisse.

(a) Welche Unsicherheit haben ihre zwei Ergebnisse für den Zählwert in zehn Minuten?

(b) Drücken Sie die zwei von ihr erhaltenen Zählraten in Ereignissen pro Minute aus und berechnen Sie deren Unsicherheiten.

(c) Berechnen Sie die Differenz der zwei Ergebnisse in Teil (b), um die endgültige Zählate der Quelle und die Unsicherheit anzugeben.

12 Der χ^2-Test für eine Verteilung

Wir haben jetzt einige Erfahrung mit Grenzverteilungen gesammelt. Dies sind Funktionen, welche die Verteilung der Ergebnisse beschreiben, die man erwartet, wenn man ein Experiment viele Male wiederholt. Es gibt viele verschiedene Grenzverteilungen, entsprechend den verschiedenen Arten von Experimenten, die möglich sind. Vielleicht die wichtigsten in der Physik sind die drei Grenzverteilungen, die wir gerade besprochen haben: die Gauß- oder Normalverteilung, die Binomialverteilung und die Poisson-Verteilung.

In diesem letzten Kapitel diskutieren wir, wie man feststellen kann, ob die Ergebnisse eines vorliegenden Experiments der erwarteten Grenzverteilung folgen. Nehmen wir konkret an, wir führten ein Experiment durch, bei dem wir die Verteilung der Ergebnisse zu kennen glauben. Nehmen wir ferner an, wir wiederholten das Experiment mehrere Male und zeichneten unsere Beobachtungen auf. Die Frage, der wir uns jetzt zuwenden, lautet: wie können wir eindeutig feststellen, ob unsere beobachtete Verteilung mit der erwarteten theoretischen Verteilung übereinstimmt? Wir werden sehen, daß sich diese Frage mit Hilfe eines Verfahrens beantworten läßt, das *Chiquadrat-* oder χ^2-*Test* genannt wird.

12.1 Einführung von χ^2

Beginnen wir mit einem konkreten Beispiel. Nehmen wir an, wir ermitteln 40 Meßwerte $x_1, \ldots, x_{40}$ der Reichweite x eines Projektils, das von einer bestimmten Kanone abgefeuert wird, und erhalten die in Tab. 12–1 gezeigten Ergebnisse. Nehmen wir weiter an, wir hätten Grund zu der sicher sehr naheliegenden Vermutung, diese Meßergebnisse folgten einer Gauß-Verteilung $f_{X,\sigma}(x)$. Bei dieser Art von Experiment kennt man gewöhnlich vorher weder das Zentrum X noch die Breite σ der erwarteten Verteilung. Unser erster Schritt ist daher, unsere 40 Meßwerte zur Berechnung von Schätzwerten für diese Größen zu verwenden:

$$(\text{Bestwert für } X) = \bar{x} = \sum_{i=1}^{40} x_i \Big/ 40 = 730{,}1 \text{ cm} \tag{12.1}$$

und

$$(\text{Bestwert für } \sigma) = \sqrt{\frac{\sum (x_i - \bar{x})^2}{39}} = 46{,}8 \text{ cm}\,. \tag{12.2}$$

Jetzt können wir fragen, ob die tatsächliche Verteilung unserer Ergebnisse $x_1, \ldots, x_{40}$ konsistent ist mit der Hypothese, unsere Meßwerte folgten einer Gauß-Verteilung $f_{X,\sigma}(x)$,

Tab. 12–1. Meßwerte von x (in cm).

731	772	771	681	722	688	653	757	733	742
739	780	709	676	760	748	672	687	766	645
678	748	689	810	805	778	764	753	709	675
698	770	754	830	725	710	738	638	787	712

wobei X und σ geschätzt sind. Um das zu beantworten, müssen wir die Verteilung unserer 40 Meßwerte für den Fall berechnen, daß die Hypothese wahr ist, und anschließlich diese erwartete Verteilung mit der tatsächlich beobachteten Verteilung vergleichen. Die erste Schwierigkeit besteht darin, daß x eine stetige Variable ist, wir also nicht von der erwarteten Anzahl von Meßwerten sprechen können, die gleich irgendeinem Wert von x sind. Wir müssen vielmehr die erwartete Anzahl in einem Intervall $a < x < b$ betrachten. Das heißt, wir müssen den möglichen Wertebereich in *Klassen* aufteilen. Bei 40 Meßwerten könnten wir Klassengrenzen bei $X - \sigma$, X und $X + \sigma$ wählen, wodurch wir vier Klassen erhalten wie in Tab 12–2.

Wir werden später die Kriterien für die Wahl der Klassengrenzen behandeln. Die Grenzen müssen insbesondere so gewählt werden, daß alle Klassen mehrere Meßwerte x_i enthalten. Die Anzahl der Klassen werden wir allgemein mit n bezeichnen; bei unserem Beispiel hier ist $n = 4$.

Tab. 12–2. Eine mögliche Wahl der Klassen für die Daten von Tab. 12–1. Die letzte Zeile zeigt die Anzahl der Daten, die in jede Klasse fallen.

Klassennummer k	1	2	3	4
Werte von x in Klasse	$x < X - \sigma$ oder $x < 683{,}3$	$X - \sigma < x < X$ oder $683{,}3 < x < 730{,}1$	$X < x < X + \sigma$ oder $730{,}1 < x < 776{,}9$	$X + \sigma < x$ oder $776{,}9 < x$
Beobachtungen B_k in Klasse	8	10	16	6

Nachdem wir den Bereich der möglichen Meßwerte in Klassen eingeteilt haben, können wir unsere Frage jetzt genauer formulieren. Erstens können wir die Anzahl der Meßwerte ermitteln, die in jede Klasse k fallen.[1] Wir bezeichnen diese Zahl mit B_k (wobei „B" für „beobachtete Anzahl" steht). Für unser Beispiel sind die Beobachtungswerte B_1, B_2, B_3, B_4 in der untersten Zeile von Tab. 12–2 aufgeführt. Als nächstes können wir, unter der Annahme, unsere Meßwerte seien normalverteilt (mit den geschätzten Werten von X und σ), die Anzahl der Meßwerte berechnen, die *erwartungsgemäß* in jede Klasse k fallen. Wir müssen dann entscheiden, wie gut die Beobachtungswerte B_k zu den Erwartungswerten E_k passen.

Die Berechnung der Erwartungswerte E_k ist ganz einfach. Die *Wahrscheinlichkeit*, daß irgendein Meßwert in ein Intervall $a < x < b$ fällt, entspricht genau der Fläche unter der

[1] Wenn ein Meßwert genau auf die Grenze zwischen zwei Klassen fällt, kann man jeder Klasse eine halbe Messung zuweisen.

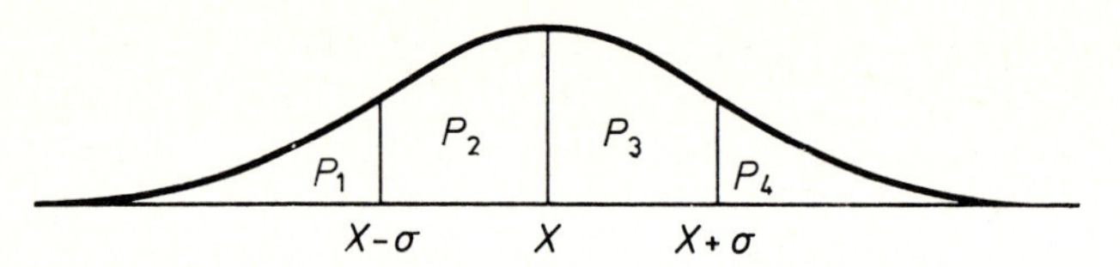

Abb. 12–1. Die Wahrscheinlichkeiten $P_1, \ldots, P_4$ dafür, daß ein Meßwert in eine der vier Klassen $k = 1, \ldots, 4$ fällt, sind gleich den vier gezeigten Flächen unter der Gauß-Funktion.

Tab. 12–3. Die erwarteten Anzahlen E_k und beobachteten Anzahlen B_k für die 40 Meßwerte von Tab. 12–1.

Klasse k	1	2	3	4
Wahrscheinlichkeit P_k	16%	34%	34%	16%
Erwartete Anzahl $E_k = NP_k$	6,4	13,6	13,6	6,4
Beobachtete Anzahl B_k	8	10	16	6

Gauß-Funktion zwischen $x = a$ und $x = b$. In unserem Beispiel sind die Wahrscheinlichkeiten P_1, P_2, P_3, P_4 dafür, daß ein Meßwert in eine der vier Klassen fällt, die in Abb. 12–1 gezeigten Flächen. Die zwei gleichen Flächen P_2 und P_3 geben zusammen die wohlbekannten 68 Prozent wieder; also ist die Wahrscheinlichkeit dafür, daß ein Meßwert in eine der zwei mittleren Klassen fällt, 34 Prozent, d.h. $P_2 = P_3 = 0{,}34$. Da die zwei äußeren Klassen die restlichen 32 Prozent enthalten, ist $P_1 = P_4 = 0{,}16$. Zur Ermittlung der Erwartungswerte E_k multiplizieren wir diese Wahrscheinlichkeiten mit der Gesamtanzahl der Messungen, $N = 40$. Deshalb lauten unsere Erwartungswerte wie in Tab. 12–3 gezeigt. Die Tatsache, daß die „Erwartungswerte" keine ganzen Zahlen sind, soll uns daran erinnern, daß der „Erwartungswert" nicht das ist, was wir in jedem einzelnen Experiment tatsächlich erwarten; er ist vielmehr der Mittelwert, den wir erwarten, wenn wir unsere gesamte Meßreihe viele Male wiederholen.

Unser Problem lautet jetzt zu entscheiden, wie gut die Erwartungswerte die entsprechenden Beobachtungswerte B_k (in der untersten Zeile von Tab. 12–3) repräsentieren. Wir würden offensichtlich nach einer endlichen Anzahl von Messungen keine *vollkommene* Übereinstimmung zwischen E_k und B_k erwarten. Andererseits sollten die Abweichungen

$$B_k - E_k \tag{12.3}$$

relativ *klein* sein, wenn unsere Hypothese stimmt, daß die Meßwerte normalverteilt sind. Andersherum: wenn sich herausstellt, daß die Abweichungen $B_k - E_k$ *groß* sind, dann müßten wir davon ausgehen, daß unsere Hypothese inkorrekt ist.

Zur Präzisierung der Aussagen, die Abweichung $B_k - E_k$ sei „klein" oder „groß", brauchen wir als Vergleichsmaßstab die Größe der Abweichungen $B_k - E_k$, die wir *erwarten* würden, wenn die Meßwerte tatsächlich normalverteilt sind. Glücklicherweise lassen sich diese Erwartungswerte leicht bestimmen. Wenn wir uns vorstellen, daß wir unsere gesamte Reihe von 40 Messungen sehr oft wiederholen, dann kann die Anzahl B_k der Meßwerte in irgendeiner Klasse k als Ergebnis eines Zählexperimentes aufgefaßt werden, das von dem gleichen Typ ist, wie wir ihn in Kapitel 11 beschrieben haben.

Unsere vielen verschiedenen Ergebnisse für B_k sollten den Mittelwert E_k haben, und sie sollten mit einer Standardabweichung der Größenordnung $\sqrt{E_k}$ um E_k streuen. Folglich sind die zwei zu vergleichenden Zahlen die Abweichung $B_k - E_k$ und die erwartete Größe ihrer Schwankungen, $\sqrt{E_k}$.

Diese Überlegungen führen uns dazu, das Verhältnis

$$\frac{B_k - E_k}{\sqrt{E_k}} \tag{12.4}$$

zu betrachten. Bei einigen Klassen k wird dieses Verhältnis positiv und bei anderen negativ sein; für einige wenige k kann es beträchtlich größer als Eins sein, aber für die meisten sollte es von der Größenordnung 1 oder kleiner sein. Um unsere Hypothese (die Meßwerte seien normalverteilt) zu überprüfen, ist es naheliegend, die durch (12.4) gegebene Zahl für jedes k zu quadrieren und dann über alle Klassen $k = 1, \ldots, n$ (hier bis $n = 4$) zu summieren. Dieses Verfahren definiert eine Zahl mit der Bezeichnung *Chiquadrat*,

$$\chi^2 = \sum_{k=1}^{n} \frac{(B_k - E_k)^2}{E_k}. \tag{12.5}$$

Es sollte klar sein, daß diese Zahl χ^2 ein vernünftiger Indikator für die Übereinstimmung zwischen der beobachteten und der erwarteten Verteilung ist. Bei $\chi^2 = 0$ ist die Übereinstimmung vollkommen, d. h. für alle Klassen k gilt $B_k = E_k$ – ein äußerst unwahrscheinlicher Fall. Im allgemeinen sollten die einzelnen Terme in der Summe (12.5) von der Größenordnung 1 sein, und es gibt n Terme in der Summe. Wenn also

$$\chi^2 \lesssim n$$

(χ^2 von der Größenordnung n oder kleiner) ist, dann stimmen die beobachtete und die erwartete Verteilung in etwa so gut überein, wie erwartet werden könnte. Mit anderen Worten: wenn $\chi^2 \lesssim n$ ist, dann haben wir keinen Grund, daran zu zweifeln, daß unsere Meßwerte so verteilt sind, wie wir erwartet haben. Wenn andererseits

$$\chi^2 \gg n$$

(χ^2 signifikant größer als die Anzahl der Klassen) ist, dann unterscheiden sich die Beobachtungswerte signifikant von den Erwartungswerten, und es gibt gute Gründe für die Vermutung, daß unsere Meßwerte nicht der erwarteten Verteilung folgen.

Die in unserem Beispiel in den vier Klassen beobachteten und erwarteten Werte werden in Tab. 12–4 noch einmal gezeigt. Eine einfache, mit ihnen durchgeführte Rechnung liefert

$$\chi^2 = \sum_{k=1}^{4} \frac{(B_k - E_k)^2}{E_k} = \frac{(1{,}6)^2}{6{,}4} + \frac{(-3{,}6)^2}{13{,}6} + \frac{(2{,}4)^2}{13{,}6} + \frac{(-0{,}4)^2}{6{,}4} = 1{,}80. \tag{12.6}$$

Da der Wert 1,80 für χ^2 kleiner ist als die Anzahl der Terme in der Summe (nämlich vier), haben wir keinen Grund, unsere Hypothese, die vorliegenden Meßwerte seien normalverteilt, zu bezweifeln.

Tab. 12–4. Berechnung von χ^2 für die Daten von Tab. 12–1.

Klassennummer, k	1	2	3	4
	$x < X - \sigma$	$X - \sigma < x < X$	$X < x < X + \sigma$	$X + \sigma < x$
Beobachtete Anzahl B_k	8	10	16	6
Erwartete Anzahl E_k	6,4	13,6	13,6	6,4
$B_k - E_k$	1,6	−3,6	2,4	−0,4

12.2 Allgemeine Definition von χ^2

Unsere Erörterung konzentrierte sich bisher auf ein bestimmtes Beispiel: 40 Meßwerte einer stetigen Variablen x, mit der die Reichweite eines Projektils einer bestimmten Feuerwaffe bezeichnet wurde. Wir definierten die Zahl χ^2 und sahen, daß sie zumindest ein grobes Maß abgibt für die Übereinstimmung zwischen der beobachteten Verteilung der Meßwerte und der Gauß-Verteilung, der die Meßwerte erwartungsgemäß folgen sollten. Wie wir im folgenden sehen werden, können wir χ^2 für viele andere Experimente auf die gleiche Art und Weise definieren und verwenden.

Betrachten wir irgendein Experiment, in dem wir eine Zahl x messen, und bei dem wir Grund zu der Annahme haben, daß die Ergebnisse einer bestimmten Verteilung folgen. Stellen wir uns vor, wir wiederholten die Messungen viele Male (N-mal), teilten den Bereich der möglichen Werte von x in n Klassen, $k = 1, \ldots, n$, auf und ermittelten dann jeweils die Anzahl B_k der Beobachtungen, die in Klasse k fallen. Davon ausgehend, daß die Meßwerte wirklich der erwarteten Verteilung folgen, berechnen wir als nächstes die erwartete Anzahl E_k von Meßwerten in der k-ten Klasse. Schließlich definieren wir χ^2 genauso wie in (12.5),

$$\chi^2 = \sum_{k=1}^{n} \frac{(B_k - E_k)^2}{E_k}. \tag{12.7}$$

Die Bedeutung von χ^2 ist immer dieselbe wie in unserem vorigen Beispiel. Das heißt: Für $\chi^2 \lesssim n$ ist die Übereinstimmung zwischen unserer beobachteten und unserer erwarteten Verteilung akzeptabel; wenn aber $\chi^2 \gg n$ ist, dann gibt es eine signifikante Abweichung.

Das Verfahren für die Wahl der Klassen, die bei der Berechnung von χ^2 zugrundegelegt werden, hängt von der Art des jeweiligen Experiments ab, insbesondere davon, ob die Meßgröße stetig oder diskret ist. Wir werden diese zwei Fälle nacheinander behandeln.

Meßwerte einer stetigen Variablen

Bei dem in Abschnitt 12.1 besprochenen Beispiel kam eine stetige Variable x vor, und man kan dem, was dort gesagt wurde, nur wenig hinzufügen. Die einzige Grenzverteilung, die wir für eine stetige Variable diskutiert haben, ist die Gauß-Verteilung, aber es gibt natürlich viele verschiedene Verteilungen, die man erwarten könnte. Zum Beispiel ist bei vielen atom- und kernphysikalischen Experimenten die erwartete Verteilung der Meßgröße x (nämlich einer Energie) die Lorentz-Verteilung

$$f(x) \propto \frac{1}{(x - X)^2 + \gamma^2},$$

wobei X und γ gewisse Konstanten sind.

Wie auch immer die erwartete Verteilung $f(x)$ aussehen mag, die gesamte Fläche unter dem Graphen von $f(x)$, aufgetragen gegen x, ist gleich 1, und die Wahrscheinlichkeit eines Meßwertes zwischen $x = a$ und $x = b$ ist gleich der Fläche zwischen a und b:

$$P(a < x < b) = \int_a^b f(x)\, dx.$$

Wenn also die k-te Klasse von $x = a_k$ bis $x = a_{k+1}$ läuft, ist die (nach insgesamt N Messungen) erwartete Anzahl von Meßwerten in der k-ten Klasse

$$E_k = N \times P(a_k < x < a_{k+1}) = N \int_{a_k}^{a_{k+1}} f(x)\, dx. \tag{12.8}$$

Wenn wir in Abschnitt 12.4 die quantitative Verwendung des χ^2-Tests besprechen, werden wir sehen, daß die erwarteten Anzahlen E_k nicht zu klein sein sollten. Es gibt zwar keine bestimmte untere Grenze, aber E_k sollte am besten etwa gleich 5 oder größer sein,

$$E_k \gtrsim 5\,. \tag{12.9}$$

Wir müssen deshalb die Klassen so wählen, daß das durch (12.8) gegebene E_k diese Bedingung erfüllt. Wir werden auch sehen, daß die Anzahl der Klassen nicht zu klein sein darf. So kann etwa in dem Beispiel von Abschnitt 12.1, wo die erwartete Verteilung eine Gauß-Verteilung war, deren Zentrum X und Breite σ nicht vorher bekannt waren, der χ^2-Test (wie wir sehen werden) mit weniger als vier Klassen nicht funktionieren; d. h., in diesem Beispiel mußten wir

$$n \geq 4\,. \tag{12.10}$$

haben. Wenn wir (12.9) und (12.10) kombinieren, sehen wir, daß wir den χ^2-Test auf diese Art von Experiment nicht sinnvoll anwenden können, wenn die Gesamtanzahl unserer Beobachtungen kleiner als ca. 20 ist.

Messung einer diskreten Variablen

Nehmen wir jetzt an, wir messen eine diskrete Variable wie die uns nun vertraute Anzahl von Einsen beim Werfen mehrerer Würfel. In der Praxis ist die häufigste diskrete Variable eine ganze Zahl (wie die Anzahl der Einsen), und wir werden die diskrete Variable mit v statt mit x bezeichnen (das wir für eine stetige Variable verwenden). Wenn wir fünf Würfel werfen, hat v die möglichen Werte $v = 0, 1, \ldots, 5$, und es ist eigentlich nicht nötig, die möglichen Ergebnisse in Klassen einzuteilen. Wir können einfach zählen, wie oft wir jedes der sechs möglichen Ergebnisse erhalten haben. Wir können auch anders vorgehen und sagen: wir haben sechs Klassen gewählt, von denen jede genau ein mögliches Ergebnis enthält.

Trotzdem ist es oft wünschenswert, mehrere verschiedene Ergebnisse in einer Klasse zusammenzufassen. Wenn wir beispielsweise unsere fünf Würfel 200-mal werfen, ist (entsprechend den in Aufgabe 10.7 gefundenen Wahrscheinlichkeiten) die erwartete Verteilung der Ergebnisse wie in den ersten zwei Spalten von Tab. 12–5 gezeigt. Wir sehen, daß hier die erwartete Anzahl von Würfen mit vier und fünf Einsen 0,6 bzw. 0,03 beträgt – weniger als die 5 Male, die in jeder Klasse erforderlich sind, damit man den χ^2-Test anwenden kann. Diese Schwierigkeit können wir leicht beheben, indem wir die Ergebnisse für $v = 3$, 4 und 5 in einer einzigen Klasse zusammenfassen. Es verbleiben uns also vier Klassen $k = 1, 2, 3, 4$, die mit den entsprechenden erwarteten Anzahlen E_k in den letzten zwei Spalten von Tab. 12–5 aufgeführt sind.

Tab. 12–5. Erwartetes Auftreten von v Einsen ($v = 0, 1, \ldots, 5$) bei 200-maligem Werfen von fünf Würfeln.

Ergebnis	Erwartetes Auftreten	Klassennummer k	Erwartete Anzahl E_k
Keine Eins	80,4	1	80,4
Eine Eins	80,4	2	80,4
Zwei Einsen	32,2	3	32,2
Drei Einsen	6,4		
Vier Einsen	0,6	4	7,0
Fünf Einsen	0,03		

Nachdem wir die Klassen wie gerade beschrieben gewählt haben, könnten wir die beobachteten Häufigkeiten B_k in jeder Klasse zählen. Wir könnten dann χ^2 berechnen und nachprüfen, ob die beobachtete Verteilung mit der erwarteten übereinstimmt. Bei diesem Experiment wissen wir, daß die erwartete Verteilung sicher die Binomialverteilung $b_{5,1/6}(v)$ ist, *vorausgesetzt*, die Würfel sind nicht manipuliert (so daß p wirklich gleich 1/6 ist). Folglich entspricht unser Test der Verteilung in diesem Fall der Überprüfung, ob die Würfel manipuliert sind oder nicht.

Bei jedem Experiment, bei dem eine diskrete Variable auftritt, können die Klassen so gewählt werden, daß jeweils genau ein Ergebnis in einer Klasse liegt, vorausgesetzt, die erwartete Häufigkeit des Auftretens für jede Klasse ist mindestens gleich dem benötigten Wert von etwa fünf. Andernfalls sollten mehrere unterschiedliche Ergebnisse in einer einzelnen größeren Klasse zusammengefaßt werden, in der dann die erwartete Häufigkeit des Auftretens groß genug ist.

Andere Formen von χ^2

Wir haben die Schreibweise χ^2 bereits früher in diesem Buch verwendet, so z. B. in Gleichung (7.6) und wieder in (8.5); und wir hätten sie auch für die Summe der Quadrate in (5.42) verwenden können. In all diesen Fällen ist χ^2 die Summe von Quadraten der allgemeinen Form

$$\chi^2 = \sum_1^n \left(\frac{\text{beobachteter Wert} - \text{erwarteter Wert}}{\text{Standardabweichung}}\right)^2 . \tag{12.11}$$

χ^2 ist hier ein Indikator für die Übereinstimmung zwischen den beobachteten und erwarteten Werten irgendeiner Variablen. Wenn die Übereinstimmung gut ist, dann ist χ^2 von der Größenordnung n, und wenn sie schlecht ist, dann ist χ^2 viel größer als n.

Unglücklicherweise können wir χ^2 nur dann zur Prüfung dieser Übereinstimmung verwenden, wenn wir die erwarteten Werte und die Standardabweichung kennen und deshalb (12.11) berechnen können. Vielleicht der häufigste Fall, bei dem diese genau genug bekannt sind, ist die im vorliegenden Kapitel beschriebene Art von Test – der Test einer Verteilung, bei dem die E_k durch eben diese Verteilung und ihre Standardabweichung durch $\sqrt{E_k}$ gegeben sind. Trotzdem kann der χ^2-Test in vielen anderen Fällen angewendet werden. Betrachten wir beispielsweise das in Kapitel 8 behandelte Problem der Messung von zwei Variablen x und y, bei dem erwartet wird, das y irgendeine bestimmte Funktion von x ist,

$$y = f(x)$$

(z.B. $y = A + Bx$). Nehmen wir an, wir hätten N gemessene Paare (x_i, y_i), wobei die x_i eine vernachlässigbare Unsicherheit und die y_i bekannte Unsicherheiten σ_i haben. Hier ist $f(x_i)$ der erwartete Wert von y_i, und wir könnten nun prüfen, wie gut y zur Funktion $f(x)$ paßt, indem wir

$$\chi^2 = \sum_1^N \left(\frac{y_i - f(x_i)}{\sigma_i}\right)^2$$

berechnen. Alle unsere bisherigen Bemerkungen über den erwarteten Wert von χ^2 gelten für diese Zahl, und die in den folgenden Abschnitten behandelten quantitativen Tests können verwendet werden. Wir werden diese wichtige Anwendung hier nicht weiter verfolgen, da es im physikalischen Anfängerpraktikum nur selten vorkommt, daß die Unsicherheiten mit ausreichender Zuverlässigkeit bekannt sind. (Siehe aber Aufgabe 12.14.)

12.3 Freiheitsgrade und reduziertes χ^2

Wir haben festgestellt, daß wir die Übereinstimmung zwischen einer beobachteten und einer erwarteten Verteilung prüfen können, indem wir χ^2 berechnen und es mit der bei der Datensammlung verwendeten Anzahl der Klassen vergleichen. Wie wir gleich sehen werden, besteht ein etwas besseres Verfahren darin, χ^2 nicht mit der Anzahl der Klassen zu vergleichen, sondern statt dessen mit der *Anzahl der Freiheitsgrade*, die wir mit d bezeichnen. Wir haben den Begriff des Freiheitsgrads kurz in Abschnitt 8.3 erwähnt. Jetzt werden wir ihn detaillierter behandeln.

Im allgemeinen ist die Anzahl der Freiheitsgrade d in einer statistischen Rechnung definiert als die Anzahl der beobachteten Daten *minus* der Anzahl der aus den Daten berechneten und in der Rechnung verwendeten Parameter. Bei den in diesem Kapitel betrachteten Problemen entsprechen die beobachteten Daten der Anzahl der Beobachtungen B_k in den n Klassen $k = 1, \ldots, n$. Folglich ist die Anzahl der beobachteten Daten gleich n, der Anzahl der Klassen. Deshalb ist hier

$$d = n - c,$$

wobei n die Anzahl der Klassen und c die Anzahl der Parameter ist, die aus den Daten berechnet werden müßten, um die erwarteten Anzahlen E_k zu bestimmen. Die Zahl c wird oft die Anzahl der *Zwangsbedingungen* genannt, worauf wir gleich näher eingehen werden.

Die Anzahl c der Zwangsbedingungen hängt von dem jeweiligen Problem ab. Betrachten wir erst das Würfelexperiment von Abschnitt 12.2. Wenn wir fünf Würfeln benutzen und überprüfen wollen, ob die Würfel nicht manipuliert sind, dann ist die erwartete Anzahl von Einsen die Binomialverteilung $b_{5,1/6}(v)$, wobei $v = 0, 1, \ldots, 5$ die Anzahl der Einsen bei einem Wurf ist. Beide Parameter in dieser Funktion – die Anzahl der Würfel, fünf, und die Wahrscheinlichkeit einer Eins, 1/6 – sind vorher bekannt und müssen nicht aus den Daten berechnet werden. Wenn wir die erwartete Häufigkeit des Auftretens irgendeines bestimmten v berechnen, müssen wir die binomiale Wahrscheinlichkeit mit der Gesamtanzahl N der Würfe (in unserem Beispiel ist $N = 200$) multiplizieren. Dieser Parameter *hängt von den Daten ab*. Genauer gesagt ist N die Summe der Beobachtungswerte B_k,

$$N = \sum_{k=1}^{n} B_k. \tag{12.12}$$

Folglich müssen wir bei der Berechnung der erwarteten Ergebnisse unseres Würfelexperiments genau einen Parameter, nämlich N, aus den Daten bestimmen. Die Anzahl der Zwangsbedingungen ist daher

$$c = 1,$$

und die Anzahl der Freiheitsgrade

$$d = n - 1.$$

In Tab. 12–5 wurden die Ergebnisse des Würfelexperiments in vier Klassen eingeteilt ($n = 4$); es gab also in diesem Experiment 3 Freiheitsgrade.

Die Gleichung (12.12) veranschaulicht gut die seltsamen Bezeichnungen „Anzahl der Freiheitsgrade“ und „Zwangsbedingungen“. Sobald die Anzahl N bestimmt ist, kann man (12.12) als eine Gleichung betrachten, welche die „Freiheit“ bei der Wahl der Werte $B_1, \ldots, B_n$ einschränkt, indem sie die Gleichheit beider Seiten „erzwingt“. Genauer gesagt sind wegen der Zwangsbedingung (12.12) nur $n - 1$ der Zahlen $B_1, \ldots, B_n$ unabhängig. Beispielsweise könnten die ersten $n - 1$ Zahlen $B_1, \ldots, B_{n-1}$ (innerhalb gewisser Bereiche) jeden beliebigen Wert annehmen. Aber dann wäre die letzte Zahl B_n durch Gleichung (12.12) vollständig bestimmt. In diesem Sinne haben nur $n - 1$ der Daten die *Freiheit*, unabhängige Werte anzunehmen, d.h. es gibt nur $n - 1$ Freiheitsgrade.

Im ersten Beispiel dieses Kapitels wurde die Reichweite x eines Projektils 40-mal gemessen ($N = 40$). Die Ergebnisse wurden in vier Klassen eingeteilt ($n = 4$) und mit dem verglichen, was wir nach einer Gauß-Verteilung $f_{X,\sigma}(x)$ erwarten würden. Hier gab es *drei* Zwangsbedingungen und folglich nur einen Freiheitsgrad,

$$d = n - c = 4 - 3 = 1 .$$

Die erste Zwangsbedingung ist dieselbe wie (12.12): die Gesamtanzahl N der Beobachtungen ist die Summe der Beobachtungen B_k in allen Klassen. Die anderen beiden Zwangsbedingungen ergaben sich daraus, daß wir (wie bei dieser Art von Experiment üblich) die Parameter X und σ der erwarteten Gauß-Funktion $f_{X,\sigma}(x)$ nicht im voraus kannten. Folglich mußten wir, bevor wir die erwarteten Anzahlen E_k berechnen konnten, X und σ unter Verwendung der Daten schätzen. Mit insgesamt drei Zwangsbedingungen galt folglich in diesem Beispiel

$$d = n - 3 . \tag{12.13}$$

Das erklärt auch, warum wir bei diesem Experiment mit mindestens 4 Klassen arbeiten mußten. Wir werden im folgenden sehen, daß die Anzahl der Freiheitsgrade immer gleich Eins oder größer sein muß; also sagt uns (12.13), daß wir $n \geq 4$ wählen mußten.

In den hier betrachteten Beispielen gibt es immer mindestens eine Zwangsbedingung (nämlich die Zwangsbedingung $N = \sum B_k$, in der die Gesamtanzahl der Beobachtungen vorkommt), und es können ein oder zwei weitere auftreten. Also wird (in unseren Beispielen) die Anzahl der Freiheitsgrade d von $n - 1$ bis $n - 3$ variieren. Für großes n ist der Unterschied zwischen n und d ziemlich unwichtig, wenn n aber klein ist, (was unglücklicherweise oft der Fall ist), dann gibt es offensichtlich einen signifikanten Unterschied.

Mit dem Begriff Freiheitsgrad an der Hand können wir jetzt beginnen, unseren χ^2-Test zu präzisieren. Man kann zeigen (wenn wir es auch nicht tun), daß der *erwartete* Wert von χ^2 genau gleich d, der Anzahl der Freiheitsgrade, ist:

$$(\text{erwarteter Mittelwert von } \chi^2) = d . \tag{12.14}$$

Diese wichtige Gleichung bedeutet nicht, daß wir wirklich davon ausgehen, nach irgendeiner Meßreihe $\chi^2 = d$ zu erhalten. Sie besagt vielmehr: wenn wir unsere gesamte Meßreihe unendlich oft wiederholen und jedesmal χ^2 berechnen könnten, dann wäre der Mittelwert dieser χ^2-Werte gleich d. Trotzdem ist selbst nach nur *einer* Meßreihe ein Vergleich von χ^2 mit d ein Indikator für die Übereinstimmung. Insbesondere ist es sehr unwahrscheinlich, daß χ^2 sehr viel größer als d ist, wenn unsere erwartetete Verteilung die *richtige* erwartete Verteilung war. Andersherum gesagt: Wenn unser Ergebnis $\chi^2 \gg d$ lautet, dann ist es höchst unwahrscheinlich, daß unsere vohergesagte Verteilung die richtige war.

Wir haben das Ergebnis (12.14) zwar *nicht* bewiesen, können uns aber leicht davon überzeugen, daß zumindest einige Aspekte des Ergebnisses vernünftig sind. Zum Beispiel können wir, wegen $d = n - c$, (12.14) umschreiben in

$$(\text{erwarteter Mittelwert von } \chi^2) = n - c . \tag{12.15}$$

Das bedeutet: für jedes gegebene n wird der erwartete Mittelwert von χ^2 kleiner werden, wenn c wächst (das heißt, wenn wir mehr Parameter aus den Daten berechnen). Genau das sollte man auch erwarten. Im Beispiel von Abschnitt 12.1 berechneten wir das Zentrum X und die Breite σ der erwarteten Verteilung $f_{X,\sigma}(x)$ aus den Daten.

Da X und σ so gewählt wurden, daß sie zu den Daten passen, sollten die beobachtete und die erwartete Verteilung natürlich besser übereinstimmen. Das heißt, man würde erwarten, daß diese zwei zusätzlichen Zwangsbedingungen den Wert von χ^2 senken. Gerade das folgt aus (12.15).

Das Ergebnis (12.14) legt eine etwas bequemere Handhabung des χ^2-Tests nahe. Wir führen ein *reduziertes Chiquadrat* (oder *Chiquadrat pro Freiheitsgrad*) ein, das wir mit $\tilde{\chi}^2$ bezeichnen und als

$$\tilde{\chi}^2 = \frac{\chi^2}{d} \tag{12.16}$$

definieren. Da der Erwartungswert von χ^2 gleich d ist, erhalten wir

$$(\text{Erwartungswert von } \tilde{\chi}^2) = 1\,. \tag{12.17}$$

Folglich kann unser Test, unabhängig von der Anzahl der Freiheitsgrade, einfach folgendermaßen formuliert werden: Wenn wir für $\tilde{\chi}^2$ einen Wert von der Größenordnung 1 oder weniger erhalten, dann haben wir keinen Grund, an unserer erwarteten Verteilung zu zweifeln; ist der Wert von $\tilde{\chi}^2$ dagegen viel größer ist als eins, dann ist es unwahrscheinlich, daß unsere erwartete Verteilung richtig ist.

12.4 Wahrscheinlichkeiten für χ^2

Unser Test für die Übereinstimmung zwischen beobachteten Daten und ihrer erwarteten Verteilung ist noch ziemlich grob. Was wir jetzt benötigen, ist ein *quantitatives* Maß für die Übereinstimmung. Insbesondere brauchen wir irgendeine Leitlinie dafür, wo die Grenze zwischen Übereinstimmung und Widerspruch zu ziehen ist. Zum Beispiel machten wir in dem Experiment von Abschnitt 12.1 40 Messungen eines bestimmten Bereichs von x, die unserer Erwartung nach einer Gauß-Verteilung folgen sollten. Wir teilten unsere Daten in vier Klassen ein und erhielten das Ergebnis $\chi^2 = 1{,}80$. Bei drei Zwangsbedingungen gab es nur einen Freiheitsgrad ($d = 1$), also ist das reduzierte Chiquadrat, $\tilde{\chi}^2 = \chi^2/d$, auch gleich 1,80,

$$\tilde{\chi}^2 = 1{,}80\,.$$

Die Frage lautet jetzt: ist ein Wert von $\tilde{\chi}^2 = 1{,}80$ hinreichend größer als eins, um unsere erwartete Gauß-Verteilung auszuschließen, oder nicht?

Zur Beantwortung dieser Frage nehmen wir zunächst an, daß unsere Messungen *tatsächlich* der erwarteten Verteilung (in diesem Beispiel einer Gauß-Verteilung) folgten. Unter dieser Annahme kann man die *Wahrscheinlichkeit* dafür berechnen, einen Wert von

$\tilde{\chi}^2$ zu halten, der so groß wie oder größer als unser Wert 1,8 ist. Hier stellt sich, wie wir gleich zeigen werden, diese Wahrscheinlichkeit als

$$P\,(\tilde{\chi}^2 \geq 1{,}80) \approx 18\,\%,$$

heraus. Das heißt, wenn unsere Ergebnisse der erwarteten Verteilung folgen, dann besteht eine Wahrscheinlichkeit von 18 Prozent dafür, einen Wert von $\tilde{\chi}^2$ zu erhalten, der größer oder gleich dem tatsächlich erhaltenen Wert 1,80 ist. Mit anderen Worten: in diesem Experiment ist ein so großer Wert von $\tilde{\chi}^2$ wie 1,80 überhaupt nicht unvernünftig. Wir hätten daher also keinen Grund, unsere erwartete Verteilung zu verwerfen.

Unser allgemeines Verfahren sollte jetzt einigermaßen klar sein. Nach dem Abschluß irgendeiner Meßreihe berechnen wir das reduzierte Chiquadrat, das wir jetzt $\tilde{\chi}_b^2$ nennen (wobei der Index b für „beobachtet" steht, da $\tilde{\chi}_b^2$ der tatsächlich beobachtete Wert ist). Als nächstes berechnen wir unter der Annahme, daß unsere Messungen wirklich der erwarteten Verteilung folgen, die Wahrscheinlichkeit

$$P\,(\tilde{\chi}^2 \geq \tilde{\chi}_b^2) \tag{12.18}$$

dafür, einen Wert von $\tilde{\chi}^2$ zu finden, der größer oder gleich dem tatsächlich beobachteten Wert $\tilde{\chi}_b^2$ ist. Wenn diese Wahrscheinlichkeit groß ist, dann ist unser Wert $\tilde{\chi}_b^2$ vollkommen akzeptabel, und es gibt keinen Grund, die erwartete Verteilung zu verwerfen. Ist die Wahrscheinlichkeit dagegen „unvernünftig" klein, dann können wir mit großer Sicherheit sagen, daß unsere erwartete Verteilung nicht die richtige ist.

Wie immer bei statistischen Tests müssen wir uns entscheiden, wo die Grenze liegt zwischen dem, was „vernünftige" Wahrscheinlichkeit hat, und was nicht. Zwei der üblichen Wahlmöglichkeiten haben wir schon im Zusammenhang mit Korrelationen erwähnt. Mit einer Grenze bei 5 Prozent würden wir sagen, daß unser beobachteter Wert $\tilde{\chi}_b^2$ einen „signifkanten Widerspruch" anzeigt, wenn

$$P\,(\tilde{\chi}^2 \geq \tilde{\chi}_b^2) < 5\,\%;$$

d.h. wir würden unsere erwartete Verteilung auf dem „Signifikanzniveau von 5%" verwerfen. Wenn wir die Grenze bei 1% setzten, dann könnten wir den Widerspruch „hochsignifikant" nennen, wenn $P\,(\tilde{\chi}^2 \geq \tilde{\chi}_b^2)$ 1%, und wir würden die erwartete Verteilung auf dem „Signifikanzniveau von 1%" verwerfen.

Unabhängig davon, welches Signifikanzniveau wir wählen, sollten wir es auf jeden Fall immer angeben. Was vielleicht noch wichtiger ist: man sollte die Wahrscheinlichkeit P $(\tilde{x}^2 \geq \tilde{\chi}_b^2)$ nennen, damit der Leser ihre Vernünftigkeit selbst beurteilen kann.

Die Berechnung der Wahrscheinlichkeiten $P\,(\tilde{\chi}^2 \geq \tilde{\chi}_b^2)$ ist zu kompliziert, um sie in diesem Buch im einzelnen zu beschreiben. Die Ergebnisse können jedoch leicht tabelliert werden, z.B. wie in Tab. 12–6 oder in der vollständigeren Tabelle in Anhang D. Wir wollen hier als gegeben hinnehmen, daß die Wahrscheinlichkeit, irgendwelche bestimmten Werte von $\tilde{\chi}_b^2$ zu erhalten, von der Anzahl der Freiheitsgrade abhängt. Folglich werden wir die interessierende Wahrscheinlichkeit schreiben als $P_d\,(\tilde{\chi}^2 \geq \tilde{\chi}_b^2)$, um ihre Abhängigkeit von d zu betonen.

Die übliche Berechnung der Wahrscheinlichkeiten $P_d\,(\tilde{\chi}^2 \geq \tilde{\chi}_b^2)$ behandelt die beobachteten Anzahlen B_k als stetige Variablen, die um ihre Erwartungswerte E_k normalverteilt sind. Bei den hier betrachteten Problemen ist B_k eine diskrete Variable, die der Poisson-Verteilung folgt.[2] Unter der Voraussetzung, daß alle beteiligten Zahlen vernünftig groß sind, ist der diskrete Charakter der B_k unwichtig, und die Poisson-Verteilung wird durch die Gauß-Funktion gut approximiert. Unter diesen Bedingungen können die tabellierten Wahrscheinlichkeiten $P_d(\tilde{\chi}^2 \geq \tilde{\chi}_b^2)$ sinnvoll verwendet werden. Aus diesem Grunde haben wir gesagt, daß die Klassen so gewählt werden müssen, daß der erwartete Zählwert E_k in jeder Klasse vernünftig groß (mindestens gleich 5) ist. Aus demselben Grunde sollte die Anzahl der Klassen nicht zu klein sein.

Vor dem Hintergrund dieser Warnungen führen wir jetzt in Tab. 12–6 die berechneten Wahrscheinlichkeiten $P_d(\tilde{\chi}^2 \geq \tilde{\chi}_b^2)$ für ein paar repräsentative Werte von d und $\tilde{\chi}_b^2$ an. Die Zahlen in der linken Spalte geben sechs ausgewählte Werte von d, der Anzahl der Freiheitsgrade, ($d = 1, 2, 3, 5, 10, 15$). In der zweiten Zeile der Tabelle stehen rechts von d mögliche Werte des beobachteten $\tilde{\chi}_b^2$. Die eigentlichen „Zellen" der Tabelle zeigen die prozentuale Wahrscheinlichkeit $P_d(\tilde{\chi}^2 \geq \tilde{\chi}_b^2)$ als Funktion von d und $\tilde{\chi}_b^2$. Beispielsweise sehen wir bei 10 Freiheitsgraden ($d = 10$), daß die Wahrscheinlichkeit dafür, $\tilde{\chi}_b^2 \geq 2$ zu erhalten, 3 Prozent beträgt:

$$P_{10}(\tilde{\chi}^2 \geq 2) = 3\,\%.$$

Wenn wir also in einem Experiment mit zehn Freiheitsgraden ein reduziertes Chiquadrat von 2 erhalten hätten, dann könnten wir den Schuß ziehen, daß unsere Beobachtungen sich „signifikant" von der erwarteten Verteilung unterscheiden, und die erwartete Verteilung auf dem Signifikanzniveau von 5% verwerfen (wenn auch nicht auf dem 1-Prozent-Niveau).

Tab. 12–6. Die prozentuale Wahrscheinlichkeit $P_d(\tilde{\chi}^2 \geq \tilde{\chi}_b^2)$ dafür, einen Wert von $\tilde{\chi}^2$ zu erhalten, der größer als oder gleich einem bestimmten Wert $\tilde{\chi}_b^2$ ist, unter der Voraussetzung, daß die betreffenden Messungen tatsächlich der erwarteten Verteilung folgen. Leere Stellen bedeuten Wahrscheinlichkeiten von weniger als 0,05%. d: Zahl der Freiheitsgrade.

	$\tilde{\chi}_b^2$												
d	0	0,25	0,5	0,75	1,0	1,25	1,5	1,75	2	3	4	5	6
1	100	62	48	39	32	26	22	19	16	8	5	3	1
2	100	78	61	47	37	29	22	17	14	5	2	0,7	0,2
3	100	86	68	52	39	29	21	15	11	3	0,7	0,2	–
5	100	94	78	59	42	28	19	12	8	1	0,1	–	–
10	100	99	89	68	44	25	13	6	3	0,1	–	–	–
15	100	100	94	73	45	23	10	4	1	–	–	–	–

Die Wahrscheinlichkeiten in der zweiten Spalte von Tab. 12–6 sind alle gleich 100 Prozent, da man natürlich immer sicher ist, $\tilde{\chi}^2 \geq 0$ zu erhalten. Mit zunehmendem $\tilde{\chi}_b^2$ wird die Wahrscheinlichkeit für $\tilde{\chi}^2 \geq \tilde{\chi}_b^2$ kleiner, allerdings abhängig von d. So ist für 2 Frei-

[2] Wir haben argumentiert, daß die Ermittlung der Anzahl B_k auf die Ausführung eines Zählexperiments hinausläuft, und daß B_k deshalb einer Poisson-Verteilung folgen sollte. Wenn die Klasse k zu groß ist, dann ist dieses Argument nicht streng korrekt, da die Wahrscheinlichkeit, einen Meßwert in dieser Klasse zu finden, nicht viel kleiner als Eins ist (was eine der Voraussetzungen der Poisson-Verteilung ist, wie in Abschnitt 11.1 erwähnt wurde); folglich müssen wir eine vernünftige Anzahl von Klassen haben.

heitsgrade ($d = 2$), P_d ($\tilde{\chi}^2 \geq 1$) 37 Prozent, während für $d = 15$ P_d ($\tilde{\chi}^2 \geq 1$) 45 Prozent beträgt. Beachten Sie, daß P_d ($\tilde{\chi}^2 \geq 1$) für alle Freiheitsgrade beträchtlich ist (in der Tat mindestens 32 Prozent); also ist ein Wert von 1 oder weniger vollkommen vernünftig und erfordert nie, daß man die erwartete Verteilung verwirft.

Der Minimalwert von $\tilde{\chi}_b^2$, bei dem man die erwartete Verteilung in Frage stellen muß, hängt von d ab. Bei einem Freiheitsgrad sehen wir, daß $\tilde{\chi}_b^2$ einen so hohen Wert wie 4 annehmen kann, bevor die Abweichung „signifikant" wird (5-Prozent-Niveau). Bei zwei Freiheitsgraden ist die entsprechende Grenze $\tilde{\chi}_b^2 = 3$, für $d = 5$ liegt sie näher bei 2 ($\tilde{\chi}_b^2 = 2{,}2$, um genau zu sein); und so weiter.

Mit den Wahrscheinlichkeiten in Tab. 12–6 (oder in Anhang D) an der Hand können wir jetzt dem in irgendeinem bestimmten Experiment erhaltenen Wert von $\tilde{\chi}_b^2$ eine quantitative Bedeutung zuweisen. In Abschnitt 12.5 geben wir einige Beispiele.

12.5 Beispiele

Wir haben das Beispiel von Abschnitt 12.1 schon ziemlich vollständig analysiert. In diesem Abschnitt behandeln wir drei weitere Beispiele, um die Verwendung des χ^2-Tests zu veranschaulichen.

Ein weiteres Beispiel für die Gauß-Verteilung

In Abschnitt 12.1 ging es um eine Messung, von deren Ergebnissen angenommen wurde, sie seien normalverteilt. Die Normal- oder Gauß-Verteilung kommt so häufig vor, daß wir kurz ein weiteres Beispiel betrachten. Nehmen wir an, ein Anthropologe sei an der Körpergröße der Eingeborenen auf einer bestimmten Insel interessiert. Er vermutet, daß die Größen der männlichen Erwachsenen normalverteilt sein sollten, und mißt die Größen bei einer Stichprobe von 200 Männern. Aus diesen Meßwerten berechnet er den Mittelwert und die Standardabweichung und verwendet diese Zahlen als Bestwerte für das Zentrum X und den Breiteparameter σ der erwarteten Normalverteilung $f_{X,\sigma}(x)$. Jetzt wählt er acht Klassen, wie in den linken zwei Spalten von Tab. 12–7 gezeigt ist, und ordnet seine Beobachtungsergebnisse entsprechend ein (dritte Spalte).

Tab. 12–7. Messung der Größe von 200 Männern.

Klassen-nummer k	Größen in der Klasse	Beobachtete Anzahl B_k	Erwartete Anzahl E_k
1	unter $X - 1{,}5\sigma$	14	13,4
2	zwischen $X - 1{,}5\sigma$ und $X - \sigma$	29	18,3
3	zwischen $X - \sigma$ und $X - 0{,}5\sigma$	30	30,0
4	zwischen $X - 0{,}5\sigma$ und X	27	38,3
5	zwischen X und $X + 0{,}5\sigma$	28	38,3
6	zwischen $X + 0{,}5\sigma$ und $X + \sigma$	31	30,0
7	zwischen $X + \sigma$ und $X + 1{,}5\sigma$	28	18,3
8	über $X + 1{,}5\sigma$	13	13,4

Unser Anthropologe möchte jetzt überprüfen, ob diese Ergebnisse mit der erwarteten Normalverteilung $f_{X,\sigma}(x)$ konsistent sind. Zu diesem Zweck berechnet er erst (unter der Annahme einer Normalverteilung) die Wahrscheinlichkeit P_k, daß die Größe irgendeines Mannes in irgendeiner bestimmten Klasse k liegt. Das ist das Integral von $f_{X,\sigma}(x)$ zwischen den Klassengrenzen; es läßt sich sofort aus der Tabelle der Integrale in Anhang B entnehmen. Die erwartete Anzahl E_k in jeder Klasse ist dann gleich P_k mal der Gesamtanzahl der Männer in der Stichprobe (200). Diese Zahlen zeigt die letzte Spalte von Tab. 12–7.

Zur Berechnung der erwarteten Anzahlen E_k mußte er drei Parameter verwenden, die sich aus seinen Daten ergaben (den Umfang in der Stichprobe und seine Schätzwerte für x und σ). Folglich gibt es zwar acht Klassen, aber er hat drei Zwangsbedingungen; also ist die Anzahl der Freiheitsgrade $d = 8 - 3 = 5$. Eine einfache Rechnung unter Verwendung der Daten von Tab. 12–7 liefert für sein reduziertes Chiquadrat

$$\tilde{\chi}^2 = \frac{1}{d} \sum_{i=1}^{8} \frac{(B_k - E_k)^2}{E_k} = 3{,}5 .$$

Da dieser Wert beträchtlich größer als 1 ist, vermuten wir sofort, daß die Größen der Inselbewohner nicht normalverteilt sind. Genauer betrachtet, ergibt sich aus Tab. 12–6: wenn die Größe der Inselbewohner wie erwartet verteilt wäre, dann würde die Wahrscheinlichkeit P_5 ($\tilde{\chi}^2 \geq 3{,}5$) dafür, ein $\tilde{\chi}^2$ zu finden, das so groß wie 3,5 oder größer ist, ca. 0,5 Prozent betragen. Dieser Wert ist sehr klein, und wir schließen, daß es äußerst unwahrscheinlich ist, daß die Größen der Inselbewohner normalverteilt sind. Insbesondere können wir die Hypothese einer Normalverteilung der Größen auf dem 1-Prozent-Niveau („hochsignifikant") verwerfen.

Weiter mit Würfeln

In Abschnitt 12.2 haben wir ein Experiment besprochen, in dem fünf Würfel sehr oft geworfen und die Anzahl der Einsen aufgezeichnet wurden. Nehmen wir an, wir machen 200 Würfe und teilen die Ergebnisse wie zuvor besprochen in Klassen ein. Unter der Annahme, daß die Würfel nicht manipuliert sind, können wir die erwarteten Anzahlen E_k wie zuvor berechnen. Diese werden in der dritten Spalte von Tab. 12–8 gezeigt.

Tab. 12–8. Verteilung der Anzahl der Einsen bei 200 Würfen von 5 Würfeln.

Klassen-nummer k	Ergebnis in Klasse	Erwartete Anzahl E_k	Beobachtete Anzahl B_k
1	keine Eins	80,4	60
2	eine Eins	80,4	88
3	zwei Einsen	32,2	39
4	3, 4 oder 5 Einsen	7,0	13

In einem tatsächlichen Experiment wurden fünf Würfel 200-mal geworfen und die Zahlen in der letzten Spalte von Tab. 12-8 beobachtet. Zum Testen der Übereinstimmung zwischen der beobachteten und der erwarteten Verteilung beachten wir einfach, daß es drei Freiheitsgrade gibt (vier Klassen minus eine Zwangsbedingung) und berechnen

$$\tilde{\chi}^2 = \frac{1}{3} \sum_{k=1}^{4} \frac{(B_k - E_k)^2}{E_k} = 4{,}16\,.$$

Ein Blick zurück Tab. 12–6 zeigt, daß bei drei Freiheitsgraden die Wahrscheinlichkeit dafür, ein so großes oder größeres $\tilde{\chi}^2$ zu erhalten, genau dann 0,7 Prozent beträgt, *wenn* die Würfel in Ordnung sind. Wir schließen also, daß die Würfel ziemlich sicher manipuliert sind. Der Vergleich der E_k und B_k in Tab. 12–8 legt nahe, daß zumindest ein Würfel zugunsten der Eins verändert worden ist.

Ein Beispiel für die Poisson-Verteilung

Betrachten wir als letztes Beispiel für die Anwendung des χ^2-Tests ein Experiment, bei dem die erwartete Verteilung die Poisson-Verteilung ist. Nehmen wir an, wir stellten einen Geigerzähler so ein, daß er das Auftreffen von Teilchen der kosmischen Strahlung in einem bestimmten Energiebereich zählt. Nehmen wir weiterhin an, wir würden die auftreffenden Teilchen in 100 getrennten Zeitabschnitten von einer Minute messen und erhielten die in den ersten zwei Spalten von Tab. 12–9 gezeigten Ergebnisse.

Tab. 12–9. Anzahl der Teilchen der kosmischen Strahlung, die in 100 getrennten einminütigen Zeitabschnitten beobachtet wurden.

Zählwert ν in einer Minute	Häufigkeit	Klassen Nummer k	Beobachtungen B_k in Klasse k	Erwartete Anzahl E_k
Null	7	1	7	7,5
Eins	17	2	17	19,4
Zwei	29	3	29	25,2
Drei	20	4	20	21,7
Vier	16	5	16	14,1
Fünf	8	6	11	12,1
Sechs	1			
Sieben	2			
Acht und mehr	0			
Summe	100			

Ein Blick auf die Zahlen in Spalte 2 legt sofort nahe, alle Zählwerte $\nu \geq 5$ in einer einzigen Klasse zusammenzufassen. Diese Wahl von sechs Klassen ($k = 1, \ldots, 6$) zeigt die dritte Spalte, und die entsprechenden Zahlen B_k sind in Spalte 4 zu sehen.

Die Hypothese, die wir überprüfen möchten, lautet, daß die Zahlen ν einer Poisson-Verteilung $p_\mu(\nu)$ folgen. Da der erwartete mittlere Zählwert μ unbekannt ist, müssen wir erst den Mittelwert unserer hundert Zählwerte berechnen. Für ihn erhalten wir leicht $\bar{\nu} = 2{,}59$. Das liefert uns den Bestwert für μ. Unter Benzutzung dieses Wertes $\mu = 2{,}59$

können wir die Wahrscheinlichkeit $p_\mu(\nu)$ jedes Zählwerts ν und damit die erwartete Häufigkeit E_k berechnen (letzte Spalte).

Bei der Bestimmung von E_k mußten wir zwei Parameter berücksichtigen, deren Werte sich aus den Meßdaten ergaben: die Summe aller Klassen-Häufigkeiten (100) und den Schätzwert von μ ($\mu = 2{,}59$). (Beachten Sie, daß wir nicht die Standardabweichung σ schätzen mußten, da die Poisson-Verteilung durch μ vollständig bestimmt ist. In der Tat liefert, wegen $\nu = \sqrt{\mu}$, unser Schätzwert für μ auch automatisch einen Schätzwert für σ.) Es gibt deshalb zwei Zwangsbedingungen. Das reduziert unsere sechs Klassen auf vier Freiheitsgrade, $d = 4$.

Eine einfache Rechnung unter Verwendung der Zahlen in den letzten zwei Spalten von Tab. 12–9 liefert jetzt für das reduzierte Chiquadrat

$$\tilde{\chi}^2 = \frac{1}{d} \sum_{k=1}^{6} \frac{(B_k - E_k)^2}{E_k} = 0{,}35\,.$$

Da dieser Wert kleiner als 1 ist, können wir sofort schließen, daß die Übereinstimmung zwischen unseren Beobachtungen und der erwarteten Poisson-Verteilung zufriedenstellend ist. Genauer entnehmen wir aus der Tabelle in Anhang D, daß ein so großer Wert von $\tilde{\chi}^2$ wie 0,35 sehr wahrscheinlich ist: $P_4(\tilde{\chi}^2 \geq 0{,}35) \approx 85$ Prozent. Folglich liefert unser Experiment überhaupt keinen Grund, die erwartete Poisson-Verteilung anzuzweifeln.

Mit dieser Feststellung wollen wir uns allerdings nicht zufrieden geben. Die Tatsache, daß $\tilde{\chi}^2 = 0{,}35$ erheblich kleiner als 1 ist, gibt nämlich keinen *stärkeren* Hinweis darauf, daß unsere Messungen der Poisson-Verteilung folgen, als es ein Wert $\tilde{\chi}^2 \approx 1$ täte. Wenn unsere Ergebnisse wirklich der erwarteten Verteilung folgen, und wenn wir unsere Meßreihe viele Male wiederholten, dann würden wir viele verschiedene Werte von $\tilde{\chi}^2$ erwarten, die um den Mittelwert $\tilde{\chi}^2 = 1$ schwanken. Folglich ist ein Wert $\tilde{\chi}^2 = 0{,}35$ einfach das Ergebnis einer großen zufälligen Schwankung um den erwarteten Mittelwert, und unser Schluß, daß die Messungen der erwarteten Verteilung folgen, erhält dadurch kein besonderes Gewicht.

Wenn Sie die Ausführungen zu diesen drei Beispielen nachvollzogen haben, dann sollten Sie keine Schwierigkeiten haben, den χ^2-Test auf ähnliche Probleme anzuwenden, die in einem physikalischen Anfängerpraktikum zu lösen sind. Einige weitere Beispiele können Sie in den folgenden Übungsaufgaben finden. Um zu überprüfen, ob Sie den Stoff diese Kapitels verstanden haben, sollten Sie versuchen, einige von ihnen zu lösen.

Übungsaufgaben

Erinnerung: Ein Stern (*) bei einer Aufgabe zeigt an, daß sie im Abschnitt „Lösungen" am Ende des Buches besprochen oder dort ihre Lösung angegeben wird.

***12.1** (Abschn. 12.1). Jedes Mitglied einer Gruppe von 50 Studenten erhält ein Stück desselben Metalls und soll daran eine Dichtebestimmung vornehmen. Aus den Ergebnissen werden der Mittelwert und die Standardabweichung berechnet, und anschließend soll geprüft werden, ob die Ergebnisse normalverteilt sind. Zu diesem Zweck werden die Messungen in vier Klassen mit den Grenzen $\bar{\varrho} - \sigma_\varrho$, $\bar{\varrho}$ und $\bar{\varrho} + \sigma_\varrho$ eingeteilt, do daß man eine Aufstellung wie in Tab. 12–10 erhält.

Tab. 12–10.

Klasse k	ϱ-Werte in Klasse	Beobachtungen B_k in Klasse
1	unter $\bar{\varrho} - \sigma_\varrho$	12
2	zwischen $\bar{\varrho} - \sigma_\varrho$ und $\bar{\varrho}$	13
3	zwischen $\bar{\varrho}$ und $\bar{\varrho} + \sigma_\varrho$	11
4	über $\bar{\varrho} + \sigma_\varrho$	14

Berechnen Sie unter der Annahme, die Messungen seien normalverteilt mit Zentrum $\bar{\varrho}$ und Breite σ_ϱ, die Anzahl E_k der in jeder Klasse erwarteten Messungen, letztendlich also χ^2. Sind die Messungen tatsächlich normalverteilt?

12.2 (Abschn. 12.1). In Aufgabe 4.7 waren 30 Messungen einer Zeit t gegeben, mit dem Mittelwert $\bar{t} = 8{,}15$ s und der Standardabweichung $\sigma_t = 0{,}04$ s. Gruppieren Sie die Daten in vier Klassen mit den Grenzen $\bar{t} - \sigma_t$, $\bar{t}$ und $\bar{t} + \sigma_t$, und bestimmen Sie die beobachteten Anzahlen B_k in jeder Klasse $k = 1, 2, 3, 4$. Wie lauten die erwarteten Anzahlen E_k in jeder Klasse, wenn man von der Annahme ausgeht, die Messungen seien normalverteilt mit Zentrum $\bar{t}$ und Breite σ_t? Berechnen Sie χ^2. Gibt es irgendeinen Zweifel daran, daß die Messungen normalverteilt sind?

12.3 (Abschn. 12.2). Ein Glücksspieler entschließt sich, einen Würfel zu testen, indem er ihn 240-mal wirft. Jeder Wurf hat sechs mögliche Ergebnisse ($k = 1, 2, \ldots, 6$, wobei k die Zahl ist, die oben liegt), und die Verteilung seiner Würfe ist wie in Tab. 12–11 gezeigt.

Tab. 12–11.

Gewürfelte Zahl k	1	2	3	4	5	6
Häufigkeit H_k	20	46	35	45	42	52

Welches sind die erwarteten Häufigkeiten E_k unter der Annahme, daß der Würfel nicht manipuliert ist? Berechnen Sie χ^2, indem Sie jedes einzelne Ergebnis als eigene Klasse behandeln. Scheint es wahrscheinlich, daß der Würfel manipuliert ist?

***12.4** (Abschn. 12.2). Drei Würfel werden 400mal geworfen, und die Anzahl der Sechsen wird bei jedem Wurf notiert (Tab. 12–12). Berechnen Sie unter der Annahme, die Würfel seien nicht manipuliert, die erwarteten Anzahlen E_k für jede der drei Klassen. (Benötigt werden hier die in Abschnitt 10.2 behandelten binomialen Wahrscheinlichkeiten.) Berechnen Sie χ^2. Gibt es irgendeinen Grund zu der Vermutung, daß die Würfel manipuliert sind?

Tab. 12–12.

Ergebnis	Klasse k	Beobachtungen B_k
Keine Sechs	1	217
Eine Sechs	2	148
Zwei oder drei Sechsen	3	35

***12.5** (Abschn. 12.3).

(a) Bestimmen Sie bei jeder der Aufgaben 12.1 bis 12.4 die Anzahl der Zwangsbedingungen c und der Freiheitsgrade d.

(b) Nehmen wir an, in Aufgabe 12.1 sei der akzeptierte Wert ϱ_{akz} der Dichte bekannt gewesen und wir wollten die Hypothese zu prüfen, daß die Ergebnisse einer Normalverteilung mit Zentrierung bei ϱ_{akz} folgen. Wie viele Zwangsbedingungen und wieviele Freiheitsgrade gibt es bei diesem Test?

***12.6** (Abschn. 12.4). Berechnen Sie für die Daten von Aufgabe 12.1 das reduzierte Chiquadrat $\tilde{\chi}^2$. Wenn die Messungen normalverteilt waren, wie hoch ist dann die Wahrscheinlichkeit, einen so großen oder größeren Wert von $\tilde{\chi}^2$ zu erhalten? Können Sie auf dem 5-Prozent-Signifikanzniveau die Hypothese, die Messungen seien normalverteilt, verwerfen? Wie steht es mit dem 1-Prozent-Niveau? (Entnehmen Sie Anhang D die benötigten Wahrscheinlichkeiten.)

12.7 (Abschn. 12.4). Können Sie in Aufgabe 12.2 die Annahme einer Gauß-Funktion entweder auf dem 5-Prozent- oder dem 1-Prozent-Signifikanzniveau verwerfen? (Entnehmen Sie die benötigten Wahrscheinlichkeiten Anhang D.)

***12.8** (Abschn. 12.5). Ein Paar Würfel wird 360mal geworfen, und für jeden Wurf wird die Gesamtpunktzahl aufgeschrieben. Die möglichen Gesamtpunktzahlen $2, 3, \ldots, 12$ und die Häufigkeiten, mit denen sie aufgetreten sind, sind in Tab. 12–13 aufgeführt.

Tab. 12–13.

Gesamtpunktzahl	2	3	4	5	6	7	8	9	10	11	12
Häufigkeit	6	14	23	35	57	50	44	49	39	27	16

Berechnen Sie für jede Gesamtpunktzahl die Wahrscheinlichkeit und damit die erwarteten Häufigkeiten des Auftretens (unter der Annahme, die Würfel seien nicht manipuliert). Berechnen Sie χ^2, d und $\tilde{\chi}^2 = \chi^2/d$. Wie hoch ist die Wahrscheinlichkeit, einen so großen oder größeren Wert von $\tilde{\chi}^2$ zu erhalten? Können Sie auf dem 5-Prozent-Signifikanzniveau die Hypothese, die Würfel seien nicht manipuliert, verwerfen? Können Sie das auf dem 1-Prozent-Niveau? (Entnehmen Sie die benötigten Wahrscheinlichkeiten Anhang D.)

12.9 (Abschn. 12.5). Bestimmen Sie in Aufgabe 12.3 den Wert von $\tilde{\chi}^2$. Können wir auf dem 5-Prozent-Signifikanzniveau schließen, daß der Würfel manipuliert war?

Ist dieser Schluß auf dem 1-Prozent-Niveau erlaubt? (Entnehmen Sie die benötigten Wahrscheinlichkeiten Anhang D.)

***12.10** (Abschn. 12.5). Welchen Wert hat $\tilde{\chi}^2$ in Aufgabe 12.4? Wenn die Würfel wirklich nicht manipuliert sind, wie hoch ist dann die Wahrscheinlichkeit dafür, einen so großen oder größeren Wert von $\tilde{\chi}^2$ zu erhalten? Legt das Ergebnis nahe, daß die Würfel manipuliert sind? (Entnehmen Sie die erforderlichen Wahrscheinlichkeiten Anhang D.)

12.11 (Abschn. 12.5). Berechnen Sie χ^2 für die Daten von Aufgabe 11.5 unter der Annahme, daß die Beobachtungen der Poisson-Verteilung mit dem mittleren Zählwert $\mu = 3$ folgen. (Fassen Sie alle Werte $\nu \geq 6$ in einer Klasse zusammen.) Wieviele Freiheitsgrade gibt es? (Vergessen Sie nicht, daß μ vorgegeben und nicht aus den Daten berechnet wurde.) Welchen Wert hat $\tilde{\chi}^2$? Sind die Daten verträglich mit der erwarteten Poisson-Verteilung? (Entnemen Sie Anhang D die benötigten Wahrscheinlichkeiten.)

***12.12** (Abschn. 12.5).

(a) Von einer bestimmten radioaktiven Probe wird behauptet, in ihr gäbe es im Mittel zwei Zerfälle pro Minute. Um das zu überprüfen, mißt ein Student die Anzahl der Zerfälle in 40 getrennten einminütigen Zeitabschnitten mit den in Tab. 12–14 gezeigten Ergebnissen.

Tab. 12–14.

Anzahl der Zerfälle ν	0	1	2	3	4	5 oder mehr
Beobachtete Häufigkeit	11	12	11	4	2	0

Wenn die Zerfälle einer Poisson-Verteilung mit $\mu = 2$ folgen, welche Häufigkeiten würde der Student erwarten zu beobachten? (Fassen Sie alle Beobachtungen mit $\nu \geq 3$ in einer einzigen Klasse zusammen.) Berechnen Sie χ^2, d und $\tilde{\chi}^2 = \chi^2/d$. (Vergessen Sie nicht, daß μ nicht aus den Daten berechnet wurde.) Würden Sie auf dem 5-Prozent-Signifikanzniveau die Hypothese verwerfen, daß die Zerfälle einer Poisson-Verteilung mit $\nu = 2$ folgen?

(b) Der Student bemerkt, daß der tatsächliche Mittelwert der Ergebnisse $\bar{\nu} = 1{,}35$ ist und entschließt sich deshalb zu prüfen, ob die Daten zu einer Poisson-Verteilung mit $\mu = 1{,}35$ passen. Welche Werte haben in diesem Falle d und $\tilde{\chi}^2 = \chi^2/d$? Sind die Daten mit dieser neuen Hypothese verträglich?

***12.13** (Abschn. 12.5). In Kapitel 10 haben wir einen Test für die Anpassung an die Binomialverteilung behandelt. Wir betrachteten n Versuche, von denen jeder zwei mögliche Ergebnisse hatte: Erfolg (mit Wahrscheinlichkeit p) und Mißerfolg (mit Wahrscheinlichkeit $1 - p$). Wir testeten dann, ob die beobachtete Anzahl ν der Erfolge mit einem angenommenen Wert von p verträglich war. Solange die beteiligten Zahlen vernünftig groß sind, können wir dieses Problem auch mit dem χ^2-Test mit zwei Klassen – $k = 1$ für Erfolg und $k = 2$ für

Mißerfolg – und einem Freiheitsgrad behandeln. Im folgenden werden Sie beide Methoden verwenden und die Ergebnisse vergleichen. Für große Zahlen werden Sie eine hervorragende Übereinstimmung finden, bei kleinen Zahlen eine weniger gute, die aber immer noch dafür ausreicht, daß χ^2 ein sehr nützlicher Indikator ist.

(a) Ein Suppenhersteller glaubt, er könne seine Hühnerklößchensuppe mit einer neuen Art Klößchen anbieten, ohne die Beliebtheit der Suppe zu mindern. Um diese Hypothese zu testen, versieht er 16 Dosen mit der Aufschrift „Rezept X", welche die neuen Klößchen enthalten, und 16 Dosen mit der Aufschrift „Rezept Y", in denen die alten Klößchen enthalten sind. Dann schickt er 16 Geschmackstestern von beiden Sorten jeweils eine Dose und fragt, welche von beiden sie vorziehen. Wenn seine Hypothese richtig ist, dann sollten wir erwarten, daß acht Geschmackstester X bevorzugen und acht Y. Tatsächlich ist die Anzahl derjenigen, die X bevorzugen, $\nu = 11$. Berechnen Sie χ^2 und die Wahrscheinlichkeit dafür, einen so großen oder größeren Wert zu erhalten. Weist der Test auf einen signifikanten Unterschied zwischen den zwei Klößchenarten hin? Berechnen Sie jetzt die entsprechende Wahrscheinlichkeit exakt mit Hilfe der Binomialverteilung, und vergleichen Sie Ihre Ergebnisse. Beachten Sie, daß der χ^2-Test Abweichungen von den erwarteten Häufigkeiten in beide Richtungen einschließt. Deshalb sollten Sie die „zweiseitige" Wahrscheinlichkeit für Werte von ν berechnen, die von acht um drei oder mehr in beide Richtungen abweichen, d. h. für $\nu = 11, 12, \ldots, 16$ *und* $\nu = 5, 4, \ldots, 1$.

(b) Wiederholen Sie Teil (a) für den nächsten Test, bei dem der Hersteller nach jedem Rezept 400 Dosen produziert und die Anzahl derjenigen, die X bevorzugen, 225 beträgt. (Verwenden Sie bei der Berechnung der binomialen Wahrscheinlichkeiten die Gaußsche Näherung.)

(c) In Teil (a) waren die Zahlen recht klein, so daß der χ^2-Test ziemlich grob ausfiel. (Er lieferte eine Wahrscheinlichkeit von 14 Prozent verglichen mit dem korrekten Wert von 21,0 Prozent.) Bei einem Freiheitsgrad können wir den χ^2-Test etwas verbessern, indem wir ein „angepaßtes χ^2" verwenden, das definiert ist als

$$\text{angepaßtes } \chi^2 = \sum_{k=1}^{2} \frac{(|B_k - E_k| - 1/2)^2}{E_k}.$$

Berechnen sie das angepaßte χ^2 für die Daten von Teil (a), und zeigen Sie, daß die Verwendung dieses Werts (anstatt des üblichen χ^2) mit den Daten der Tabelle von Anhang D eine genauere Approximation liefert.[3]

12.14 (Abschn.12.5). Der χ^2-Test kann dazu verwendet werden zu prüfen, wie gut eine Reihe von Messungen (x_i, y_i) von zwei Variablen zu einer erwarteten Beziehung

[3] Wir haben das angepaßte χ^2 hier nicht *gerechtfertigt*, aber das Beispiel zeigt seine Überlegenheit. Entnehmen Sie nähere Einzelheiten H. L. Alder und E. B. Roessler, *Introduction to Probability and Statistics* (Freeman, 1977) S. 263.

$y = f(x)$ paßt, sofern die Unsicherheiten zuverlässig bekannt sind. Nehmen Sie an, von y und x sei bekannt, daß sie der linearen Beziehung

$$y = f(x) = A + Bx \tag{12.19}$$

genügen. (Beispielsweise könnte y die Länge eines Metallstabs und x seine Temperatur sein.) Nehmen Sie ferner an, für A und B seien die Werte $A = 50$ und $B = 6$ vorausgesagt worden und fünf Messungen von x und y hätten die in Tab. 12–15 gezeigten Ergebnisse geliefert.

Tab. 12–15.

x (vernachlässigbare Unsicherheit)	1	2	3	4	5
y (alle $\pm$ 4)	60	56	71	66	86

Die für y angegebene Unsicherheit ist die Standardabweichung; d. h., die fünf Meßwerte von y haben alle dieselbe Standardabweichung $\sigma = 4$. Stellen Sie eine Tabelle mit den beobachteten und erwarteten Werten von y_i auf, und berechnen Sie χ^2 als

$$\chi^2 = \sum_1^5 \left(\frac{y_i - f(x_i)}{\sigma} \right)^2 .$$

Da aus den Daten keine Parameter berechnet wurden, gibt es keine Zwangsbedingungen, und folglich liegen fünf Freiheitsgrade vor. Berechnen Sie $\tilde{\chi}^2$, und verwenden Sie die Tabelle in Anhang D, um die Wahrscheinlichkeit für einen so großen Wert von $\tilde{\chi}^2$ zu berechnen (unter der Annahme, y genüge der Beziehung (12.19)). (Wenn die Konstanten nicht schon vorher bekannt wären, könnte man sie nach der Methode der kleinsten Quadrate aus den Daten ermitteln. Die Vorgehensweise wäre die gleiche, aber es gäbe jetzt nur drei Freiheitsgrade.)

Anhänge

A Normales Fehlerintegral I

Addieren sich bei der Messung einer stetigen Variablen viele kleine Abweichungen, die alle zufällig sind, so ist die erwartete Verteilung der Ergebnisse gegeben durch die Normal- oder Gauß-Verteilung,

$$f_{X,\sigma}(x) = \frac{1}{\sigma\sqrt{2\pi}}\, e^{-(x-X)^2/2\sigma^2},$$

wobei X der wahre Wert von x und σ die Standardabweichung ist.

Das Integral der Gaußschen Verteilungsfunktion, $\int_a^b f_{X,\sigma}(x)\,dx$, wird *normales Fehlerintegral* genannt. Es ist gleich der Wahrscheinlichkeit, daß ein Meßwert zwischen $x = a$ und $x = b$ fällt,

$$P\,(a \le x \le b) = \int_a^b f_{X,\sigma}(x)\,dx.$$

Tabelle A zeigt dieses Integral für $a = X - t\sigma$ und $b = X + t\sigma$. Das liefert die Wahrscheinlichkeit dafür, daß ein Meßwert innerhalb t Standardabweichungen beiderseits von X liegt,

$$P\,(\text{innerhalb von } t\sigma) = P\,(X - t\sigma \le x \le X + t\sigma) = \int_{X-t_\sigma}^{X+t_\sigma} f_{X,\sigma}(x)\,dx$$

$$= \frac{1}{\sqrt{2\pi}} \int_{-t}^{t} e^{-z^2/2}\,dz.$$

Diese Funktion wird manchmal mit $\operatorname{erf}(t)$ bezeichnet („erf“: engl. „error function“, also „Fehlerfunktion“), aber diese Bezeichnung wird auch für eine etwas andere Funktion verwendet.

Die Wahrscheinlichkeit dafür, daß ein Meßwert *außerhalb* des Intervalls liegt, kann man durch Subtraktion erhalten:

$$P\,(\text{außerhalb } t\sigma) = 100\,\% - P\,(\text{innerhalb } t\sigma).$$

Weitere Ausführungen finden Sie in Abschnitt 5.4 und Anhang B.

Tab. A. Die prozentuale Wahrscheinlichkeit, $P\,(\text{innerhalb } t\sigma) = \int_{X-t\sigma}^{X+t\sigma} f_{X,\sigma}(x)\,dx$, als Funktion von t.

t	0,00	0,01	0,02	0,03	0,04	0,05	0,06	0,07	0,08	0,09
0,0	0,00	0,80	1,60	2,39	3,19	3,99,	4,78	5,58	6,38	7,17
0,1	7,97	8,76	9,55	10,34	11,13	11,92	12,71	13,50	14,28	15,07
0,2	15,85	16,63	17,41	18,19	18,97	19,74	20,51	21,28	22,05	22,82
0,3	23,58	24,34	25,10	25.86	26,61	27,37	28,12	28,86	29.61	30,35
0,4	31,08	31,82	32,55	33,28	34,01	34,73	35,45	36,16	36,88	37,59
0,5	38,29	38.99	39.69	40,39	41,08	41,77	42,45	43,13	43,81	44,48
0,6	45,15	45,81	46,47	47,13	47,78	48,43	49,07	49,71	50,35	50,98
0,7	51,61	52,23	52,85	53,46	54,07	54,67	55,27	55,87	56,46	57,05
0,8	57.63	58,21	58,78	39,35	59,91	60,47	61,02	61,57	62,11	62,65
0,9	63,19	63,72	64,24	64,76	65,28	65,79	66,29	66,80	67,29	67.78
1,0	68,27	68,75	69,23	69,70	70,17	70,63	71,09	71,54	71,99	72,43
1,1	72,87	73,30	73,73	74,15	74,57	74,99	75,40	75,80	76,20	76,60
1,2	76,99	77,37	77,75	78,13	78,50	78.87	79,23	79,59	79,95	80,29
1,3	80,64	80,98	81,32	81,65	81,98	82.30	82,62	82,93	83,24	83,55
1,4	83,85	84,15	84,44	84,73	85,01	85,29	85,57	85,84	86,11	86,38
1,5	86,64	86,90	87,15	87,40	87,64	87,89	88,12	88,36	88,59	88,82
1,6	89.04	89,26	89,48	89,69	89,90	90,11	90,31	90,51	90,70	90,90
1,7	91,09	91,27	91,46	91,64	91,81	91,99	92,16	92,33	92,49	92.65
1,8	92,81	91,97	93,12	93,28	93,42	93,57	93,71	93,85	93,99	94,12
1,9	94,26	94,39	94,51	94,64	94,76	94,88	95,00	95,12	95,23	95,34
2,0	95,45	95,56	95,66	95,76	95,86	95,96	96,06	96,15	96,25	96,34
2,1	96,43	96,51	96,60	96,68	96,76	96,84	96,92	97,00	97,07	97,15
2,2	97,22	97,29	97.36	97,43	97,49	97,56	97,62	97,68	97,74	97,80
2,3	97,86	97,91	97,97	98,02	98.07	98,12	98,17	98,22	98,27	98,32
2,4	98,36	98,40	98,45	98,49	98,53	98,57	98,61	98,65	98,69	98,72
2,5	98,76	98,79	98,83	98,86	98,89	98,92	98,95	98,98	99,01	99,04
2,6	99,07	99,09	99,12	99,15	99,17	99,20	99,22	99,24	99,26	99,29
2,7	99,31	99,33	99,35	99,37	99,39	99,40	99,42	99,44	99,46	99,47
2,8	99,49	99,50	99,52	99,53	99,55	99,56	99,58	99,59	99,60	99,61
2,9	99,63	99,64	99,65	99,66	99,67	99,68	99,69	99,70	99,71	99,72
3,0	99,73	–	–	–	–	–	–	–	–	–
3,5	99,95	–	–	–	–	–	–	–	–	–
4,0	99,994	–	–	–	–	–	–	–	–	–
4,5	99,9993	–	–	–	–	–	–	–	–	–
5,0	99,99994	–	–	–	–	–	–	–	–	–

B Normales Fehlerintegral II

Bei einigen Berechnungen ist eine geeignete Form des normalen Fehlerintegrals

$$Q(t) = \int_X^{X+t\sigma} f_{X,\sigma}(x)\,dx$$

$$= \frac{1}{\sqrt{2\pi}} \int_0^t e^{-z^2/2}\,dz.$$

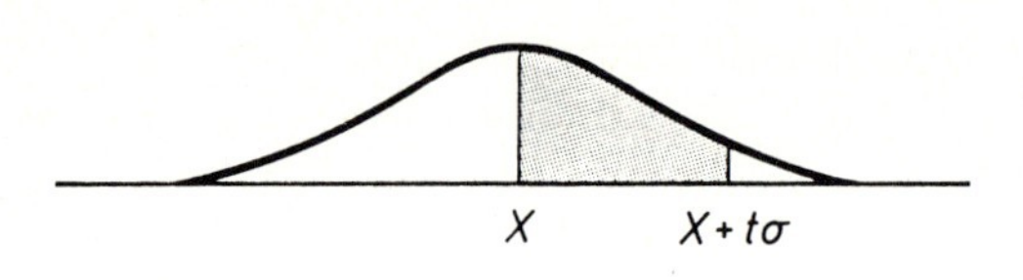

(Dieses Integral ist natürlich genau die Hälfte des in Anhang A tabellierten Integrals.) Die Wahrscheinlichkeit $P\,(a \leq x \leq b)$ eines Meßwertes in einem Intervall $a \leq x \leq b$ kann man aus $Q(t)$ durch eine einfache Subtraktion oder Addition erhalten. Beispielsweise ist

$$P\,(X + \sigma \leq x \leq X + 2\sigma) = Q(2) - Q(1).$$

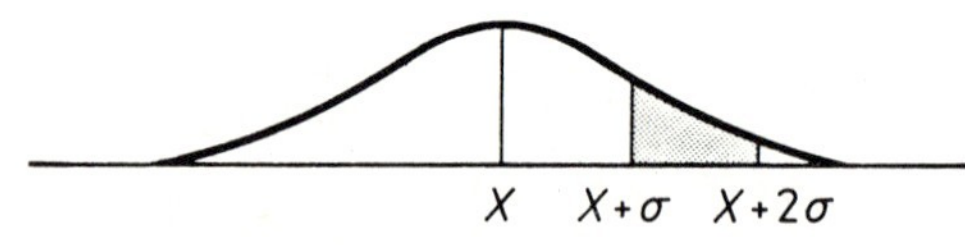

Entsprechend ist

$$P\,(X - 2\sigma \leq x \leq X + \sigma) = Q(2) + Q(1).$$

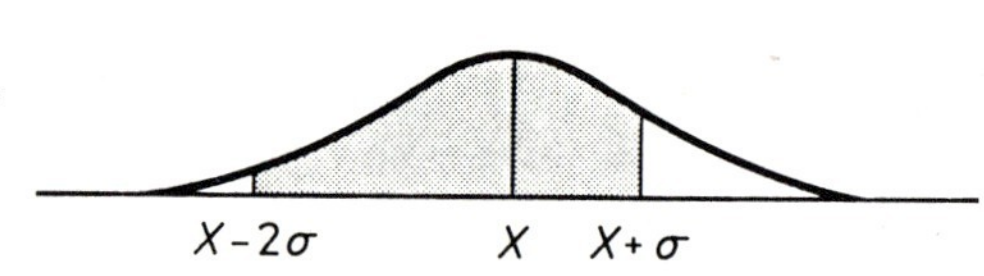

Die Wahrscheinlichkeit dafür, daß ein Meßwert größer als irgendein Wert $X + t\sigma$ ist, beträgt $0{,}5 - Q(t)$. Zum Beispiel ist

$$P\,(x \geq X + \sigma) = 50\% - Q(1).$$

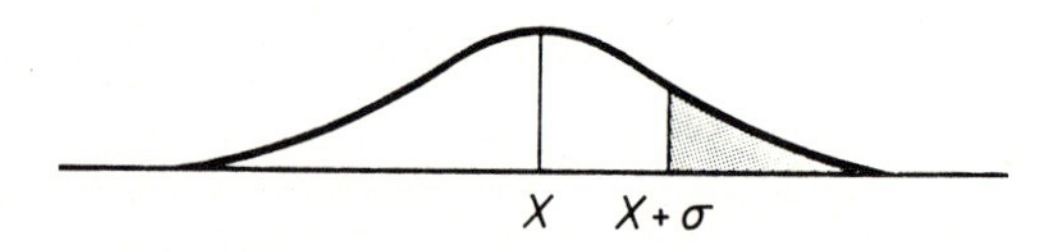

Tab. B. Die prozentuale Wahrscheinlichkeit, $Q(t) = \int_X^{X+t\sigma} f_{X,\sigma}(x)\,dx$, als Funktion von t.

t	0,00	0,01	0,02	0,03	0,04	0,05	0,06	0,07	0,08	0,09
0,0	0,00	0,40	0,80	1,20	1,60	1,99	2,39	2,79	3,19	3,59
0,1	3,98	4,38	4,78	5,17	5,57	5,96	6,36	6,75	7,04	7,53
0,2	7,93	8,32	8,71	9,10	9,48	9,87	10.26	10,64	11,03	11,41
0,3	11,79	12,17	12,55	12,93	13,31	13,68	14,06	14,43	14,80	15,17
0,4	15,54	15,91	16,28	16,64	17,00	17,36	17,72	18,08	18,44	18,79
0,5	19,15	19,50	19,85	20,19	20,54	20,88	21,23	21,57	21,90	22,24
0,6	22,57	22,91	23,24	23,57	23,89	24,22	24,54	24,86	25,17	25,49
0,7	25,80	26,11	26,42	26,73	27,04	27,34	27,64	27,94	28,23	28,52
0,8	28,81	29,10	29,39	29,67	29,95	30,23	30,51	30,78	31,06	31,33
0,9	31,59	31,86	32,12	32,38	32,64	32,89	33,15	33,40	33,65	33,89
1,0	34,13	34,38	34,61	34,85	35,08	35,31	35,54	35,77	35,99	36,21
1,1	36,43	36,65	36,86	37,08	37,29	37,49	37,70	37,90	38,10	38,30
1,2	38,49	38,69	38,88	39,07	39,25	39,44	39,62	39,80	39,97	40,15
1,3	40,32	40,49	40,66	40,82	40,99	41,15	41,31	41,47	41,62	41,77
1,4	41,92	42,07	42,22	42,36	42,51	42,65	42,79	42,92	43,06	43,19
1,5	43,32	43,45	43,57	43,70	43,82	43,94	44,06	44,18	44,29	44,41
1,6	44,52	44,63	44,74	44,84	44,95	45,05	45,15	45,25	45,35	45,45
1,7	45,54	45,64	45,73	45,82	45,91	45,99	46,08	46,16	46,25	46,33
1,8	46,41	46,49	46,56	46,64	46,71	46,78	46,86	46,93	46,99	47,06
1,9	47,13	47,19	47,26	47,32	47,38	47,44	47,50	47,56	47,61	47,67
2,0	47,72	47,78	47,83	47,88	47,93	47,98	48,03	48,08	48,12	48,17
2,1	48,21	48,26	48,30	48,34	48,38	48,42	48,46	48,50	48,54	48,57
2,2	48,61	48,64	48,68	48,71	48,75	48,78	48,81	48,84	48,87	48,90
2,3	48,93	48,96	48,98	49,01	49,04	49,06	49,09	49,11	49,13	49,16
2,4	49,18	49,20	49,22	49,25	49,27	49,29	49,31	49,32	49,34	49,36
2,5	49,38	49,40	49,41	49,43	49,45	49,46	49,48	49,49	49,51	49,52
2,6	49,53	49,55	49,56	49,57	49,59	49,60	49,61	49,62	49,63	49,64
2,7	49,65	49,66	49,67	49,68	49,69	49,70	49,71	49,72	49,73	49,74
2,8	49,74	49,75	49,76	49,77	49,77	49,78	49,79	49,79	49,80	49,81
2,9	49,81	49,82	49,82	49,83	49,84	49,84	49,85	49,85	49,86	49,86
3,0	49,87	–	–	–	–	–	–	–	–	–
3,5	49,98	–	–	–	–	–	–	–	–	–
4,0	49,997	–	–	–	–	–	–	–	–	–
4,5	49,9997	–	–	–	–	–	–	–	–	–
5,0	49,99997	–	–	–	–	–	–	–	–	–

C Wahrscheinlichkeiten für Korrelationskoeffizienten

Das Ausmaß, in dem N Punkte $(x_1, y_1), \ldots, (x_N, y_N)$ zu einer Gerade passen, wird vom linearen Korrelationskoeffizienten

$$r = \frac{\sum(x_i - \bar{x})(y_i - \bar{y})}{[\sum(x_i - \bar{x})^2 \sum(y_i - \bar{y})^2]^{1/2}}$$

angezeigt. Dieser liegt immer im Intervall $-1 \leq r \leq 1$. Werte von r in der Nähe von ± 1 weisen auf eine gute lineare Korrelation hin. Werte in der Nähe von 0 deuten darauf hin, daß es keine oder eine geringe Korrelation gibt.

Ein quantitativ besseres Maß für die Anpassung kann mit Hilfe von Tab. C gefunden werden. Für jedes feste r_b ist $P_N(|r| \geq |r_b|)$ die Wahrscheinlichkeit, daß N Meßwerte zweier unkorrelierter Variablen einen ebenso großen Koeffizienten wie r_b geben. Wenn wir also einen Koeffizienten r_b erhalten, für den $P_N(|r| \geq |r_b|)$ klein ist, dann ist es entsprechend unwahrscheinlich, daß unsere Variablen unkorreliert sind, das heißt, eine Korrelation wird angezeigt. Insbesondere nennt man die Korrelation *signifikant*, sofern $P_N(|r| \geq |r_b|) \leq 5$ Prozent ist; falls sie keiner als 1 Prozent ist, wird die Korrelation *hochsignifikant* genannt.

Beispielsweise beträgt die Wahrscheinlichkeit, daß 20 Messungen ($N = 20$) zweier unkorrelierter Variablen $|r| \geq 0{,}5$ liefern, gemäß der Tabelle 2,5 Prozent. Wenn also 20 Messungen $r = 0{,}5$ lieferten, dann hätten wir einen *signifikanten* Hinweis auf eine lineare Korrelation zwischen den zwei Variablen. Eine ausführliche Diskussion finden Sie in den Abschnitten 9.3 bis 9.5.

Die Werte in Tab. C wurden aus dem Integral

$$P_N(|r| \geq |r_b|) = \frac{2\,\Gamma[(N-1)/2]}{\sqrt{\pi}\,\Gamma[(N-2)/2]} \int_{|r_b|}^{1} (1 - r^2)^{(N-4)/4}\, dr$$

berechnet.[1] Siehe beispielsweise E. M. Pugh und G. H. Winslow, *The Analysis of Physical Measurements* (Addison-Wesley, 1966), Abschn. 12.8.

[1] Anmerkung der Redaktion: Die Werte der Gammafunktion $\Gamma(x)$ für $1 \leqq x \leqq 2$ sind z. B. in Bronstein/Semandjajew/Konstantin, *Taschenbuch der Mathematik* (Harri Deutsch, 1987) tabelliert. Daraus lassen sich die Werte für $0 < x < 1$ nach der Formel $\Gamma(x) = (\Gamma(x+1))/x$ und für $x > 2$ nach der Formel $\Gamma(x) = (x-1)\,\Gamma(x-1)$ berechnen; für positive ganzzahlige x gilt: $\Gamma(x) = (x-1)!$

Tab. C. Die prozentuale Wahrscheinlichkeit $P_N(|r| \geq |r_b|)$, daß N Messungen von zwei unkorrelierten Variablen einen Korrelationskoeffizienten mit $|r| \geq |r_b|$ liefern, als Funktion von N und $|r_b|$. (Striche weisen auf Wahrscheinlickeiten hin, die kleiner als 0,05 Prozent sind.)

	$\lvert r_b \rvert$										
N	0	0,1	0,2	0,3	0,4	0,5	0,6	0,7	0,8	0,9	1
3	100	94	87	81	74	67	59	51	41	29	0
4	100	90	80	70	60	50	40	30	20	10	0
5	100	87	75	62	50	39	28	19	10	3,7	0
6	100	85	70	56	43	31	21	12	5,6	1,4	0
7	100	83	67	51	37	25	15	8,0	3,1	0,6	0
8	100	81	63	47	33	21	12	5,3	1,7	0,2	0
9	100	80	61	43	29	17	8,8	3,6	1,0	0,1	0
10	100	78	58	40	25	14	6,7	2,4	0,5	–	0
11	100	77	56	37	22	12	5,1	1,6	0,3	–	0
12	100	76	53	34	20	9,8	3,9	1,1	0,2	–	0
13	100	75	51	32	18	8,2	3,0	0,8	0,1	–	0
14	100	73	49	30	16	6,9	2,3	0,5	0,1	–	0
15	100	72	47	28	14	5,8	1,8	0,4	–	–	0
16	100	71	46	26	12	4,9	1,4	0,3	–	–	0
17	100	70	44	24	11	4,1	1,1	0,2	–	–	0
18	100	69	43	23	10	3,5	0,8	0,1	–	–	0
19	100	68	41	21	9,0	2,9	0,7	0,1	–	–	0
20	100	67	40	20	8,1	2,5	0,5	0,1	–	–	0
25	100	63	34	15	4,8	1,1	0,2	–	–	–	0
30	100	60	29	11	2,9	0,5	0,1	–	–	–	0
35	100	57	25	8,0	1,7	0,2	–	–	–	–	0
40	100	54	22	6,0	1,1	0,1	–	–	–	–	0
45	100	51	19	4,5	0,6	–	–	–	–	–	0
	0	0,05	0,1	0,15	0,2	0,25	0,3	0,35	0,4	0,45	
50	100	73	49	30	16	8,0	3,4	1,3	0,4	0,1	
60	100	70	45	25	13	5,4	2,0	0,6	0,2	–	
70	100	68	41	22	9,7	3,7	1,2	0,3	0,1	–	
80	100	66	38	18	7,5	2,5	0,7	0,1	–	–	
90	100	64	35	16	5,9	1,7	0,4	0,1	–	–	
100	100	62	32	14	4,6	1,2	0,2	–	–	–	

D Wahrscheinlichkeiten für χ^2

Wenn eine Reihe von Meßwerten in Klassen $k = 1, \ldots, n$ eingeteilt wird, bezeichnen wir mit B_k die Anzahl der in der Klasse k beobachteten Meßwerte. Die (aufgrund einer angenommenen oder erwarteten Verteilung) in Klasse k *erwartete* Anzahl wird mit E_k bezeichnet. Das Ausmaß, in dem die Beobachtungen zu der angenommenen Verteilung passen, wird durch das reduzierte Chiquadrat, $\tilde{\chi}^2$, angezeigt. Dieses ist definiert als

$$\tilde{\chi}^2 = \frac{1}{d} \sum_{k=1}^{n} \frac{(B_k - E_k)^2}{E_k},$$

wobei d die Anzahl der Freiheitsgrade, $d = n - c$, und c die Anzahl der Zwangsbedingungen ist (siehe Abschnitt 12.3). Der erwartete Mittelwert von $\tilde{\chi}^2$ ist 1. Wenn $\tilde{\chi}^2 \gg 1$ ist, passen die Beobachtungsergebnisse nicht zur angenommenen Verteilung. Im Fall $\tilde{\chi}^2 \lesssim 1$ ist die Übereinstimmung befriedigend.

Dieser Test läßt sich mit den in Tab. D angegebenen Zahlen quantitativ durchführen. $\tilde{\chi}_b^2$ bezeichnet den Wert von $\tilde{\chi}^2$, der in einem Experiment mit d Freiheitsgraden tatsächlich beobachtet wird. Die Zahl $P_d\,(\tilde{\chi}^2 \geq \tilde{\chi}_b^2)$ ist die Wahrscheinlichkeit dafür, einen Wert für $\tilde{\chi}^2$ zu erhalten, der so groß wie oder größer als das beobachtete $\tilde{\chi}_b^2$ ist, sofern die Messungen wirklich der angenommenen Verteilung folgen. Wenn $P_d\,(\tilde{\chi}^2 \geq \tilde{\chi}_b^2)$ groß ist, sind folglich beobachtete und erwartete Verteilung miteinander vereinbar. Ist die Wahrscheinlichkeit hingegen klein, dann weichen die Verteilungen wahrscheinlich voneinander ab. Insbesondere sagen wir im Fall von $P_d\,(\tilde{\chi}^2 \geq \tilde{\chi}_b^2)$ kleiner als 5 Prozent, die Abweichung sei *signifikant*, und wir verwerfen die angenommene Verteilung auf dem 5-Prozent-Niveau. Ist die Wahrscheinlichkeit kleiner als 1 Prozent, wird die Abweichung *hochsignifikant* genannt und die angenommene Verteilung demnach auf dem 1-Prozent-Niveau verworfen.

Nehmen wir beispielsweise an, wir erhielten bei einem Experiment mit sechs Freiheitsgraden ($d = 6$) ein reduziertes Chiquadrat von 2,6 (d. h. $\tilde{\chi}_b^2 = 2{,}6$). Gemäß Tab. D ist die Wahrscheinlichkeit, $\tilde{\chi}_b^2 \geq 2{,}6$ zu erhalten, 1,6 Prozent, vorausgesetzt, die Messungen folgen der angenommenen Verteilung. Also würden wir die angenommene Verteilung auf dem 5-Prozent-Niveau verwerfen (aber nicht ganz auf dem 1-Prozent-Niveau). Weitere Erörterungen enthält Kapitel 12.

Die Werte in Tab. D werden aus dem Integral

$$P_d\,(\tilde{\chi}^2 \geq \tilde{\chi}_b^2) = \frac{2}{2^{d/2}\,\Gamma(d/2)} \int_{\chi_b}^{\infty} x^{d-1}\, e^{-x^2/2}\, dx\,.$$

berechnet. Siehe beispielsweise E. M. Pugh und G. H. Winslow, *The Analysis of Physical Measurements* (Addison-Wesley, 1966) Abschn. 12.5.

Tab. D. Die prozentuale Wahrscheinlichkeit $P_d(\tilde{\chi}^2 \geq \tilde{\chi}_b^2)$, bei einem Experiment mit d Freiheitsgraden einen Wert von $\tilde{\chi}^2 \geq \tilde{\chi}_b^2$ zu erhalten, als Funktion von d und $\tilde{\chi}_b^2$. (Striche weisen auf Wahrscheinlichkeiten hin, die kleiner als 0,05 Prozent sind.)

	$\tilde{\chi}_b^2$														
d	0	0,5	1,0	1,5	2,0	2,5	3,0	3,5	4,0	4,5	5,0	5,5	6,0	8,0	10,0
1	100	48	32	22	16	11	8,3	6,1	4,6	3,4	2,5	1,9	1,4	0,5	0,2
2	100	61	37	22	14	8,2	5,0	3,0	1,8	1,1	0,7	0,4	0,2	–	–
3	100	68	39	21	11	5,8	2,9	1,5	0,7	0,4	0,2	0,1	–	–	–
4	100	74	41	20	9,2	4,0	1,7	0,7	0,3	0,1	0,1	–	–	–	–
5	100	78	42	19	7,5	2,9	1,0	0,4	0,1	–	–	–	–	–	–

d	0	0,2	0,4	0,6	0,8	1,0	1,2	1,4	1,6	1,8	2,0	2,2	2,4	2,6	2,8	3,0
1	100	65	53	44	37	32	27	24	21	18	16	14	12	11	9,4	8,3
2	100	82	67	55	45	37	30	25	20	17	14	11	9,1	7,4	6,1	5,0
3	100	90	75	61	49	39	31	24	19	14	11	8,6	6,6	5,0	3,8	2,9
4	100	94	81	66	52	41	31	23	17	13	9,2	6,6	4,8	3,4	2,4	1,7
5	100	96	85	70	55	42	31	22	16	11	7,5	5,1	3,5	2,3	1,6	1,0
6	100	98	88	73	57	42	30	21	14	9,5	6,2	4,0	2,5	1,6	1,0	0,6
7	100	99	90	76	59	43	30	20	13	8,2	5,1	3,1	1,9	1,1	0,7	0,4
8	100	99	92	78	60	43	29	19	12	7,2	4,2	2,4	1,4	0,8	0,4	0,2
9	100	99	94	80	62	44	29	18	11	6,3	3,5	1,9	1,0	0,5	0,3	0,1
10	100	100	95	82	63	44	29	17	10	5,5	2,9	1,5	0,8	0,4	0,2	0,1
11	100	100	96	83	64	44	28	16	9,1	4,8	2,4	1,2	0,6	0,3	0,1	0,1
12	100	100	96	84	65	45	28	16	8,4	4,2	2,0	0,9	0,4	0,2	0,1	–
13	100	100	97	86	66	45	27	15	7,7	3,7	1,7	0,7	0,3	0,1	0,1	–
14	100	100	98	87	67	45	27	14	7,1	3,3	1,4	0,6	0,2	0,1	–	–
15	100	100	98	88	68	45	26	14	6,5	2,9	1,2	0,5	0,2	0,1	–	–
16	100	100	98	89	69	45	26	13	6,0	2,5	1,0	0,4	0,1	–	–	–
17	100	100	99	90	70	45	25	12	5,5	2,2	0,8	0,3	0,1	–	–	–
18	100	100	99	90	70	46	25	12	5,1	2,0	0,7	0,2	0,1	–	–	–
19	100	100	99	91	71	46	25	11	4,7	1,7	0,6	0,2	0,1	–	–	–
20	100	100	99	92	72	46	24	11	4,3	1,5	0,5	0,1	–	–	–	–
22	100	100	99	93	73	46	23	10	3,7	1,2	0,4	0,1	–	–	–	–
24	100	100	100	94	74	46	23	9,2	3,2	0,9	0,3	0,1	–	–	–	–
26	100	100	100	95	75	46	22	8,5	2,7	0,7	0,2	–	–	–	–	–
28	100	100	100	95	76	46	21	7,8	2,3	0,6	0,1	–	–	–	–	–
30	100	100	100	96	77	47	21	7,2	2,0	0,5	0,1	–	–	–	–	–

Literatur

Die folgenden Bücher halte ich für nützlich. Sie sind in etwa entsprechend ihrem mathematischen Schwierigkeitsgrad und der Vollständigkeit der Themenerfassung angeordnet.

Eine schöne klare Einführung in statistische Methoden, die es fertigbringt, ohne Rechnungen auszukommen, ist Oliver L. Lacy, *Statistical Methods in Experimentation* (MacMillan, 1953).

Ein fortgeschritteneres Buch über Statistik, das auch sehr klar geschrieben ist und auf Rechnungen verzichtet, ist Henry L. Alder und Edward B. Roessler, *Introduction to Probability and Statistics* (Freeman, 1977).

Drei Bücher, ungefähr auf dem Niveau dieses Buches, die zudem weitgehend dieselben Themen behandeln, sind:

Baird D. C., *Experimentation; An Introduction to Measurement Theory and Experiment Design* (Prentice Hall, 1962);

Barford N. C., *Experimental Measurements; Precision, Error, and Truth* (Addison-Wesley, 1967);

Hugh D. Young, *Statistical Treatment of Experimental Data* (McGraw-Hill, 1962).

Zahlreiche weitere Themen und Herleitungen sind in den folgenden Büchern für Fortgeschrittene zu finden:

Philip R. Bevington, *Data Reduction and Error Analysis for the Physical Sciences* (McGraw-Hill, 1969);

Stuart L. Meyer, *Data Analysis for Scientists and Engineers* (John Wiley, 1975);

Emerson M. Pugh und George H. Winslow, *The Analysis of Physical Measurements* (Addison-Wesley, 1966).

Deutschsprachige Literatur

Lichten, W., *Skriptum Fehlerrechnung* (Springer, 1988);

Parat Lexikon Messung und Meßfehler (VCH Verlagsgesellschaft, 1989);

Profos, P., *Meßfehler* (Teubner, 1984);

Squires, G. L., Meßergebnisse und ihre Auswertung (de Gruyter, 1971);

Topping, J., *Fehlerrechnung* (Physik-Verlag, 1975).

Lösungen ausgewählter Übungsaufgaben

Bemerkung über signifikante Stellen: Kleine Abweichungen in der letzten signifikanten Stelle können von unterschiedlichen Rundungsverfahren herrühren und sind gewöhnlich unbedeutend. Für die Übungsaufgaben von Kapitel 2 und 3 wurden die Unsicherheiten mit der denkbar gröbsten Methode bestimmt: bei jedem Schritt der Rechnung wurde auf eine signifikante Stelle gerundet. In den wenigen Fällen, wo ein exakteres Verfahren ein anderes Ergebnis liefert, ist in Klammern das exakte Ergebnis wiedergegeben, das am Ende der Rechnung angemessen gerundet wurde. Alle Ergebnisse der Kapitel 4–12 wurden mit einem Taschenrechner berechnet (der 10 Stellen hat) und danach gerundet.

Kapitel 2

2.2 (a) $(5{,}03 \pm 0{,}04)$ m.

(b) Hier ist es sehr ratsam, eine zusätzliche Stelle zu behalten und $(19{,}5 \pm 1)$ s anzugeben.

(c) $(-3{,}2 \pm 0{,}3) \times 10^{-19}$ C.

(d) $(0{,}56 \pm 0{,}07) \times 10^{-6}$ m.

(e) $(3{,}27 \pm 0{,}04) \times 10^{3}$ g · cm/s.

2.3 (a) Wahrscheinlich lautet das einzige vernünftige Ergebnis auf dieser Stufe $(1{,}9 \pm 0{,}1)$ g/cm^3.

(b) Die Diskrepanz beträgt 0,05 g/cm^3, ist also unerheblich.

2.5 Die Spalte mit der Überschrift $(L - L')$ sollte lauten: $0{,}3 \pm 0{,}9$; $-0{,}6 \pm 1{,}5$; $-2{,}2 \pm 2$ (was auf -2 ± 2 gerundet werden könnte); 1 ± 4; 1 ± 4; -4 ± 4. Die Differenz $(L - L')$ sollte theoretisch gleich Null sein. In allen Fällen außer bei einem ist der Meßwert kleiner als seine Unsicherheit; und in dem einen Ausnahmefall $(2{,}2 \pm 2)$ ist er nur geringfügig größer. Folglich sind die beobachteten Werte mit dem erwarteten Wert Null verträglich.

2.8 (a) Da eine Gerade (wie in Abb. A2.8) gefunden werden kann, die durch Null und durch alle Fehlerbalken hindurchgeht, *sind* die Daten mit der Vorhersage $v^2 \propto h$ verträglich.

(b) Die Steigung der besten Anpassung ist $\approx 18{,}4$, die der steilsten vernünftigen Anpassung $\approx 20{,}4$ und die der flachsten vernünftigen Anpassung $\approx 16{,}4$. Also beträgt die Steigung $(18{,}4 \pm 2)$ m/s^2 (oder vielleicht 18 ± 2), was mit dem erwarteten Wert 19,6 m/s^2 verträglich ist. Frage: Sollte man, wenn man solche Geraden zieht, darauf bestehen, daß sie durch 0 hindurchgehen, oder nicht? Die Antwort hängt von den Details der Messung ab. Hier erlaubten wir, daß die

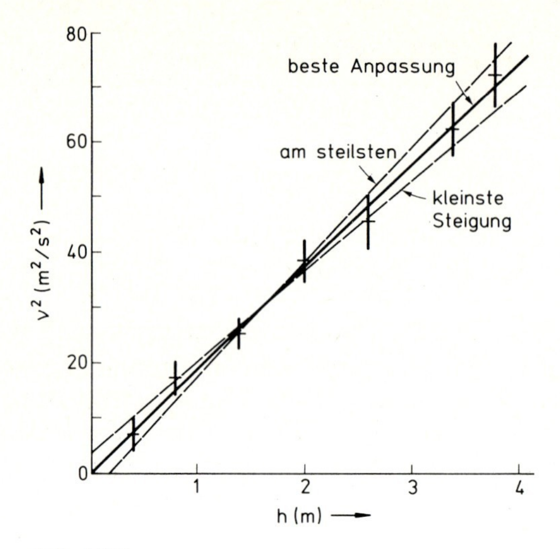

Abb. A2.8

Geraden an 0 vorbeigehen, und erhalten deshalb eine großzügige Abschätzung der Unsicherheit.

2.9 (a) Bei Abb. A2.9(a), die den Ursprung einschließt, läßt sich unmöglich sagen, ob T von A abhängt. Abb. A2.9(b) mit ihrer stark vergrößerten vertikalen Skala zeigt, daß T tatsächlich von A abhängt. Offensichtlich muß man sich genau überlegen, welche Wahl der Achsen die beste für das jeweilige Problem ist.

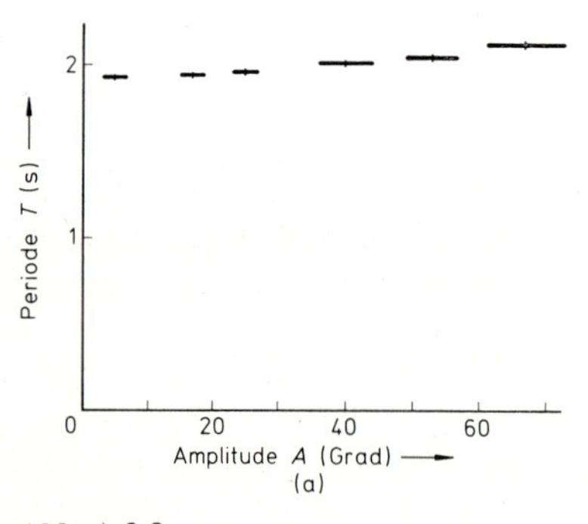

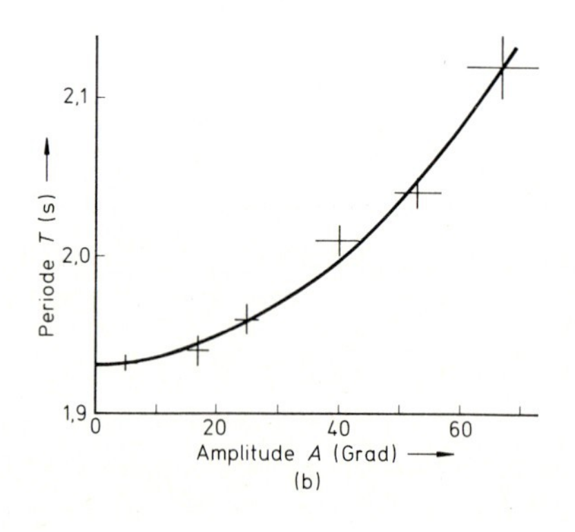

Abb. A.2.9

(b) Würde eine beiden Abbildungen noch einmal mit Fehlerbalken von 0,3 s (nach oben und unten) gezeichnet, so könnten wir deutlich sehen, daß T nicht von A abhängt.

2.12 (a) Die Ergebnisse für $v_e - v_a$ sind $(4{,}0 \pm 0{,}3)$ und $(0{,}6 \pm 0{,}4)$ cm/s.

(b) Die prozentualen Unsicherheiten betragen 8 Prozent und 70 Prozent.

2.14	Ergebnis	Prozentuale Unsicherheit	Absolute Unsicherheit
(a)	292 cm^2	3%	9 cm^2 (oder „exakt" 7)
(b)	270 cm · s	10%	30 cm · s
(c)	12 m · kg	10%	1 m · kg

2.15 (a) $q_{Best} = 10 \times 20 = 200$;
(höchster wahrscheinlicher Wert von $q) = 11 \times 21 = 231$;
(niedrigster wahrscheinlicher Wert von $q = 9 \times 19 = 171$.
Die Regel (2.27) liefert $q = 200 \pm 30$, was damit gut übereinstimmt.
(b) (höchster wahrscheinlicher Wert) $= 18 \times 35 = 630$
(niedrigster wahrscheinlicher Wert) $= 2 \times 5 = 10$.
Die Regel (2.27) liefert $q = 200 \pm 300$ (d.h. $q_{max} = 500$ und $q_{min} = -100$). Der Grund, warum das so sehr falsch ist, liegt darin, daß (2.27) nur gilt, wenn die relativen Unsicherheiten im Vergleich zu Eins klein sind. Diese Bedingung ist in der Praxis gewöhnlich erfüllt, hier jedoch nicht.

Kapitel 3

3.1 (a) $32 \pm \sqrt{32} \approx 32 \pm 6$.
(b) $786 \pm \sqrt{786} \approx 790 \pm 30$.
(c) 16 ± 3 für A, $13{,}1 \pm 0{,}5$ für B Beachten Sie, daß die Ergebnisse von A und B miteinander verträglich sind, aber B mit einer kleineren Unsicherheit belohnt wurde.

3.3 (a) 3 ± 7.
(b) 40 ± 20.
(c) $0{,}5 \pm 0{,}1$.
(d) 63 ± 6.

3.4 (a) $(0{,}48 \pm 0{,}02)$ s (oder 4%).
(b) $(0{,}470 \pm 0{,}005)$ s (oder 1%).
(c) Nein. Erstens wird das Pendel irgendwann stehenbleiben, wenn es nicht angetrieben wird. Selbst bei vorhandenem Antrieb werden schließlich andere Effekte wichtig und machen unsere Bemühungen um immer größerer Genauigkeit zunichte. Zum Beispiel kann bei einer Zeitmessung über mehrere Stunden die Zuverlässigkeit der Stoppuhr ein begrenzender Faktor werden, und die Schwingungsdauer τ *schwankt* möglicherweise in Folge von Änderungen der Temperatur, Feuchtigkeit usw.

3.6 Tiefe $= (40 \pm 10)$ m. (Eine genauere Rechnung liefert (44 ± 15) m, was man möglicherweise ungerundet lassen will.)

3.8	„Fehleraddition"	„quadratische Addition"
$a + b$	80 ± 8	80 ± 6
$a + c$	90 ± 6	90 ± 5
$a + d$	58 ± 5	58 ± 5

3.10 (a) $(0{,}70 \pm 0{,}05)$ MeV.
(b) $(0{,}40 \pm 0{,}02)$ MeV

3.11 (a) $\sin\theta = 0{,}82 \pm 0{,}02$ (Vergessen Sie nicht, daß $\delta\theta$ in Radiant anzugeben ist, wenn $d\delta\ (\sin\theta) = |\cos\theta|\ \delta\theta$ verwendet wird.)
(b) $f_{Best} = e^{a_{best}}$, $\delta f = f_{Best}\,\delta a$, $e^n = 20 \pm 2$.
(c) $f_{Best} = \ln a_{Best}$, $\delta f = \delta a/a_{Best}$, $\ln a = 1{,}10 \pm 0{,}03$.

3.14 $n = 1{,}66 \pm 20\%$, $1{,}52 \pm 9\%$, $1{,}54 \pm 6\%$, $1{,}58 \pm 3\%$, $1{,}53 \pm 2\%$. Mit wachsendem Winkel sinkt $\delta n/n$, und zwar hauptsächlich, weil die absoluten Unsicherheiten konstant sind; deshalb sind die relativen Unsicherheiten kleiner, wenn die Winkel groß sind.

3.16 (a) 1 und 1.
(b) x und y.
(c) $2xy^3$ und $3x^2y^2$.

3.17 (c) Linke Seite $= (x+u)^2(y+v)^3 = (x^2+2xu+u^2)(y^3+3y^2v+3yv^2+v^3) = x^2y^3 + 2xy^3u + 3x^2y^2v +$ (Terme, in denen u^2, uv, v^2 und höhere Potenzen vorkommen).
Rechte Seite $= x^2y^3 + 2xy^3u + 3x^2y^2v$.
Deshalb ist linke Seite $\approx$ rechte Seite, wenn u und v klein sind.

3.19 (a) Das korrekte Ergebnis ist $\delta q = 0{,}005$, aber die schrittweise Berechnung liefert $\delta q = 0{,}1$.
(b) $\delta q = 0{,}1$ auf beide Arten. In (a) sind die Zahlen so, daß eine kleine Abweichung von x die Summen $x+y$ und $x+z$ fast im gleichen Verhältnis ändert und sich so in $(x+y)/(x+z)$ weghebt; die schrittweise Berechnung ignoriert dieses gegenseitige Wegheben. In (b) macht eine Abweichung von x die Summe $x+y$ größer, aber $x+z$ kleiner oder umgekehrt, und so hebt sie sich in q nicht weg.

Kapitel 4

4.1 $\bar{x} = 7{,}2$; $\sigma_x = 1{,}5$ bei Verwendung von Definition (4.9) oder $\sigma_x = 1{,}3$ bei Verwendung von (4.6).

4.3 $\bar{d} = (1/N)\sum d_i = (1/N)\sum(x_i - \bar{x}) = (1/N)\sum x_i - (1/N)\,N\bar{x} = \bar{x} - \bar{x} = 0$.
Wenn Ihnen einer von diesen Schritten nicht klar ist, sollten Sie die Summen ausschreiben, z.B. $\sum d_i = d_1 + d_2 + \cdots + d_N$ usw.

4.4 $\sum(x_i - \bar{x})^2 = \sum(x_i^2 - 2\bar{x}x_i + \bar{x}^2) = \sum x_i^2 - 2\bar{x}\sum x_i + N\bar{x}^2$
$= \sum x_i^2 - 2\bar{x}N\bar{x} + N\bar{x}^2 = \sum x_i^2 - N\bar{x}^2$.
(Schreiben Sie wieder die Summen aus, wenn Sie irgendwelche Zweifel haben.)

4.7 (a) $\bar{t} = 8{,}149$ s. $\sigma_t = 0{,}039$ s.
(b) Außerhalb von $\bar{t} \pm \sigma_t$ erwarten wir 30% oder 9 Messungen, und wir erhielten 8. Außerhalb von $\bar{t} \pm 2\sigma_t$ erwarten wir 5% oder 1,5, und wir erhielten 2.

4.9 (Endergebnis für t) $= \bar{t} \pm 2\sigma_{\bar{t}} = (8{,}149 \pm 0{,}007)$ s.

4.11 $\bar{A} = 1221{,}2\ \text{mm}^2$, $\sigma_{\bar{A}} = 0{,}3\ \text{mm}^2$. Diese Werte sind gut vergleichbar mit dem im Text erhaltenen Ergebnis $(1221{,}2 \pm 0{,}4)\ \text{mm}^2$.

4.13 (a) (336 ± 15) m/s. Die systematische Unsicherheit von 1% der Messung von f ist vernachlässigbar gegenüber den 4,5% Unsicherheit von λ.
(b) (336 ± 11) m/s. Hier dominiert die systematische Unsicherheit.

Kapitel 5

5.1 Siehe Abb. A 5.1. Die gestrichelte Linie in Abb. A 5.1 (c) ist die Gauß-Funktion für Aufgabe 5.4.

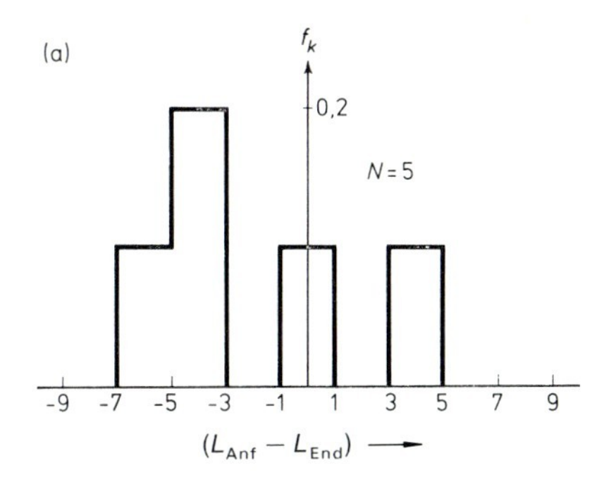

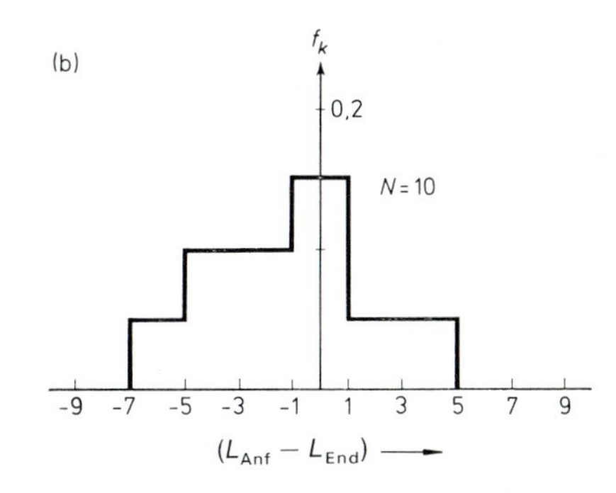

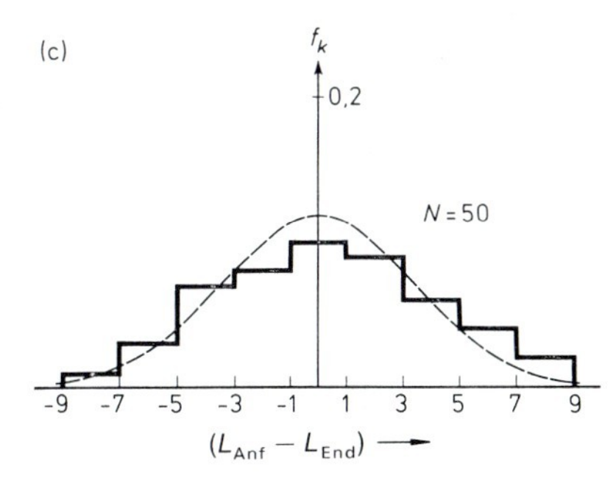

Abb. A5.1.

5.2 (a) $C = 1/(2a)$.
(b) Alle Werte zwischen $-a$ und a sind gleich wahrscheinlich; kein Meßwert fällt außerhalb des Bereiches $-a$ bis a.
(c) $\bar{x} = 0$, $\sigma_x = a/\sqrt{3}$.

5.4 Siehe Lösung von Aufgabe 5.1.

5.6 Das Integral $\int z^2 e^{-z^2/2}\, dz$ kann in die Standardform $\int u\, dv$ umgeschrieben werden, wobei $u = z$ und $v = e^{-z^2/2}$ ist.
Bei der partiellen Integration ist der Endpunktterm $[uv]_{-\infty}^{\infty}$ in diesem Fall gleich Null.

5.8 (a) 68 %. (d) 48 %.
(b) 38 %. (e) 14 %.
(c) 95 %. (f) $22{,}3 \leq y \leq 23{,}7$.

5.10 Achten Sie darauf, P richtig zu differenzieren. Sie sollten

$$\partial P/\partial\sigma = \sigma^{-(N+3)}[\sum(x_i - X)^2 - N\sigma^2] \exp[-\sum(x_i - X)^2/2\sigma^2]$$

erhalten. P ist maximal, wenn $\partial P/\partial\sigma = 0$ ist, was zu dem gewünschten Ergebnis führt.

5.12 (a) $\sigma_t = 7{,}04$.
(b) $\bar{t}_1 = 74{,}25$, $\bar{t}_2 = 67{,}75$ usw. Wird mit $\bar{t}$ der Mittelwert einer jeden Gruppe von vier Messungen bezeichnet, so würden wir $\sigma_{\bar{t}} = \sigma_t/\sqrt{4} = 3{,}52$ erwarten, und in der Tat ist die Standardabweichung der zehn Mittelwerte 3,56.
(c) Siehe Abb. A5.12 (Stabbreite $\hat{=}$ Klassenbreite).

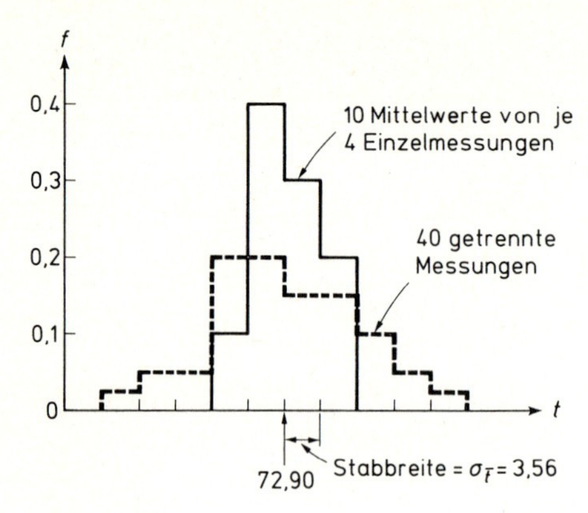

Abb. A5.12

5.13 Das Ergebnis des Studenten (9,5) weicht von dem angenommenen Zentrum der Verteilung (9,8) um 0,3 oder 3 Standardabweichungen ab. Die Wahrscheinlichkeit eines Ergebnisses, das 3 oder mehr Standardabweichungen vom Zentrum entfernt liegt, ist P (außerhalb 3σ) = 0,3 Prozent. Das ist so unwahrscheinlich, daß wir vermuten müssen, seine Meßwerte seien *nicht* um 9,8 normalverteilt mit $\sigma = 0{,}1$; d.h., er hat entweder einen ausgesprochenen Fehler gemacht, oder bei seinem Experiment traten irgendwelche systematischen Abweichungen auf.

5.15 $E_E - E_A = 15$ MeV mit einer Standardabweichung von 9,5 MeV. Wäre die Messung normalverteilt mit Zentrum $E_E - E_A = 0$ und $\sigma = 9{,}5$ MeV, so wiche die Messung vom wahren Wert um 15/9,5 (oder 1,6) Standardabweichungen ab. Da sich hieraus P (außerhalb $1{,}6\sigma$) = 11 % ergibt, ist das Ergebnis völlig vernünftig, und wir haben keinen Grund, an der Energieerhaltung zu zweifeln.

Kapitel 6

6.2 (a) $\bar{U} = 0{,}862$ V, $\sigma_U = 0{,}039$ V.

(b) Er wird den Meßwert 0,95 verwerfen. Er weicht von $\bar{U}$ um 0,088 V oder $2{,}3\,\sigma$ ab. Da P (außerhalb $2{,}3\sigma$) = 2,1 Prozent ist, würden wir bei 10 Messungen erwarten, daß 0,21 Messungen um soviel oder mehr von $\bar{U}$ abweichen. Nach dem Chauvenetschen Kriterium muß das Ergebnis verworfen werden.

6.3 Sie verwirft das Ergebnis 12 nicht. Hier ist $\bar{T} = 7{,}00$ und $\sigma_T = 2{,}72$. Folglich weicht 12 von $\bar{T}$ um 5 oder $1{,}84\sigma$ ab. Da P (außerhalb $1{,}84\sigma$) = 6,6 % ist, würden wir bei 14 Messungen 0,92 Meßwerte erwarten, die um soviel oder mehr von $\bar{T}$ abweichen.

Kapitel 7

7.1 (a) Die zwei Meßwerte sind miteinander verträglich, und der auf beiden basierende Bestwert ist $(334{,}4 \pm 0{,}9)$ m/s.

(b) Diese Messungen sind ebenfalls miteinander verträglich (sogar noch besser). Der Bestwert ist hier 334,08 ± 0,98, was man sicher auf (334 ± 1) m/s runden würde. Offensichtlich ist die Unsicherheit des zweiten Ergebnisses so viel größer, daß es sich nicht lohnt, es zu berücksichtigen.

7.2 (a) (76 ± 4) Ω.
(b) Etwa 26 Messungen.

7.5 Gemäß (3.47) ist

$$(\sigma_{x_{\mathrm{Best}}})^2 = \sum_i \left(\frac{\partial x_{\mathrm{Best}}}{\partial x_i} \sigma_{x_i} \right)^2 .$$

Die benötigte Ableitung ist $\partial x_{\mathrm{Best}}/\partial x_i = w_i/(\sum w_i)$. Wenn Sie Schwierigkeiten haben, das zu verstehen, dann sollten Sie die Summe $\sum w_i x_i$ ausschreiben als $w_1 x_1 + \cdots + w_N x_N$ und dann nach x_1, x_2 usw. differenzieren. Deshalb ist

$$(\sigma_{x_{\mathrm{Best}}})^2 = \frac{1}{(\sum w_i)^2} \sum (w_i \sigma_{x_i})^2$$

oder, weil $\sigma_{x_i} = 1/\sqrt{w_i}$: $(\sigma_{x_{\mathrm{Best}}})^2 = 1/\sum w_i$.

Kapitel 8

8.1 $A = 9{,}00$, $B = 2{,}60$. Das gibt die durchgezogene Gerade in Abb. A8.1. (Die gestrichelte Linie ist für Aufgabe 8.9.)

8.3 Die Argumentation verläuft ganz ähnlich wie diejenige, die im Text von (8.2) zu (8.12) führt. Der einzige wichtige Unterschied besteht darin, daß durchweg $A = 0$ ist. Also ist $P(y_1, \ldots, y_N \propto \exp(-\chi^2/2)$ wie in (8.4), und χ^2 ist durch (8.5) gegeben, außer daß jetzt $A = 0$ gilt. Differentiation nach B liefert (8.7) (wieder mit $A = 0$), und die Lösung lautet $B = (\sum x_i y_i)/(\sum x_i^2)$.

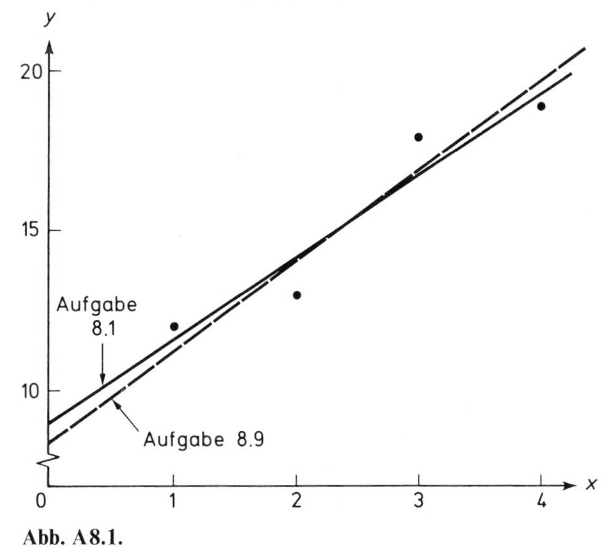

Abb. A8.1.

8.4 Wie schon bei Aufgabe 8.3 verläuft die Argumentation analog zu derjenigen, die von Gleichung (8.2) zu (8.12) führt. Wie in Gleichung (8.4) ist

$$P\,(y_1, \ldots, y_N \propto \exp(-\chi^2/2);$$

weil die Meßwerte jedoch unterschiedliche Unsicherheiten haben, erhalten wir $\chi^2 = \sum w_i(y_i - A - Bx_i)^2$. (Zur Erinnerung: $w_i = 1/\sigma_i^2$.) Die Beweisführung verläuft dann weiter wie zuvor.

8.6 $v = (40{,}8 \pm 0{,}4)$ m/s.

8.8 (a) Sie müssen den Wert von σ finden, für den $P\,(y_1, \ldots, y_N)$ nach (8.4) am größten ist. Die Ableitung $\partial P/\partial\sigma$ ist

$$\sigma^{-(N+3)}[\sum(y_i - A - Bx_i)^2 - N\sigma^2]\,\exp(-\chi^2/2).$$

Wenn das gleich Null gesetzt wird, ergibt sich der gewünschte Wert von σ.

(b) Die Konstanten A und B sind feststehende Funktionen von $x_1, \ldots, x_N$ und $y_1, \ldots, y_N$. Da die x_i keine Unsicherheit haben, liefert die Fehlerfortpflanzungsgleichung (3.47) beispielsweise

$$\sigma_A^2 = \sum_i \left(\frac{\partial A}{\partial y_i}\,\sigma_{y_i}\right)^2.$$

Durch Einsetzen von $\partial A/\partial y_i = [(\sum x_i^2) - x_i(\sum x_i)]/\Delta$ ergibt sich nach einer kleinen Rechnung (8.15). Ein ähnliches Vorgehen liefert σ_B.

8.9 $A' = -2{,}9 \pm 1{,}2$, $B' = 0{,}35 \pm 0{,}08$. Bei Verwendung der Konstanten aus Aufgabe 8.1 würden wir $A' = -3{,}5$ und $B' = 0{,}38$ erhalten. Diese Werte liegen innerhalb der Unsicherheiten der neuen Ergebnisse. Folglich liefern die zwei Methoden zwar unterschiedliche Geraden (siehe Abb. A8.1), der Unterschied ist aber nicht wirklich signifikant.

8.11 Der Bestwert für g ist 9,4 m/s^2.

8.13 $A = 5{,}5$ cm, $B = 11{,}1$ cm.

8.14 $\tau = 2{,}0$ Stunden.

Kapitel 9

9.1 Diese Rechnung ist am einfachsten, wenn Sie berücksichtigen, daß die Funktion $A(t)$ durch $A(t) = \sigma_x^2 + 2t\sigma_{xy} + t^2\sigma_y^2$ gegeben ist.

9.3 (a)
$$\sum(x_i - \bar{x})(y_i - \bar{y}) = \sum(x_i y_i - \bar{x}y_i - \bar{y}x_i + \bar{x}\bar{y})$$
$$= (\sum x_i y_i) - \bar{x}(\sum y_i) - \bar{y}(\sum x_i) + N\bar{x}\bar{y} = (\sum x_i y_i) - N\bar{x}\bar{y}.$$

9.5 (a) $P_5(|r| \geq 0{,}7) = 19$ Prozent. Folglich ist nach fünf Messungen der Wert $r = 0{,}7$ recht wahrscheinlich, selbst dann, wenn K und f nicht linear korreliert sind. Der Wert stützt demnach nicht „signifikant" die Annahme eines linearen Zusammenhangs.

(b) $P_{20}(|r| \geq 0{,}5) = 2$ Prozent. Da dies weniger als 5 Prozent ist, gibt das einen „signifikanten" Hinweis auf eine lineare Beziehung.

9.6 (a) $r = -0{,}97$. Da $P_5(|r| \geq 0{,}97) \approx 1{,}2$ Prozent, liegt eine „signifikante" Korrelation vor.
(b) $r = -0{,}57$. Da $P_5(|r| \geq 0{,}57) \approx 31$ Prozent, ist das nicht signifikant.

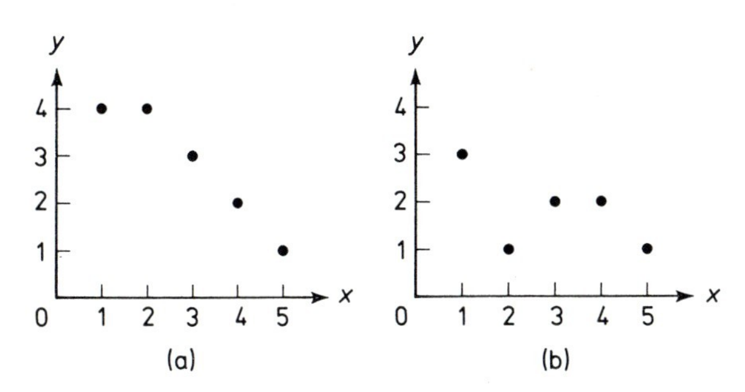

Abb. A9.6.

Kapitel 10

10.2 (a) Bei zwei Würfen betragen die Wahrscheinlichkeiten dafür, 0, 1 und 2 Einsen zu würfeln, 69,44, 27,78 und 2,78 Prozent.
(b) Bei vier Würfen erhält man für die Wahrscheinlichkeiten, 0, 1, ..., 4 Einsen zu würfeln, Werte von 48,23, 38,58, 11,57, 1,54 und 0,08 Prozent.

10.4 $(p+q)^3 = \sum_{\nu=0}^{3} \binom{3}{\nu} p^\nu q^{n-\nu} = q^3 + 3pq^2 + 3p^2q + p^3.$

10.6 (a) Die Wahrscheinlichkeit für das Überleben eines Patienten beträgt $p = 0{,}2$, also ist P (ν Patienten überleben) $= b_{4,0,2}(\nu)$.
(a) 41 %, (b) 41 %, (c) 18 %.

10.7 40,2 %; 40,2 %; 16,1 %; 3,2 %; 0,32 %; 0,01 %.

10.9 $\sigma_\nu^2 = \overline{(\nu-\bar{\nu})^2} = \sum_\nu f(\nu)(\nu-\bar{\nu})^2 = \sum f(\nu)(\nu^2 - 2\nu\bar{\nu} + \bar{\nu}^2)$
$= [\sum f(\nu)\nu^2] - 2\bar{\nu}\sum f(\nu)\nu + \bar{\nu}^2 \sum f(\nu) = \overline{\nu^2} - \bar{\nu}^2.$
Beachten Sie, daß wir, wenn wir die Summen durch Integrale ersetzen, dasselbe Ergebnis für eine stetige Verteilung wie die Gauß-Verteilung beweisen können.

10.10 Für jedes beliebige p und q ist $(p+q)^n = \sum \binom{n}{\nu} p^\nu q^{n-\nu}$. Durch zweimaliges Differenzieren nach p erhalten wir

$$n(n-1)(p+q)^{n-2} = \sum \nu(\nu-1)\binom{n}{\nu} p^{\nu-2} q^{n-\nu}.$$

Indem wir mit p^2 multiplizieren und $q = 1-p$ setzen, erhalten wir

$$n(n-1)p^2 = \sum(\nu^2-\nu)\, b_{n,p}(\nu) = \overline{\nu^2} - \bar{\nu}.$$

Da $\bar{\nu} = np$ ist, folgt hieraus, daß $\overline{\nu^2} = n(n-1)p^2 + np$. Durch Einsetzen in das Resultat von Aufgabe 10.9, $\sigma_\nu^2 = \overline{\nu^2} - \bar{\nu}^2$ (mit $\bar{\nu} = np$), erhalten wir das gewünschte Ergebnis.

10.13 9,68 Prozent (Gaußsche Näherung), 9,74 Prozent (exakt).
10.14 $P(\nu \geq 18) \approx P_{\text{Gauss}}(\nu \geq 17{,}5) = P_{\text{Gauss}}(\nu \geq \bar{\nu} + 2\sigma) = 2{,}28$ Prozent.
10.16 $P(\nu \geq 12) = 0{,}65$ Prozent (wenn der Kunstdünger keine Auswirkung hat). Folglich sind 12 Erfolge „signifikant“ und „hochsignifikant.“
10.18 Erwartet wird, daß 360 bestehen. P (420 oder mehr bestehen) $\approx P_{\text{Gauss}}(\nu \geq 360 + 5\sigma) = 0{,}00003$ Prozent. Das ist hochsignifikant.

Kapitel 11

11.1 (a) Für $\nu = 0,1, \ldots, 6$ ist $p_{1/2}(\nu) = 60{,}7$; 30,3; 7.6; 1,3; 0,2; 0,02; 0,001 Prozent.
11.2 (a) $\sum p_\mu(\nu) = e^{-\mu} \sum \mu^\nu/\nu! = e^{-\mu} e^\mu = 1$.
(b) Differenzieren von (11.12) nach μ liefert

$$\sum e^{-\mu}(\nu\mu^{\nu-1} - \mu^\nu)/\nu! = 0$$

oder, indem (11.12) nochmals verwendet wird,

$$\sum \nu e^{-\mu}\mu^{\nu-1}/\nu! = 1\,.$$

Durch Multiplizieren mit μ erhalten wir $\sum \nu p_\mu(\nu) = \mu$. Das ist das gewünschte Ergebnis.
11.4 (a) $\mu =$ (Anzahl der Kerne) $\times p = 1{,}5$.
(b) Die Wahrscheinlichkeiten für ν Zerfälle, $\nu = 0, 1, 2, 3$, sind 22,3, 33,5, 25,1 und 12,6 Prozent.
(c) $P(\nu \geq 4) = 6{,}5$ Prozent.
11.5 Die senkrechten Stäbe in Abb. A11.5 zeigen die beobachtete Verteilung. Die Werte der erwarteten Poisson-Verteilung $p_3(\nu)$ wurden zur Führung des Auges durch eine durchgehende Linie verbunden. Die Anpassung ist gut.

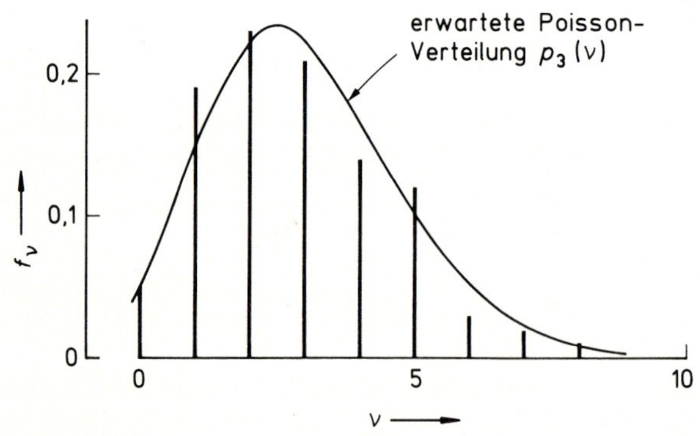

Abb. A11.5

11.7 $\bar{\nu} = 2{,}84$, $\sigma_\nu = 1{,}70$. Das stimmt gut mit den erwarteten Werten, 3 und $\sqrt{3} = 1{,}73$, überein.
11.9 (a) Die Wahrscheinlichkeit dafür, die beobachtete Anzahl ν_b zu erhalten, ist $p_\mu(\nu_b) = e^{-\mu}\mu^{\nu_b}/\nu_b!$. Den Wert von μ, für den dieser Ausdruck am größten ist,

findet man, indem man nach μ differenziert und bestimmt, wo die Ableitung gleich Null ist. Die benötigte Ableitung ist

$$e^{-\mu}(\nu_b \mu^{\nu_b - 1} - \mu^{\nu_b})/\nu_b!$$

Sie ist für $\mu = \nu_b$ gleich Null.

11.10 (a) 3,2 Prozent (Gaußsche Näherung), 3,4 Prozent (exakt).
(b) 8,5 Prozent (Gaußsche Näherung), 7,7 Prozent (exakt).

11.11 (a) $p_9(7) = 11{,}7$ Prozent usw.
(b) $P\ (\nu \leq 6) + P\ (\nu \geq 12) = 40{,}3$ Prozent. Eine Abweichung, wie sie beim Zählwert 12 auftritt, ist überhaupt nicht überraschend. Es gibt also keinen Grund, in Frage zu stellen, daß $\mu = 9$ ist.

Kapitel 12

12.1 Erwartete Häufigkeiten = 7,9; 17,1; 17,1; 7,9 und $\chi^2 = 10$. Die Daten passen sehr schlecht zur Normalverteilung.

12.4 Erwartete Häufigkeiten = 231,5; 138,9; 29,6; $\chi^2 = 2{,}5$. Bei drei Klassen ist $\chi^2 = 2{,}5$ völlig vernünftig, und es gibt keine Grund, den Würfeln zu mißtrauen.

12.5 (a) In den Aufgaben 12.1 und 12.2 ist $c = 3$ und $d = 1$; in 12.3 ist $c = 1$ und $d = 5$; in 12.4 $c = 1$ und $d = 3$.
(b) Bei vorher bekanntem ϱ_{akz} ist $c = 2$ und $d = 2$.

12.6 Da $d = 1$, ist $\tilde{\chi}^2 = \chi^2 = 10$; $P_1\ (\tilde{\chi}^2 \geq 10) = 0{,}2$ Prozent. Wir können also auf dem 5-Prozent-Niveau und dem 1-Prozent-Niveau eine Normalverteilung verwerfen.

12.8 Die Wahrscheinlichkeiten für die Summen 2, 3, ..., 12 sind 1/36, 2/36, ..., 6/36, ..., 1/36. Die erwarteten Zahlenwerte sind 10, 20, ..., 60, ..., 10. $\chi^2 = 19{,}8$, $d = 10$ und $\tilde{\chi}^2 = 1{,}98$. $P_{10}\ (\tilde{\chi}^2 \geq 1{,}98) = 3{,}2$ Prozent. Auf dem 5-Prozent-Niveau könnten wir sagen, daß die Würfel gefälscht sind, nicht aber auf dem 1-Prozent-Niveau.

12.10 $\tilde{\chi}^2 = 1{,}2$. $P_2\ (\tilde{\chi}^2 \geq 1{,}2) \approx 30$ Prozent. Da $\tilde{\chi}^2 \geq 1{,}2$ ziemlich wahrscheinlich ist, gibt es bei den Würfeln keinen Grund für einen Verdacht.

12.12 (a) $E(\nu = 0) = 5{,}4$; $E(\nu = 1) = E(\nu = 2) = 10{,}8$; $E(\nu \geq 3) = 13{,}0$. $\chi^2 = 9{,}7$; $d = 3$; $\tilde{\chi}^2 = 3{,}2$. $P_3\ (\tilde{\chi}^2 \geq 3{,}2) \approx 2{,}5$ Prozent. Auf dem 5-Prozent-Niveau würden wir also eine Poisson-Verteilung mit $\mu = 2$ verwerfen.
(b) $d = 2$, $\tilde{\chi}^2 = 0{,}3$. Die Daten sind verträglich mit einer Poisson-Verteilung mit $\mu = 1{,}35$.

12.13 (a) $\chi^2 = 2{,}25$; $P_1\ (\chi^2 \geq 2{,}25) \approx 14$ Prozent. Es gibt keinen signifikanten Unterschied. $P\ (\nu \geq 11) + P\ (\nu \leq 5) = 21{,}0$ Prozent.
(b) $\chi^2 = 6{,}25$; $P_1\ (\chi^2 \geq 6{,}25) \approx 1{,}2$ Prozent. $P\ (\nu \geq 224{,}5) + P\ (\nu \leq 175{,}5) = 1{,}4$ Prozent. Auf dem 5-Prozent-Niveau gibt es eine signifikante Differenz.
(c) Das angepaßte $\chi^2 = 1{,}56$; $P_1\ (\chi^2 \geq 1{,}56) \approx 21{,}2$ Prozent. Das stimmt ausgezeichnet mit dem exakten Ergebnis, 21,0 Prozent, überein.

Register